# 十一

# 物境空间与形式建构

U0295028

李凯生
徐大路
主编

中国建筑工业出版社

# 物林蹊至（代序）

李凯生
Li Kaisheng

# 物林蹊至（代序）

李凯生
Li Kaisheng

## 1.

在此，思想试图返身于建筑活动的底层。

建筑总是与物邻，处理结构与构造，塑造空间的形态，以给出形式的方式，给出空间的“样子”。我们能够非常直接地经验到：形式，对于存在空间起着某种决定性的作用。

但是，一种我们称之为“物境空间”的东西却是思想和感觉直观都无法忽略的。最为迂回的解读方式，是把思想的观察引向概念的话语，引向“物境空间”的定义。通过经验的转移，从事实的关注转化为对象的建构——最终以对象思考和概念讨论取代成为问题的中心，而真正值得关注的现象：空间与物之共存，却消失在概念的视野中。我们会一再惊讶地发现，在现代意识的方方面面，空间已经被先天视作某种剥离了物性存在的东西——可以独立于物而存在。人们倾向把空间看成“空无一物”者。伴随着近现代学术观念而兴起的空间意识，实际上从一开始就面临着“物之被遗忘”的危机！

然而，与物为境，依旧是空间经验最原始、最直观的面貌。我们看到，任何所谓空间的现象，充斥着各事、物、活动、感知和意义的痕迹。空间，总是与事物共同在场，是一种因为事物之在场而缘起和维系着的某种东西。

老子在《道德经》里讲：“天地之始，有物混成，恍兮惚兮，其中有象，惚兮恍兮，其中有物。”中国传统语境，“天地”是对生活世界总体的空间性描述，老子描述了这一空间开端于一种物的混成状态。“天地之始”的“始”，除了“肇始”和“开端”，还具有“奠基”和“本源”的意思。老子认为，生活世界奠基和发源于“有物混成”的状态。在一切又一切的开端之初，“有物混成”就是事情的原初形式和基本状态，“有物混成”乃是这一空间世界的原始根基，世界扎根在这一事实之上。“有物混成”是空间经久不变的现象质地。“恍惚”则表明，老子认为这一“有物混成”的世界并非静态，而是处于不停顿的流变之中。“恍兮惚兮”，物象闪现而又消逝，“惚兮恍兮”，则消逝中又复归于涌现。起伏流变，循环不止。世界就在物象如此交替涌进的变易中确立自身。

世界不论如何“恍惚”循环，总是有象有物的。老子的描述，从侧面揭示了东方思想中秉承的一种根深蒂固的观念意识：生活的空间世界是在事物的在场中诞生了自己，并始终保持为“与物共在”的存在属性。只要有物存在，就有了空间某种无法略去的根基和某种坚毅的物性品质。以此为基础，我们才可以谈及空间具有不可忽略的实在性。

与之对应的是另外一种空间意识。

自文艺复兴开始，经过巴洛克以来启蒙文化的洗礼，产生了总体上被称为科学的空间意识。以笛卡尔空间体系为例，这种空间除了坐标系、数的规定性、逻辑数理关系的给定和隐含着的几何原型外，空无一物。在笛卡尔空间的基础观念中，物的存在并不在其规定性之中。作为一种绝对的空间模型，笛卡尔空间是以数理和几何规定性为基础，以此来建构空间的数量关系。随着现代物理学和数学的传播，这一普世性的抽象模型奠定了我们称之为SPACE的、无限延绵的东西。在这样的世界景观中，物是异质的。

比较笛卡尔建立的空间图景和老子描述的“有物混成”的世界。前者首先建构一个抽象的空间蓝图，然后把它应用到现实世界中，使事物移居空间，在其中占据位置，而被度量起来；后者则认为世界肇始和奠基于“有物混成”的局面，与物混成的格局是空间图景的本来面貌和实质。实质性的差异到底是什么呢？是二者在演绎“事物——空间”关系方面的倒置？还是对世界基础的判断不同？连带着上文引述老子的话“恍兮惚兮，其中有象”的“象”这一被遗漏的话题，老子所言与“物”并列的“象”又是什么性质的东西？它的在场于何种意义上能够与物并列？在空间的原始图景中，“其中有象”担当了什么角色？当我们把“象”的话题与笛卡尔空间模型放在一道讨论，又会有什么交集的“他者”浮现出来？对于空间运作的机制探讨，这一系列问题都将值的建筑学深思。

但是，让我们暂时把视线从晦涩的层面挪开，回到实际的、迷人的经验中来。关于空间体验，瑞士建筑师彼得·祖姆托有过一段精彩的叙述：

> *“那是2003年濯足节，我就在这里。坐在阳光里。一个雄伟的拱廊——延展、高大，优美地在阳光下。这个广场提供我一个全景——房屋的立面、教堂、纪念碑。在我们的身后是咖啡屋的墙面。人不多不少。花市、阳光、十一点。广场的另一边在阴影之下，沁人的蓝色。各种奇妙的声响：近边的谈话声、广场上的脚步声、石头上面的脚步声，鸟叫、人群中的低语，没有汽车，没有引擎，偶尔从建筑工地传来的响动。我想象是这个节日的开始让每一个人走得更慢了。两位修女——现在我们回到现实中了，不只是我的想象——两位修女摆着手臂，轻轻地穿过广场，她们的帽子轻轻摆动，每人提一个塑料购物袋。温度：清新舒适，温暖。我坐在拱廊里一个绿色条纹靠垫的沙发里。那么？什么感动了我？ 每个事物。事物的本身，人、空气、骚动、声音、颜色、织物，物的在场，还有形式。我懂得形式。我知道形式的秘密。”*

生存空间总是处于物的包裹当中，被事物簇拥而打动，这是生存活动特有的，却又是寻常的场景，一切都在意料，却也有不同寻常者的闪现，在事物在场的同时，一个显然并不太引人惊讶事实，被诸物重复罗列出来：事物的在场总是携带着某种“形式”！

然而，“什么感动了我？”——“物的在场，还有形式”！

彼得·祖姆托庆幸地说：“我懂得形式。我知道形式的秘密。”

通过这一段细腻的叙述，一种我们熟视无睹的在世情景得以揭示出来：现象本身是如此的日常，但是当它需要被归于一种“发现的事实”却相当令人震惊！在这一发现的提示下，事物——形式的对应关系终于突破一般日常现象之漫无目的，向我们呈现出来。它无处不在，“依附”在所有事物身上，就像事物本身一样普遍。然而，这种对应性本身却常常为我们所忽略！受到哲学活动的影响，我们倾向于把形式看作是独立于事物的精神产物，是与内容相对而立的东西。而生活世界的现象体察，却让事物——形式对应关系日常性的一面向我们真实地开启出来。同时，把形式自身“降格”到事物的生活层面——就像手工艺时代事物的形式——成为一种在手的东西。对于祖姆托而言，他所说“形式的秘密”到底会是什么呢？是指在那一刻突然深切地领悟到事物与形式的对应关系？还是发现了形式活动本身无可回避的日常性？思想则情愿让这一“秘密”被始终保守为一种诱人的邀请，激励着追问从一如平常的事实深入到形式经验的底层。

形式维系着事物的面貌和关系，同时，也为事物的实体性所承载。这里，思想抵达了某种发现的边际：形式活动最终的走向是否就是对事物面貌和关系的规划！ 这显然把一个新的追问抛给了思想：形式活动的存在论性质如何？在存在论话语的言说中，形式活动的意义如何？它占据什么位置？

从现象上看，形式显然是一种人为的东西，附加在事物之间而超出自然物的部分。一只明代的瓷碗，源自陶泥被赋予了一种凹陷的圆形，经过火的焙烧演变为一种坚毅而脆性的质地。凹陷的圆形是我们赋予瓷碗的一种基本属性，从此“碗”的形式携带着泥的质地就成为其功能本质的源头。火烧改变了陶泥内部材料的构成关系 ——在内部改变了泥土的形式，使泥土成了陶瓷的质地，通过内外形式的通力改变，事物的性质发生了彻底转变—— 从一种自然而无所指向的土的形态，演变为生活的器具，为饭菜、清茶、美酒和祭祀而存在。至于说，它是一只明代的瓷碗，在于更进一步的细腻形式中蕴含着明代“器型”的基因，在工艺上有这个朝代工艺的特有制作方式。以及附着在它上面的青花装饰图样和釉色的特征，携带着这个朝代器物的诸种形式活动的特征。细细地分辨，使我们处处遭遇到纷繁形式活动的诸种痕迹。一件现代设计的产物，比如那把著名的“密斯椅”，作为一件典型的人工物，它首先奠定于对钢这种实体材料的领悟：坚实、可塑而又极富弹性。继而在一种扁形的截面形式中，发现了钢材的轻便和易于弯曲加工的特性，用弯曲和焊接的工艺使扁形的钢材获得椅架和靠背的形式。皮带和皮垫，从自然皮革的材质中裁剪形式而来，维系了身体与构架形体的亲密关系—— 或者说皮带和皮垫安置了人体与支架的相互关系。身体在物件支撑下获得舒适的安置，在这个物性的世界中获取了一种优雅的姿态和可以长时间滞留的位置，与原本毫无关联而冷漠的事物建立了值得信赖的关系。一件特殊形态的物被工艺活动建构起来，毫无瓜葛的物——钢材、扣钉和皮革在诸多形式的规制下走向了一个预设实物整体—— 成为那个我们称为椅子的东西。同时，我们完全能够意识到，椅子不过是桌椅体系的一个组件，而桌椅亦不过是客厅家具体系的一个分支，客厅也只是住宅功能的局部，住宅在城市中居于一隅！结合对碗和椅子的简要描述，我们隐约感知到形式活动在生活世界中“与物混成”的宏大画面！作为事物身上超出其自然属性的部分，作为一种人类加工的结果，在世操持忙碌的形式，通过重组和改造事物的形态与相互关系，以功能、意志和趣味统摄了事物，做了一番看似平常却足以颠覆生活世界格局的改变！

然而，彼得·祖姆托的“形式的秘密”是否就此可以告结了呢？

思想在此完全有条件做出一番推想：形式是文明活动所显现出来的人为规定性，一种约束世界关系和事物构成形态的管制力量。形式活动是一种秩序赋予的活动，它为事物预设了相互的组合方式，就像桌与椅、壶与杯的相互匹配，从而在人与材料、材料与材料之间建立了全新的关系。形式通过“赋形”活动，而让诸物从一种“全然”的自身，演变为文明中的事物—— 所有“赋形”之物都深刻地潜藏着人的意志—— 这些意志潜力的启动也就是文明活动的开始。形式的运作，使物的自然天性、物之冷漠被演变为一种文化的储备形态—— 先天的事物境遇一转为文明的天地！在这个意义上来讲，形式秩序的树立，对于生活世界的实际运作是一种不可或缺的基础力量，文明活动的形式体系把源自于人类本身的生存关系印压叠加在了事物形态当中，使“世界中物”悉皆归顺为“文化中物”。文明活动的形式体系全新地塑造了事物的境遇，从而使世界承载起文明本身，成为一个“意义的世界”。

这一切都是因为事物有了形式。

回到事物空间（而不是抽象空间）的观念，为还原“空间”的真实情景，建筑学的思考必须为自身确立一种更加全面的视野。势必将无可回避地面对事物—空间—形式之三位一体的关系。事物—空间的关系，必然要为事物—形式、形式—空间的关系讨论所补充。事实上，所谓抽象空间的科学观念，只是发生在形式—空间关系单独讨论的前提下，或者说，抽象空间就是某种纯形式化的空间。它撇开事物，撇开事物中蕴藏着的不稳定，把空间意识引向对纯粹规定性的关注，引向理性活动万事皆可被期许的范畴，它为着理念的最后面貌而校订自身。在抽象意识下，形式将显现出一种遮蔽的属性，一种理性活动特有的对真相的掩盖，为此，我们更加需要关注空间由于事物的存在，而引发的生存空间奠基作用，关注事物内在的诗性要素。这是一种伴随事物的本真性而不断随机生发出来的原始开启。需要关注空间中事物与形式暗含着回旋与分合的斗争，这里潜藏着空间最深刻的命运！

## 2.

物是我们熟悉，又最不熟悉的东西。

海德格尔说：物是不断躲避着思想的东西。

思想对事物的把捉总是捉襟见肘。它能够看到事物的一面，描述记录它，但终是一面。细究起来，只是无限多可能视野的之一。不论如何努力，在思想中获得的“事物”，都只是一种施马尔索曾经谈及的事物之“抽象”，是风干的衰减版本，不是图像就是符号，或者命名、或者印记，总之，是形式性的！在思想中，我们只能够以某种形式性的东西来对应事物，产生相应的思考。这与在我们感知中在场和呈现的物决然不同，我们用于思考的“物”与感知中领会着的“物”大相异趣，这两者的差异永远让人惊讶。不管我们如何努力，事物面貌不会彻底开启它自身。这不是一个简单现象，它是如此深刻地界定了文明与事物总体的存在关系，它决定了所谓知识和感知的基本属性——思想活动的形式机制对于事物的领悟是一道不可逾越的介质。

但文明亦可以按照思想的形式机制顺利地发展下来。在古希腊，关于物的认知结构，亚里士多德发展了西方文化史中经典的二元论：物，被理解为拥有着各种形式的物体。这在西方文明中是一个开端性的事件！通过二元论，在海德格尔看来曾经躲避着思想的物，首先被降格为一种实体—— 并因为降格而为思想牢牢地把握起来——开始了一个对象化的过程。进一步，实体的物又被顺理成章地解析为一种质地和形式的综合体，这是再次对物的降格—— 物体从对象客观性降格为材料有待处置的被动性，物的现象在此被直接地理解为：物质+形式。前者被视作为构成物的质料，后者是作为给予秩序的形式因素。亚里士多德成功地建立起西方关于物的解释最简明而又最富成效的认知图示：形式和质地综合体。这一图示隐含着形式话语的能动性，也隐含着物被视作质地的被动性，同时还隐含着人类文化活动的路线图。人们通过给予各种物质（而不是物），以形式而开创他们的人工世界，世界因此也被整体地视作一套形式化的文明系统对物质材料的管制。形式法则成了秩序的替身。最终，物不可避免地彻底降格为空间的质料和资源。一直以来，西方文化正是按照这一图示来构造其空间世界的，既然物是一个彻底的被动者和从属者，那么空间问题，也就逐步转变为空间的形式问题。

世界图示中，形式的权利掌控在人们的手中，物质（质地，包括能量）变成了形式管控的对象。掌握了形式的赋予权，就掌控了生活世界被建造起来的枢纽，西方的形式神话也由此开始。随之而来的是文明的滚滚涌进，我们可以看到对物的征服、科学的崛起和技术的统治，乃至人本主义的根基都隐含在形式观念的潜台词之中。

通过形质二元论，文明牢牢地把控了物的世界，使自然的世界改造为人工秩序下的理性世界。但是，海德格尔却在不断地提醒我们—— 物是某种不断躲避着思想的东西。在他看来，高度有效的二元论并不能够跟上事物“恍惚”的身影。在不同的文本中，关于物之存在，海德格尔向给我们描述了一幅完全不同的事物面貌。

比如一把壶：

*"壶之虚空如何容纳呢？壶之虚空通过承受被注入的东西而起容纳作用。壶之虚空通过保持它所承受的东西而起容纳作用。虚空以双重方式来容纳，即承受和保持。对倾注的承受，与对倾注的保持，是共属一体的。它们的统一性是由倾倒来决定的，壶之为壶就取决于这种倾倒。虚空的双重容纳就在于这种倾倒。作为这种倾倒，容纳才真正如其所是。从壶里倾倒出来，就是馈赠。在倾注的馈赠中，这个器皿的容纳作用才得以成其本质。容纳需要作为容纳者的虚空。起容纳作用的虚空的本质聚集于馈赠中。使壶成其为壶的馈赠聚集于双重容纳之中，而且聚集于倾注之中。"*

在此，壶的物性并没有被把握为实体，而是指向壶所提供的"虚空"和"容纳"——壶的空间和功用，壶的物性现象的本质被界定为提供"承受和保持"，它处于倾注与馈赠、接纳与给出活动的交汇处，壶所"承受和保持"的东西正是它最终能够给出东西，它在这种保存中成就自身，"聚集于倾注之中"。壶作为一物，呈现为一种在世关系流动的节点。

又比如一座桥梁：

*"桥'轻松而有力地'飞架于河流之上。在桥的横越中，河岸才作为河岸而出现。通过桥，河岸的一方与另一方相互对峙。桥与河岸一道，总是把一种有一种广阔的后方河岸风景带向河流。它使河流、河岸和陆地进入相互的近邻关系中。桥把大地聚集为河流四周的风景。它就这样伴送河流穿过河谷。桥墩立于河床，承载着桥拱的曲线；桥拱一任河水漂流而去。桥把水流纳入拱形的桥洞，又从中把水流释放出来。桥来回伴送着或缓或急的人们的道路，使他们得以达到对岸，并且最后作为终有一死者达到彼岸。作为飞架起来的道路，桥在诸神面前聚集。桥以其方式把天、地、神、人聚集于自身。"*

桥的物性，显现为一种现实的连接，"它使河流、河岸和陆地进入相互的近邻关系中"。它跨越河流，护送道路的延展，释放水流的通过，集结大地的此岸和彼岸，使世界处于一种新生的、积极的关系当中。我们尤其能够领悟到，桥的世界是嫁接在河岸的既有地形关系之上的！因此，在任何桥梁的基本形式中，都保持着那种与自然交互承接的关系。桥，作为普通一物，它对人工形式与自然场所的基本关系提供了一个精辟的隐喻，这个隐喻提示我们深思潜藏在形式和事物深处神秘的接合处，深思所造之物到底是从哪一位置跃出了物的自我锁闭性，如何"在诸神面前聚集"，在世界诸多神性事实中呈现自身，并"以其方式把天、地、神、人聚集于自身"，桥是跨越和嫁接，亦是对现实的超越，它是那个我们熟悉世界之交互关系的编织处，它坚毅而自然，超然又谦卑，由此，地形转变为地理！

如果是一座不那么实用的神庙呢？

*"一座希腊神庙单纯质朴地置身于巨岩满布的岩谷中。它包含着神的形象，并在这种隐蔽状态中，通过敞开的圆柱式门厅让神的形象进入神圣的领域。贯过这座神庙，神在神庙中在场。正是神庙作品才嵌合那些道路和关联的统一体，同时使这个统一体聚集于自身周围；在这些道路和关联中，诞生和死亡，灾祸和福祉，胜利和耻辱，忍耐和堕落——从人类存在那里获得了人类命运的形态。"*

*"这个建筑作品无声地屹立于岩地上。这一屹立道出了岩石那种笨拙而无所促迫的承受的幽秘。它无声地承受着席卷而来的猛烈风暴，因此才证明了风暴本身的强力。神庙坚固的耸立使得不可见的大气空间昭然可睹了。作品的坚固性遥遥面对海潮的波涛起伏，由于它的泰然宁静才显出了海潮的凶猛。树木和草地，兀鹰与公牛，长蛇与蟋蟀才进入它们鲜明的形象中，从而显示为它们所是的东西。"*

"神在神庙中在场"，通过神庙，诸神与古希腊的生活世界建立了联系，它响应了史诗中流传的神话。回望希腊历史的深处，它把文明的原初事件以纪念物的尺度铸造出来。神庙是"嵌合那些道路和关联的统一体，同时使这个统一体聚集于自身周围"，它给出了生活世界的原点和中心，它通过象征和呈现使历史世界的中心成为具体者，恍然而在场。神庙的形式从容不迫地"显示"了它所描绘的神性世界，对比于"岩石那种笨拙而无所促迫的承受的幽秘"，虽然同样是这些石头产物，神庙的"显示"却决然见证了神话世界对蛮荒岩石的超越，它把这种超越本身确立为神性的在场，同时超越了象征和形象。而最为神秘的是，神庙的统领总是显现出文明与那个原生的世界的统一。"面对海潮的波涛起伏"，神庙的"泰然宁静"使"人类命运的形态"，在神庙所集聚和描绘的共同体中，"在这些道路和关联中，诞生和死亡，灾祸和福祉，胜利和耻辱，忍耐和堕落——从人类存在那里获得归属！"神庙的屹立，把文明的悲剧和喜剧领回到"岩石那种笨拙而无所促迫的幽秘"，坚守于物性中最冥顽索然的"无"！

通过从器物到构筑，再到神庙建筑的递进，海德格尔把我们对物的理解带出了形式与质地的二元论视野，带出了空间——形式的技术抽象，回到生命起伏跌宕的、与物相依的命运现场，物所展开的事物境遇显现出来。海德格尔为我们传递了一种有关物的空间存在的全新观念，一个"存在——意义"的境遇版本。物，在这里被视作存在世界的一个实在的意义节点。它不但拥有弥足珍贵的"笨拙而无所促迫"的实在性和可靠性，其内部还潜藏着、储备着存在世界的诸种关系和可能，物并非是中性的、被动的、静态的东西。一方面，它绝不简单受制于某种图示和概念，而始终坚守着物性中最冥顽索然的"无"的神秘——躲避着思想的规定；另一方面，在每一个具体的事物当中，我们都能够见证某种"超越性"的存在——哪怕它仅仅涵具了我们关注的眼光——比如我们对一块园林用石的选择。正是通过事物的在场，我们使生活的世界真实地关联起来，物的关系衍射勾勒了世界作为整体的在场，这是节点对自身物质性局限的根本超越。事物就在它们所坚守的、最冥顽索然的"无"的神秘近旁，依据对其存在属性和生存关系改造使而其被传化成为一个伊甸园。

形质二元论的最大问题似乎在于，把物过分简化地视为被动的、静态的和分离的东西，而把主导权完全留给了极具操作性的形式系统。使物性中分裂出来的形式，最终演变为物的统治性的、对立的事实，相应而生的抽象空间观念则干脆把物撇除于空间思考，借助几何和数理走向了一个逻辑的必然王国。

## 3.

物，在现代中文习惯中常被连称事物，俚语里又常被叫做"东西"。西，《说文解字》"日在西方而鸟栖，故因以为东西之西。"古同"栖"，象形。据小篆字形，上面是鸟的省写，下像鸟巢形。本义：鸟入巢，息也！西、息同音；东，繁体从"木"，从"日"，本义：东方，日出的方向。《说文解字》言"东，动也"，《白虎通·五行》言"东方者，动方也，万物始动生也。"东、动同音。东、西词源发于方位无疑，但我们特别需要关注其暗含的"动静"的时间感和事件性。同时，我们亦不能忽视"生息"的生长与休止、起落的循环意味。联合在一道来看，"东西"一词，起义于方位，实际语意内部潜藏着一些关键性的事实：动静、时间、事件、生灭和循环。

但是，为什么事物会被在日常生活中被称为"东西"呢？为什么习惯上要用方位的术语来描述实体性的物件呢？历史上有一种说法，与五行说有关。五行中，东西为木、金，南、北、中，分别为火、水、土，金木，乃物件；而水火土，皆为绵延物，实难在日常中叫作东西。故以东西指代物件。此说有一定形态学上经验道理，但似不够充分。另一种说法，没有那么直接，却更近于日常道理。还是与方位有关，中国传统空间方位观念中，中轴是自上而下、自下而上的仪式方位和观念通道，坐北面南皆有特殊含义，而东西则是实际的，也是观念上的事物分列罗布的方位。起居空间和仪式性空间都遵从这个原则，而一般北置的为贡品、牌位、仪匾等神圣的事物，是不能随口叫作东西的。因此，日常话语意识中，东西位就是生活物件罗列的位置，我们在房子的东西两翼就可以顺利地发现这些日常的"东西"。

俚语中，"东西"隐喻了一般生活所需的那些物件——故成为一种日常物件的泛指。在这个解释中，我们需要关注的是"东西"这个俚语，在空间、日常性、分布、罗列和纷呈意味上的原始意蕴。结合东西作为方位本义的余韵来看，"东西"这个俚语的说法，看似随意，其实蕴含着从动到静、生到灭、时间与空间、分布与缘起、事件与方位等多重对立统一的寓意。东西的说法里面也隐含着某种特殊生命感和灵动感，所以我们说那些特具生命的孩子为"小东西"，调皮捣蛋的为"坏东西"等。如此，可以回顾一下，俚语中把物似乎不假思索地叫作东西，这恰恰提醒我们，物在日常意识的知觉中，绝不限定为对象性的、静态归属于自身者，而更像是呼应了老子的描述："恍兮惚兮，其中有象，惚兮恍兮，其中有物"。

物被连称为事物，则同样表明在正式的场合，我们有关的物意识亦倾向于不把"事"与"物"划分开来，认为事与物是一个无法分开的整体。任何一件物，正如海德格尔所提示的，都是具备超越其简单物质性和静态关系的东西，承载着某种特殊的生命和世界性。它是如"壶"一样的空间承载体；如"桥"一样的场所世界的集结地；如"神庙"一样的历史超越者和文化给定者。这一系递进的解释，都离不开物对存在事件暗示——空间、场所和超越者——预示着事件、事态、关联、境遇、时机、动因的储备！这些储备在物之现象整体中的事件性有待历史机缘的兑现和实施。

事物组成的空间自身是能动的。

由于物的相互关联，空间里充满着种种事态的潜在动机。而当我们只是沿着"质地+形式"的二元论和抽象空间图景视野，则看不到这一摆在眼前的基本存在论事实！笛卡尔式的空间，是一种把物排除在外的"纯形式"空间。先行建构绝对的、静态的空间，而后才把事物一一置入，事物孤悬其中，要靠被动给予的逻辑关系来确定和度量自身。事物在笛卡尔式的空间中变成了被动者——这不是偶然现象，而是特意为之——甚至这正是这类空间的原始而神圣的意图：事物的关系需要被重新依据新世界图景被"装配"起来！这是一个可以设想的技术世界的文明开端：事物在此世界性视野中，逐一变成了被动的物质：质料、资源、能量，物之事件的储备性则演变（降格和分裂）为信息、材料和能源的储备性。

撇开抽象空间观念对物性的预设和干扰，回到日常性和现象视野下的事物境遇，思想将为我们迅速地展开决然不同的画面：生活所见之物，无一例外皆是生存事件的载体、场所、机缘和储备——生活世界由这些事物所实际组成——这是生存意义关联着物之在场的根本原因。文明通过塑造事物而建构世界。而所谓"事"，生活中的各种发生活动，则是物所储备着的事态之发生、开放和启动。在存在世界中，事和物，是一个有机的统一体，它们不断塑造对方、相互衍生、循环不已。并不存在相互分裂的事件和物体这样的东西，就像质—能关系一样，事—物现象在相互的演变循环中生灭不止。

在此关系为基础，存在生活对空间的认知同样建立事—物的在世统一体之上。依据现象的直观，我们可以体察到，"空间"首先指向一种直接的空：不论它是把物清理出去的腾空、空出，还是本就虚以待物的空寂和尚未有事的空场。空的日常性含义，所指的就是"没有"、"没在"，是对"有"和"在"的否定描述。但是，空仍然是一种具体而确然的状态。空的基础语意潜藏着某种动——欠缺、消逝和尚未。是对事物缺席状态的经验描述，是已经空出来的那部分间隙，或暂时尚未有物事的那种虚待，是事物之“并不在此”。事物不在此，故“此”地空着、空出来、虚设了，就像一所空宅、一个空位。但是，我们必须给予注意的是：当我们意识到空的现象时，当我们同时感知到事物不在、缺席，对要有物“在”和“有”就有一种无形的设定。缺席的同时，已经设定和发生着一个被缺席的位置！这就是事物之“并不在此”的那个“此”！我们意识到事物缺席、不在场的同时，也意识到它们所不在的那个“此”本身是清楚地存在的，在空的意识中，什么为空、什么在空着、空向何处、什么已然离场却是被同时暗中指定下来——在空的意识里面已经暗藏着诸多的肯定性。因此，任何所谓空的现象绝不是那种绝对的虚无，而是直指那个特别引起我们关注的空所、空场、空位——缺席恰恰把纯然的位置本身显露出来。事物总是挡在其所处的位置之前，让我们意识不到它的赫然在场！我们越是感知到空的存在，亦越是感知到什么东西空着。空与虚无主义毫无关系，空是虚无的对立者，在空的意识中，总是事物缺席的否定与位置在场的肯定并存着。空本身是积极而能动的，它由于空着而有承载的可能和期待。

在我们的实际经验中，还存在着一种天然的现象划分：世界为物所占据的部分以及尚未占据的部分。生活中，我们倾向于认为，空间是指那些空着的、尚未被占据的部分，在我们感知到空位的同时，亦感知到那些没有空下来的、为物所占据的部分。事实上，正是在与物之实的对比中，我们才能够意识到有空位的存在——空是一种与物为邻的环绕！因此，如果我们仔细甄别，空的意识中除了“空位的在场和事物的缺席”外，还有第三者被感知把握着：“事物之间隙”。我们对空的意识整体中，“事物的缺席”和相应而生的“空位的在此”，以及“空作为间隙——事物之间是同时闪现”的事实。“事物的缺席”必然把“空位的在此”呈现出来，亦把围合着如此空位的周遭也引入场中。最终，我们意识到空并不是一种绝对自我和卓然独立，而是事物之间的空着，空的意识是事物间性。空间，语言从命名中直接提示我们“空间”既是一种“一空然而在”，必然亦是一种“在……之间”。

空间与物共在。我们既能够感知到事物的存在本身，也同时感知到事物之间的空位“在此”，而“在此”的空位实为事物之间的“间隙”。还能够感知到，正是事物闪现与消逝的历史变故引发了在场之实与缺席之空的流变。空间，是一种存在自我感知之“共在性状”的在世描述：正是由于空间知觉是与物共在，才能同时意识到自身处于何处、处于何间。强烈地意识到存在就是“处于…之间”，意味着空间知觉的基本性质是境遇性的。当我们意识到空间存在之时，也反向意识到一个潜在的“主体”的眼光隐含在空间事实的背后，那个意识到空间“处于…之间”的观者，也闪现在场所中！“他”是空间意识的原初点——“他”是随意识而在场的，或者“他”才是意识本身。我们言空间知觉的基本性质是境遇性的，这个境遇正是对“他”某种场所包容性。正是且只可能是，一个存在的主体对处身何处的存在感知导致“空间”这种知觉现象的领悟！在现象学看来，空间意识脱胎于物境化的感知原型，空间观念必然永远隐含着一种“物境空间”的内在实质——不论它如何走向抽象，而所谓“空”也就是事物缺席和事物“之间”的“空”。当空间意识回到其现象的策源地，物境空间的描述让空间的抽象幻觉荡然无存。空间意识的中心当然指向那种“空空如也”，但是这种空绝非孤立和自我绝对的，它恰恰是与物共在中所领悟到的“尚未有物占据”，领悟到的一种“可以占据的空置”和尚未有事的“事物之间的间隙”。空间中，“事物的缺席”和“事物的将临”势态，向存在者不断预示了一幅时间历史的恢宏画面。

物境空间之“空”，所以为存在所关注，是因为这里的“空”并非一片死寂，而是海德格尔所示的“林中空地”和老子所言之“不死谷神”，是存在世界可以有所作为的“是非之地”！事物之间的“空”，是对事件的延请，生活情景中最活跃的、最有所期待的部分。这里虽然尚未有所占据，却充斥着事物之间潜藏着的关系、机缘、路径、命运、事件，集结着潜而未发的势态。尚未出场的和将要出场的东西都将在这里粉墨登场。存在生活显现在这种空着的“事物之间”，为事物的“缺席”—— 因而也就是生活活动必要之空场而愉悦。存在秉承了这种“缺席”所带来的“空出”，同时“占据”周遭事物所提供的潜在关系和势态，使得那些关系、机缘、路径、命运、事件、势态和实物的环回汇聚“到此”，共同构筑了存在生活的实际图景。

空间现象作为意识活动的发生，其实是一种“置身意识”的启动。我们意识到空间的显现，则是意识到某种有待占据位置的显现，意识到一番“占据”作为的可能性。日常生活中，发现空间就是发现施展手脚的领域，也同时发现了一个可资作为的圈子摆在那里，储备着资源和事态的事物环列在周边。这些事物将能够支撑作为的发生、发展、进程和转化，空间的存在贯穿在所有事物的在场属性之上。如果我们把“空间”理解为存在生活的发生场所，事物本身和事物之间的“空”，对于存在生活而言，意义没有什么不同。对存在而言，它们共同支撑了“空间”的存在属性。事物之间的空与事物本身是一个共同体。从现象来看，空间意识和事物意识的差异在于前者着眼于事物之间，后者关注事物本身，这种差异的产生有赖于在现象上区分事物之间和事物本身，对这个差异消解的契机潜藏在哪里呢？是当我们对事物自身进行深思，将会发现它的构成与空间本身是一致无二的？还是我们将会发现事物之间和事物本身这个差异会在一种更高的同一性中得到消解？抑或，事物与空间的差异本身就是一个实实在在的幻觉？

而当我们用物境来优化对空间的意识，其内在的同一性也就暗含在这一描述当中。物境是把事物在场与事物所提供的生存境遇理解为统一的世界，它提供了空间的实际和现实的局面，这种根本性的局面弥合了事物与空间的差异。只要我们意识到空间，也就同时意识到与物共处、与物同在、在物之间，还意识到处于某种现实的、紧迫的和攸关的局面当中！空间物境的现实要求持续的面对和决断，要求从一种“被抛性”转换为对局面的毅然担当，“在物之间”立刻被要求转化为“在场搭理”，使散漫的存在者演变为物境的承担者和决定者—— 演变为这一场景的主体。从在物“之间”转化为在场“当中”，消极的旁观者意识淡化了，而参与的意识得到彰显，经营物一境这个整体的局面成为“当”务之急。由此，“当中”的现实进一步转化为“当下”的紧迫—— 时间的历史属性在空间整体的局面中自动地浮现出来。在场事物储备着的事态、关系和意义之发生，将把物境的担当者推向意义的实现之路—— 存在活动的历史随之展开。

物境空间的观念，让我们意识到空间中不光充斥着静态的物和物之间隙。我们看到事物之间储备着诸种关系、机缘、路径、命运、势态、事件、转化、进程、发展和消亡等，它们归属一道共同构成了物境空间生活面貌的实际完整性 —— 也构成了我们对事物存在意义的理解，构成了与事物共同存在的在世情态。与事物静态的实在性和动态的发生性不同，势态是介于二者之间的那种东西，是发生被储备着的实在状态。物境空间中的一切变化都是“因势而动”、“顺势而为”或“势在人为”。因此而走向和承担了变化的事物和人，就相应跨入了一个命运攸关的意义进程。在此，我们遭遇到空间之时间性的在场。时间内涵是本然地潜藏在空间物境的储备中的，时间的进程不是一个外来者，一个抽象的度量，而就是在场事物关系、势态、进程和发生的直接描述。

时间是从事物的空间关系中自动涌现出来的现象，有事物在空间中的储备，就有势态的自然聚集与际会，就意味着种种时机与活动发生预设。如果说日常的时间观念，源自对诸事件过程的描述，时间的意义在于对事件进行界定和度量。那么，时间性的根源却是事物的空间势态和关系储备，时间是本就储备在物境空间之中的势态结果，物境空间发生并不断涌现出时间性要素。当事物和人的因势而动，它们就触发了贮备在空间中的时机，从而“跨越”进了时间历程当中—— 这就是物境空间中事件的兴起。事件的开展，是对空间所储备的时间性机缘的实现，由此成为了事物自身的历史，借助储备的势态的演变不断推动着这一历史。事物的历史——事件的展开最终又将导致新的物境空间格局的产生，“凝结”下来的势态为新的空间状态储备下来，成就了新一轮的时间性——物境势态，奠定了下一次从空间中“跃起”的时机。这里，我们看到，任何一个物境空间的实际局面都是上一轮时间活动的势态积淀。物境空间的面貌其实不过是时间过程的一个截面，时间中的事态正是空间“此时”事物关系的原因。时间作为事物的进程，是物境空间的发生事件，空间作为事物的局面，是物境时间的蓄势储备。二者归属于事物境遇的存在同一性，是存在者于事物世界存在方式的二元描述。物境的历史，或历史的物境描述了我们所处之生活世界运行的总体面貌。

## 4.

正如以“物境空间”来抵御空间的抽象性，“历史时间”亦被我们引入来描述生活世界运行的时间真相，事物与空间密不可分，事件与时间亦是一个混成的整体。离开事件的进程、离开历史的开展，时间将得不到现实的理解。只有人的视野最终把时空视作为物——境和历——史，也只有在人的生存视野中，“境”的生存内涵才能真正浮现出来。境、境遇（域）、境界，是我们对生活世界综合势态和生存情景的描述。“境”的生成，意味着我们对生活世界综合势态的全然接纳。这种接纳是一种在先的、基础的内外解读。“境”作为某种总体性的东西，被理解为当下生活格局和势态，比如面对地理环境，传统文化衍生出来的风水观念。“境”的意识中暗含了对事物综合性和当下世界性的认同和托付。

同时，“境”的现象是一种理解和解释视野，它不是单纯的、客观的观看，而是在生活立场上的一种解读——携带着存在意愿的“看”。事实上，我们根本“看”不到物境空间所谓客观的、原始的面貌，在获得的世界图像中，总是附加了我们主动“观照”的创造性因素。我们总有一种在先的生存境遇观，完全地超出物境空间的原始面貌的显露，像面具一样附加在本来的面貌之上。

提到“境”，时常进一步说成境遇和境域，分别代表“境”的两个面貌：前者偏重于经历（时间面貌），后者偏重于环境（空间面貌）。这也从语言习惯中提示了，人们对“境”的基本理解中有一种“时间—空间”的双重结构。同时，提到“境”，我们还有一个进一步说法：境界。“界”就是边界、界面，一个领域的开端，如海德格尔所言，边界是事情的开始。在对一个领域的描述上，境和界有着意义的相似性，在境界一词的构词法中具有一种同义反复的假象，似乎两个字在重复同一个意识。但这并不是简单的重复，而是代表了一种强调和递进，如果说“境”的描述还带有某种对所处的周边世界的现成理解，而“界”则是一个不那么现成的“他者”，“界”提示出对一种新的领域性开端的期备。是对现成处身的“境”之超越性的愿望：希望生活所处之“在手情景”能够有所开启为一番新的局面。因此。当我们说到境界，说某某人、某某事物有境界，指的是一种高出一般和现成的“境”和“界”，指的是对客观境遇（域）的再塑造和超越性的实现！境遇（域）和境界都是我们对生活世界的描述方式，但表达的却不是同样的事实：前者是随波逐流式的，后者则奠基于一种向上的、超脱的意趣和意志！

基于这种超出性，传统文化中还有一个与境界相近的，而更进一步的说法：意境。意境的构词，在一种设身而入的“境”之前，增加了一个“意”字。普遍的释义是：借助形象传递出来的意蕴和境界。“意”指向一种蕴涵、意味，是一种现象上的综合和衍生。“境”延续了在场者对所处空间总体性的领悟。但是，关于“意”，需要作一种更精细的双重解释：除了意义、蕴涵和意味以外，“意”更有意趣、意图和意愿的内涵。前者暗示，意境乃是一个充满意义的、总体性的、当下性的空间世界；后者进一步显现，这个我们所在的、向我们打开的世界，同时贮备着对生存意趣和意愿的维系，对生存意志展现为一种发生性和时间性的邀约。合而一道，意境所表述的是一个将不断激起我们生存意愿、勾勒出意趣和意蕴的意义世界，这个世界并不是我们看到的不相干的一番境界，而是当下世界所展现出来的一种特殊面貌，是我们所在的场所世界中本就潜藏着的彼岸性质的直观呈现。

意境的显现，为这个我们处身的事物世界带来了一种澄明。在这种澄明的光亮之下，诸事诸物显现出直观在场的超然品质，它们不光拥有某种不同寻常的超越性，同时显现出各自对生活意趣的储备，并在意象的统一下结为新的场所性境遇。随着意境的现象的发生，生活世界的场所产生了彻底的图景变化。这里，我们无法轻易展开对意境发生根基的现象讨论。但是意境绝不是凭空产生的，作为“物境空间”和“历史时间”之生活世界的意蕴储备和超越，意境发生在与生存视线遭遇的瞬间，并为这种视线所推动。这一神奇的发生过程完全超乎想象！我们从未间断的、四处巡视着的、充满意向能动性的生存视线，把当下世界储备着的自然势态解读为一种意味深长的局面—— 不断激起我们生存意愿、勾勒出意趣和意蕴的、具有彼岸气质的意义世界。最终，意境为欲发未发的势态确立了全新的世界图景和演化方向。

意境融合了感悟和情景，因此天生就是一种双生体：既有面对的场所实际内容也必然包涵着感悟本身。在意境发生的瞬间，存在者根本性地领受着“被抛者”的这一身份。同时，这一所谓的“领受”本身也就是一次直接的现象解读——在他接纳此一场所之时—— 他对场所的境遇进行了某种超越性的解读：意境现象的闪现意味着存在者此时不但接纳了环境，也同时接纳了摄生而在的事实，还根本接纳了意识对境遇世界现实的设想。这是一种必然性的结果，当意识意向性的机制面对生活环境时，它从来就不会获得所谓客观性的、静态的认识！它从来都是感知的同时就是在处理、在生产着，意识从来就是带着“超越的关照”来看待生活场所的，它总是在关照事物环境与存在活动和意义的相互构造的可能—— 如何在一个生活的图景中让在场的事物显现出各自的角色。事物与生活的场所相关性正是在这一时刻被奠定下来，但这是一种新生的场所相关性，事物关系将重新奠基在新的世界性感知、新的生活图景之中。意境不是附加的、后加的现象，而恰恰是以原生的感知和领悟为基础的“超出”。意境现象是“认知”原初的、总体的面貌，意象作为事物被感知的形象，皆是在意境中分享获得的，诞生在意境世界的现场，离开意境的包被，意象知觉源头也就枯竭了。

意境是在存在关照中发生的对生活境遇的“非客观的”、“超越性的”直接领悟，是任何一次认知活动在先的、原始的、本能的基础。在意境现象中，我们能够分辨出如下关联着的系列内容：事物作为环境显现，对环境诸物的意义构筑、设定和角色分配，对物境的领受和归属——前提是此环境的意蕴已经为生存意识所重新规划和界定。因此，意境是一个对现状接纳同时的“超出者”，“超出加认同”显示了意境现象的基本存在论属性。存在者现实地生活在这种“超出”所提供的生活愿景之中。意境把存在生活的可能性意愿安置于现实的图景描述，从而“超出”了客观世界无助的自我反复。

不论是对个人还是民族和文化而言，意境的发生和它所构建的超越性图景都是历史攸关的、重大的、开端性的事件，虽然我们对它显现本身的惊讶根本不能解答其发生的神秘性，虽然我们能够探究到它的存在论属性，但是为何意境具有一种根本的自我源发性和自我能动性，仍然处于其现象的晦暗之中，仍然远远超出了我们追寻的视线之外。然而，我们能够直接地观察到，生存活动要求意境的持续在场来给予推动。意境在“物境空间”和“历史时间”中的跃起，它与境界的差异在于，后者偏向一种空间性的、静态的描述；而意境则是涵盖了时间性和开端性的、更加综合的存在视域。意境的构成中内置了意欲、意愿，意境自身就是“愿望型的”，它包含一种“随它而起”的邀约属性，并为此让它所描述的那个世界开启为一个可以延展开来的、与现实相关联的、超越性的、可以抵达的意义世界，从而显现为一条存在的远方。

在意境对事物世界的开启中，场所对于存在者才首先变得有意义、有趣味起来。此时，在意境的引导下，生活总是显现为对所属的空间和时间进行着某种规划安排，把属于生存的因素和活动构造到物境和历史当中。从意境中发源而不断导出的、新的可能境遇被叠加——安置在物境和历史之中。正是在这种安置中，形式的意义显现出来。我们是在对意境世界的给出和实现中，要求形式出场的。意境世界的存在建立在诸种形式载体之上，以形式的方式展现出来，并不断随历史演变，汇集成为文明。所有文明发源的开端处，同时涌现出绘画、语言、文字、仪轨、图示、符号等形式活动，绝不是一种偶然。

形式活动见证了文明的实际在场。

以文明起源时期的人类水利活动为例，人们最早面对的可能是一片原始混沌的沼泽，或一次次泛滥的洪水，或干旱少雨的土地，水、气候和土地的原生关系并不能符合人类生活的基本要求。与之相应，实际的水利活动都表现为，对水的疏导：开凿运河系统、建立灌溉体系，让水以一种我们意图的方式流动和储备起来，用于农业灌溉，也演化为一种重要的交通运输方式，原本自然形态的蔓延水体在一整套新的水利形式体制下运作起来。形式提供了一套新的秩序架构——这套架构源自对既有水系形态的解读，同时源自对文明生活诉求的应对，它把自然的水土气候关系与人类的社会实际需求整合成一个涵盖两者的宏大系统。形式活动转化了原始的地理形态，但保留了水的天然推动力和资源属性，只是巧妙地把人类社会生活所要求的水之形态嫁接其上，享其利而避其害。这就是我们在诸如都江水利系统对成都平原的水利塑造所看到的那种历史变迁。我们非常清楚，这一切都奠基于一幅原初的理想世界的意境蓝图：网格化的田园肌理和流动在周边的灌溉沟渠网络，以及作为放大沟渠的漕运通道——运河。一套交横纵错的网格使水的流动从一种危害演变为文明原初的推动力。一个地方的兴起，就生长在新旧形式的实际关系之中，通过嫁接把原始的自然动力和资源输送到文明社会：地方和地方性从此被塑造起来。在此，不应当把水利活动简单地视作一种孤立的文明个案，而是对文明活动总体性质的解释模型和一个精准的隐喻。

文明通过形式架构把自身“嵌入”空间物境当中，以形式操作带来的变革重塑空间的物境形态，通过对世界的形式改造使物象流变顺应着生活图示运作。这里我们能够觉察到，在形式架构的图示之前，需要有一幅“世界图景”先行向我们开启，图景之前还需要有着某种更为在先的原初领悟：对场地的全面领受和超越性地关照——这正是意境发生的环节。形式是意境的跟随者，是实现“世界图景”的某种“器具”。

刘勰在《文心雕龙》的开篇讲：“天地呈文”。天地万物产生出来的现象、纹理、轨迹、信息，这个“文”，既指符号，又指语言、文字，也指文章，还指纹样、装饰、图画、图示、意象，“文”的字源是纹饰的“纹”。天地万象最终都演变为某种形式性的东西。世界是以现象的方式抵达感知——并在思想中最终以形式的方式显现出来。作为事物和世界本身的“影子”，形式是一道介于事物和精神活动之间的中介物和界面。伴随着形式的呈现必然有某种存在关注的事实，存在活动也正是因为关注那些事实而指望形式。因此，形式首先不是别的，乃是一种显现！形式和显现具有同一性。这种显现把世界映照和投射在了思想的领域。作为世界的投射，思想开始以形式的方式思考着世界。因此，形式只是一种中介，却不能够取代事物的在场和作用。

《易经·系辞》言“形而上者谓之道，形而下者谓之器。”

“形”在这里需要做三方面的理解：1.形象、形状、形态指向一种显现；2.形成，指向一个动态的过程——运作；3.成形，指向最终给出了一种形变结果的输出—— 给定。在《易经》的语境中，“形”被视为一个从运作到显现、再到成形的持续过程，而不只是一个静态的显现和结果。形式是一个介于道、器之间来回运作的界面，思想对道性的体悟经由形式的运作获得了有形的结果，并被加诸于事物之上。使物境空间演变为一个“器具化的世界”。形式运作显示出超级的工具属性：天下万物乃至天下本身，“加工”成为那些构成生活现实世界的诸种器具。形式活动承载着秩序，裁剪万物，并把它们安置—储备—组合为一个由器具性的综合事实而重新构成的总体事态—— 世界境遇。

当我们把形式操作视作一种生存活动，全面地审视其运作—显现的领域和过程，就能清楚地看到形式与生活世界的存在论关联！形式的意义在于策动事实，在形式运作中，我们需要不断地对接事物世界，运作—显现—给定事实，安置和储备事实，按照意境的路线图改造生活世界。意境作为一种超越性的东西，通过演变为形式的东西重新嵌入到物境空间当中，在生活世界里维系着在意境中诞生出来的那种超越性。在这种意义上讲，形式是空间物境中的塑造者和管理者。形式的职能，就显现为建构和维系升起的意境和诸种意义，形式活动需要不断地对接事实、矫正自身，需要不间断地与现实世界挂接起来，像齿轮装置与事物联动，推动物境空间的世界在意境的引领下运转起来。如果我们把建构学的视野扩展到用于理解形式活动的性质本身，就会发现形式活动的建构属性远远超出了物质构造的领域，对生活世界具有开创和建基的作用。建构性是形式活动的本质属性和发生的根本原因。在生活世界中，形式要素显现为一种意义的装置，它嫁接在超越性的意境和现实的物境之间，使它们紧密地构造在一起，归属于同一种文明的推动力。只有在事物与形式共属一体，存在空间的完整性才得以发生。也只有意境与形式活动共属一体，存在空间的意义才能不断兴起，而有所归属！

厚岛小苑入口侧景，李凯生 广东省东莞市

# 目录

## 配/置



## 城市



## 形式



## 园林



## 比较



## 田野

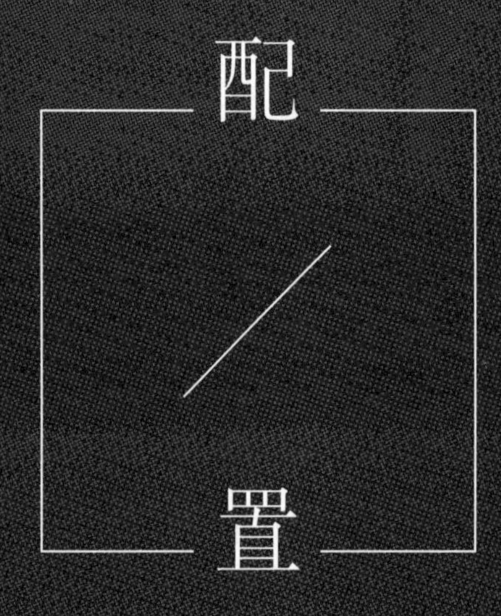
配
置

# 空间与地理

## ——空间研究的「地理学」视野

董时 Dong Shi

## 壹／“空间”

### 1-西方世界的三类空间观念

*空间看来乃是某种很强大又很难把捉的东西。——亚里士多德（《物理学》第四章）*[1]

每个人都可以谈论空间，因为我们每天都在使用空间，但要我们回答空间是什么，却很难解释。而空间，又是一个早在人类出现之前就已经存在的东西，到今天甚至到未来都无时不在，的确强大又很难把捉。但是“空间是什么”这个问题仍然在被不断地回答，“空间”一词最早在西方世界被提出后，在历史进程中逐渐发展出三条代表性的观念线索，分别为“物理—数学的空间”，“生产—技术的空间”和“存在—生存的空间”。

（1）物理—数学的空间

今天，虽然已经有了爱因斯坦的相对论，但影响我们对空间概念理解的仍旧是近代物理学中牛顿提出的绝对空间理论，“绝对的空间，就其本性而言，是与外界任何事物无关永远是相同的和不动的。相对空间是绝对空间的可动部分或者量度。”[2]绝对空间认为空间可以完全脱离外界事物而独立存在，并且处处均 匀，无差异也无变化，是一个被抽象了的空间概念（图1）。

图 1

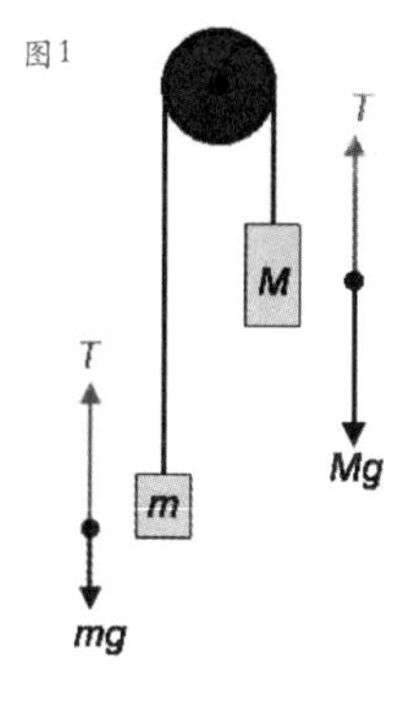


1（德）海德格尔．依于本源而居——海德格尔艺术现象学文选 [M]. 孙周兴编译．杭州：中国美术学院出版社 ,2010.

2（英）牛顿．牛顿自然哲学著作选 [M].（美）H.S. 塞耶编．王福山等译校．上海：世纪出版集团 ,2003.

不过绝对空间在牛顿那里是其“经典力学”背后的世界观，是其科学物理学研究的背景前提，因此不可避免地会因其研究对象而绝对化。

其实，早在现代物理学家认识到相对空间的可变性与多样性之前，数学家们早已开始研究各种可能的空间了。

我们知道，数学物理在科学研究上是相互作用的，物理理论都需要数学工具来表达，各类数学工具要对其进行分析与推导，就必定要有一个与物理相应的概念，那么，数学中对空间是怎么定义的呢？

“空间，就是一个多维的矢量集合以及附加在其上的各类属性。”最早的数学空间概念是欧几里得几何空间，认为空间是多维的，从点的零维到面的多维（线是一维的，平面是二维的，体是三维的，曲面是多维的），把所有这些N维矢量的集合看作一个空间的本体，并且这个空间本体具有一系列性质以及运算法则作为条件，最终得出一个N维的矢量空间。这样的空间实质上就是将空间抽象为各个纯粹的维度并给予量度上的无限延展（图2）。

图2

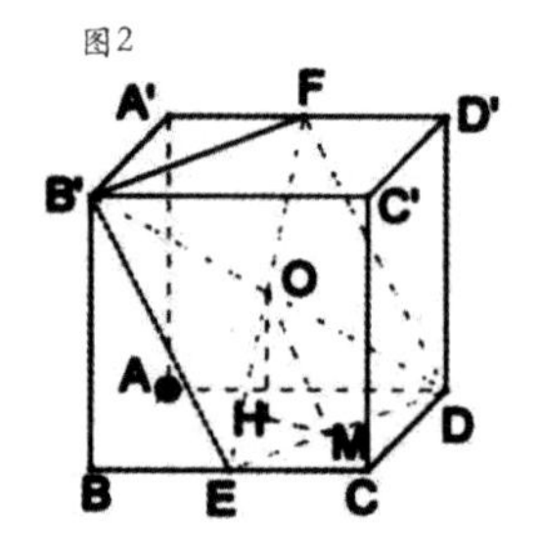


物理，物的理性，数学，数的逻辑。一旦这两者相结合，物的理性就演变为数的逻辑，物与物之间的空间被认为是一种数的关系，一种抽象的空间，脱离人生存环境的空间。

*海德格尔如此描述“物理—数学的空间”，并认为这是广延、延展意义上的空间，并不是原初意义上的空间：“从作为间隔的空间中还可以提取出长度、高度和深度上各个纯粹的向度。这种如此这般被抽取出来的东西，即拉丁语的abstractum[抽象物]，我们把它表象为三个维度的纯粹多样性。不过，这种多样性所设置的空间也不再由距离来规定，不再是一个spatium[间隙、距离]，而只还是extensio——延展。但作为extensio[延展、广延]的空间还可以被抽象，被抽象为解析——代数学的关系。这些关系所设置的空间，乃是对那种具有任意多维度的多样性的纯粹数学构造的可能性。（图3）”[1]*

图3

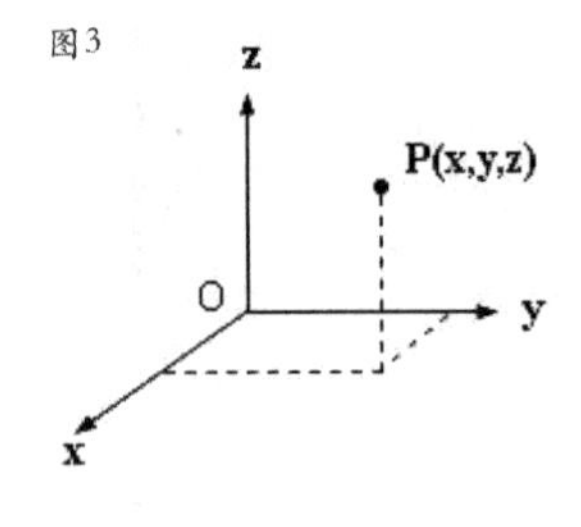


近现代科学理论（物理、数学）在观念上全面建构了新思想体系的逻辑基础，现代空间的观念就直接发展自近现代物理——数学的空间概念，现代建筑空间也依然建立在数学几何与物理力学基础之上。但是，“物理—数学的空间”最终指向的是一种抽象的结果。

1（德）海德格尔 . 依于本源而居——海德格尔艺术现象学文选 [M]. 孙周兴编译，杭州：中国美术学院出版社 .2010.

（2）生产—技术的空间

十九世纪中后期开始，现代社会被逐渐建立起来，现代社会关系也因为工业革命所带动的物质条件的改变而进行了重组，导致了社会集体空间的构成关系和空间日常生活形态的巨大变化。

同时，技术从古典时期的一种长期没有质的更新的隐性因素，一跃而成了建筑文化日新月异的主导性推动力量。技术不光在形式和材料上直接改变着建筑学空间的面貌，而且在更深的观念层面上演变为一种认识，根本地改变了我们如何理解与事物、与存在世界的关系。

> *正如琼斯所描述的：“现代的空间概念是一个复合隐喻，它体现了我们对分离、区分、连接、隔离、划界、分裂、区别和一致等的所有观念和体验。我们的透视法则和集合定律是我们对异化、独特认同和无关联的一般体验的提炼总结。它已经完全被抽象化、外化和综合为寒冷、空无的虚空——我们称之为空间。这个空间的隐喻是我们的一个现代机制……”*[1]

*1（德）海德格尔．依于本源而居——海德格尔艺术现象学文选 [M]. 孙周兴编译．杭州：中国美术学院出版社 .2010.*

图4

即使现代主义的初衷并不想将空间绝对抽象化，但也无法阻止一种现象的发生：工业革命所推动的生产行为导致空间与一切产品一样成为批量生产的对象（图4）。技术的不断发展也直接推动了空间的同质化与机械化倾向。

现代空间发展到今天，摆在设计面前的是一整套以科学为名的学科技术体系，与之相随的观念是空间问题变得越来越复杂和技术化，以至于技术化的处理已完全超出了人的思考范围，因而跟随这些技术体系而建构出的空间也转化得模糊不清。

现代空间变成了生产—技术的对象性空间，仍然指向一种抽象的结果。抽象化的结果意味着：我们离事物世界的整体存在渐行渐远；离空间的物性经验和对物的存在意识渐行渐远；以及与之相关的存在丰富性和世界性也渐行渐远；最终走向空洞的形式主义，那么，空间到底应该是什么？

（3）存在—生存的空间

回到海德格尔关于空间的追问，

*“然则物理技术所筹谋的空间，不论它如何广泛地起决定性作用，能够被视为唯一真实的空间吗？与之相比较，一切具有别种构造的空间，诸如艺术空间、日常行动和交往的空间，只不过是某个客观宇宙空间的由主观决定的形式和变种吗？”*[1]

空间称之为空间到底是什么？以何种方式存在？空间究竟是否能够成为一种存在？

首先，海德格尔讨论空间的前提是“存在者之存在”，事物本身的自在存在，因此，会先追问空间是否与事物一样具有一种存在？并且，事物的存在已作为一个前提条件被纳入到空间的讨论中。

海氏的回答依然通过倾听语言的方式，
在空间一词中，说到了空间化，
即开垦、拓荒。

*“空间化为人的安家和栖居带来自由和敞开之境。”*[2]

这里，空间化的目的是人的安家和栖居，显然，讨论的基础是站在人的存在意义上，在此意义之上空间带来的是自由和敞开之境，是一个带有自由和敞开性质的整体境域,是对人的安家和栖居的一种预设。

*“就其本己来看，空间化乃是开放诸位置，……空间化产生出那一向为栖居所备的地方。……空间化乃诸位置之开放。”*[3]

在一个自由和敞开的整体境域，开放出诸位置，这些位置是为栖居所预备的地方，而这些位置本身又作为一种储备而对外开放，实际上，这里有两个步骤，由整体境域的开放而获得诸位置，又由诸位置以栖居的储备而获得另一种对物的开放。

*“在空间化中有一种发生，同时表露自身又遮蔽自身。*

*……空间化如何发生？它不就是设置空间吗？并且这种设置空间不是又有容纳和安置双重方式吗？”*[4]

空间化的两种发生方式，容纳与安置。

1（德）海德格尔 . 依于本源而居——海德格尔艺术现象学文选 [M]. 孙周兴编译 . 杭州：中国美术学院出版社 .2010.
2 同上
3 同上
4 同上

一方面，容纳所指的就是这种设置的空间当中允许有什么东西被收纳进来，自由和敞开的整体境域容纳这些进入的物的在场与显现，人的栖居就依靠这些被容纳进来的物；另一方面，安置所指的就是被容纳的物的安放摆置，自由和敞开的整体境域可提供其安放摆置的可能性，使得物得以各就其位的相互归属。

*"但如果位置的固有特性要依有所开放的设置空间为引线来加以规定的话，那么位置是什么呢？*

*位置总是开启某个地带，因为位置把物聚集到它们的共属一体之中。*

*……那么地带呢？它表示自由的辽阔。由这种自由的辽阔，敞开之境得以保持，让一切物涌现而入于其在本身中的居留。"*[1]

1（德）海德格尔．依于本源而居——海德格尔艺术现象学文选 [M]. 孙周兴编译．杭州：中国美术学院出版社，2010.

位置指的是物的聚集作用发生之所。

地带指的是由位置所构成的由位置上的各个物所共同具有的属性的领域，使得自由和敞开之境得以保持与延续。

位置与地带是空间建构中最重要的两方面。

总之，海氏实际显示出这样一个关系：空间为人的安家和栖居带来自由和敞开之境，自由和敞开之境允诺对物的容纳与提供安置的可能性，允诺各个物以一种栖留，允诺在物中间的人以一种栖居，而这种容纳与安置作为引线是为了规定空间当中的位置。而位置又总是开启某个具有共同归属的地带，这个地带又是自由和敞开之境的保持与延续。这种保持与延续就是依靠位置来得到实现。

因此，在海德格尔这里，境域—位置—地带，这样的线索就是空间的固有特性。而位置是其中最为关键的一点。

在海德格尔对空间的研究当中还有两点关于空间的内容是非常有价值的，一是关于"边界"的定义，二是关于空间之空虚的内涵的理解。

边界与空虚的内部似乎是一个不可分割的整体，在海德格尔的眼里：

*"一个空间乃是某种被设置的东西，被释放到一个'边界'（即希腊文的peras，边界、界限）中的东西。所谓'边界'并不*

*是通常人们设想的某物停止的地方，相反地，倒是某物赖以开始其本质的那个东西。”*[1]

边界并非通常所认为的一种隔断，而是事物得以确定自身的规定性，是事物开始其自身性质的地方，借助于边界事物才得以区分，得以取得自身的形态。可见，边界并不是仅仅为形态上的划分，更重要的是作为性质的开始。

*“从空间之空虚中又形成什么呢？空虚往往之显现为某种缺乏。*

*……然而也许空虚恰恰就与位置之固有特性休戚相关，因之并非缺乏，而是一种产生。*

*……动词‘倒空’的意思就是“采集”，即原始意义上的在位置中运作的聚集。”*[2]

将空间之空虚看作是一种产生，这是非常有意义的想法，空间作为我们实际使用的东西，怎么可能完全是缺乏之意呢？不然我们真正在使用的又是什么呢？产生既储备，等待发生(图5)。

图5

结合之前引述的海德格尔对物理—数学空间的描述，实际上，他是将空间分为广延、延展意义上的“这个”空间（物理—数学空间）和原初意义上的“诸空间”两种不同性质的空间，并认为“这个”空间并不是原始的，而是由“诸空间”衍生的、派生的，根本上是没有“特性”的，是纯粹、单一、空虚的，其中毫无内容。

可见，海氏站在存在意义角度上认为空间在本质上应是具体的事物空间而非抽象的数理空间。

综上所述，在历史进程中，人们对空间的定义基本以两种倾向为主，抽象，及它的反面具体。

抽象的物理——技术空间与具体的日常事物空间从来都不是一种空间。这两种性质不同的空间概念是站在不同角度理解的结果——抽象空间是站在数理的角度，而具体空间是站在事物存在及人的生存的角度。

海德格尔的研究使空间复杂的表象关系回归基本的生存关系中，回归现象之本源的方式中进行看待，以此来化解科学分析使空间对象化的倾向。

1（德）海德格尔．依于本源而居——海德格尔艺术现象学文选[M].孙周兴编译．杭州：中国美术学院出版社.2010.
2 同上．

## 2-本土空间观念的“地理”本源

根据海德格尔溯“存在之源就是溯语言之源”的论断，寻找本土空间观念的本质之源可以首先来看中国传统的语言中说到了空间的什么?

关于中国传统汉字，我们都知道，汉字的起源最早的时候是图像而不是文字，文字是后来图像的简化以及被普遍认同而流传下来的，成为一种可以用来交换信息的符号。

而仓颉造字之初,费尽心思，不知道该如何将眼前看到的纷繁事物一一记录下来，从而突破结绳记事的不具体。后来，在野地里看见鹿有两只角，就画了两只角来表示鹿，发现，如此一来既可以保持事物的具体特征，又能将事物之间区别开来，之后，便以对事物特征的直接描绘创造出各种各样的文字来。

造字传说虽只是传说，但是我们仍然可以看到这种传说所带来的真实一面：文字真实的来自地理环境中的具体事物，往往“近取诸身，远取诸物”，代表着古人对事物的最早认识。《锦屏书院记》：“第不识仓颉造字之初，见山水而绘字耶？抑秦汉来提名之始，取字以符山水耶？”[1]地理与文字有着紧密的关系，文字来源于地理而在使用上又复归于地理。因此，我们经常会看到地名与地方地理的一种相符，如：垭，两山之间的狭窄地方，黄桷垭（在中国四川省），轿子垭（在中国湖南省）。文字最终成为一种媒介，作为一种关联而介于地理与人的生存之间。

1 王其亨. 风水理论研究 [M]. 天津：天津大学出版社，2004.

此时，我们可以基本确立一个前提：古人对一切事物的认识来源于地理，人们的生存环境是地理的，因而空间作为人的生存的一种形式对应物也应当是地理的，空间的本质源自地理。

（1）“空”与“间”的语言之源

从文字起源出发找到一种古人对空间最初的认识，接下来，具体的看文字中“空”与“间”说到了什么?

图6

“空”，金文“空”由穴和工构成（图6）。形声字，以穴为形符，表示空义，工为声符。有穴才有空，对空间的认识首先源于一种自然地理现象：洞穴。这显然是一种出于人的生存本能的认识。《墨子·辞过》说：“古之民未知为宫室时，就陵阜而居，穴而处。”可知，穴最原始的意图是在自然当中的栖居，或者说栖居是空最原始的动力。

“穴”在形态上看，是一个实体的山中挖空一块，被周边山石所包围的一个洞或孔，有一个明确的边界，是一种包容关系，可容纳人的栖居、事物的聚集以及事件的发生。穴的自身规定性就源于这样的边界的一种包容性，而其性质也开始于这样的边界或者说释放到这样的边界。如亚里士多德称“空间”为“包容着物体的边界”。

“穴”在含义上看，古意为土室，是人类防风避雨的地方，这个地方是人类在广阔的生存环境中建立的一个特定位置。

“穴”还有另一层含义，洞穴作为自然的一部分，是地的演变，而地是一切物质性存在的渊源和象征，空间的空应为一种物质性的存在方式。

可见，“穴”本身无论从形态上还是含义上都指向了人的栖居在地理基础上的延展。

作为声符的工，在此可认为是把尺子，合起来意为可以丈量的洞穴，即可把握的、可使用的地方。“空穴来风”一词可以看出空指向的不是虚无，而是发生，是等待发生之所，是一个嫁接在时间当中的发生之所，是关于存在来与去的异时性结构。因此，在这个意义上，时空指的是同一个东西，时就是空，空就是时，有意思的是“时”有一个“寸”，也是丈量之单位，时是对日的丈量，对日的一种把握与使用，在这里空作为等待发生之所，也是时与空的发生之所，如一个陶罐等待着被盛入的酒，同时也等待着被汲取之后新酒的再次盛入，这一来一去中所指引的正是人生命运的存在意义。这也呼应了海德格尔对于空间之虚空的产生之意。

“间”，金文间由两扇门，中间夹一个月亮，意为门的间隙中可望见月亮。本意为间隙之间，会意字。可见“间”所指向的物与物之间的空隙的本意也并非什么都没有，是有着实实在在的物的（图7）。与“空”不同，间开始出现了人为的门，间已不再是人对自然的纯粹认识或改造，已参与了人的筑造，在人造物中看见自然，说明人类此时已经可以通过自然物来创造一种全新的、有别于利用自然而形成的空间。

图7

“间隙”还有关于时间当中变异的内容，它代表着前后的关联与中间的变异，如在工作间隙抽根烟，意味着一段连续事件的打断与戏剧化，这意味着“间”本身并非独立存在，而是存在于无限关联中的一个节点。同时，这个节点因为被门框的特意裁剪而显得与众不同。

再有，门间隙中的“月”，还有另一层含义，可看作天的组成部分，而天乃一切精神性存在的渊源和象征，空间的间应为一种精神性的存在方式。

中国的文字都是可以拆分的，空间，空与间本质上是一个意思，是一个意思的两个方面，就像呼与吸。“空”是对地理的直接使用，而“间”则是通过人造物对地理进行观望与对话。空与间在含义上有一种互补性，如大地的物质性存在与天空的精神性存在，自然与人工，包容关系与之间关系，还有一些共同目的，如栖居，存在与存在物的包含，发生之所，容器的含义等。

总之，“空”、“间”词源提示我们：空间的产生源于在自然当中的栖居以及人为参与的栖居活动；空间的形态源于我们与物的基本关系；空间是物的位置与事件的发生场所；空间既是等待发生之所，也是存在物与存在本身的栖居之所；空间不仅象征着物质性的存在也象征着精神性的存在。空间在存在上是地理性的，因此，空间的本质之源也应是地理性的。

（2）“空间”的诞生

再者，从描述空间的传统语言中我们可以看到空间的什么？

《论语》：“古之民穴居野处，未有宫室，则与鸟兽同域，于是黄帝乃伐木构材，上栋下宇，以避风雨”。“穴居野处”，当时人们所生存的环境大概就是各种类型的野处，如山野、林野、原野等；“则与鸟兽同域”，提示我们，野处是具有领域范围的，这也许就是后来所谓的分野一词的意思，“划分野处从而建立领域”就是古人对空间的一种处理方式。

在这些不同类型的野处背后，是地理的一切，而人在大地之上的生存就建立在对大地的划分与界定之上，划分的是领域，界定的是在这个领域中的生存方式，比如宫殿、祭坛、书院、祠堂等，而这种界定又往往会出现一些对应的人工标志物，比如明堂、泮池，这些标志物是象征的、纪念性的，于是往往处在极为重要的位置。领域与标志得以确定之后，栖居者与土地的关系就得到确定，空间的生成围绕着与土地的关系进行，开始于对土地的“驯化”以及对动植物的驯化，使其从“野生”变为“家养”，从而将人类的栖居生活真正嫁接于土地之上。

我们还可以从留存的《山海经》文本与禹贡九州图上看到空间的分野：《山海经》存留下来的目录中描述到，《山经》由《南山经》、《西山经》、《北山经》、《东山经》及《中山经》构成，《南山经》由《南次一经》、《南次二经》、《南次三经》构成，以此类推，每一个山经都有次一级山经，《海经》由《海内经》与《海外经》构成，《海外经》由《海外南经》、《海外西经》、《海外北经》、《海外东经》构成，《海内经》由《海内南经》、《海内西经》、《海内北经》、《海内东经》构成。可见，《山海经》所描述的世界是被山—海地理结构划分为几个板块来一一呈现的。而禹贡九州图（图8）也很明晰，对国家的管理首先建立在对地域的划分，而对九州的划分就是在大地之上借助地理的手段，以河流、山脉为界，划分出九州，同时对其分别予以界定，即冀、兖、青、徐、扬、荆、豫、梁、雍九州，九州因为地域上的差异，地形地貌、土壤、气候、水质的不同而呈现出不同的物产、民俗、语言等，从而形成了独立又差异的九州领域。

于此，我们大概能够判断，空间诞生于对自然环境的划分，开始于边界和标志物的形成。任何空间的生成，都是一种对地理环境的裁取（分野），同时把栖居生活的空间性存在（意义）嫁接在地理领域之间，空间的单元性与组织性都是地理所保证的。人类生存的活动离不开对地理的依附，而传统空间的意义就是建立在对地理的认同与理解之上。

图8

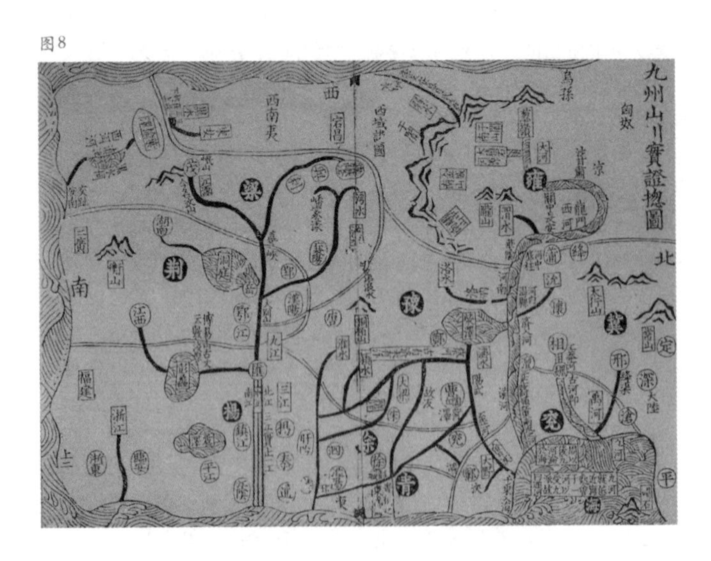

## 贰 ／“地理”

### 1-“地”与“理”的词源意义

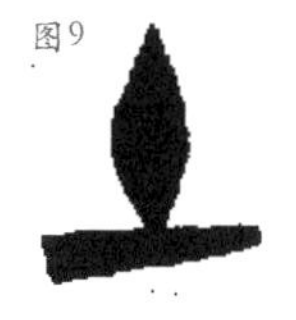
图9

要了解地理的本质含义，同样可以回溯语言。一方面，从词源意义上来理解：“地理”——“地”与“理”也。之前说到过，中国的汉字都可以进行拆解，那么这样的二元划分能够提示我们什么呢？分别来看，“地”指什么？“地”，“土，也”。“土”，泥土，乡土，领土，本土。地之根本是土，土本地之初文，“土”在金文（图9）的字源形象上为地面上的一个土块，象征着大地在对其上之物的承载与依托，换言之，大地乃其上之物的庇护者，归宿，归隐之所（图10）。因此，乡土，领土，本土，都具有家园般的意义，在此之上，万物才得以安定，立足，有自己的场所，一切各就其位。

图10
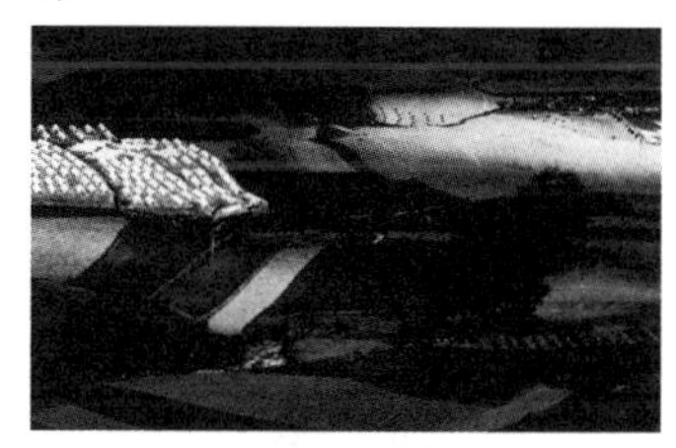

再来，关于地的词语有哪些提示呢？

一是“土地，大地，田地”。这里，“地”指包容之器，是事物与非事物（传说、消息）汇聚之容器。“裁取天地以为容器，驯化万物以为共栖。”作为容器的大地是万物的栖居之所，容纳人与事物的栖留，是一种空间的储备。 二是“地区，地域，地点”，这里“区”“域”“点”，指的都是具有一个明确边界的领域。三是“本地”，“本”，木加一横，那一横就是根的意思，指“地”乃物扎根于此的归属之地。

可见，“地”在词源意义上已经具备了诸多空间的含义：包容之义、边界之义以及归属之义。

那“理”又指什么？

图11

一是“玉石的纹理，条理，节理，道理，规律”（图11）。这是最早的一种说法，即“物的条理”。如果我们仔细观察石头，会发现，这个纹理并非能够通过逻辑一一推导出来，而是一种超越逻辑的纹理，是一种自内而外的生长之理，它带有强烈的天生之力，背后藏有一种来自土地的强大力量。从欣赏角度而言，“天地至精之气，结而为石，负土而出，状为奇怪。或岩窦透漏，峰岭层棱。凡弃掷于娲炼之余，遁逃于秦鞭之后者，其类不一。至有鹊飞而得印，鳖化而衔题，叱羊射虎，挺质之尚存，翔雁鸣鱼，类型之可验。怪或出于禹贡，异或陨于宋都。物象宛然，得于仿佛。虽一拳之多，而能蕴千岩之秀。”[1]对于其中这个道理多在于体味而非推

*1 宋 · 杜绾 . 云林石谱 [M]. 陈云轶译注 . 重庆：重庆出版社，2009.*

导，体味的是其气质，即蕴千岩之秀的“势”所在，而那种来自土地的强大力量就是势所揭示的东西（图12）。这个理，指向了事物的本源，那种天地间本有的东西。

图12

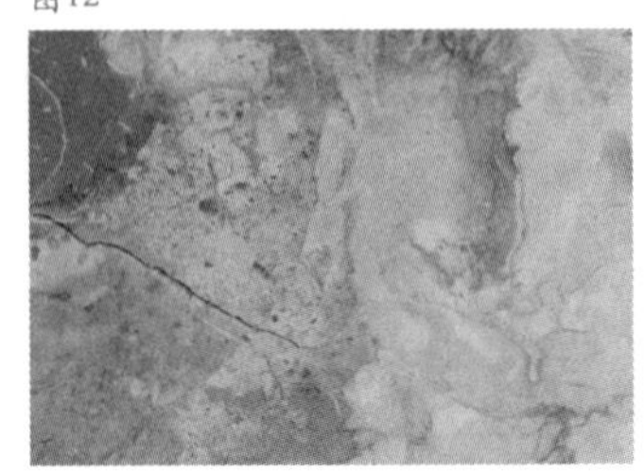

二是“雕琢，加工玉石，治理，整理，梳理”，意指行动上的条理，而这种条理的发生前提又一定是先在之条理，“石在土中，随其大小，具体而生。或成物象，或成峰峦。巉岩透空，其状妙有宛转之势，亦有窒塞，及质偏朴，若欲成云气日月佛像，及状四时之景，须藉斧凿修治磨砻，以全其美。”[1] 根据先在之物的条理继而做延续，这就是雕琢之意，是对事物之理的认同与延续，表达的是对先在之理的尊重。

总之，“理”在词源意义上主要指向的是事物背后起强大支撑的东西，是自然所保证的机制。是区别于逻辑的事物之道理。也可以说是传统中国人习惯说的“规矩”(图13），“规矩”一词指的不仅是人的也是事物的，地理的空间性与人的空间性是混成一体的，“规矩”乱了，人的生活空间就被打乱了，事物在空间中也就不得其位，不明其意。所以，在词源上，“理”不仅是一种空间运作的认识，还是一种空间使用行为上的延续。

图13

**2-中国传统地理观念下的地理学**

“地理学”是西方设立的一门学科，一般的解释为，是一门研究自然界和人与自然界关系的科学。“geography”一词，源自希腊文geo(大地)和graphein(描述)。地理学就是描述大地的科学，地理学描述和分析发生在地球表面上的自然物和人文现象的空间变化，探讨人地之间的相互关系。这种讨论建立在西方科学研究的基础之上，它们的元祖是近代物理学。

而中国传统学科并没有地理学这么一门学科，但是长期以来都延续着一种传统的地理观念，一种建立在自然基础上的地理观。认为地理是一切事物认识的来源，同时地理也决定着人的生存状态与命运。我们认识事物的最终目的是为了更好地生存，地理就是家园的意义。

*中国传统地理观最早可以在《周易》中看到：《周易·系辞下》所谓：“古者庖牺（按,即伏羲）之王天下也，仰则观象于天，俯以则观法于地，观鸟兽之文与地之宜，近取诸身，远取诸物，于是始作八卦，以通神明之德，以类万物之情。”*

《周易》的这句话一直以来是作为伏羲创造八卦的证据来使用的，但是，伏羲为什么要创造八卦呢？这根本动机又是什么呢？这句话仅作为证据还不够，我们试图来理解其中的含义：

1 宋·杜绾.云林石谱[M].陈云轶译注.重庆:重庆出版社，2009.

王者伏羲，观象于天，观法于地，我们知道，中国人认为的“天下”就是天与地，要认识天下，就得观天地之法，天地之道，认为天地是可以载道的。接着说道“观鸟兽之文与地之宜”，为什么不是与天地之宜呢？这个问题提示我们去思考中国人认为的“天下”从一开始就是天与地吗？在这漫长的历史进程中难道“天下”的概念就没有改变过么？其实对“天下”的认识过程就是一种观念的形成过程。

我们从描述“天下”的《山海经》入手，《山海经》最早是西汉的刘向校刊的，分为《山经》、《海经》、《大荒经》，从开始阅读这本书起，就一直很疑惑《山海经》当中除了《山经》、《海经》，为什么会有《大荒经》？仔细阅读之后，发现，《山经》主要描述的是山川地理，很少有国家的描述，这大概指向了山经的区域是中原国家，是一个国家内的山山水水，因此描述中总是又东几百里是什么山，又西几百里是什么山；而《海经》当中主要描述的则是国家及国家当中的人和事；但是《大荒经》从整体上来说是非常混杂的，有很多描述都是《山经》与《海经》上已经描述过的。从整个描述方式上看，《大荒经》更像是《山经》与《海经》结合的一个变体，或者说是对它们的一个混合描述。

我们可以从神话描写的内容来猜想，伏羲、女娲时期经历洪荒，洪水之后遍地是汪洋沼泽，人们以及动物们都被洪水赶到了山头，唯一的交通就是山连着山，人们沿着山脉去探寻可供生存的新的环境，这个时候世界上就只剩下山和水了，这就是《山海经》时代人们的生存环境。再看看《山海经》经典的名字：山、海、经，山指的是洪荒后仍然高出水面的山，海指的是山与山之间处于低处的连绵的洪水（海不是指今天我们所认为的海洋）。可见，当时人们对于天下的概念就是山与水。《山经》与《海经》也在不停地沿着山，边走边描写所见所闻。这时，我们可以依稀看到“地理”的影子，人们对“天下”的认识开始于对大地的关注。

而《大荒经》的描写方式在形式上虽与《山经》、《海经》相似，但在内容上却不断地提到有关于天的描述。《山经》与《海经》中虽有数千座山，但没有一座山名带有天字，而《大荒经》中不但有大量山带有天的名字与性质，而且也有不少人与天互动的事件记载。而且“大荒”是指土地、大地、荒野、荒原，这样看来那时大概已不是洪荒状态，也许是洪水退去之后的状态。可见，《大荒经》时期，人们对天下的概念由原来的山与水逐渐转变成为天与地，由此开始关注天空。

从山与水到天与地，人们对“天下”的认识日趋完善，而无论是山、水、天、地，所描述的全是地理的内容。

回到那句话，“近取诸身，远取诸物，于是始作八卦”，近取远取，取的是什么呢？取天地之象，取天地之法，取的就是那些山与水的法、天与地的理。那么八卦是否就是指这个？八卦的“卦”，是一个会意字，从圭从卜。圭，指土圭，以泥作成土柱测日影（图14）。卜，是象形字，表示在地上竖杆子，右边那一点是太阳的影子。立圭测日影，目的是观察时间进程中的天地之变。

图14

八卦指乾、兑、离、震、巽、坎、艮、坤八个卦象，都是自然现象的物象，分别表示天、海、火、雷、风、河流、山、大地。这个物象实际上与土圭所测的影同义，“影子，影像，影所成的像”，是地理映射出的象。在八卦创始阶段的伏羲、女娲时期，人们已经认识到地理对于人生命的影响作用，认为，天垂象于地，地卦象于人，天地自然最终指向于人。人是从大地上站出来的，就像山矗立于大地，卦通挂，人从山川大地上一层层挂（卦）下来，像影像一样，最终形成人的象。在此，象还不等同于通常所认为的表象，这里的象是映射着法的，人的生存与地理环境是混成的，是一个整体，是不可分离的，共享一样的道理。女娲有造人传说，说捏了个小泥人，吹口气就变成人了，可见人的生命源自于泥土（土地），又复归于泥土（土地）。这就是中国人的“地理观”：认为自然的山川地理影响着甚至决定着人的生存状态与命运，地理空间中事物的摆置、安放与生存空间的世界实质上是一致的，是一个整体。

我们也可以推断，伏羲、女娲正是在这种强烈的“地理观”影响下，为了人不要被动的成为生命，而是自主地去选择、掌握命运，于是把这种山川自然阴阳能量按天地之理分作八大类，八卦才得以出现。“以通神明之德，以类万物之情。”就是为了连接天地之道，类比万物之理，与地理更好的融为一体，这就是伏羲、女娲创造八卦的根本动机与目的：依据八卦原理而造人。这也是中国传统地理观念的雏形。

## 叁 ／“空间+地理”

### 1-空间的地理性与地理的空间性

空间的地理性指一种地理视野下的空间状态，是具有地理特性的空间。是在地理的提示下对空间最原始内涵的一种看法，使地理的性质在空间当中得到恢复；而地理的空间性则主要是站在人对地理的改造上，或者说人的栖居与地理的关系上，这里说的空间性主要指的是人的空间性，或者说与人相关的空间性。

（1）实物性

地理的固有特性是什么？

我们仔细观察地理，就会看到，在大地之上所承载的是一个物的世界，各有特征的物在各自的位置上发挥作用 ，真实而具体。这就是地理的一大特性：实物性（图15）。

对于越来越抽象化的空间，无疑不会不碰到物性的丧失问题，早在人们直接面对地理之初，那种与物直接交流的经验，如今到了城市中，开始消失，在城市中，我们似乎面对的全是抽象化的几何体，但是每一个建筑却都真实的来自于地理。来自于一块石头被切成正方，来自于一块木头被削平，人们通过对自然物质的改变而创造出城市，但是这个城市从本质不仍然是地理的吗？可为什么空间还是会走向抽象化？

这是一个观念的问题。

图15

图16

人们已经越来越疏远于这种传统的地理观念，在本质上已经不再具备与地理事物的特殊情感，随着现代社会的发展，人们的观念也逐渐走向抽象，转变成一种对物质的消费观念，所有的物质不再具备其本有的特性，转而变成一种金钱上的数量关系，东西一旦被数量化就势必走向抽象，这就是消费一词的含义，把所有的东西都演变成一种可以在量上相互交易的东西。事物的价值也就曲解为一种金钱的数量，我们回头想想最早的物质交易，一把斧头和一头羊的交易，交易的最终目的是事物的真实使用，而如今，事物虽然也仍旧是使用上的，但事物的本质已完全改变，改变的不是对象本身，改变的是人们的看法。

人们已不再将事物当作是一种真实与具体的生命物，而是一种表象，一种看上去的形体关系，但事物仅仅是一种空洞的形式关系时，其本身就已消失，其本身的势就不会发生，这就是为什么事物仍旧来源于地理，但给人一种抽象的感觉。

就好比是一个没有灵魂的躯壳。

事物本身，在它来自地理的时候，是带着地理的形势与内涵、地理的系统关系出来的，但它不再以地理的一部分回去地理的时候，那一切本有的内容都会消失而不起作用。

事物的本源就是具体性，但事物失去具体性的时候，本身就会成为一个空洞，具体性指的不是它看上去的具体，而是事物具体的存在关系，与周边事物的关系，与大地的关系，这个关系就是地理所保障的关系。地理是生活、历史的一堆东西弥补了物的视野。

因此，针对空间的抽象性所提供的地理的实物性（具体性）是对空间在观念上的提示，对空间的具体而不是抽象的提示，对空间内容和含义的提示，提示空间当中更原始的东西是什么。

同时，改变对空间抽象的看法，而是真正看到构成空间的事物的存在，以及真实的利用事物本身的形势，让事物说话，来代替人营造一个在场的环境，空间是一个真实的场所，而不是虚无。

图17

（2）世界性构造

前面说到城市当中的物都来源于地理，说明构成建筑的物都不是孤立的，都是整个地理当中被延伸到建筑的一小部分，是世界整体的一部分。这就是地理的另外一个特征：世界性的构造（图16）。

意思就是物总是在关联中找到自己，物总是无限关联中的一个节点，是无限大空间中的极小一部分，不可能独立于地理系统而独立存在，因此，地理的操作应该从更大尺度上对接，人和地理始终是一体的，这不是说人在一边，地理在另一边，而是人与地的混成，人可改变地，地也可改变人，从地球上鸟瞰，人总还是渺小的，地理才是整个世界的主要构成。

从地理的尺度到人的尺度，这中间有无数的层级，每一个事物在这环绕地球的无限大空间中都占有独一无二的地位。每一个事物都是差异共同体当中的一部分，就如两片看上去一样的枫叶，其实都有其微妙的差异。

这是地理带给我们的神秘力量，地理用理运转着世界，而世界的每一个事物都从属于地理，空间也是一样，在我们的生活世界中，地理无时无刻不在影响着我们，我们也无时无刻不在接近地理。

地理的世界性构造提示我们，空间是世界化的，是世界整体的支撑，并非独立存在的，是场所世界事物之整体存在，空间的整体性被放入在每一个具体事物里，每一个具体事物都要面对外部与内部的空间关系，都要与上一级空间相关联。

（3）自然属性

对于传统中国人理解的空间来说，是具有一种自然属性的（图17）。认为空间具有一种与生俱来的属性，一种从这个东西出现在这个世界上的时候，就带着的一种属性，它原本就是那样，是地理所保证的一种属性。

也就是说，一切事物它是什么，它能怎么样，它可以怎么样都是被地理决定的，都是早已安排好的，事物来自地理的系统，无论怎么变，都和原来的地理相关。

人与自然的一切事物都是混成的，自然里包含了一切人生存发展的类型。这些类型也都是与生俱来的，自从它出现以来就是那样的。对于我们来说，认识到空间的这种自然属性是极为重要的，去探寻空间当中事物的这些属性，从而让事物显现出来，进而开启整个空间。

我们常常在空间中会忽略事物的本有属性，而想要试图创造更新的组织。但其实，也许正是因为不懂事物的道理而变成一种简单的模仿。地理的这种自然属性提示我们，事物的原始以及它的规律条理都是需要我们去发现的。

也正是因为地理把自然属性保持在空间里，大地的理性才不会走向极端的抽象。

（4）人地混成

人的空间性与地理环境的空间性是一个整体。人与地的空间是混成的，人可以影响地，地也可影响人（图18）。因为这种混成才使得地理的空间性与人类的栖居行为相关联，地理的空间性是早已储备的东西，人类的栖居行为是之后嫁接其上的内容，是开启地理的行为。

图18

人的空间性存在从一开始就和地理相关，从“空”的字源就可以看出，山洞，穴，是最早人类栖居的空间，我们因存在活动而对地理的空间性得到认识，这也在表示空间类型的字眼里频频出现，如：

矶，水边突出的岩石或石滩；

坂，两边的坡度和坡长都一样的山坡；

坞，四面高中间低的山地；

隈，山水等弯曲的地方；

坳，山间的平地(山或丘陵间的较低处，多为穿过山岭的通道)等等，这些词构成了中国传统的空间世界。也包含着人的栖居的空间性存在，经过时间的累加而成为栖居的经验而被流传下来。

（5）对地理的驯化

图19

人在大地之上的栖居行为首先就是确定一个领域，之后界定了这个领域当中土地对栖居行为的支撑作用，确立了人与土地的关系，然后便开始对土地进行驯化，驯化的目的是为了更好的实现栖居活动，驯化的结果就是土地被人把握，管理，如：耕地种田，梳理水利等等（图19）。

这样的驯化活动使得地理与人的空间性得到整合，这过程当中还有对动植物的驯化，从野生到家养，物的从属关系被改变，人的生存活动对地理当中物的利用与转换，从地理的野生到人的管理，是人的空间性存在与地理的空间存在所发生的碰撞与交融，最终实现人在地理当中诗意的栖居。

（6）活化地理尺度

地理原本是个超大尺度的东西，是宏观尺度，而空间没有尺度限制，多大多小都是空间，地理的空间性为的是通过空间来活化地理。

图20

这种例子其实在中国的园林当中比比皆是，对地理的微缩，我们可以看到地理当中的层级关系，从大山大水到大地理小地理,再从园林到室内陈设,再从盆景到壶中天地，这样一系列的层级中都有地理的影子。在这里，地理指向的是一个世界，具有一种世界的完整性。这种完整性与人的身体，世界构成是共通的，只是层级关系问题，小螺蛳壳里都有一个道场（图20）。通过消解尺度，把对一个世界的构成发展到空间系统。

**2-"空间+地理"的建筑学方法**

前面所说的是空间对地理在性质上的类比而产生的一种看法，而这里要说的是空间对地理在方法上的类比而产生出的一种做法。

包括两点内容：一是将地理类比为空间的原型，认为地理就是先在的空间原型，地理的形制就是空间的形制，地理的运作方式就是空间的运作方式；二是认为空间的情境氛围源自地理，这显然与山水画的审美追求相关，地理不仅带来的是一个空间的形态，更重要的是地理带给空间一个整体的情境。

空间的类型与情境是人在空间中得以栖居的两个方面。

（1）地理作为空间的原型

我们很自然地沉浸在事物的包裹下，但是很容易忽略事物的最初来源，事物来自地理，事物构成的空间原型也来自地理。

事物的发展来自对地理的类比，这还得回到一个关于人的生存的问题上来讨论，人的生存最初，地理就已经作为一个先在的空间架构而存在，空间的所有原初内容、内在机制与现实的秩序都早已储备在地理当中，作为事件发生之前的预设，为生活的开始提供各种可能性，等待人的开启，将聚集物的共属一体，同时，地理也作为一个潜在的外在保障来保证人的安家与栖居。

在这样的保障下，一切在地理之上的行为都在天地的运作中延续，人类文明的延续就是一种地理性的生长，通过地理的类比实现地理性的发生方式。

人如何进入地理的运作?

可以看到，我们所见所闻的所有事物其实都来源于地理，不仅是物质性本身的来源，同时也是事物道理的来源，如我们从小就知道的飞机来源于对鸟类的类比，船来源于对树在水中漂浮的类比等（图21），地理当中有太多的东西可以提示人类，因为这些东西都是先于人类早已自在运行的东西，只不过人类开始认识到这一切。所以进入地理最好的方式就是对地理的类比。类比，在此意味着已经存在一堆事物，新事物再介入原有事物的一种方式，是对先在或已在事物的依附。类比的内容来自自已存在的系统，也更容易回到系统中去，是一种经验的类推，是过去的经验中一种最普遍最有效的方法，对地理的类比就是要懂地理。

图21

空间现象的形式、组织与内涵均源自地理，现在对地理这个词的定义已不再是曾经对地理的定义，因此，往往会陷入不理解的困惑中，其实传统中国所认为的地理就是世界的另一个解释，或者是世界的前身，包含所有历史、生活的地理内容，因此，我们所看到的空间现象，其实就是地理现象，只不过以另一种方式发生，一个看似与地理无关的方式发生，但本质上是地理性的。

空间就是地理场所，是事物栖居之所，事物在这个场所中各就其位，各明其意，栖居才得以真实的发生。

（2）《山海经》提示的世界构成

世界在上古时期的《山海经》就已经被人们呈现出来，以一种传奇故事的讲述方式为我们打开了一个古代世界。

在这个世界里有什么呢？

《山海经》通篇都在不断地描述，描述山、水、神兽、神木、神仙、国家、人，描述神话故事、地方特产与地理气候，在大量绵密细致的描述中，我们可以看到，世界就是由《山海经》经典的名称所构成的：山与海（洪水），也就是山与水。

空间的构成等于场所的构成，都源于物本身，源于来自地理系统并带着地理内涵的物本身。这些地理性的类山类水的事物要素就是构成世界的元素，就像山水画当中的那些要素，画了上千年，画来画去都是那几样，是因为世界就是由那么几种事物构成，只是在不同时期人们对这些事物的认识和理解不同，所以会一直持续地在画。换句话说，与其说山水画画的是山水，不如说画的是世界，每一个文人画家心目中的理想栖居世界。

山水画脱胎于舆图，我们知道，舆图的舆是车的底座的意思，是用来承载物体的，因为地图上载有山川、国家、城市、四方地物，所以古人叫地图为舆图，舆图描绘的都是大尺度的地理关系，舆图虽然描绘的是各个地方的地理，但是也基本呈现出一种相似的构成关系，基本以山、水、国或城为主（图22）。

图22

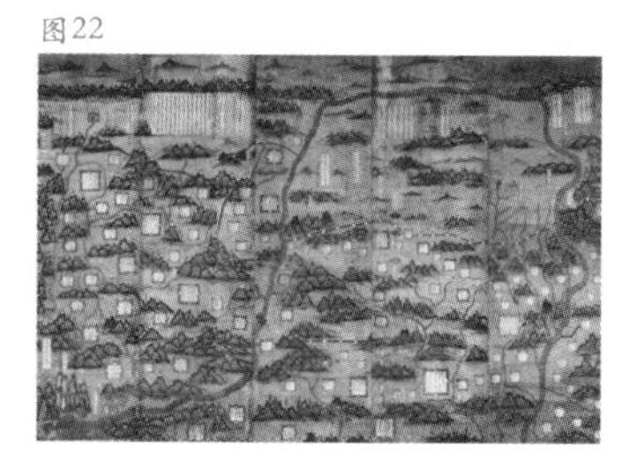

到了山水画那里，描绘的大多是以人的尺度可把握的场景，地理的内容更加具体，可以看出对生活的描述更加真实。我们知道，山水画和舆图都是一种带有观念的绘画，都是一种重构的绘画，只是尺度不同，但是无论是大尺度还是小尺度的地理，构成的要素也都是相似的。因此，可以认为，世界就是由山与水以及类山与类水的事物所构成的。类山类水的二元构成事物指的是类比于山的所有恒定与垂直的事物，以及类比于水的所有流动（变化）与水平的事物。恒定与流动，垂直与水平两组二元关系便是构成世界的一切事物的最本源的关系。

图23

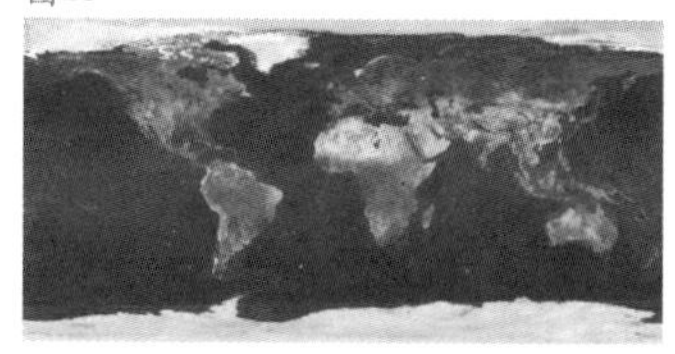

（3）生活世界的内外二元性划分及组织方式

我们仍可通过舆图来观察世界的划分。世界首先是被地理所划分的，我们现在看到的地球七大板块就是被划分后的结果，而每一大板块都有自己的边界，又因为边界的确定而使得板块内部得到差异性的自由（图23）。

图24

舆图提示我们，大地是被山与水划分的，这就是我们所说的生活世界的内外二元性划分，可以相较于中国传统的四合院空间（图24），外部是城市性质的公共开放空间，而内部则是家庭性质的私密自由空间，不受外部公共空间的控制与影响，这就是边界所起的

作用。因此，生活世界的二元性划分可以理解为：一是类比水的边界性划分，通过边界物从而确定一个领域；二是类比于山的标志性界定，通过标志物从而确定领域的性质。在这两种类比的共同作用下，便得到了内与外的二元领域的划分与界定。

这是一种确定空间世界内与外的方法，既可以形成一种整体的结构（板块），又可以使得板块内部非常自由。这其实是中国传统城市非常机智的操作方法（图25）。在此，真正起决定性作用的就是边界，在海德格尔那里，边界也得到了强调，他认为，界面是事物和空间存在的开始。的确，因为界面的存在，内外世界才开始得到划分与确定，否则将是混沌一体的。

图25

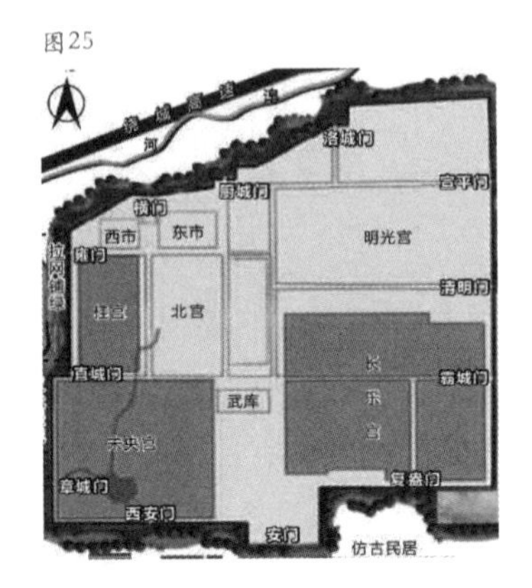


中国传统空间的做法一直都是以板块的划分作为空间的整体架构，无论是城市还是园林，这样的整体架构作为基础框架，再在内部安置空间构成物，就好比博古架（图26），确定了格子，格子里放什么，怎么放都是自由的。这与明代袁中道在《筼筜谷记》中把园林中的所有元素归为两种关系类似：一是网状的墙垣结构（这里包括普通墙垣与竹篱墙垣），就是对领域的一个划分。二是零散的建筑，植物等，就是对这个领域的一个界定，对领域性质的界定和情境的指引。

图26

世界的组织方式仍然是山水二元性的：一是类比于山，指向大地的同时性结构组织，是一种物象的罗列自治，是具体位置上随机发生的片段的组织，功能性的单元自由组合。二是类比于水，指向作为渊源来和去的异时性结构组织，是一种事物与事物连缀，关联、系统与线索的组织方式。

在类山类水的组织结构下，还有一个极为重要的组织结构，就是从内而外，自上而下的层级结构，板块的无限划分带来无限多的层级构造，每一个层级都是一个完整的世界。

世界的构成、世界的划分以及世界的组织都是同一种东西，也因此能够相互融合，成为一个整体的世界。

### 3-"空间+地理"的园林解构

*园,所以树果也。——《说文》*

直到最近，开始逐渐理解了园林与生活（生存）的特殊联系。作为一种生活方式，园林从根本上并不是某种象征，反之，更像是一个敏感的容器，适于我们的生活在其中展开。

造园师计成在《园冶》的开篇便道出了造园的目的之一：收

纳。

*落成，公喜曰："从进而出，计步仅四里，自得谓江南之胜，惟吾独收矣。"*[1]

园林作为家，作为后花园，是园主人各种生活展开的场所，因此才需要收纳，收纳那些使人的栖居得以承载的实物性场所以及使园主人的生活经验产生共鸣的精神性场所。我想大概如此，园林才会有那么多情节，那么多被园主人从历史进程中裁取出的故事片段吧。

放眼于任何一个园林，触目可及的都是一些山、水、树、花、白墙、房子、曲廊，而且，山水自然往往比房子要多，这种区别于任何一种现代建筑的园林，大概不能被称为建筑，更像是一种景观或环境。无论何时，园林都是一种特殊的场所，以一种拥有地理的方式来提供生活的可能性。这也不难理解，在过去，人们的生存嫁接于地理之上，无论是渔猎还是农耕，采集还是伐木，生活的经验都基本与地理相关。这是一种世界性的构造，每一个事物都不是孤立的，都从属于环绕地球无限大空间中的极小一部分，即使现在，我们从外太空看，地球仍然属于山水的世界，地理是先在的系统，在人类之前就已经安排好了，人是被抛入进地理的，人类要在这样的环境下生存，就必须符合大地的道理。因此，园林首先是地理的，一个支撑生活的地理底盘，之后才是具体生活的展开。

那么，地理作为生活不可或缺的实物性嫁接体，如何在园林有限的范围内存在呢？

这需要一种微缩的方式。园林从整体上看可以说就是一种地理的微缩，同时也是一种人在自然当中的栖居模式的微缩。园林所拥有的这种特殊的构成内容，其尺度的自由运作最终还是以人为衡量标准，是以人的尺度而被感知的地理内容。在一个收纳世界的有限容器中，微缩显然不是等比例缩小，而是一种彻底的重构，将采集而来的各种地理片段重新构筑到一种山水关系当中，这种微缩才是园林中常讨论的"以小见大"的本质。

再者，建筑又如何在这些被微缩的地理当中找到自己的归属？这仍然是一个关于地理的运作问题，关于人介入地理的方式问题，还是类比。在这里，类比地理指向的是建筑介入微缩后的地理的一种方式。最好的状态就是新加入的建筑"应当拥有可与当前情境进行有意义对话的品质"。[2]这样，建筑才有可能找到最合适的归属。

1（明）计成．园冶注释（第二版）[M]．陈植注译．北京：中国建筑工业出版社，1988.

2（瑞士）彼得·卒姆托．思考建筑 [M]．张宇译．北京：中国建筑工业出版社，2010.

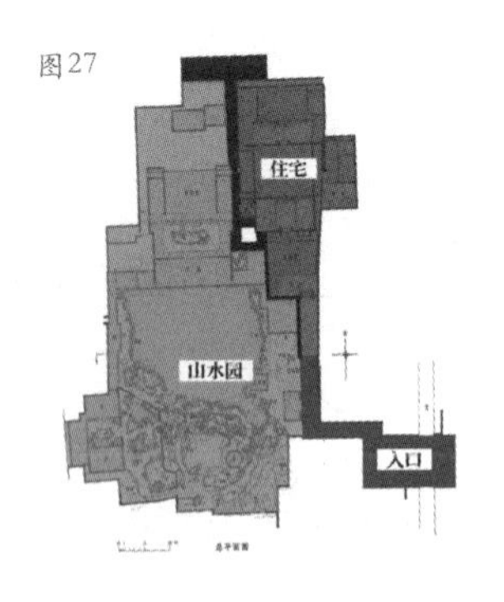

图27

图28

图29

在园林中即使新的地理内容需要在原有地形地貌上进行人造的微缩和重构，但新的地理也仍然是先于建筑而成立的，可见在传统地理观念下，园林中的环境一定比建筑更重要。

因此，对于园林这么具体的一块土地，我们可以设想，设计之初首先做的就是环境的划分，一种由边界圈定的具有特性的区域，这种区域我们可以称之为地理单元，每个地理单元都具有边界与标志物，用以表征单元的独立与个性。在单元领域确定的前提下，单元的界定往往能够更为自由。在传统城市中，院子就是一个家庭的边界，在内可以有无限的自由，而外部必须服从于整个城市的管理。这就是为什么在园林中我们往往能够感受到两个不同世界的并置与穿越。

园林最终以各种单元板块的方式集结在一起，既确定又自由，是一种相当明晰的板块结构，由差异性的地理单元并置而成，在板块结构中仍然存在着次一级的结构，填充着不同层级的内容，园林可以说就是由这样各种不同层级的板块构造起来的。

（1）板块与层级

艺圃[1]，相对于苏州的其他园子，真的挺小，以至于每次到了那里，就不自觉的想要坐下来，我想大概是因为坐下来也可以饱览整个园子吧。现状的艺圃占地仅5.9亩（3967平方米），山水园占4.2亩（2830平方米），住宅仅1.7亩（1137平方米），即便再小，山水地理的内容也要占去大半。

入口板块、山水园板块、住宅板块三大板块是艺圃中被划分出的最高层级的板块，确立了三个生活中不同性质的领域（图27）。

住宅板块与山水园板块的并置是非常清晰的，由一条处于板块边界的廊道（图28）隔开，加上墙体的延伸直到入口（图29），这既是隔离也是转换。这样一种相对封闭的廊道，只在关键处开门开窗的做法，是为了强调一种选择，在混沌中对两种世界的选择。这与入口空间的明亮形成对比，入口强调的是前方，而廊道强调的是两旁。

廊道与入口的连续划分，使住宅与山水园板块的领域得到明确，此时，这两个板块各自获得了在其性质上的自由。住宅部分因其住宅性质而以三进厅堂的序列呈现，而山水园部分的标志物则是山水。入口，是一条类比于“水”的曲折而简洁的小径，将人流指

*1 艺圃，坐落在苏州市西北的金门附近，始建于明嘉靖（1522 ~ 1566）年间。是苏州名园之一。艺圃前身是明代袁祖庚所建的醉颖堂，悬匾额“城市山林”。万历四十八年（公元 1620 年）为文徵明的孙子文震孟购得，名药圃。清顺治十六年（公元 1659 年）园归山东莱阳人姜采，更名颐圃，又称敬亭山房，后复改名为艺圃。道光十九年（公元 1839 年）绸缎同业立为七襄公所。园景开朗，风格质朴，较多地保存了建园初期的格局。有其较高的历史与艺术价值。面积约 5 亩，现大致仍保持明末清初的旧貌。*

图30

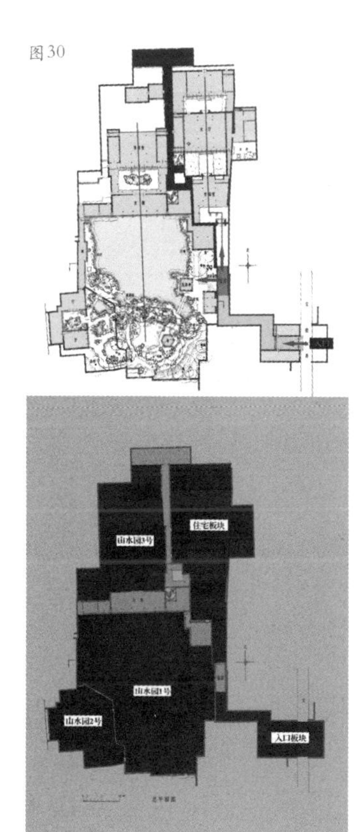


图31

引到两个通往不同世界的入口，径直的走是世俗的人间，侧探一眼则是优雅的仙境（图30）。门在此既是山水园的边界也是住宅的边界，还是入口板块的边界，三个板块在此交集，以不同类型的门来实现不同世界的转换与选择。同时，入口一曲三折的小巷，唤起了对“谷地”[1]经验的共鸣。“谷地”特征意味着一种被包围，一种束缚，一种期盼，而通过行走的过程来加强空间的张力，增加了将要开启的内容的神秘感，形成与通过谷地之后看见宽广的平原的经验共鸣。

两种门的选择像是两种代表人生的道路的选择，对应的是两条重要的轴线。东部轴线代表着一系列家庭礼制化的起居，西部轴线则是山水园与厅堂的对话。东部的轴线较为严肃，笔直，而山水园的轴线则更为有趣，自由。

从划分两大板块的边界可以看出建筑对地理的类比，就像《园冶》中所描述的：“房廊蜒蜿，楼阁崔巍，动‘江流天地外’之情，合‘山色有无中’之句。”房廊曲折延绵类比于水，楼阁忽隐忽现类比于山，水是一种历时性的流动结构，而山是一种共时性的静止结构，我们在园林中的游走与停留，就在这种类山与类水的关系中实现。

在园林中，边界的延绵往往倾向于一种类水的做法，如廊、墙、路、桥等，是一种水平且代表来与去的关系，而对领域进行界定的标志物在分布关系上则往往倾向于对山的类比，如亭、台、楼、阁，是一种垂直且向四周辐射的关系。

空间的划分具有层级的性质，不同层级的内容应被放置在划分出的不同领域。在艺圃中，山水园板块又可以再划分出三个次一级板块，这三个板块在性质上从属于上一级板块，但具有明显的差异性。三个板块分别为一个厅堂加庭院、一组书房加水园和一组景观建筑（亭）加山林，相应地，一个是会客、一个是读书、一个是休闲的场所，每一个地理单元都具有相应特征的地理类型（图31）。

图32

从整体关系上看，三个次一级板块以及住宅板块、入口板块基本都由一组廊道建筑和一道白墙划分开。这是一种园林中相对普遍的板块边界处理，最终类似于博古架的结构，形成一个大地的框架（图32），用以存放不同性质的地理内容，框架越确定，内容就越自由。

*1 谷：两山间的夹道或流水道，或指两山之间。*

图33

图34

具体的看，山水园1号与3号板块的边界。

由一道确定且庞大的体量坚决地横在园中最主要的水面上（图33）。原本一直以为延光阁是一个超大体量的建筑体，后来发现，这其实是一个放大的廊子，通透且浮于水面上，阳光好的日子可以透过窗户清晰地看到后面的庭院景观，那一组院景就如延光阁对岸山林的延续。

这一几十米长的廊子分为三段，既强调了中心的对称，也在视觉上改变了体量，两端的思敬居与汤谷书堂立在岸边，延光阁更像是一座廊桥架于水面之上，连接两端，从感觉上要轻盈很多，且水并没有断，从延光阁下一直延伸。

三组廊子在屋顶的处理上连为一体，更加强了作为边界的整体性，与对岸山林的整体性相应。同时，也唤起了“水上廊桥”经验的共鸣。因为这样的共鸣，延光阁才真正进入到这个微缩的地理环境当中，有了意义的对话。这是一种很特别的处理，3号地块的标志物主要是博雅堂，在关系上处于住宅与花园之间，这两个内容间需要嫁接一种既可以与住宅对话也可以与地理对话的内容，廊桥最为合适不过。

就尺度而言，独立的去看延光阁当然会觉得过大而不适合，在园林建筑中极少会有这样尺度的建筑，但是放在整个板块的尺度来看，对岸更大尺度的山林以及更高大的围墙就足以与这个看似巨大的廊桥呼应，在园林中，内容都是需要依靠关系来找到自身的。

山水园1号与2号板块的边界。

在小小的艺圃当中，这道白墙也是一个大尺度的东西（图34）。很自然地沿着山体划分出一个曲折有度的弧墙，墙上开了三个洞，分别位于山顶、山腰与山底，将山的关系以不同的位置嫁接到另一个世界。

白墙的背后就是浴鸥池，山体一直衔接着墙，因此墙体也并不觉得特别的高，但是到了墙后，地平线忽地降到与水面齐平，这时的墙就显得特别的高，像是处于山谷的底端。一面简单的白墙立于两个完全不同的世界当中，同样，通过门洞进行穿越。在1号与2号的板块中有大量的地理内容，地理的转换最直接的方式就是墙体。这与3号板块不同，是一种基于地理为主体的操作。

围墙在园林空间的处理上非常重要，往往很直接的可以划分出两种板块，同时也是水的一种类比，白墙与廊道都属于一种类水的做法，因而很容易关联起来，因为来自水的系统，从而更容易回到山的系统。在1号板块中，白墙与廊道连绵一体，白墙成为山林的背景，而廊道则是观景的装置。

以上是山水园板块中次一级的三个板块间的边界与转换的关系，而作为最高一级的板块，山水园与入口板块的边界是墙体，与浴鸥池的板块关系类似。因为浴鸥池板块与入口板块都是一种类比谷地的空间，在山林两侧形成呼应。山水园与住宅板块的边界则是建筑的，是延光阁廊道的延续。

综上所述，类比于地理对大地的领域划分，园林首先建立的是各种地理单元的板块，作为一个框架结构来组织整个园林，每一个单元都具有独立的内容与组织，可以很自由，而单元与单元的组织靠的是边界的转换以及线索的关联。

在1号与2号板块的边界，线索的关联就在于延光阁前后的景，1号和3号板块线索的关联在于三条路径与三座桥的延续。可见，板块单元虽然可以独立，但板块之间的关系并非完全终止于边界，而需要线索将整个园林连贯起来。园林当中各层级板块的关系就像是俄罗斯套娃，打开一个还有一个，每一个都从属于上一个。

（2）收纳与安置

图35

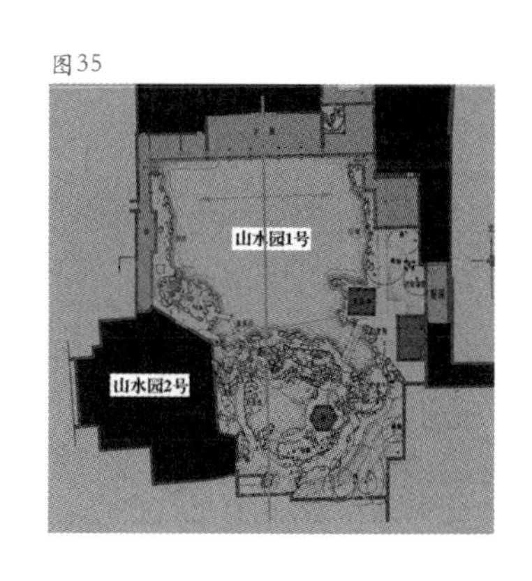


这里，主要以山水园1号板块为分析对象。

在这个四周以廊道与墙体作为边界的板块中，最为重要的结构就是垂直于延光阁的中轴线，这条轴线几乎控制了所有的物的摆放。

首先，看看什么进来了（图35）。在板块中最重要的是一片山林；及延伸至延光阁的水面；有三个景观建筑，分别是乳鱼亭，朝爽亭与思嗜轩；有一条连绵于板块三个方向上的廊道；有如屏障的大白墙；八个门洞；两座桥；大小形态不一的几株树、花；水中游荡着一群鱼；有几段历史典故；有几个神话传说等。

在这个小世界中，包含了山、水、植物、动物、建筑、神话传说等等看得见看不见的、空间的、时间的物，这里头所包含的与《山海经》的世界构成是一致的，这个小小的园子是世界的一个小层级，但该有的都有，非常完整，只不过是一个微缩的世界。

我们可以看到，收纳进来的物基本都还是保持着地理的特性，如指向恒定与垂直的建筑，花树，门洞，山；指向流动与水平的廊道，墙，水，桥。它们都以物的身份出现在板块当中，带着物的特性与地理所保证的秩序。

这些被收纳进来的物是如何安置摆放的？

在这个板块中，占主体的是山水，其他的一切事物主要围绕着山水进行安置。首先是作为边界的廊道，我们可以看到，在北面的正中间是延光阁，作为一种放大的廊道形式，向东西两端延展，西边一直延伸至浴鸥池的边界，与里面的书斋串联，其中分布有一个半亭，但依然还是属于廊道的性质。这时廊道的形式有了变体，不再是像延光阁那样具有一定的功能性，而是变得通透且狭窄，而向东延展的廊道，之前说到，由于作为住宅的边界，仍然延续了一种建筑的廊道方式进行收尾。这是一组类水的延绵的边界物。

再看到余下的边界，也是南面向东西两侧延伸的边界，不同的是，不再是廊道而是墙体。这正好与对面的廊道形成呼应，但其实真正起到关联作用的是作为景观装置的廊道与山体的对望。我们看到这两条边界都受中轴线的控制而形成对称，但并不刻板，只是保持了一种对称关系。

再来，就是关于更近一层的内容，几个景观建筑的位置选择，在平面图上可以很明显地看到乳鱼亭与朝爽亭两者与浴鸥池入口墙面的对称关系。其实，在我还没有看平面图的时候，在场地上，原本以为这两个亭子是和对面的廊子上的半亭形成三角关系。后来走到延光阁里面去看，原来真正起到对称呼应作用的是那道浴鸥池入口的高墙，也就是说乳鱼亭与朝爽亭的位置是根据那道高墙来确定的，也因此朝爽亭的位置不在对称轴的交汇处（图36）。

图36

乳鱼亭建在入口的位置是为了聚集一个临水的建筑场所，而朝爽亭的位置是为了聚集东侧上山的人到山顶的场所。朝爽亭是将山体最平整的地方让位给了场所，而这个场所的上方是整个山林最高的树的位置（图37）。

图37

至于思嗜轩，是后来建的，但是在它的位置选择上可以看到与其他两个体量相当的建筑的关系以及似乎是廊道的一种边界意义上的延续。

图38
图39

接下来是两座桥以及路径的安置，桥与路都是类比水的来与去的异时性结构，串联的是游走的路线，我们可以看到两座桥是完全不同的，西边的桥是一个浮于水面之上的平板桥，并形成三折，平行于浴鸥池的高墙，而东边的小桥是一座笔直的石拱桥，虽然不大，但还是可以看得出拱起的形态，承接的是乳鱼亭与朝爽亭两个不同高度但位于桥两端的物。桥是路径与水相交时的变体，廊道也是路径的一种变体，路径在西边山的那头被分化为三条不同高度的路，在不同高度上视线也在转化，同时，通过三个门洞一直延伸至浴鸥池三座桥。

这些基本就是一些事物的位置空间关系，每一个位置都和地理相关。还有植物的分布系统，也很讲究。植物基本是一个配置的概念，比如，山的东西两侧，一边是竹林，茂密阴深，一边是枯萎的爬山虎的墙面，通往浴鸥池（图38）。再如，廊道边界的两侧，西边通透的廊道种植的是茂密的松树，而东侧窗格扇前种植的是枯枝形态的桃树，相互映衬相互共同塑造一个整体（图39）。每一个物都有其自身的特征，只有安置在其应该在的位置，才能发挥出物最大的作用，只有各就其位，才能各得其所。

园林巧于“因（外在促成）”、“借（内在需要）”，精在“体（得当）”、“宜（合适）”。

> *“独不闻三分匠、七分主人之谚乎？……故凡造作，必先相地立基，然后定其间进，量其广狭，随曲合方，是在主者，能妙于得体合宜，未可拘率。……第园筑之主，犹须什九，而用匠什一，何也？园林巧于‘因’、‘借’，精在‘体’、‘宜’，愈非匠作可为，亦非主人所能自主者；须求得人，当要节用。”*[1]

这里“巧”指的是源于哪里的意思，“精”指的就是精确性，那“精确性”指的是什么？尺度上数的形式上的明晰？功能上的一丝不苟？还是意义上的确然？应该是意义上的确然。这里的“体”、“宜”，得体合宜，得与合就是得到合适的位置，体与宜指的是那个体、宜的物对本源的指向，整体来说就是物处于合适的位置才能开启对本源的指引，而开启对本源的指引才能获得物存在的意义。

1（明）计成.园冶注释（第二版）[M].陈植注译.北京：中国建筑工业出版社.1988.

图40

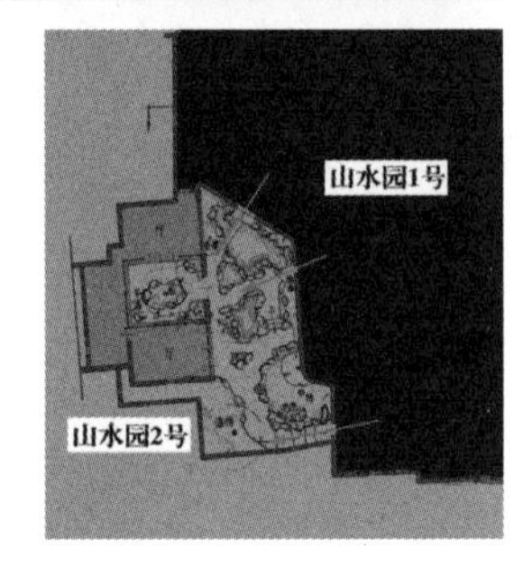


（3）类比与微缩

在此，以山水园2号板块为研究对象（图40）。

类比地理的“谷地”，浴鸥池就是山谷中的溪流，与山水园1号板块的山林形成一种连续关系，沿着山走，随着溪水声，经过一道门进入一个完全差异的院子，此溪水声为我们展现的是一组带院子的建筑以及一条小溪，不宽的水面和架设在其上的两座精致小石桥和一座石板桥（图41）。

浴鸥池的尺度非常的精致，微缩了自然山水的内容。微缩山水的实现在园子内遇到的最大问题就是尺度问题，然而浴鸥池的精致就在于不宽于2米上下的水面上设置的石桥。水面的尺度与地面的尺度使用的不同之处在于，在相同尺度之下，水面的尺度更加放大，即使是一米左右的水面宽度，对岸的分割感就非常强烈。当大尺度的山水微缩下来的时刻，水面重置在本质上更加容易操作，相对的不会损失尺度的距离感。而桥面的架设还原了穿越水面的经验，加大了尺度的保留力度。

在三座石桥的处理上是不同的（图42），在于从整体关系上这三座桥都分别承接着山的不同高度的延续，浴鸥匾额的园洞入口处是一个石板桥，是从山底的路径而来，相当于是平行于门口的小桥的另一个方向上的延伸，而第二座自然的小桥是接近水面的，这座桥承接的是从山腰过来的路径，而第三座则是从山顶来的路径，是一个微微拱起的自然小桥，可见，由于地理关系的不同，具体事物的处理也相应的不同。

但是从经验上来说，石板桥更容易通过，所以也是最直接通往小院的桥，而其他两座小桥，当我们穿越的时刻，会有一种强烈的过程感，过程的延长促使了距离的增加，和力量的体验。石桥的坎坷表面强制让你时刻注意脚下所走出的每一步，也提醒着你在过河的这种过程。它增加了空间的乐趣，而乐趣本身就是增加空间张力的最好方式。我们可以保留各种原有的空间动作，保留原有真实地理内的活动可以唤醒更多的经验共鸣，这些就是小小的浴鸥池可以展现出无穷魅力的原因。

图41

图42

## 肆 / 结语

文章通篇都在围绕空间这个问题进行讨论，起因就在于空间的无限抽象化导致了问题的出现。因此我们开始反思空间，反思对空间的看法与做法，目的是回到空间本身的思考。

文章通过从剖析空间现象的内涵和义理出发，关注空间的意义承载与建构问题，使空间复杂的表象关系回归于基本的生存关系中，回归于现象之本源的方式中进行看待，以此来化解科学研究使空间对象化的倾向。把空间重新作为“生存世界或生活世界”来看待，探寻空间最原初的内涵与义理。我们认为，空间的内涵与义理的本源都来自于地理，是地理本有的，空间现象实际上就是地理现象的变体，空间在存在本质上是地理性的，因此提出一种空间研究的“地理学”视野，回到对本源性的追溯，以此来对抗空间“国际化风格”的抽象倾向。从而回到空间本身，回到空间的原初——地理。

# 一个空间的装置

## ——柯布西耶作品中的空间装置性分析

高曦 Gao Xi

### 壹／柯布作品中的空间特征

在现代主义的各种艺术探索中，先锋的转变首先出现在绘画中，现代绘画的多样探索都是在打破传统透视的再现方式，寻求能够代表时代特征的开启性的新表现方式。在此类探索的大潮中，勒·柯布西耶是其中代表性的一员。他作为一个被广泛认可的建筑大师，在绘画上和建筑上都有深刻和系统性的寻求时代性的建筑和绘画语言的探索。

在柯布的作品中，人们可以观察到形式单元以一种层叠的状态也可以说是层化的状态飘浮在空间中。他的作品中出现的这种特性仿佛与机械呈现出来的状态十分相似。在柯布的那个时代，机械和技术成为时代性的主流语言，整个时代被机械的出现深刻地影响和控制，艺术家们被机械和技术所震撼，努力寻求最能够体现时代特征的形式语言。

这种机械的装配特性在艺术中的最明显的形式化体现要数20世纪60年代出现的“装置艺术”了（图1）。这也是首次应用“装置”这个词来作为一种艺术的表达形式。顾名思义，“装置艺术”具有机械装置的装配特征。是一种利用“现成品”本身所带有的意义和内涵，并将这些“现成品”进行摆置组合，使它们以非正常的方式发生作用，创造另外一个世界，既陌生又似曾相识。文章借用装置艺术的“装置”一词来命名柯布作品中出现的特性。在他的作品中，我们不仅可以看到机械装置中所具有的精确的形式语言单元的装配，也能够看到在装置艺术中出现的这种在新的装配关系的条件下，带有确定含义的“现成品”的原始意义与形式的松动，和新意义的涌现。我们将在下文中讨论的正是这种特性，我将这种空间特性命名为“空间装置性”。它从何而来，具有怎样的特征，它是如何指引柯布的形式语言操作手法的。

### 贰／明确“装置性”的内涵

1.20世纪的机械大发展和装置性的联系。前文谈到“装置性”的具体所指的问题。我们可以发现，“装置性”的问题和机械与技术的问题具有很强的相关性。机械问题相关于“装置性”问题的两个方面，首先，机械的构成方式和运行规律与装置性同源；其次，“机械”作为一个可以命名时代的语汇，是装置性发生的时代背景和基础。

从形式类比这个意义上来讲，“机械”和“装置”都具有各个部件之间以一种精确的位置关系被放置，并且在一个确定的类似公式的规律系统的控制下，发生传动作用的实物。

图1 装置艺术作品（作者自摄）

从时代意义上来说，“第一机械时代”给了“装置”发生的背景。如果是在这之前的手工艺时代，也许这个“装置性”的视野就根本不会出现，是机械的大发展带来了各个领域的巨大变化，这种变化都是根本性的、重构性的，也导致了我们审视世界的视野发生了大变化。

机械时代的来临导致了时代的剧变，如果将整体的自然世界从“装置性”的角度来理解的话，它是一个各个部件都各司其位又具有紧密和精确联系的装置。而机械时代的来临使这个世界的大装置中出现了局部的失衡。而在此种情况下我们需要给这个世界装置一个局部性的重构，重新建立新的平衡。

2.海德格尔对技术的追问丰富了“装置性”的内涵。海德格尔通过对现代技术的本质的分析，发现其本质带有如此强烈的前文讨论的“装置性”意味。所有对象和客体甚至是人本身都成了处在各种装置骨架下的一个齿轮，被现代技术这种强力的集置所控制，在这种控制下，所有的个体都转变了其角色。具有了一个角色，这个角色具有极强的确定性和稳定性，这个强力的集置中的角色被固定下来，以至于人们一看到它就会直接联想到其在集置中的作用和角色。在“装置性”中，就像现代技术的本质中所见，在一个强力的秩序骨架的控制下，每个在其中的个体都被纳入这个体系中，同时被赋予这个秩序骨架下的角色，也就是“装置性”所具有的重要特征。

在雷纳·班纳姆所著的《第一机械时代的理论与设计》一书中，首先将20世纪四五十年代第二次工业革命前后那段时间以“机械”命名为“第一机械时代”。

3.从机械装置性到艺术装置性。机械和技术的大发展的现状给时代带来了颠覆性的巨大变化，而艺术却还沉浸在旧的体系中停滞不前，虽然艺术家们也意识到时代的巨大变化已经催促着艺术不得不进行改变，但是人们总是难以从已经建立的固定的秩序和原则中走出来。而艺术亟待建立一套新的美学体系来适应和指引世界，这就是体现时代精神的新的美学系统。

在这种局面下，艺术家们开始关注机械的元素和机械生产所具有的特征。他们关注到机械运转时所具有的动态性，将机械的各个部件都带动起来，各自在各自的位置上运转并且自己的运转也带动了其他部件的运转，这种运转将原料制成成品，或者实现能量的转化。这种结果的变化是十分神奇的，然而这种神奇的变化就是靠机械的这种“装置性”而达成的。艺术家们开始想要表达这种特征。他们将机械元素形式本身纳入表达和着力表现机械生产所具有的运动性的、联动性的特征，而不是一个静止的结果状态，将时间维度放入艺术中。然而，传统美学是一种表达事物的静止状态的美学，其被透视学所控制的观察和表达方式正是建立在这种传统美学的观念基础之上的，这对于艺术的传统是颠覆性的改变。

机械成为“装置”运转的基础，还在于每一个部件元素位置和形态的确定性。如果将机械部件的任何一个元素变换成另一个东西，就会使这个机械“装置”无法成立，无法运转。艺术家们也关注到了这一点，开始对于艺术作品的构成元素进行确定性的控制和筛选。他们放弃了传统艺术形式里自然地、随性地选择的元素，而是开始选择具有机械时代特征的元素作为构成艺术作品的基本元素单元。在机器大生产条件下产生的无差别的、标准化的工业现成品，成为重要的艺术表现语言。

除了机械装置的运动性和元素的特征，保证机械装置能够完美运转的一个重要的原则就是其精确性，所有的部件元素个体必须具有形体上和位置关系上的绝对精确性才能够完成这种完美的传动，否则就无法运转，所以这种精确性是机械装置成立的保障。同时，通过精确严密的机械运动可以生产出具有无差别的、精确的造型和功能的工业产品。也就是说，精确的过程保证了产品的精确。那么如何保证这种精确性呢？我们可以发现，机械的个体部件如一个齿轮等，造型都是遵循着几何规律的。而且，运转的轨迹也是遵循着几何规律的，例如齿轮间的运转就是两组不同半径的圆的相切。所以这种精确性，被认为是几何和数学所带来的。这种机械部件和运转过程的几何性的精确，导致了生产出的结果也带有几何的精确性，如一个圆形的盘子一定是正圆。或者瓶子一定可以被分解为几个精确几何形体的组合等。这种几何性的精确，虽然是机械装置的重要保证，却与古典主义时代的几何传统惊人地一致。所以，几何和数学又被认为是连接古典主义和机械时代的时代特性的纽带。这种几何和数学所带有的精确性不是时代性的而是真理性的，是一种真理性的精确。这种几何的纽带是应该被利用的，可以被作为局部建立新的平衡的装置时与过去和整个世界的大装置之间的纽带。

机械的“装置性”与艺术的“装置性”虽然十分相关，但是绝不会是一样的。艺术的“装置性”有其作为艺术而成立的自身的特征。艺术的“装置性”中所指代的秩序，是一种控制性的但是有很大松动的空间的秩序，不是死板和强硬的控制，而是一种能够修正和控制其发生的质量的背后的准绳。这种秩序，可以拿诗歌中的“韵”作一个类比。中国古代诗歌中的押韵给了诗歌一套规律性的发生准则，诗歌语言是被放置在这个发生准则中的，虽然这个准则很强硬，但是仍然不能阻碍诗歌在这种系统下自由地发生、表意。甚至，可以说，正是有了这套准则，才更好地保证了诗歌语言发生的自由性。在艺术中，基准线的应用就可以说是这种艺术装置性中所包含的秩序的一个表现。艺术家们用基准线来进行几何定位以达到最高的造型价值。这在柯布西耶的建筑中和纯粹主义的绘画中都有表现。

4.从“装置”的词源义分析来看“空间装置性”的意义。语言和文字，本身就是一种赋形的工作，与形式的意义类似，也是建立一个与真实存在的世界并列的完整世界，去影射真实存在的世界。文章在这个意义上进一步地通过对于“装置”这个词的词义辨析来进一步理解“空间装置性”的具体所指。

“装”，在《说文》中从属“衣”部，“壮”声。可以看到“装”的古文字体（图2），上半部分的“壮”形声，而下半部分的“衣”形意。通过研究古文字对于“装”的种种解释，无论是装饰还是贮藏、假装等，都有包裹的意思，同时还有表示包裹的动词含义、安装等，都有成为另一物或者体现变成另一物动作的意思，也就体现了上文中对于个体形式元素的命名和赋形的工作。而且是利用了原本就存在的现成物，就像柯布应用的几何体静物对象一样，赋予其另外的意义，机械的、技术的、古典建筑的，等等，成为另一物的意思。

图2 “装”古体字，《中国汉语大字典》

图3 “置”古体字，《中国汉语大字典》

“置”，《说文》：“置，赦也。从网，直。”段玉裁注：“直亦声。”我们看到“置”的古文字体（图3），上半部分是“网”字，下半部分是“直”字。而且整个字被“网”字网住。上半部分的“网”字是表意的部分，而下半部分的“直”字是表音的部分。综上所述，“置”之意义，归根结底与“网”相关，赦或者弃都与脱离网的控制有关，而安置、置办、树立等则与建立网或者置入网中被网所控制有关。这个意义也与上文所讲的柯布的建立一种“装”所指代的形式单元个体的被集合和装配在一起的原则的意义相类似。

“装置”是个外来词汇，在中文里将这两个字并在一起成词并不存在，所以要想知道装置一词的词义，还是要研究翻译之前的原始词汇的意义。“装置”一词的英文为installation。Installation的动词词根是install，就是将物放在它应在的位置上，什么是应在的位置？这是装置所关注的核心问题。“装置”一词还与海德格尔的《技术的追问》中“座架”一词的意义类似。在《技术的追问》中，“座

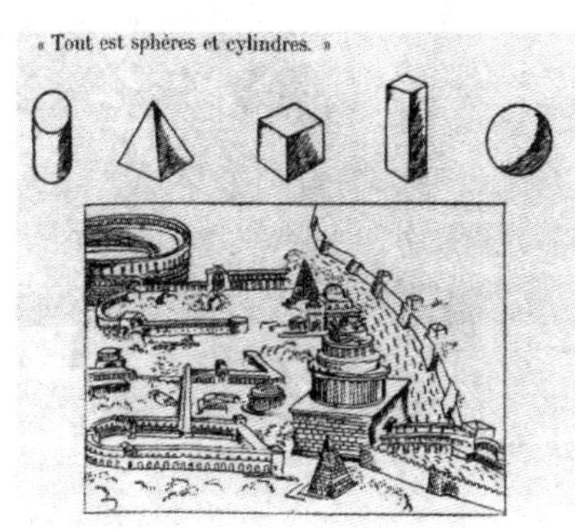

图4 柏拉图形体，《走向新建筑》

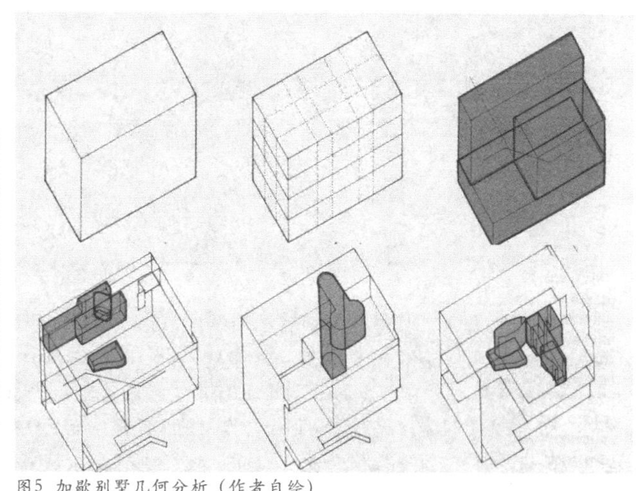
图5 加歇别墅几何分析（作者自绘）

架”一词的德语词汇是GE-STELL，是支架和支撑的意思。表示支架式的结构，有台和座的意思，也有身体骨骼的意思。这个词在此书英文版的翻译中是enframing。 Installation 更加强调的是物的放置，和物的位置问题的准确性。而enframing 更加强调的是总体的构架和结构的秩序性，是总体的控制性的结构问题。

通过对于时代性、现象学对技术的思考和艺术家应对机械时代的探索和“装置”的词义辨析，我们可以理解到“装置”一词的内涵。它包括构成装置的个体单元的形式语言的控制与赋形（“装”的维度），还包括将这些个体单元的形式语言结合成一个精确的、传动的被装配在一起的精密仪器的和集合成一个整体的原则和构架（“置”的维度）。下文将从“装”和“置”这两个维度来分析柯布的绘画和建筑。

## 叁 ／“装”—— 形式语言的纯化和精确，为“空间装置性”提供元素基础

1.几何形体作为原型和造型的基础提供了形式元素图形上咬合的可能。柯布在纯粹主义思想中，强调了几何作为一切造型语言的基础（图4），是有其深刻的传统意义和现实意义的，几何系统，由于其自身所带的秩序性，和作为衍生其他具体形式的基础，一直存在。在机械科技发达的当时，使得抽象的完美几何形体的产生成为可能，同时也更加强调其自身所蕴含的秩序性，这种秩序性使独立的个体可以被联系在一起。

在加歇别墅的几何分析中（图5）可以发现，首先，在整个建筑的大形体关系上，通过对于整体矩形给予特定比例关系的参考线，可以发现大的矩形可以被拆分为三个矩形体的拼合。其次，在建筑内部的空间布局上，各种空间单元也以几何单元的形式放置在建筑内部的空间中，这些几何形体的空间单元每个的个体性都十分清晰，并且，都是以被放置的方式出现在空间中，与边界不相交接和混合，这就表明在作者的意图中这些几何空间单元是清晰的个体元素，没有与上一级的整体建筑体量混淆。但是，它们之间的关系又是复杂和丰富的，这些几何形体的空间有的共用部分边界，有的发生了空间单元的交互和咬合，呈现出了装置性的联动空间单元关系，而几何的秩序为这种联动提供了隐性的关系保障。

图6 Vertical Guital, second version,1920, Jeannerent(Le Corbusier)

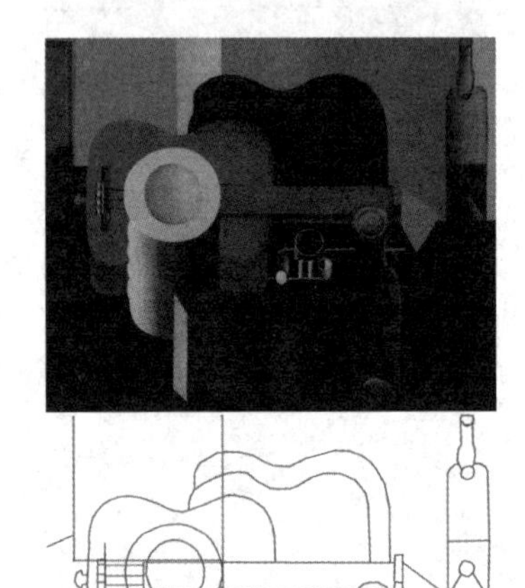
图7 Still life, 1920, Jeanneret(Le Corbusier)分析图（作者自绘）

2.形式同时体现。机械元素语言和传统建筑语言提供了形式元素意义上咬合的可能。在柯布的绘画作品《Vertical Guitar, second version,1920》中（图6），画面左侧的这个瓶子上和右下角的杯子上，柯布将机器上起到联动和咬合作用的齿轮这个元素在瓶身上体现，作为构成瓶身的形式语言，同时，这个形式元素从另一个角度也可以被看成是古典建筑的多立克柱式柱身上的凹槽，也同时可以被认为是古典建筑中典型的柱廊的形式。由此说明，柯布对于机器元素的使用没有强调其作为一种机器元素的具体实物性，也就是没有以实物再现的方式描绘一个机器的齿轮或者烟囱。而是应用了一种与古典建筑形式和其所表现的标准化生产的产物（瓶罐）混成的方式来表现机械的部件。这种多义和混成发生的基础是什么呢？之所以选择瓶子、杯子等形式作为形式载体，是由于其为人们所日常使用所熟知，具有清晰可辨识的恒定形式特征。在这样的载体中发生机器元素、古典元素多种语义的叠加，使得这种叠加和交互所发生的碰撞被控制在这种日常形式的确定性中，成为语义混成的基础。

3.形式的主角都是标准化的产物，而且与日常生活相近，保证了形式元素个体的独立完整性。柯布的作品中保有明确的实物性，但是如何在既保有明确的实物性又表现几何关系中找到一个恰当的结合点呢？柯布选择了人们日用品中的标准化产物来完成这种结合。这些瓶子、罐子、盘子、吉他等物的形体可以被还原到纯粹的几何形式的组合，同时又由于这些物品的形式的确定性（机械时代标准化的产物）和与人的生活的距离的接近，人们对于其形式的熟知程度很高，以至于虽然对这些形式的细节作了减省，但仍然能够通过对于轮廓的辨识清晰地认知到其实物性（图7）。这样就保证了在空间中装配的每一个形式语言单元都有一个清晰可辨识的基础，这为机械和古典建筑语言等要素的发生提供了基础，保证下一个讨论——联动的发生并且成为多重意义的载体。同时，利用这些日常性的形式语言也是为了消除不是时代性的叙事性和主题性，使画面成为一种体现作者对于时代性理解的空间装置。作者利用这些形式元素通过安放和摆置其位置关系形成一种空间的装置来表达作者对于时代特征的宣言。

图8 加歇别墅分层分析图（作者自绘）

在柯布的建筑作品中，这种关系也表现得非常明显，在其建筑作品加歇别墅中，将每层以轴测的方式拉开（图8），可以清晰地看到在外围的墙体包围中，就像是一个盒子，也就像是柯布的绘画作品中的边界，里面的那些个体，每个空间形体独立存在。比如在一层的楼梯形体的处理上(图9)，他将楼梯的形体顶部与楼板之间设置一个缝隙，强化这个楼梯形体的个体性，并不与楼板的形体相混淆。

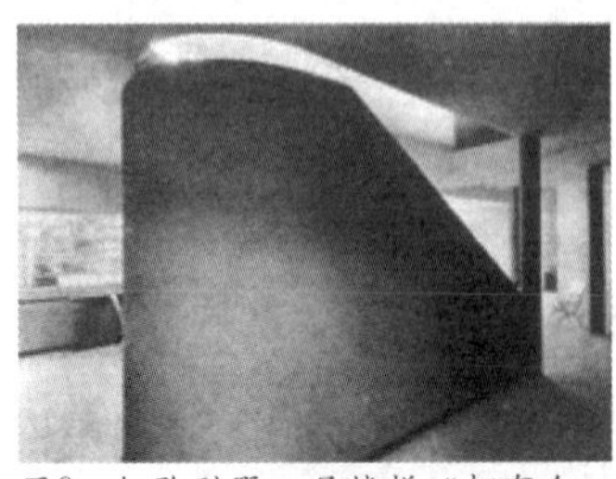
图9 加歇别墅一层楼梯《柯布全集》

图10 Still Life with Siphon,1921, Jeanneret(Le Corbusier)

4.形式体现人类身体所具有的对称性和其他特征提供了装配的准确性和联动的动力。在关注几何性和机械性形式的同时，柯布还对于具有对称性的形式，以及带有对人类身体所有的曲线和秩序的形体强烈的迷恋，并在其绘画和建筑作品中反复出现（图10）。尤其到柯布的艺术创作的后期，曲线和女人体成为柯布建筑和绘画表现的重要形式语言。

这种符合人体规律的、对称的、美妙的曲线，不仅仅体现了对于人体和生命的钟爱，同时这些曲线也打破了全是直角统治的几何形体的静止性和稳定性，体现了机器的传动和动能的流变。柯布的绘画中的那些曲线像是将机械的动能凝结在那些曲线的形体中，是一种机械动能的贮存物。就如同在海德格尔《对技术的追问》中，对于现代技术的本质所说的，是一种能量的储存物，一种持存。在柯布的建筑作品中，这种曲线对于空间的传动作用就表现得更加清晰。在加歇别墅的平面图中，我们可以清晰地看到，柯布应用这种曲线形作为空间动能的持存(图11)。二层平面上出现的两组曲线墙，将空间的动能贮存于其中，并且打破了矩形空间的静止性，和一眼就能洞察的清晰性，形成了不稳定的流动空间。这与机械的传动性的皮带等的作用十分相似，就像工业漏斗的倒三角锥，这个凝固下来的形式背后，是材料流动方向的流动性的持存。

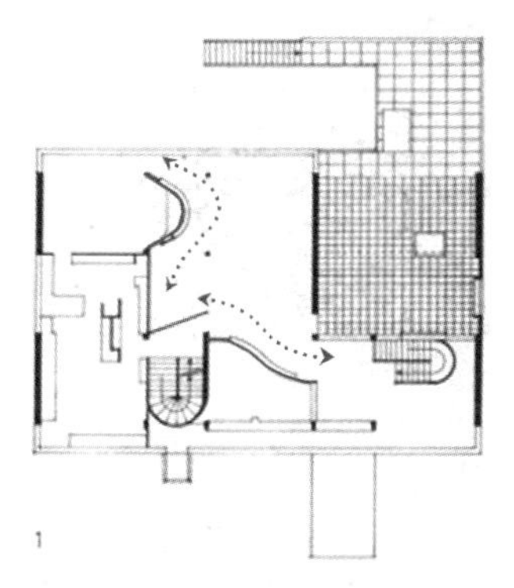
图11 加歇别墅平面功能分析图（作者自绘）

## 肆／“置”——形式语言的精确摆置和装配原则，是“空间装置性”的 运行法则

1.轴测推翻了透视成为观看世界的窗口，使形式元素在空间中的位置关系可以被运作。随着机械和技术的发展，一点透视下表达静止画面的传统已经不能适应和指引新的时代，人们开始探索新的表达方式，开始慢慢打破这种透视传统。那个时代对于这种“视网膜艺术”的不认同得到了那些富有创造力的艺术家们的广泛认同，他们都在寻找一种超越视觉再现的新的艺术表现形式。艺术所要表达的——正如毕加索所说：“不是你的所见，而是你的所知。”

直到立体主义之后，柯布和奥赞方的纯粹主义更加打破了这种传统，将轴测的表现方式放进绘画的表现中。他们的画面上所绘物体都不是以透视的状态出现而是以一种轴测的方式呈现出来。这种轴测方式的兴起，与机械的发展和机械原理图纸的表现方式也有很大关系。在工程图纸上，这种表现方式是具有强大的准确性和真理性的，通过这种方式再现对象，满足科学性的要求。同时，在这种轴测图纸表现的关系下，对象以一种平行摆置的方式被安放在画面空间中，这种摆置方式形成一种开放的秩序性。这种摆置追求画面对象的协调与均衡，不再强调画面的中心和重心。画面中还综合侧视、剖面等不同观测方式观测到的物体形象，将这些都综合在一个画面中，造成了一种空间的非静止性和流动感。这种动态性的画面和传统的静止性的画面有巨大的变化。在轴测的世界中，所有的形式元素都是以一种悬浮的状态飘浮在空间中，在这种关系下，我们可以清晰地洞察到它们之间的位置关系和感知到它们的咬合，这是发生空间装置性的基础。这与体现时代精神的机械美学是高度相关的，画面具有了一种机械美学的装置性。画面中的空间也是流动的而非一点透视所提供的静止的画面空间。在这里，轴测不仅仅是再现事物的方法，同时也是形成事物的方法。

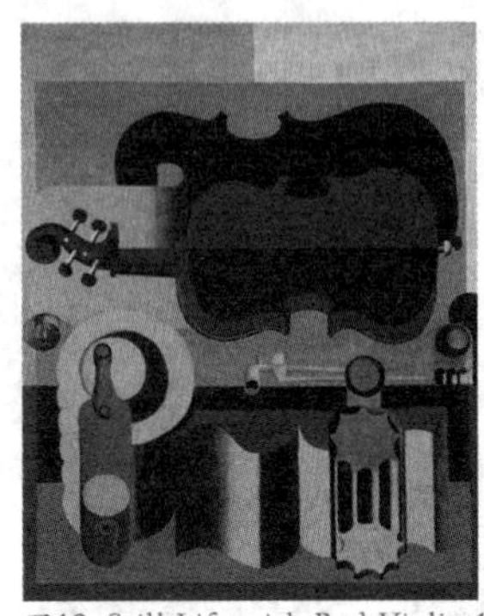

图12 Still Life with Red Violin 1920. Jeanneret(Le Corbusier)

以柯布的绘画作品《still life with red violin,1920》（图12）为例分析被轴测关系所控制的摆置是如何发生的。 画面中的圆形，盘子的圆形，烟斗的圆形，都是以一种顶视图的方式呈现的。然而画面下部的打开的书本和画面上部的小提琴作为上下两部分的主要构成物体，分别是以平躺和竖直的方式以轴测的表现方式呈现的。

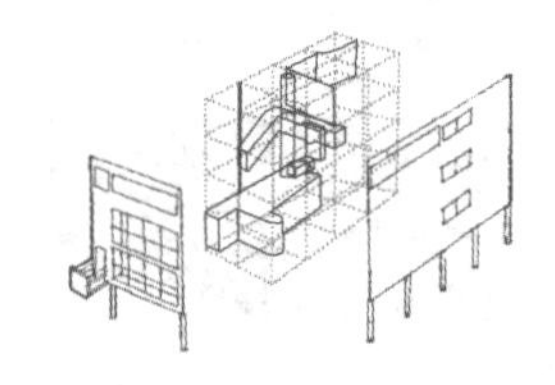

图13 雪铁龙住宅分析图（作者自绘）

而它们的放置方式与作为背景的桌面的放置方式又不相同。如果将下半部分的背景理解为书本被垂直放置在桌面上，那上半部分的小提琴则是处在悬浮于书本、瓶子、盘子等景物之上的状态；若将小提琴理解为在桌面上平放着的放置状态，但小提琴背后的投影轮廓则是以一种垂直摆置状态才可能出现的可能性存在的，则书本和下半部分的静物亦都呈悬浮状态，且盘子、酒瓶、杯子、烟斗等的外口部分，都呈顶视图所呈现出的正圆的形态存在，与这些对象形体所呈现出的轴测表现形式相互脱离而存在。强化了这一种摆置关系，将关注点引向了这些形体在空间中的摆置和摆置所呈现出的相互关系。柯布的建筑也深受这种轴测控制法的影响，在建筑边界形成的明确的三维空间中摆置这些对象形体，经营它们之间的关系。利用这种方式，推敲建筑空间中的结体方式。在实际的建筑空间中，观者不能够直接看到建筑空间的确定关系，而是随着这些摆置形体的边界流动，延展，进入，又出来，观者经历以这种方式结体的建筑空间时的方式是漫游性的。

在柯布的建筑作品雪铁龙住宅中可以清晰地看到这种关系（图13）。雪铁龙住宅首先被2m×5m的柱网和四层楼板的多米诺体系所建立的框架关系所限定。但是这种模数的框架关系是隐在建筑形象实体背后的秩序性控制系统，就像诗歌的诗体和韵脚，它们永远存在并且形成一个控制系统使诗歌语言在其中发生，但是这种控制系统本身的存在是隐性的，不以实体形式存在的。读者在读诗的时候不会觉察到它们的存在，而是感知诗歌语言给读者营造出的感觉和氛围。就像在雪铁龙住宅中，2m×5m×4m的框架真实存在，但人们在其中感知不到它的在场，感知到的是在这个框架的控制下发生的那一些空间实体的空间摆置关系，就如同分析图中所示，感知到的是一层的实体，楼梯和走道实体，二到四层通高空间中的柱子实体，以及一些弧线墙体的存在。为了达到这种效果，柯布采用了一系列的空间处理手段，比如将想要表现的空间实体与楼板和边界墙体和柱子的关系脱开来，例如前文讲过的加歇别墅的一层通往二层的楼梯体量，柯布将它与二层楼板之间空开一个缝隙来强调楼梯体量的独立性。还有其常用的手法,如将要强调的作为独立空间实体的柱子与楼板交接处使用凹槽将柱子与楼板的交接关系脱开等。而四个立面就变成了拉出来的边界，彻底与模数框架、内部实体的空间装置分开，成了真正的自由立面，在立面上的开窗、开洞以及和内部室外庭院空间的结合处理，模糊了和衔接了内与外、日常与戏剧的空间关系，使得很多空间体验发生在了边界上，在柯布的绘画中在其对背景和便捷的处理中也可以看到强烈的此种倾向。这在下一个问题——边界问题中会阐述。

2.形式和空间单元边界（轮廓）的精确的咬合（共用与交叠）是联动关系发生的基础。柯布的绘画作品中也发生了演变，在其后期的绘画作品中，虽然也保持着形式轮廓的完整，但是出现了复杂的交叠和共用。在柯布的绘画作品《still life with numerous object,1923》中（图14），表现了非常多，无中心，互相衔接和咬合的程度十分之高，甚至都无法拆分开来的物体的摆置关系，虽然有各种的混合，但是每个独立个体拆开来看又都保有形式的独立性。在此幅作品的线稿分析图中(图15)我们可以清晰地看到这种单个形体之间的咬合和透叠的关系。在画面右侧的一组瓶罐的关系中，我们可以清晰地看到酒瓶A与酒瓶B共用左侧的边界，而酒瓶A与玻璃瓶E则共用右侧的边界，而玻璃瓶E又与玻璃杯F共用右侧的边界，酒瓶B的右边界又与杯子D的左边界重合。除了这种轮廓的共用关系，还有轮廓与中心线重合的关系存在，例如酒瓶A的中心线与它里面的褐色矩形的右侧轮廓重合，高杯D的中心线与酒瓶B的右边侧轮廓重合，同时高杯D的右边侧轮廓又与玻璃瓶E的中心线重合等各种咬合关系。除了纵向上的咬合关系，画面中还具有横

图14 Still Life with Numerous Object,1923, Jeanneret(Le Corbusier)

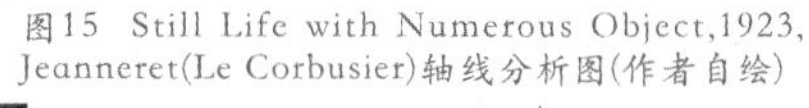

图15 Still Life with Numerous Object,1923, Jeanneret(Le Corbusier)轴线分析图(作者自绘)

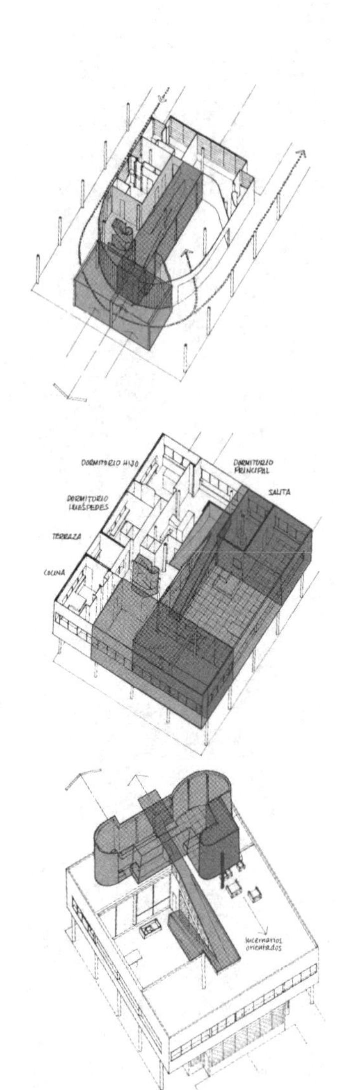


图16（上），图17（中），图18（下）萨伏伊别墅单元咬合分析（作者自绘）

向的咬合关系，酒瓶B的瓶嘴下缘，和酒瓶D的瓶口上缘被统一在L1上。酒瓶B内的水位线被控制在L2上，酒瓶A里的水面的中心线与酒瓶D的底被控制在L3上等。除了摆置的物体本身的咬合关系，物体与背景也咬合在一起。如在玻璃瓶E与玻璃杯F之间由于尺寸的差距出现了一个空出的矩形，画面下部的褐色背景渗透进这个矩形中，甚至酒瓶A中出现的褐色矩形的三个方块也可以看成是背景颜色的延续。这种咬合与联动形成一个互相传动和影响的空间装置。这与机械提示的联动的装置性同源。

他在诗中说：在柯布的建筑作品中，在空间单元的关系上，其作品保持了每一个空间单元的独立完整性，但是由于现代技术给空间带来的可能，使空间单元之间有了共用与穿插和交织。本文也选取一个柯布的建筑作品进行分析。在柯布的萨伏伊别墅中villa savoye（1928~1930年），在一层平面中（图16），我们可以看到一个类似客轮剖面的形体（柯布曾在很多文章中所赞扬过的形体形式）被放置在5m×5m的柱网空间中，在弧形端头的空间中可以看到许多空间体量的复杂交织关系。首先是首个柱网的中间两组矩形空间与弧形的大空间相互咬合。同时，入口处的门厅空间和后面的大坡道空间合成一个矩形空间插入到前面的横向的中间两组柱网空间中，形成穿插关系。同时，两者共用门厅后部的横向分割墙。在经过门厅进入有圆弧玻璃墙面的大空间中时，扁柱和旋转楼梯（被作者故意处理成强化形体的形式）被放置于这个大空间中。在二层平面中（图17）首先内院的室外空间和沙龙的室内空间垂直咬合，这种咬合是由于它们之间的边界轮廓被处理成透明的形式所造成的，同时在内院空间后部又穿插了一个矩形空间，这种咬合是由于一个没有围合只有屋顶的做法实现的。同时大坡道又同时咬合了二楼的室外空间和屋顶平台空间（图18）。在屋顶平台上正对着大坡道的开窗使坡道空间延续到了弧墙的边界上，同时由于窗的引入，咬接了室内与室外。与上文中提到的柯布的绘画中静物内部出现的地平线景观如出一辙。柯布在其《直角之诗》中，用人的左右手绞合在一起时手指的咬合关系来赞扬这种咬合联动的关系(图19)。

*在两个极点统治的流动的张力中，在对立的分数（等级）中，*
*以一种方式解决这种不可调解的敌意，*
*这是被建议联合对抗的成熟果实，*
*常用的穿过和分解，也已经被穿过和分解了。*
*我认为两只手，*
*并且它们的手指交织在一起，*
*只可能表达了左边和右边无情地站在了一起，*
*并且如此地需要被和解，*
*存在的唯一可能性，*

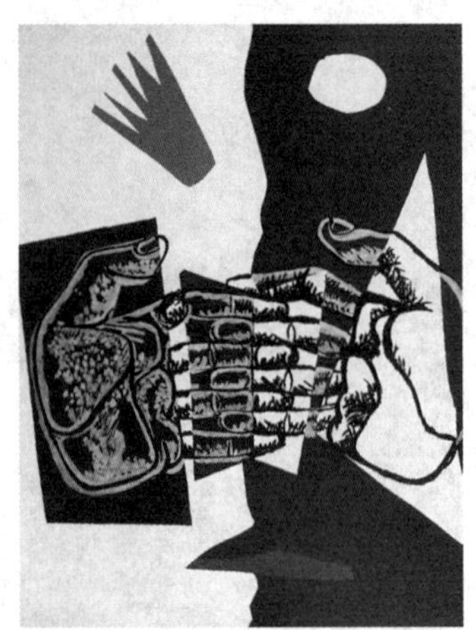

图19 LE POEME DE L`ANGLE DROIT：49.

*生命必须提供。*

*……*

以上，文章分析的都是大空间中具有实体感的空间物体，那作为一个功能性很强的住宅，那些相对匀质的矩形房间空间是如何完成这种空间的联动和咬合的呢？柯布利用了一个确定的界面——门来完成这种空间的联动和咬合。《直角之诗》中：

*……*

*门，*

*如同睁开的眼睛，*

*视线的互换，*

*引发了交流的闪现。*

*……*

这里他把门比作张开的双手，打开才能获得，打开别人才能得到，复杂的事物由于这种打开被编织在一起，流动和咬合无时无刻不在发生。

3.光线和颜色帮助明确和操作空间单元并且提供“空间装置性”的动力和标准。在柯布的绘画作品中，由于摒弃了对物体的细节的表现，物体的轮廓和颜色就成了具有重大表达性的内容。柯布使用颜色有自己的一套系统，利用颜色给人的感知来塑造空间上的不同感知。借以明确和模糊形体和空间单元，并且拉近和推远空间，柯布还通过相近的颜色在画面中的关系来创造疑似透明的物体，造成光线在物体中流动的感觉。这种清晰和模糊的手法所呈现出的关系就像物体在光线的作用下所呈现出的特征一样，在强烈的光线之下，受光面与背光面之间，或者受光面的轮廓与有一定空间深度的背景之间会形成明确的边界；而在强烈光线下的阴影部分或者强光下的物体轮廓将会呈现出一种模糊的边界形态。柯布利用颜色和轮廓，使得阳光这个重要要素在场，但并非是一种确定光线下的静止画面的呈现，使得在阳光下物体的空间位置关系更加变幻和丰富。

柯布在很多文章中阐述了他对于光线这个因素及规律的赞美：

他在《走向新建筑》一书中说：“观察阴影的变化，学习这种游戏……精确的阴影，清晰或消融；投射的阴影，对比鲜明……投射的阴影，描绘出精确的轮廓……”（光线拉近、推远、挪动物体的位置，提供位置变化的动力）

借助《Pale Still Life with Lantern,1922》来分析颜色和光线的具体操作问题（图20）。处于画面左侧的水瓶，被画面中心的矩形的左侧边界作为其中轴线分成了对称的左右两个部分，左侧的一半的灰色与背景色的灰色几乎融为了一体，而右侧的一半是黑色与背景的红褐色区分强烈，形成了瓶子右侧在光线照射之下，而左侧则躲入了阴影之中，在这样的颜色处理模糊与清晰的关系中，光线就在场了。同样的处理方式还出现在画面中心偏右侧的那个斜向呈梯形的浅色空间中，这个浅色梯形从画面中心的矩形右侧边缘一直延伸到右侧的深色酒瓶中，中间贯穿了深色酒瓶左侧的两个瓶子。在这个浅色的梯形中虽然有根据贯穿的形体的轮廓的完形性所作的色块颜色变化，但是更加被统一在整个浅色梯形中。形成了强烈的光线从右侧的洞口射入画面照射在这三个瓶子上所造成的透明感。在画面中心的倒三角形漏斗静物，被强烈地分为了左边深色、右边浅色的两个对比强烈、边界明确的色块，形成强烈的光线感觉。同时这个明确的边界也是右侧静物水壶的壶嘴部分的轮廓。在颜色和形体边界的共同作用下，既形成了上文说的形体位置关系的咬合，同时也将光线引入。

图20 Pale Still Life with Lantern,1922, Jeanneret(Le Corbusier)

图21 拉图雷特修道院

色彩和对于光线的利用，这在建筑上，也是柯布所惯常采用的经营空间的方式，柯布甚至认为颜色对于空间的作用与平面、剖面齐平，甚至比它们更强。

柯布在绘画上，用颜色来表达不同光线下物体的位置关系，还用颜色来明确和模糊空间和物体单元。同时颜色还是一种象征性的要素，是能够左右人的感觉和空间体验的重要工具。

“在柯布的建筑作品中，这个光线和色彩的系统使建立一套严格的建筑多色体系成为可能，它与自然保持协调，并满足每个人的深层需要”。柯布将色彩系统描绘为一种“键盘”，能够奏出“动人的和音”。这个“和音”与人的心理相关。柯布这样写道：“精神病学家先生，色彩难道不是诊断过程中的重要工具吗？”在拉图雷特修道院的礼拜堂中和朗香教堂中，色彩和形体相结合，变成一种处理光线的装置。光线从一个红色腔体中漫射进来，产生一种强烈的玫瑰色的光晕，成就一种带有宗教意味的光线氛围。正如柯林·罗描写那些采光器：“似乎在颤栗，如同一位极度痛苦的殉道者的遗物”(图21)。

柯布还利用颜色给观者以心理的暗示，如在绘画中使用蓝灰色来给人以机械感和科技感的心理暗示，以及在其建筑作品朗香教堂的内部使用粉红色来引起人们对于母体子宫的想象，来契合教堂的氛围。

4.隐性模数系统的应用，控制空间和形式的韵律作为“空间装置性”背后的手。在柯布的空间形式语言中，几何不仅在对于几何

图22　The White Bowl,1919, Jeanneret(Le Corbusier)参考线分析（作者自绘）

图23　Villa Foscari in Malcontenta与加歇别墅.*The Mathematics of the Ideal Villa and Other Essays:19.*

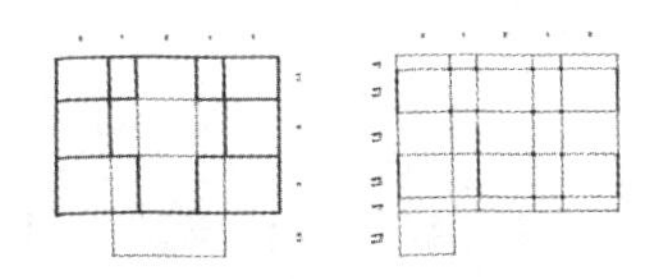

图24　Villa Foscari in Malcontenta与加歇别墅轴线分析，*The Mathematics of the Ideal Villa and Other Essays:5.*

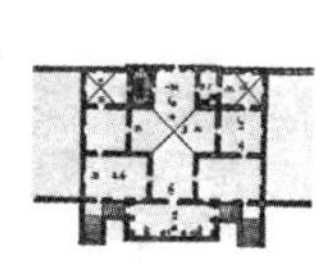

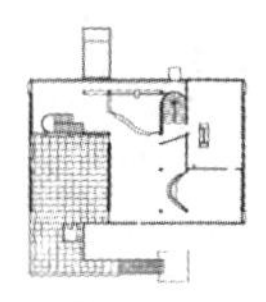

图25　Villa Foscari in Malcontenta与加歇别墅平面分析，*The Mathematics of the Ideal Villa and Other Essays:21.*

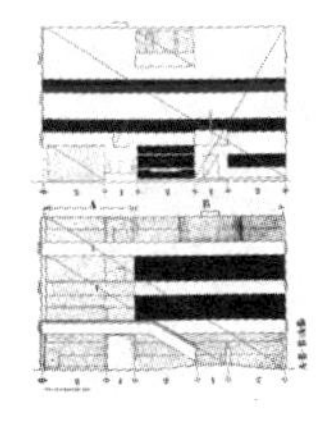

图26　Villa Foscari in Malcontenta与加歇别墅立面分析，*The Mathematics of the Ideal Villa and Other Essays:10.*

形体的选择中起作用，同时也在建立一个符合几何、数学秩序的隐性模数系统的空间控制原则。

柯布对于这种隐性的几何模数系统的使用把握着一个很恰当的程度，并不被这个几何的模数系统所死死控制，也不让形式的发展随意展开，以及失控（自由的基础是模数）。

在柯布的早期绘画作品《The White Bowl,1919》中（图22），物体的表达被一个内在的几何规律的复杂系统——参考线系统所控制(简单来说是一种对位关系)。整个画面被两组关系所控制，一组是由纸卷、烟斗、白碗的投影线和与之成直角关系的两把直角尺的拼合线控制的系统；另一组是由正方体的边界以及桌面的边界所控制的同样也是直角关系所控制的系统。这个斜向的系统和垂直的系统之间呈45°交角。同时，由于模数系统的控制，画面中操作出了很多看似巧合的具有神秘感的对位关系。如纸卷的中轴线的延长点正好在直角尺场边的中点上，立方体左边线的延长线和烟斗中心线的延长线相交于直角尺的长边上，白色碗的中轴线恰好与立方体的右边线重合等，这些神秘的巧合正是由于画面被模度的参考线系统所控制才有可能发生。但是，整个画面并非中心性的而是分散的，并不强调画面的中心或者主要物，所有对象的地位是平等的。

在柯林·罗所做的Villa Foscari in Malcontenta与加歇别墅的比较中（图23），可以看到这种空间观念的转变。在轴线关系上，加歇别墅的模数关系是2（0.5+1.5）：1.5：2（1.5+0.5）：1.5，而Villa Foscari in Malcontenta中的模数关系是1.5:2:2:1.5，基本上可以认为这两个建筑是基于一个模数系统中操作出来的。但是两个建筑的平面却出现了巨大的差异（图24、图25）。首先Villa Foscari in Malcontenta体现了强烈的中心性，所有的墙体都是根据轴对称的关系布置，中间有一个仪式性的拉丁十字的大厅空间，这种中心轴对称的大厅空间是基于实墙的结构体系下透视控制的空间。再看加歇别墅的平面，虽然有一个严整的模数系统在其背后起作用，但是其平面上所呈现出的结果却可以看做是跟模数和对称毫无关联的结果，好像自由生长出来的曲线和墙体，这当然也是由于框架建造体系的出现解放了墙体。平面呈现出一种去中心性和分散性的特征。空间不是稳定的而是具有动能的，流动的。在加歇别墅的立面上，水平窗本身对立面的中心和边缘同等对待，这就消解了焦点，造成注意力活跃地跳动。如同在平面上一样，一切都是不停歇的、活跃的、运动的（图26）。

在柯布的那个时代，已经不能安然地躺在几何原则上，柯布在他的建筑中使用了数学法则，来表明对普遍性“真理的重建”。但是在“真理的重建”的过程中，不同于古典的中心性稳定空间，去中心性分散的流动空间才是新时代的表征。

## 伍 ／ 在“装置”的秩序性操作下，艺术性如何发生

1.艺术性与日常性的“陌生化”艺术性来源于“陌生化”。何谓“陌生化”呢？“陌生化”是对于物的一种重组和整合。这种重组和整合是一种架构性的行为。这与“装置性”所提示给我们的架构性作用类似，但是这种架构性所强调的是用人们所熟知的日常性的元素进行非正常的、非原始它所发生的那种方式再次发生，形成一个编织这些携带固定意义元素的新的架构。“模糊”了原有的意义架构。卡氏也对“模糊”一词正名。“模糊”一词也含有“可爱、有魅力”的意思。“模糊”的词源意义是“漫游”，是一个具有时空意义的词，含有运动和变化的意思，而这个意思在意大利语中又与不明朗、不确定、优雅、喜悦联系在一起。

“模糊”可以给“陌生化”的发生提供松动的发生空间。但是，此种非等同于“混乱”的“模糊”又是如何发生的呢？

莱奥帕尔迪为了让我们能够品尝模糊和不确定之美对我们提出了要求。他要求的是高度准确和不容有误地注意每一形象的构成，注意细节的精微清晰度，注意物体的选择，注意光照和气氛，然后才可以获得所期望的模糊程度。也就是说“模糊”发生的基础是“精确”。正是有前文对于“装置性”的精确的元素选择和摆置原则的讨论,才有了“模糊”发生的基础。

柯布的作品在艺术上的价值即在前文所述的“装”和“置”所指代的对于构成元素自身和元素之间关系架构的精确秩序性控制原则的基础上，利用“陌生化”形成意义的松动产生“模糊”，进而达到艺术性（使日常之物以非日常的状态发生）。

在柯布的建筑作品中，有这样一些手法是能够使艺术性发生的，用“框”这种形式语言将框中的独立世界和“框”作为实物所在的

图27 Still Life with Numerous Objects,1923, Jeanneret(Le Corbusier)局部

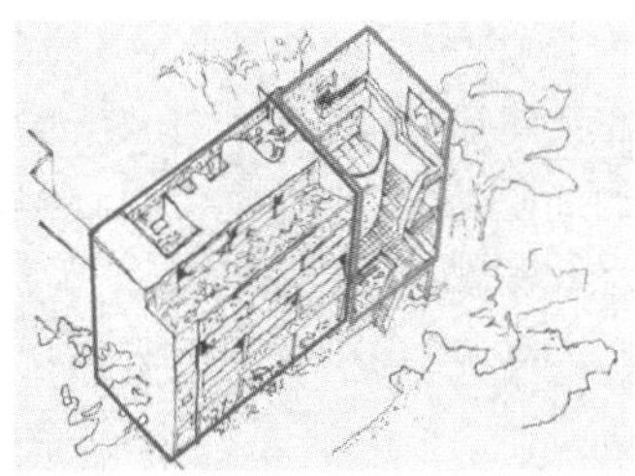
图28 加歇别墅草图分析（作者自绘）

世界并置。产生戏剧性的诗意的结果；通过路径的编排使空间具有叙事性并且实现建筑的戏剧性和诗意；通过具有超越本身意义的额外意义的诗意之物来引起多重感知的交叠，此处就不一一赘言。

2."内爆"——内外空间的交互。这里选择在柯布的作品中经常能够看到关于空间内与外的感知的并存和跳跃来说明。这种混淆和跳跃，使得实物的意义发生了松动，在不同的位置和路径感知可以得到不同的角色。这种角色的变换编织成一场空间的戏剧。

在《still life with Numerous Objects,1923》中（图27），画面最左侧的瓶子中体现了这种内外空间的矛盾与交互。在瓶子内部体现了由于瓶子的玻璃特性透出了后面的桌子的桌面和角部，和烟斗的局部，还有瓶子中存有的水。 但是当我们的视线脱开了瓶子本身，进入到瓶子轮廓内部所描述的上述物体时，发现完全可以把这些物体的组合理解成为一个自然的场景。瓶子的底部是陆地，上边的半圆弧是岩石，瓶子中的水的部分变成了海洋和海平面线，瓶子透出的后面的桌子平面是海对岸的地平线，与地平线构筑在一起的小矩形实体象征了地平线上的建筑。我们可以发现，在静物层面上成立的各个要素其角色都发生了变化，成了自然中的角色。可以说明，柯布虽然是在用一堆瓶子操作画面，但是却是在表达他对于世界的看法和态度。

这张加歇别墅的草图（图28）中清晰地显示了一个巨大的花园露台几乎与房屋并置。这个巨大的花园露台可以不通过建筑的主要楼梯动线而是通过一个颇具仪式性的室外大楼梯直接通往二层的大露台空间。这是一种典型的室外经验。但在这个花园露台中，空间的限定程度，还有许多类似缺口的窗户，显示出了一种室内性，一种被改装了的室内，没有屋顶和墙，或可以看成是一个露天的"客厅"，这带给了这个花园露台某种剧场感。在这个花园露台里，视景是松散的（炸开），就像一个爆开的建筑的模型。因此，沿着"游线"的旅程，观者一步一步或是同时经验了花园露台垂直和水平的剖面，室内与室外，体积还有其他属性，换句话说经验了"建筑物体永恒不变的属性"。如果把建筑理解成一个瓶子，那么观者从自然的室外沿着室外的大楼梯进入平台就是慢慢步入了瓶子的内部。步入瓶子内部之后，在走动过程中延续的室外的感知还存在的时候，马上经验了一种进入建筑身体内部的空间感知。这两种内与外的空间感知在此碰撞和并存。

斯坦因别墅的屋顶上也发生着建筑戏剧性的表演，这是一种在不同空间位置对于他的不同感受造成了室内空间与室外空间的误读。在斯坦因别墅的屋顶上两个大的特征占据并构成了屋顶花园的空间（图29）：

（1）作为库房用的椭圆形空间，在其右侧是让人通过楼梯上来的楼梯间。在楼梯间椭圆形实体的旁边还有一个钢铁的轻质的旋转楼梯。

（2）“L”形的屏风与椭圆形空间成对角关系。在窗台上有一个像画一样的开口，在顶上有一个烟囱。

椭圆形的弧形墙体、轻质旋转楼梯、直角墙、窗口、烟囱，这些元素综合起来作为一个“小屋”指向一个“居所”，就像在屋顶花园北侧的房间意义一样。这体现了这些元素象征一个住宅的符号性意义。

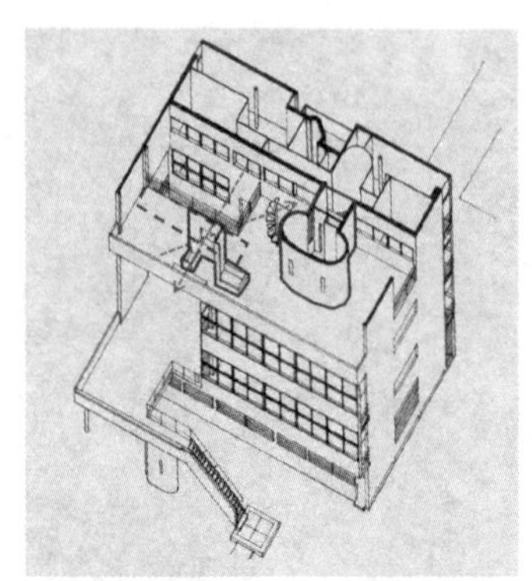

图29 加歇别墅屋顶花园草图分析(作者自绘)

同时在这个屋顶空间中观者也可以感知到内外空间感觉的并存和矛盾。屋顶上的直角片墙是完成这种空间感知的装置。在屋顶上的直角片墙处，一边是无限挤压与栏杆之间的狭小空间，另一半则是无阻碍地向无限的景观开放。一个观者可以站在直角片墙后的窗户后面想象自己是在一个室内空间，自相矛盾的是此刻他确实是在一个作为屋顶花园的绝对室外空间。 有两个矮长凳在这个片墙之后，同时在墙面上还涂以色彩，前文讲过在柯布的建筑中只有室内采用彩色界面。这都是在暗示处在一个室内的空间中。处在片墙与栏杆之间的狭小空间可以通过窗户看见，在“小屋”内部这种微小但是足够有用的图像办法体现了一种室内的经验，但是事件本身又是在屋顶花园如此室外的空间里发生的。当观者从卧室看向地平线时，屏风上的窗又变成了一个“望远镜”框选了景观。

屋顶花园在此种情况下可以说作为一个谎言而存在，一场建筑的戏剧在此发生。在这里，空间、地点、物件由于它们被观看和使用的方法不同，形成了不同的理解和新的形态。

## 陆／结语：

柯布的作品以一种近似科学家的丝丝入扣和严丝合缝的方式呈现为一个严缜的“空间装置”。而这个“空间装置”又是生发于时代中，植根于历史中，如果将时代和社会看成是一个“大装置”的话，柯布又是以同样的丝丝入扣和精确的方式被缝合在其中的。这种自身的和与时代、社会、传统的、严缜的、环环相扣的精确关系正是值得我们所思考的。只有如此才能确实创造出深刻反映时代的形式和空间语言，这也是形式语言发生和创造的真正起点。

但是，建筑不仅仅是科学，更是艺术。在柯布精确的空间装置中，艺术性的经验也是层出不穷的。柯布也一直以一个诗人自居。基于这种思考文章进行了一个精确的空间装置如何发生艺术性经验的衍生性思考。提出了柯布建筑中的一些戏剧性的手法，例如框、漫游、仪式性的象征、内外空间的互反等来阐释这个问题。以文章着重描述的“精确的空间装置”作为基础，这些诗意的体验才能发生，正是在此基础上，空间和元素的确定意义的松动，产生了裂隙，“陌生的”戏剧性经验正在其中置立。

# 棋局内外

——密斯空间研究

王勤 Wang Qin

## 壹／引言

作为现代建筑巨匠之一，密斯及其作品一直是建筑学研究的重要对象。对密斯的各种研究浩瀚如海，从何处进入密斯之界，让人迷惘。但沉下心来，直观密斯作品，如巴塞罗那德国馆，直觉中感到其在动静之间颇得园林真趣。密斯的房子虽未以园林为指向，但其对内外之间，物我之间，有无之间的思考，仍然暗示他在走向东西方的会合之处。

偶然机会，自己于楼下花园路过，见得两白发老者，淡然对弈，并有几位年长观者，全神贯注于棋局之中。猛然间意识到，小小棋局，能让大家全情投入于游戏之中，其中必有大世界。因此，产生了从棋局空间的视野去思考密斯空间的想法。有了这一方向，便需要讨论以下两个问题：

（1）棋局空间与密斯空间何以相似？

（2）密斯空间的实质又为何？

## 贰 / 棋局空间

### 1-棋局空间

棋局空间，顾名思义，即由棋盘和棋子在棋局游戏中所形成的空间形式（图1）。

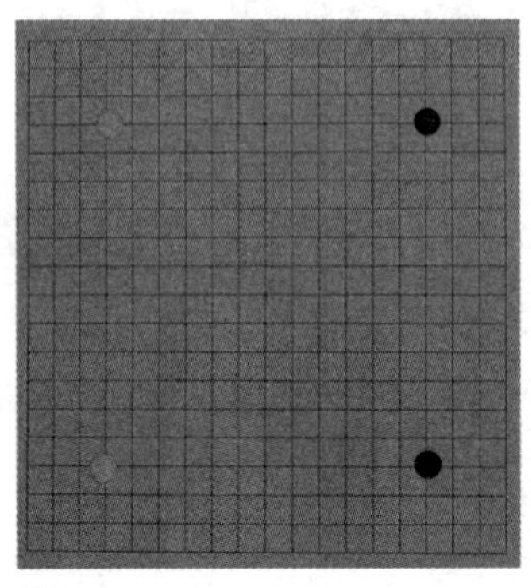
图1

《棋经十三篇》[1]开篇《棋局篇第一》写道：

*夫万物之数，从一而起，局之路，三百六十有一。一者，生数之主，据其极而运四方也。三百六十，以象周天之数。分而为四隅，以象四时。隅各九十路，以象其日。外周七十二路，以象其候。枯棋三百六十，白黑相半，以法阴阳。局之线道谓之枰，线道之间谓之卦。局方而静，棋圆而动。自古及今，弈者无同局。《传》曰："日日新"。故宜用意深而存虑精，以求其胜负之由，则至其所未至矣。*[2]

从这段描述中可以看出，棋局空间具有如下含义：

（1） 时空观。"棋局之数，以与天和"，[3]将棋局空间同宇宙之理联系起来看，自古有之。老子曰，"天下万物生于有，有生于无"，"道生一，一生二，二生三，三生万物"。[4]而棋局亦是一个"从一而起"、从无到有的过程。当第一颗棋子在棋盘中落下，棋局空间便出现了，然后，随着双方的博弈，棋局空间开始在时间中不断发生变化。从开局、中盘、到收官，对弈双方均在这个时空中走过，期间，或坎坷、或顺利、或悲、或喜，到最后，落子之后的提子，却其实是为了一个"空"字。因此，棋局不是目的，而是过程，并在一种叙事状态下构建起跌宕的情节。每一局棋都在过程中实现自身，也正是这个过程，使棋局呈现出难以名状的复杂性与丰富性。可见，棋局是时间的艺术。

"一者，生数之主，据其极而运四方也……外周七十二路，以象其候"，这便将棋盘上的各种数与天象、节气等联系起来。据棋圣吴清源考证，围棋盘就是古人的观天仪，棋盘代表方位，是整个宇宙，而棋子则代表星辰。[5]正如虞集写道，"夫棋之制也，有天地方圆之象，有阴阳动静之理，有星辰分布之序，有风雷变化之机，有春秋生杀之权，有山河表里之势"。[6]而"枯棋三百六十，白黑相半，以法阴阳。局之线道谓之枰，线道之间谓之卦。局方而静，棋圆而动"，则在认识论意义上解释着棋局空间暗含的宇宙秩序。张说曰，"'方若棋局，圆若棋子'，盖圆象天，方法地。天圆而动，地方而静"。[7]可见，棋局之理与宇宙之理具有高度的同一性，并具有象征性和对应性极强的空间形式。在其中，阴阳、动静、有无、虚

1 （宋）张拟著．见（南宋）李逸民编撰．忘忧清乐集 [M]. 孟秋校勘．成都：蜀蓉棋艺出版社，1987：3.
2 传（宋）张拟著——见（南宋）李逸民编撰．忘忧清乐集 [M]. 成都：蜀蓉棋艺出版社，1987：3.
3 王汝南．玄玄棋经新解 [M]. 北京：人民体育出版社，1988：6.
4 饶尚宽译注．老子 [M]. 北京：中华书局，2006.
5 转引自：围棋．百度百科．
6 王汝南编．玄玄棋经新解 [M]. 北京：人民体育出版社，1988：1.
7 王汝南编．玄玄棋经新解 [M]. 北京：人民体育出版社，1988：7.

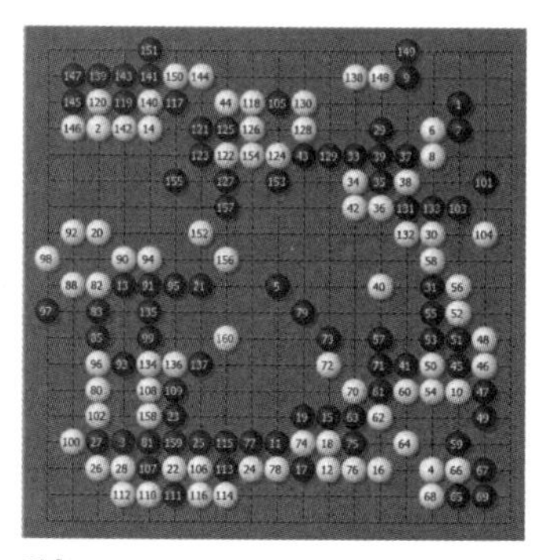
图2

实、内外、分合等一系列对仗关系，均在“有无相生”[1]的辩证关系中存在着。因此，在小小棋局中，蕴含着和宇宙之“道”相同的时空观。

（2）游戏性。《传》曰，“饱食终日，无所用心，不有博弈者乎”。[2]不管怎样，棋局是作为游戏存在的，这是棋局的本性，也是艺术的本性。[3]棋者，弈也。[4]游，行走也。[5]戏，玩。[6]游戏，即“边走边玩”。可以说，棋局就是一个游戏世界。游戏者坐于棋盘两端，在棋局的乐园中，布局谋篇，审慎走位。棋子与棋子之间的博弈，或在紧张中淡然处之，或在缓慢中暗藏杀机，或声东击西，或以退为进，既惊心动魄，也意味深长。在公平的规则之下，游戏双方每一局都在这一方天地中言说着一段耐人寻味的故事。末了，游戏双方或握手言和，或相视一笑，胜负尽在不言中。因而，棋局本身亦使游戏者进入一种情境，既在游戏，亦在审美。正如伽达默尔所说，“游戏的真正主体并不是游戏者，而是游戏本身”，[7]因此，“游戏把游戏者引向自身”。[8]

“自古及今，弈者无同局。《传》曰：‘日日新’[9]”。从中看出，棋局游戏在变化中存在。老子曰，“玄之又玄，众妙之门”。千变万化，正是棋局的魅力和生命。不可预计的偶然性均在这个开放的棋局空间中发生，“形”与“势”在棋局中不断地变化与流转，因此，棋局总是难以捉摸，并在最后关头都难定胜负。正是这种变化，呈现出“自由”在棋局空间中的不同形态，使我们感受到在棋局的有限性中蕴藏的无限性。棋盘之静与棋子之动，共同构筑了棋局世界。正如古人云，“犹盘中走丸，横斜曲直，系于临时，不可尽知。而必可知者，是丸不能出于盘也”[10]

（3）整体性。伽达默尔说，“一部艺术作品是一个不向目的世界过渡和中介的封闭世界”，[11]棋局亦是如此。棋盘有着明确的边界和网格，游戏者必须遵守棋局的契约规则，对弈双方均要在棋局的语法结构下博弈，才能形成完整的棋局世界。约翰·赫伊津哈在《游戏的人》中写道：

> 保尔·瓦莱里曾给出过一个强有力的思想表达，他说，“与游戏规则相关之地，怀疑主义行不通，因为规则所蕴含的原则是不容摇撼的真理……。”实际上，一旦规则被逾越，整个游戏世界便崩溃了。[12]

在棋局中，并置的棋子之间形成了棋局内部的空间与结构，每个棋子都拥有自己的位置，扮演着自己的角色（如象棋）。棋子赋予了棋局空间的形式，但更重要的却是棋子与棋子之间的关系（图2）。因为这种关系，才使棋局空间得以成立并具有意义。正如鲍德里亚在《物体系》中指出的：

1 饶尚宽译注.老子[M].北京：中华书局，2006.
2（南宋）李逸民编撰.忘忧清乐集[M].孟秋校勘.成都：蜀蓉棋艺出版社，1987：3.
3 关于游戏与艺术的同源关系，康德、席勒、赫伊津哈、伽达默尔以及朱光潜等均进行过详细论述。
4“棋局谓之弈”，见《小尔雅》。
5 见《礼记·曲礼》。
6 见《汉语字典》。
7（德）伽达默尔著.真理与方法[M].洪汉鼎译.上海：上海译文出版社，1999：137.
8 奚密著.诗的新向度：从传统到现代的转化[M]//在历史缠绕中解读知识与思想（上）.长春：吉林人民出版社：2003：397.
9 饶尚宽译注.老子[M].北京：中华书局，2006.
10 王汝南编.玄玄棋经新解[M].北京：人民体育出版社，1988：22.
11（德）伽达默尔著.真理与方法[M].洪汉鼎译.上海：上海译文出版社，1999.育出版社，1988：22.
12（荷兰）约翰·赫伊津哈著.游戏的人[M].北京：中国美术学院出版社，1996：13.

没有关系，就没有空间，因为只有透过由一组物品间的相互关系及它们在这个新的结构中对功能的超越，才能打开、唤出、标出节奏、扩大空间，并同时使空间存在。就某种角度而言，空间才是物的真正自由，而功能只是它形式上的自由。[1]

（4）意向性。“局之线道谓之枰，线道之间谓之卦。”棋局空间在形式上是一个由纵横网格构成的抽象空间，黑白二子以平等的身份在网格空间中交互“言说”。胡廷楣在《境界——关于围棋文化的思考》中写道：

围棋几乎是精神式的、概念式的。它已经抽象到了点、线和面的空间……正因为这样，围棋就可以是一切。[2]

虽然高度的抽象性使围棋和音乐、书法一样，成为一门艺术形式，但棋局空间的这种抽象与物理空间的抽象并不相同。《棋经十三篇》中《度情篇第八》写道：

人生而静，其情难见。感物而动，然后可辩。推之于棋，胜败可得而先验……《诗》云：“他人有心，予时度之。”[3]

神游局内，意在子先。可以看出，棋局空间是游戏者在场状态下得以成立的，是游戏者意识意向性向棋局空间中的投射与建构。伽达默尔认为，“艺术作品在意义中游戏”[4]，因而棋局空间是具有意义的游戏空间，是有“人性”的。

（5）技术性。“故宜用意深而存虑精，以求其胜负之由，则至其所未至矣”。“精湛完美的技术或可说是游戏和艺术活动者共同的理想”。[5]游戏者从开始学习棋局定式，磨炼技艺，到脱开棋局定式的技术束缚，甚至脱开游戏的目的——胜负，真正地进入“棋局本身”，才能真正地感悟到棋局之“道”。技术是个工具，“是一种解蔽方式”。[6]只有当游戏者进入“无敝”的对弈状态时，棋局便开始走向艺术。

（6）意境说。棋有棋境，境生棋外。棋局不单在于高超的棋艺，更在于棋局背后所蕴藏的精神境界。因而，棋局中有清冷、有旷达、有知足、有贪念、有淡然、有缜密、有高古、有绮丽、有美、有丑，棋局表象的背后，都是境。棋局正可谓“有我之境”，棋士在对弈中对“势”与“利”的把握，对“胜”与“负”的体悟，对“有”与“无”的思考，均呈现于棋局之中。

应该说，棋局空间含义广泛，能映射诸多问题，但这里并非要穷尽棋局空间的所有含义，而只是对棋局空间本身的生成机制进行

1（法）尚·布希亚（让·鲍德里亚）著．物体系[M].上海：上海人民出版社，2001：16.
2 胡廷楣著．境界——关于围棋文化的思考[M].上海：上海人民出版社，1999：27.
3（南宋）李逸民编撰．忘忧清乐集[M].成都：蜀蓉棋艺出版社，1987：6.
4（德）伽达默尔著．真理与方法[M].洪汉鼎译．上海：上海译文出版社，1999.
5 奚密著．诗的新向度：从传统到现代的转化[M]//在历史的缠绕中解读知识与思想（上）．长春：吉林人民出版社：396.
6（德）海德格尔著．技术的追问[M]//孙周兴译．演讲与论文集．北京：生活·读书·新知三联书店，2011：10.

思考，以帮助我们认识棋局空间与密斯空间的相似关系。

最后，借用胡廷楣在《境界——关于围棋文化的思考》中的观点来对棋局空间下个定义：

*棋局，就是一个时间和空间的架构。*[1]

**2-棋局空间与密斯空间**

如果说棋局就是一个时间与空间的架构，那么，建筑亦如是，后者也是在给出一个时空架构，或者说，建构一个世界。

当然，棋局空间与建筑（广义）上的关系不仅仅在于形态上的相似，正如前面所述，两者的相似性是建立在时空架构的同一性和二者所共同具有的空间生成机制之上的，比如，城市建筑物（或棋子）位置关系成立的前提是具有经营位置的机制（或游戏规则）以及规划者（游戏者）的参与。

对于具体的建筑来说，就像某个具体的棋局，一样是给出一个时空架构，来建构一个完整的世界。密斯空间同样如此。

并且，密斯空间与棋局空间在单纯性方面有着高度的相似性。

另外，由于游戏需要游戏者，游戏者在自身的游戏史中，思想是在发展与变化的。这就是说，对密斯空间的研究，还需要关注密斯在个人建筑史中自身观念的变迁。

*1 胡廷楣著．境界——关于围棋文化的思考 [M]．上海：上海人民出版社，1999：23.*

图4

图5

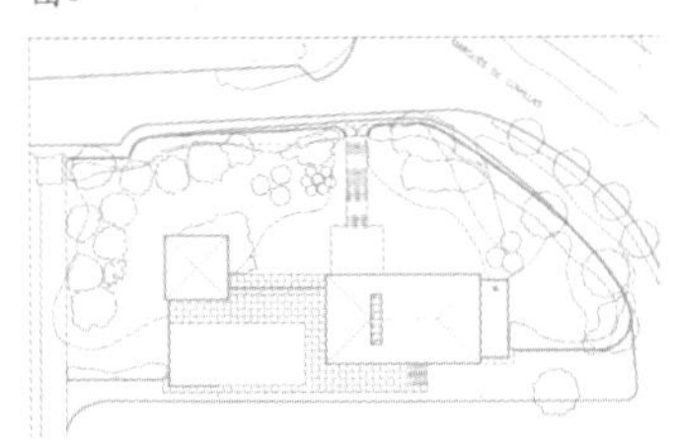

图6

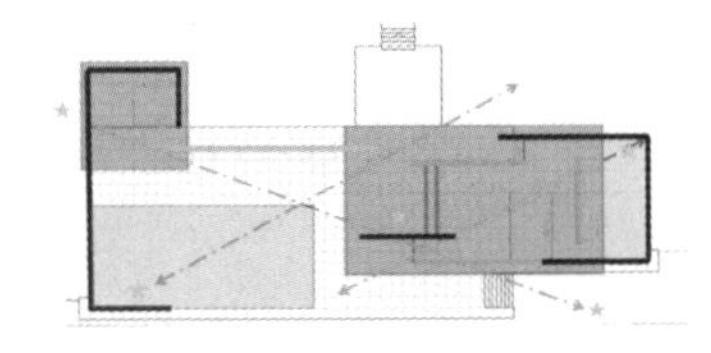

## 叁 / 棋局之内 —— 密斯作品研究

### 1- 密斯作品研究

#### 1）巴塞罗那德国馆

*灵活的平面布局与明确的结构是分不开的。一座明确的结构系统是灵活平面布局的基础……如果先解决平面或空间问题，那一切就都卡壳了，就不可能做到结构系统明确。我们毫不含糊地提出明确的结构系统，因为我们需要一种规则的结构，以适应当前标准化的要求。结构系统是整体的主心骨，它又为灵活的平面布局创造了条件。没有这条主心骨，平面布局就灵活不起来，而只能是混乱和拥塞的。*

*——密斯《与诺伯格·舒尔茨的谈话的摘录》，1958年*

*屏风总是同时划分出两个区域，一个在前一个在后。因此总是同时既展示又隐藏了某些东西，总是在吸引观者去探寻那些隐秘不见的事物。*

*——巫鸿《重屏》*

如同密斯后来对明确结构与自由平面之间关系的解释一样，巴塞罗那德国馆正是密斯在此方法之下完成的杰作。

在德国馆的“棋局”开局之前，密斯先根据场地条件，确定了“棋盘”的边界。他通过抬高的矩形基座，既明确了棋局的范围，又衔接了场地东西向的高差，还给予了场地东侧的广场清晰的正面视野，而场地西侧的树林则为建筑提供了幽深的背景（图3、图4）。

接着，密斯便开始“布局”。首先是“占角”，即明确主厅和附房的位置，给予其结构，从而与场地边界一起划定了巴塞罗那馆的内外关系，为下一步的组织做好开局。从总图（图5）观察，巴塞罗那馆在基座上由两个“房子”和两个水院构成，图底关系明确。大小水院分布东西两端，由主厅分隔，一个较开敞，一个较封闭。主厅和附房也在基座上脱开布置，显示了二者的独立性，并将整个场地空间沿南北向拉开延展。主厅由8柱框架构成，附房则由4柱框架构成。

然后，自由平面开始在明确的结构中粉墨登场，流动空间伴随出现。从平面中（图6）看出，密斯先在南北两端的边界布置U形墙体来围合场域，然后采用了双交叉对角线构图。

第一条对角线是对整个场地的控制（图7）。密斯在主厅东南

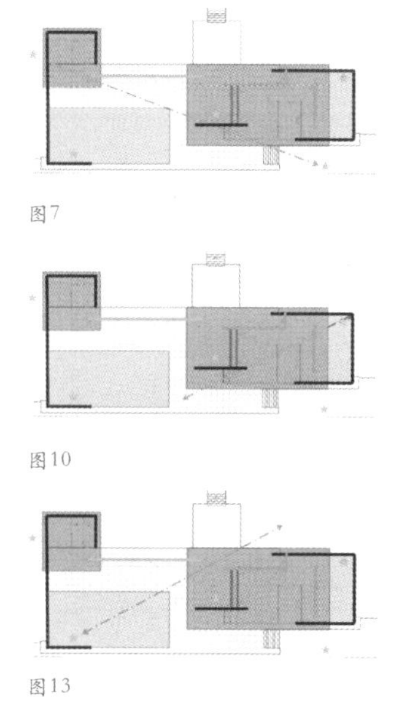

图7

图8

图9

图10

图11

图12

图13

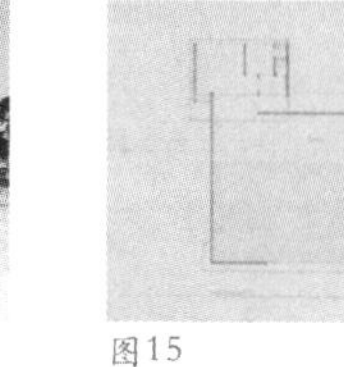

图14

图15

侧两个柱点之后布置了一道墙体，它与入口台阶、主厅与附房之间的独立墙体以及附房的端墙一起构成了这条对角线。这条线与东南边界墙围合出大水院。站在入口台阶，视线被两层墙体构成的透视关系引向水面和附房的角落，甚至连德国馆的入口旗杆和场地南侧古堡角部的亭子这两枚棋盘之外的“棋子”也参与到了这条对角线系统中（图8）。沿这条视线望去，水院空间舒展而开敞，与附房角落洞口式的神秘气氛产生了对比（图9）。

另一条对角线则是围绕主厅展开（图10~图12）。同样地，借用了主厅东南侧的墙体，加上位于构图中心的主厅内墙和西北角的界墙，构成了这条对角线。这条线与东北边界墙围合出主厅空间和小水院，这一区域也是巴塞罗那德国馆的主要功能空间和重心。从入口台阶处透过玻璃屏风，穿过主厅，一直可以望到角部的少女雕像。它处于对角线的尽端，而微微向大厅内侧身的姿态也似乎与这条对角线保持一种隐约的牵连。在这条对角线背后，则形成了树林、空廊和大水池构成的视线联系（图13~图15）。从德国馆的早期图纸可以看到，原计划有两座雕塑放于空廊和大水池中，刚好就在这条视线关系上。

应该说，这两条交叉对角线的构图作用非同一般。而具体上，它们都是通过层层退让的墙体来实现空间的层次，并在尽端均有所收束。这样的“棋路”并非偶然或者直接的形式控制，而是与密斯对德国馆的功能和空间的精确思考有直接关系。他不仅通过类似屏风的墙体来划分空间，而且对空间的性质有所定义。

图16

这一点，我们可以从《重屏》中巫鸿对明代杜堇的《玩古图》（图16）进行的解读中得到启示：

架屏风有着不同的结构和装饰，各为画中所描绘的人物和活动划出了一个单独的活动地点。靠近画面中心的屏风更为庄重：华丽的镂空纹样装点着它那厚重的红木框架，屏心描绘的云气和海波有一种强烈的象征意味（它们常常暗指贵族和高级官员），图示化的表现形式近乎于装饰，与屏风外框的镂空纹样遥相呼应……这里的屏风也“衬托”着它前面的男子，此人显然是高台的主人，同时也是摆在他身旁的桌面上众多古玩的所有者……这扇屏风与主客二人共同构成一个整体，集中表现了一位拥有物质财富和高贵地位的男性主人。与之相对的第二扇屏风则是“女性化的”，以恭顺的女性为主体……这两扇屏风图像同时指涉着时间与空间。杜堇的画中有一个内在的叙事情节，由三个连续不断的“舞台”所组成:童子将一卷画拿给主人；主人和宾客鉴赏古玩；女性随后把他们所看过的东西收起来。这三个场景从画面左下角到右上角沿反Z字形排列。由于这种设置，男主人便成为画中的时（叙事时间）空（构图空间）焦点，同时，这两扇屏风也凸显出传统中国家庭中的性别等级。屏风图像所扮演的角色因而不仅是形式工具，作为结构要素，他们也为我们指示出了绘画含义中的社会领域、政治领域和思想领域。[1]

从以上的解读中不难看出，德国馆主厅范围内的大理石墙体构成的“屏风”也起着同样的作用。在这条对角线内侧，有着外—内—外的空间序列和入—停—出的时间序列以及动—静—动的节奏关系。第一道墙体引导人们进入室内空间，底端的墙体则作为水院的边界和少女雕塑的屏风存在，显示为空间和视线的结束。两道墙体都用大花绿大理石，与主厅中心的玛瑙石墙体保持差异，显示了自身次一级的地位。而玛瑙石墙体则为西班牙国王与王后的会见划定出仪式性的空间，其位置的中心性显示出作为时空焦点的地位，材料的华丽则凸显出国王与王后的高贵身份（图17）。

图17

在主厅对角线外侧，仍然产生了与内侧相似的序列关系：出—停—出，外—内—外，动—静—动。只是这次第一道墙体变成了镀膜玻璃竖屏，第二道墙体变成了正面的第一道，底端墙体则换作大水院的灰华石围墙，而且这一序列使空间拉得更远。之前写到，密斯的设计中原有两座雕塑放于空廊和大水池中，刚好就在这条序列关系上。所以，这一更像折廊的空间序列仍然在密斯构思的时间序列中具有重要性。并且，由于材料变化较大，又处于折屏之后的明暗交界处，而且空间收放关系突然，给这一时空序列赋予了一种特有的神秘感和游戏性（图18）。

图18

在另一条对角线上，位于主厅和附房之间的灰华石独立墙体不仅在场地构图中起主要作用，在空间上也使主厅与附房之间建立了联系。它像一个没有屋顶的复廊，前后的世界截然不同。墙体横向展开，与背后竖向的树林产生了对比，密斯强调树林作为德国馆天然背景的意图非常明显，使德国馆似乎正处于这片林中的空地。这段墙体前面的长凳则与墙体、水面产生了一种水平向的同构关系，面对敞开的水院（隐喻着大地），观者或坐或卧，在地中海温暖的阳光下陷入了沉思。

1（美）巫鸿著．重屏 [M]．上海：上海人民出版社，2009：22.

图19

图20

图21

图22

在完成了这两条对角线之后，密斯通过玻璃屏风对主厅进行了围合。东面使用宽幅透明玻璃（图19），能从室内主位望向德国馆正面的绿地广场；西面使用镀膜条屏玻璃（图20），能从室内瞥见外面的树林，条屏意在与双柱共同强调廊式空间的节奏和韵律，镀膜则在一定程度上保证了室内的私密性；北面同样使用镀膜条屏玻璃（图21），这里的意图则是对室内望向小水院的视野进行一个立面节奏的控制；而南面的双层宽幅磨砂玻璃则形成了一个光井（图22）。北、东、西三面玻璃屏风与大理石墙体和屋顶形成了廊式空间，增加了空间层次，并强调了空间的流动性。南侧的光井则在构图中独立存在，并与玛瑙石墙面共同构成了一对主厅空间中的组合（这一组合在吐根哈特住宅中同样存在，见下文），形成了主厅的视觉与构图中心。玛瑙石墙面与黑色地毯显示的是客厅式的仪式空间，而采光井则似乎成了主厅中的“火炉”（从密斯中后期的住宅方案中可以看出，当火炉与主屏分离时，火炉很少在主客厅的主屏位置出现，而经常出现在主客厅的端部。因此，这里更愿意将光井看作火炉。王昀有着类似的观点，参见《从巴塞罗那德国馆的建筑平面中解读密斯的设计概念》，华中建筑，2002年，第1期。当然这是一个值得继续探讨的话题）。华丽高贵的玛瑙石墙具有物质性的一面，呈现的正是岩石的断面，似乎隐喻着大地的在场；而磨砂玻璃则具有非物质性的一面，抽象的形式显然隐喻着精神的一面。这也证明了这对组合在主厅空间中的重要性。

至此，整个德国馆的棋局清晰地呈现在我们面前，借助明确的边界、构图、结构，流动空间才得以真正有意义地成立，棋局中不同的位置和空间成了有意义的场所，流动性才得以在时空中完美地呈现。

## 2）庭院住宅

*自然界也必须呈现其本来面目。我们不应该用我们设计的房子及室内装饰的色彩来破坏自然界。我们倒应当力求把自然界、房子和人联合在一起以创造更高度的统一性。*

*——密斯《与诺伯格·舒尔茨的谈话的摘录》，1958年*

在1931～1937年间，密斯发展了许多庭院住宅方案。这些方案是这一时期密斯连续思考的结果。

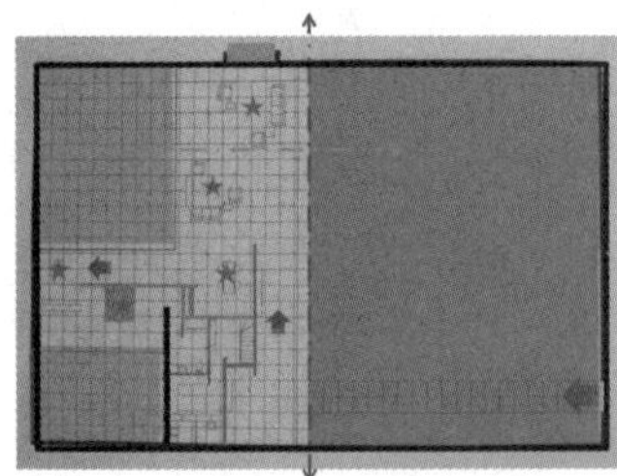

图23

在三院式住宅（图23）中，密斯诗意地处理着院子和房子的关系。方案中，他首先将院子一分为二，一半属于房子的范围，一半则完全是院子，显示了他对自然的尊重。进入院门，一条小路通向远处晶莹剔透的房子。在归家的途中，需要经过一片有着无限可能的花园，顿然间生趣盎然，疲惫全无，仿佛到了另外一个世界。我们可以想象，白天，大玻璃映射着外部的自然，晚上，透过玻璃，内部的各种事物呈现出一种多样性，世界以诗意的方式高度戏剧化地浓缩在了密斯的庭院之中。在庭院的另一半世界里，T形结构的房子又划分出两个小院，一个对着起居室，一个对着卧室。在室内，各有两道呈Z字形的折屏以直角布置，从而形成了两条廊子，一条指向起居室，一条则走向卧室。密斯通过一道实体墙屏蔽了辅助空间，为卧室提供了一个安静私密的院子，而起居室则享受着一大一小具有不同氛围的院子，显示着自然与人工的差异。从室内家具的布置中看到，室内各物均在各自精确的位置上言说着不同的事，一种真实的生活情境跃然而出——或围炉夜话，或以茶会友，或窗前静读，或品尝美酒，或酣然入睡。网格化的院子与室内已是高度融合，它们给室内事件一个更充分的室外舞台，室内空间的气氛蔓延到了院子的每一个角落。密斯赋予的这一切，俨然一个完整的生活世界，诗意，自足。

图24

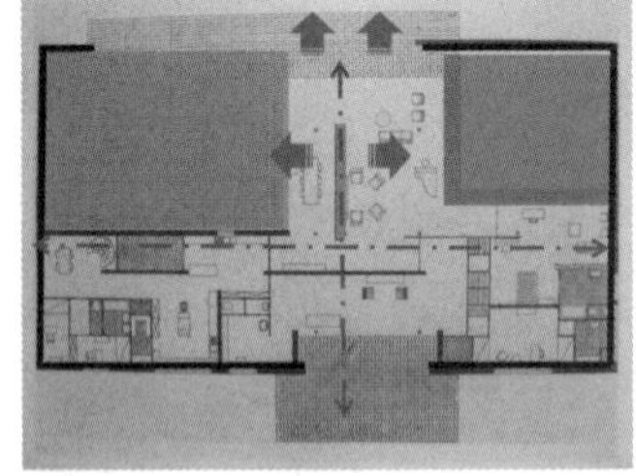

图25

更有趣的是，当单元组合为三庭院住宅群（图24）甚至更多时，院落的复杂性出现了。当我们从任何单元的围墙上打开一扇小门，让穿越在各庭院之间成为可能时，密斯仿佛将我们带入了游园一般的情境当中，世界变得如此丰富，从而具有园林一般的气质。密斯在这个方案中，似乎将内部的流动性外化到了更大的世界，使整个庭院群产生了无尽的流动，内与外在一种可居可游的状态中发生，让人想象不到方寸之地竟然能有如此出乎意料的变化。这正如同棋局，在有限的棋界内产生了无限可能。

在马德堡的Hubbe住宅方案（1935年）的平面图（图25）中，可以看到该方案由于环境的变化（处于湖光山色之中），上述庭院

图26

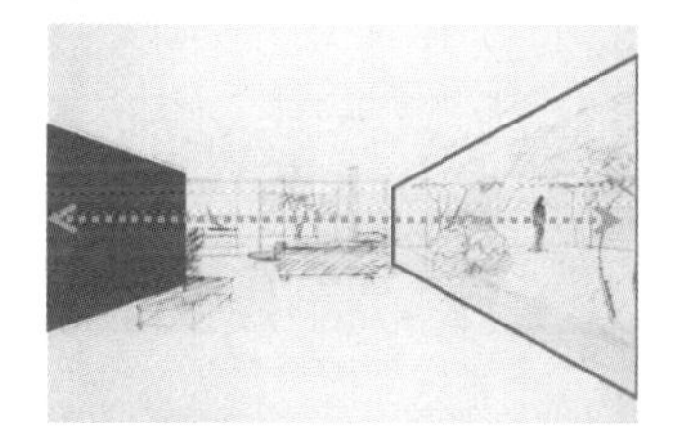

图27

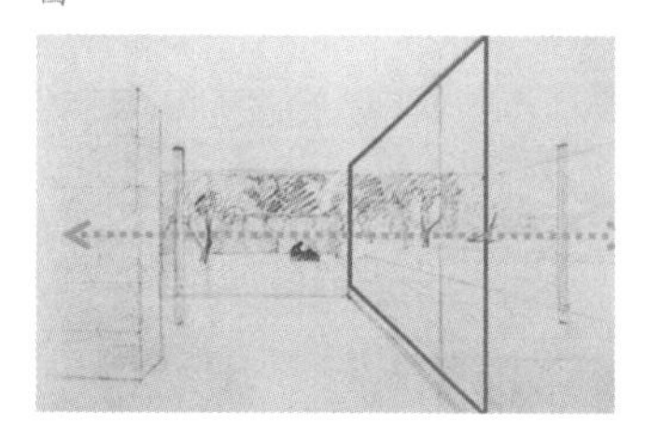

图29

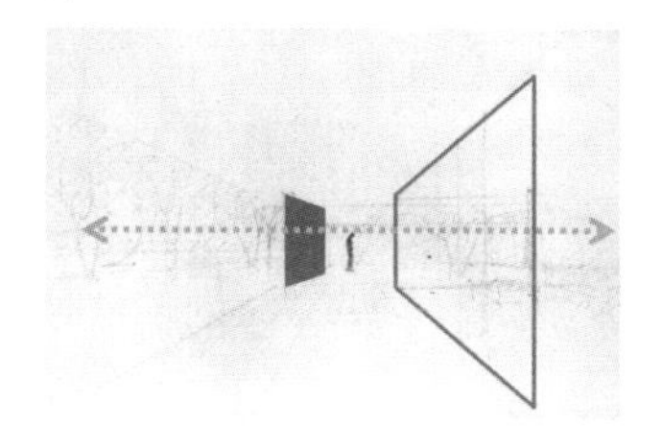

图28

住宅方案中的封闭性在此被打开了缝隙。但是，看见什么，仍由密斯审慎地决定。在室内透视草图中（图26、图27）可以看到，他精心地裁切着院墙，为观者剪辑出最精致的画面与景致。他将自然划分了内外，在外部的无主之地中收进一片有限之所，为客厅和餐厅分别辟出一个花园和石板小院，一柔一刚，相得益彰。同时，又在有限中摄取无限。在客厅的火炉前，沿着大理石墙延伸的方向，看到的是一幅经过选择与重构的“溪山清远图”，似乎是在有意与无意之间，带给人一种清新的美感。在这几张草图中，可以看到玻璃的“消失”，甚至连边框也减少到了极致，我们看到的只有火炉、柱子、家具、雕像、树、藤以及远处的美景本真地呈现在屋顶和地面之间的“框”里。

正如盖伊·达文波特评价巴尔蒂斯的《街道》（图28）这幅画一样：

> *街道上的行人心事重重，封闭在自己的内心之中，没有注意到彼此的存在。《街道》坚持强调，在注意力的沉睡之中，只有艺术家的眼睛是醒着的，以形象的最为古老的含义，这眼睛对绘画作出了一个基本的定义，十分明显但格外重要的定义，那就是“看见”。*[1]

密斯正是扮演了艺术家的角色，他建构了一个“画框”，将散乱的诸物框入界内，呈现为一个整体的世界。然后所要做的，便是等待观者走在框前，静静地“看”，直观眼前熟悉而又陌生的世界。《街道》中，街道两侧的路缘石将画中的人物分成三段，在一个透视感强烈的街道上，前景中过街的人物呈现出了一种平面化的横向运动（就像皮影戏中的人物一般），街道从而出现了两种运动，一种沿横向展开，一种向纵深而去，透视与非透视空间并置在画面当中，两种运动同时发生。如同《街道》一样，密斯草图（图29）中的透视空间同样由于庭院墙体和玻璃“屏风”的存在而产生了透视空间与卷轴空间并置的效果。

正如巫鸿对《韩熙载夜宴图》（图30）所做的表述：

> *画中的屏风至少有着三种不同的结构作用：它有助于界定单独的绘画空间；它结束了前一个场景；他同时又开启了另一个场景。*[2]

1（美）盖伊·达文波特. 巴尔蒂斯.
2（美）巫鸿著. 重屏 [M]. 上海：上海人民出版社，2009：45.

图30

可以说，密斯的各种庭院式住宅方案都是在建构一个自足诗意的世界，各种条件产生的复杂性在其方案之中均清晰呈现并富有艺术意味。这些庭院住宅方案就像各种不同的棋局定式，密斯反复地研究各种可能性并烂熟于胸，最后为他脱开定式、转向一种更加率真的境界奠定了基础。

**3）Resor住宅**

*我把一只圆形的坛子，*
*放在田纳西的山顶。*
*凌乱的荒野，*
*围向山峰。*
*荒野向坛子涌起，*
*匍匐在四周，不再荒凉。*
*圆圆的坛子置在地上，*
*高高地立于空中。*
*它君临四界。*
*这只灰色无釉的坛子，*
*它不曾产生鸟雀或树丛，*
*与田纳西别的事物都不一样。*
*——斯蒂文斯《坛子的轶事》*

在柯布的绘画作品中，首先是矩形方盒子的出现。从方案模型中看到，Resor住宅是一个角部闭合、中间部分前后透明的方盒子，通过两侧石头基座和河中柱子的支撑，像一座廊桥一样横跨河上。这样的空间形式在1934年的山上的玻璃住宅草图中初现端倪，可见在德国时密斯便曾思考过这种住宅空间模式。从当时的方案草图（图31）中看到，其仍然是采用下部架空于道路上，上部采用了类似桁架结构构成的统一空间形式，中部透明，两端封闭。从Resor住宅开始，密斯放弃了庭院式住宅方案中采用外墙围合院子以界分内外、“裁切”自然的方法，直截了当地将建筑整合成一个“虚空”的玻璃房子（相当于庭院式住宅方案中外墙内收回来成为房子的边墙，以将辅助空间构造在其中）。密斯把火炉的烟囱伸出屋顶以显示其重要性，而室内屏风与火炉呈直角。对于这种空间形式，密斯在之后的解释是：

图31

*要把沙利文的口号——形式服从功能——颠倒过来，去建造一个实用和经济的空间，使功能去适应它。*[1]

这标志着密斯的一种原型化的统一空间的实验正式开始，“虚空”的空间形式可以说是密斯观念变化的标志。海德格尔在《物》中对“壶”的描述为我们认识Resor住宅提供了启示，“在海德格尔看

1 刘先觉著.密斯·凡·德·罗[M].北京:中国建筑工业出版社，1992.

图33

来，正是'中空'才使得壶这个器皿能够容纳，而容纳则构成壶之为壶、为器皿的本质……海德格尔说，'壶之壶性在斟注着的赠品中成其本质存在'"。[1]因此，大空间的形式有着类似"壶"的含义，它自身是物，也容纳着人、事、物，又把自然作为"赠品"直接"献给"观者去直观。这是密斯思考人与自然、人与世界关系的一种新的架构形式。正如王庆节指出：

> *无论老子还是海德格尔，大谈"物论"的"醉翁之意"并不真的在"物论"，而在"人论"，在于人类在这个宇宙中、世界上的位置及命运，在于人类与其生于斯、长于斯的周遭世界和自然的关系。*[2]

久动思静，经历了二战灾难的密斯，对人类命运、人类与自然的关系的思考，使其作出了舍弃形式变化，求得空间之"虚静"的决定，从而使观者能直接关照被关照之物，而没有丝毫的牵绊。[3]这虽是一小步，却使密斯向艺术精神的真意迈出了一大步。这一点，像是棋局中的"宇宙流"（图32），棋子向中央发展，不在乎边角之"利"，而在乎中部之"势"，以取得与宇宙之势一般的宏大格局。

图32

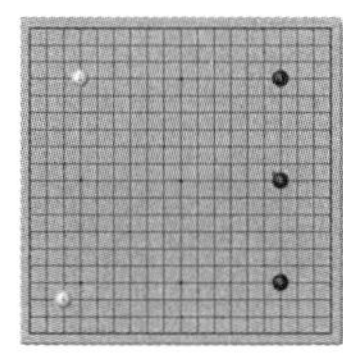

从这张著名的室内拼贴画（图33）上可以从另一面清晰地感受到密斯在做什么。"他既不揭示也不隐藏，而是显示"，[4]面对山峰，密斯的房子在其自身存在中参与了它所指向的自然的存在。"理解需要边界"[5]密斯仅仅做了一个框，在轻描淡写中将远处雄伟的山脉呈现在观者面前，零距离地触动观者的心灵。苏珊·桑塔格认为，"摄影就是挪用所摄的东西，意即将自己投射到与世界的某种关系中去"。[6]密斯正是如此，他呈现给观者的是敞开的大地，空间以直接的方式将人与自然的关系集聚。阿恩海姆在《中心的力量》中阐述了画框的作用和意义：

> *装框的画大约是在15世纪的欧洲作为社会变化的外部表现形式而发展起来的。直到这时，绘画才成为建筑环境的有机组成部分，它是受委托为一个特定地点制作的，设计上要满足一个特定的目的。当凡·艾克的祭坛画在第一次世界大战期间被当作战利品暂时从根特挪到柏林的博物馆时，就被剥夺了它那赋予其生命的环境及其魔力。以往，没有什么途径能使它成为活动的商品存在。但是，当艺术家们开始为了满足一个特定的委托要求来制作圣经故事、风景、风俗画场景时，作品就不得不成为可移动的了。*
>
> *从美学的角度看，框架并不仅仅限定意欲构成作品的视觉对象的范围，它也规定了有别于日常生活环境的艺术品的现实地位。当作品不再被视为社会环境中的一个有机部分而是关于该环境的一个陈述时，是框架使它得以显现出来。当艺术品成*

1 王庆节著.解释学、海德格尔与儒道今释[M].北京：中国人民大学出版社，2009：172-173.

2 王庆节著.解释学、海德格尔与儒道今释[M].北京：中国人民大学出版社，2009：191.

3 徐复观著.中国艺术精神[M].华东师范大学出版社，2001：45-48.

4 赫拉克利特，见许江、焦小健编.具象表现绘画文选[M].杭州：中国美术学院出版社，2002，108.

5 （美）鲁道夫·阿恩海姆著.中心的力量——视觉艺术构图研究[M].成都：四川美术出版社，1991：40.

6 （美）苏珊·桑塔格著.论摄影[M].长沙：湖南美术出版社，1999：14.

图34

*为一个陈述时，它变化了的现实地位是通过它与周围环境的明显分离表现出来的。鲍里斯·尤斯彭斯基便将框架的功能同“疏远”现象联系起来。这种框架表明，它要求观者不是将他在画中看到的东西视为他所生活与行动的世界的一部分，而是视为关于这个世界的一种陈述，观者是从外部来看的，它是一个观者所在世界的再现。这就意味着，从一幅画中看到的物质并不是要作为这个世界现存物质的一部分，而是要作为一个象征意义的载体。*[1]

我们从Resor住宅的透视图中不难发现，密斯在这里的框虽然使我们进入了框内的“绘画空间”，[2]但他并非在简单地框景，更没有将群山作为外部对象看待，而是意欲将自然之境邀入生活世界，在这里，人、房子、自然，已共属于一个彼此不可分离的整体世界。当观者在窗前凝视这壮阔景象时，关系已然超越了对弗里德里希[3]关于同样主题的绘画的凝视（图34）。因为，在此刻，没有观者与“绘画”的分离，而是所有一切均在一个世界之中。这正是Resor住宅在“框”的层面上展现的密斯空间的另外一面。正如密斯所说：

*我企图使建筑物充当一种不带任何色彩的边框，以便使人和艺术品都能在其间呈现其本来面目。要做到这一点，对事物持谦逊态度是必要的。*[4]

我们在Resor住宅中，感受到了密斯对自然的谦逊。它呈上了对于大地的邀请，让观者与大地不再各自立于玻璃两侧，互无关系。

图35

另外，Resor住宅室内不通到顶的屏风（这里，我们看到的也许是室内的隔断，但在意义上完全可以视作屏风而非墙体）中，透着另一层含义。Resor住宅室内的屏风是平行于前后两面的玻璃而放置的，我们可以将其和马远的《雕台望云图》（图35）比较，看看两者的相似意味（似乎马远的画便是Resor住宅的剖面）。巫鸿写道：

*画面中，一座多层的高台耸立于精巧的宫殿之上，露台顶上，一架平扇屏风立于巨大的伞盖之下。这扇露天的屏风既不是为了挡风，也不是像堵墙那样可以划分空间，其意义在于它与它前面的那个人物之间的心理关联。那位士人，带着一种*

1（美）鲁道夫·阿恩海姆著.中心的力量——视觉艺术构图研究 [M].成都：四川美术出版社，1991：49.
2（美）鲁道夫·阿恩海姆著.中心的力量——视觉艺术构图研究 [M].成都：四川美术出版社，1991：53.
3 德国著名浪漫主义画家，1774 ～ 1840年
4 刘先觉著.密斯·凡·德·罗 [M].北京：中国建筑工业出版社，1992：221.

*夸张的平和，正凝望着宏伟宫殿之外的奇俏山峰。他身后的屏风为他"挡住"了所有从外面射来的未经允许的视线，从而提供了私密性与安全感，保证了他乃是面前景象的唯一欣赏者。由此，这架屏风确立了一个只为他的视觉所独享的场所……这架屏风的斜向透视引导我们追随画中人遥望远山的目光。画之焦点不再是画中那人，而是那人眼中的景象。*[1]

循着这条线索，我们似乎能更加透彻地理解Resor住宅的全部含义。它自身作为"虚空"的"物"，以"田纳西的坛子"的方式创造出一个力场，聚集它周围的诸物，从而形成一个"场域"。住宅的屏与框，则让我们能直观世界并思考人在世界中的位置和命运。火炉则在内部温暖着人，给予其心灵以慰藉。

**4）柏林新国家美术馆**

*这条漫长的道路，其目的只有一个：就是要从这个时代的混乱中创造出建筑的秩序。我们需要秩序，其中，一切都有自己的位置和定义。*

*——密斯《在就任阿尔莫理工学院建筑系主任时的讲话》，1938年*

*结构是哲学性的。结构是一个整体，从上到下，直至最后一个细节都贯穿着同样的观念。这就是结构。*

*——密斯*

图36

图37

建成于1968年的柏林新国家美术馆为密斯辉煌的建筑生涯画上了圆满的句号。时隔30年后，密斯又回家了，用这座艺术的殿堂回报了家乡，也实现了他一生追求的建筑理想。

不同于赖特在古根海姆博物馆中的运动观和柯布西耶在廊香教堂中的神秘性，密斯的柏林新国家美术馆在静谧中成为永恒。美术馆位于圣马修教堂南面约105米×110米的开阔场地上，位置和城市关系要求其在各个方向均要有良好的视野与形象。因此，不同于克朗楼的矩形，密斯把在古巴巴卡尔第大厦发展的正方形方案用在了这里。他想要一座神庙般的艺术圣殿，从各个方向看去，都有着绝对的形象和对城市的控制力。建筑分上下两层，上层用来举行各种临时展览，下层用来展出永久性藏品。上层用八根巨大的"十"字形钢柱撑起由"工"字钢桁架形成的边长为64.8米的整体平屋架，展厅则内收为一个边长为50.4米（场地平台边长的一半）的透明玻璃大厅，净高8.4米。下层为混凝土框架结构，并在西端布置了一个下沉式庭院。美术馆结构体全部刷成黑色，以宏伟的尺度和静穆的气质君临四野。震撼之余，需要我们对其进行详细的解读（图36、图37）。

1（美）巫鸿著．重屏[M]．上海：上海人民出版社，2009：45.

图38

首先是结构。角部问题一直是密斯不断思考和实验的重大命题。这一点在埃森曼《密斯与缺失的形体》一文中通过乌尔比诺总督府与罗马圣玛利亚教堂内庭转角照片（图38）的对比说明转角问题一直是建筑的古典命题。事实上，当我们观察希腊神庙的爱奥尼角柱的柱头时（图39），发现角部的形式与美学问题在古希腊时便是一个重要的问题而需要得到严肃认真地对待。在IIT的克朗楼中，以“工”字钢为结构柱的角部，问题似乎在外而不在内。因为内部变成了一个玻璃框的明确收束，而外部则需要通过两根“工”字钢与角钢之间的三角恋爱来使角部事实成立，但显然这种关系略显暧昧。从范斯沃斯住宅开始，密斯尝试着突破角部的束缚。这一点在后来50英尺×50英尺（1英尺≈0.3米）住宅方案（图40）中看到了希望——在结构上将柱子从角部解放。问题总是带有两面性。结构上解放了角柱，但屋顶四角的应力发生了变化，屋面需要比正常结构更强的刚度，这也预示着钢桁架整体屋架的粉墨登场。于是，密斯解放了角柱，也就解放了角部。

图39

对于美术馆来说，接下来便要面对失去角柱后的列位柱子。从平面中看到，密斯给出的答案是：每边两个柱子，均在每边的5/18的位置对称出现，即立面以5:8:5的间距节奏出现。由于屋顶如此之大，每边需要至少两根柱子，才能在最经济合理的条件下承受整个屋顶的重量并减小屋顶中部与角部的挠度，也避免了结构失稳的可能性。这种布置或许能最大限度地满足力学效益。从平面上看，这8根柱所构成的轴网也隐约形成了一个希腊“十”字，似乎有种宗教隐喻。另外，我们从圣索菲亚大教堂（清真寺）（图41）可以看到，其四角的望柱在空间上与主体建筑的脱离，使教堂本身的场域外延，并增强了望柱的象征含义。密斯似乎借鉴了这种手法，虽然美术馆的角柱取消，但8根柱子与大厅玻璃表皮的脱离，仍然使空间向外延展出去。

图40

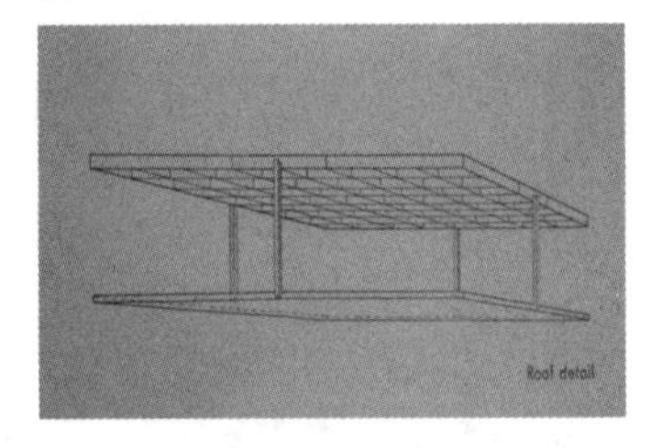


图41

确定了柱子位置，接下来便是柱子的形态问题。不同于50英尺×50英尺住宅和范斯沃斯住宅的平焊法，在解决了美术馆的角部问题之后，密斯又回到了传统的柱梁承托体系以承托如此巨大的屋顶，并将柱子的中心置于屋顶边梁的中线上。由于方形屋顶的整体荷载，柱子在主、次方向均要承担巨大的荷载，因此，由“T”形钢焊成的“十”字柱仍然是密斯的首选，并且使柱子向上收束，再现了古典传统。柱头采用铰支座方式，并内收在“工”字钢梁底翼板之内，使得整个屋顶显得轻盈飘逸，虽然屋架高达1.8米。

完成了结构的壮举，密斯终于能在一座宏伟的结构中实现他的“自由意志”。内收7.2米的玻璃大厅，彻底地脱开了结构框架，完成了自我实现。这一刻，骨与肉彻底分离，在如此巨大的尺度下发生，真实而虚幻。而由于这种分离，在室内，人感受到的是屋顶强

图42

烈的漂浮感（这种漂浮，还由于玻璃的虚化、生丝窗帘的飘逸、大厅全部采用悬挂式的展墙而得到强化）（图42、图43）；在室外，人却感受到绝对的秩序，一种神圣的存在感。这一刻，轻与重同时在场。

玻璃大厅立面的划分同样在基本模数的控制下，真正的差异产生在角部。就如刚才所述，角部的解放使美术馆的玻璃表皮走向了独立与自治，无须再将表皮与结构的关系聚焦在角部问题中来。美术馆直接而又轻松地用一根方形钢管便结束了表皮在角部转折与交接，同时保证了两个面的轴线丝毫没有偏离由地面和屋架形成的网格（这与克朗楼是不同的）。同时，从屋顶檐口节点图和卫星图中可以判断出，屋顶的8处排水点，刚好位于玻璃大厅的四角和每边的中间，所以，这几个位置的钢管也许参与并解决了屋顶的排水问题。

图43

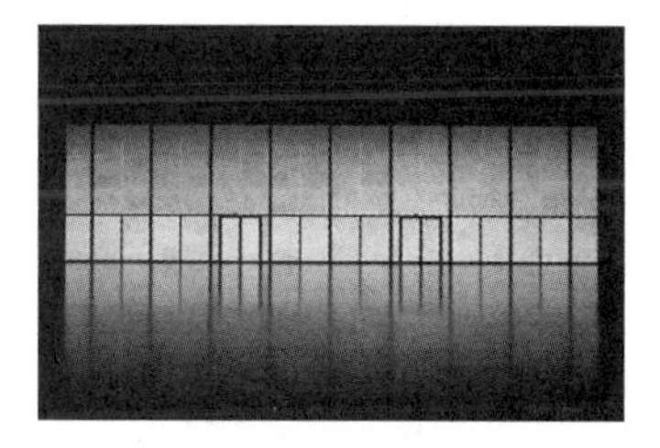

屋顶的形式和构造也是美术馆的重点。由于地面采用正方形网格来控制场地和空间，屋顶则需要在与地面、空间，以及技术的综合考量中取得形式。密斯一定总结了克朗楼的得与失。由于管线系统的存在，克朗楼吊顶的形式遮蔽了屋顶结构本身的存在，而且由于在边界与玻璃表皮脱开，使人在室内几乎看不到玻璃表皮的上部边框，这在一定程度上损害了人对建筑完整性的理解，并使人对建筑与吊顶的互文关系产生疑问（图44）。由于克朗楼是矩形的空间，单向灯带的位置与构架之间产生的交叉破坏了竖向的节奏。因此，在柏林新美术馆，密斯采用了与地面网格同构的方法来应对这种建构的同一性，从而使屋顶和地面呈现出高度的统一。同时，为了应对尺度的变化，室内部分的屋顶格子内又吊了8米×8米的网格（图45），来对应人的尺度，并在构造上解决了每个大格四盏吊灯的位置。玻璃厅外的回廊则增加了一组不易发现的4米×4米的钢网格，增强结构的同时，对应着更大的场地尺度。

图44

图45

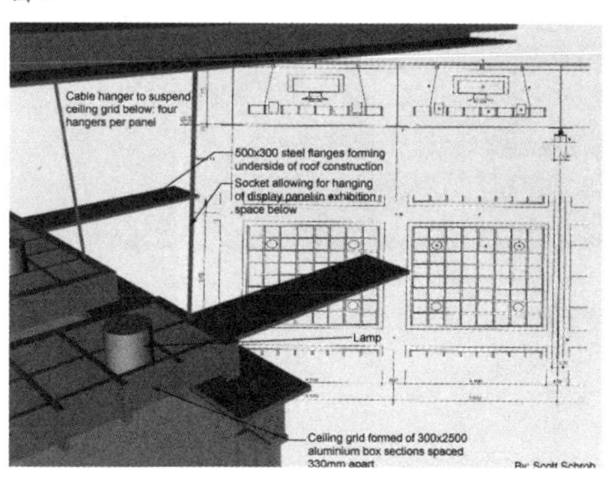

从平面中（图46）可以看出，美术馆的地下层有着当年小城市博物馆的影子。由于功能的限制，密斯在双重柱网体系下，尽力沿着东西向构建序列，使观者从地面层的楼梯下来后能感受到这条由东到西，由内到外的空间序列（图47、图48）。由于混凝土和钢结构的结构差异和跨度差异，虽然地下层仍然采用了1.2米的基本模数，但是混凝土和钢柱仍然产生了无法对位的结果，只能通过房间的划分与隐蔽来处理。显而易见，地下层的平面远不如我们印象中密斯对类似空间处理的清晰，甚至让人怀疑是否是由密斯所作。出现在吐根哈特住宅的矛盾似乎又出现了。但这一次，密斯终于实现了将一个结构表现与自由意志统一的宏伟巨构置于大地之上的愿望。

美术馆就在这上与下、虚与实、轻与重的二元关系中存在着。它带有一种强烈的古典秩序，静静地立于大地之上，而幻化的玻璃则表象着现象的世界（图49）。正是认识到了现代世界的虚无，密斯才要坚决地为世界建立秩序。正如棋局一般，密斯的美术馆正是一个时间和空间的架构，使人回到秩序的世界，使时间与空间的本质现身。在美术馆的上——下、虚——实对比中，上层呈现为一个精神的家园，下层呈现为一个世俗的世界，二者共同建构了一个完整的生活世界，一个古典而又现代的家园（图50）。

为现代建筑奋斗了一生，密斯终于在归家的途中，在对历史的回望中，找到了那片林中空地，看到了真理在自己作品中闪耀的光辉。

图46

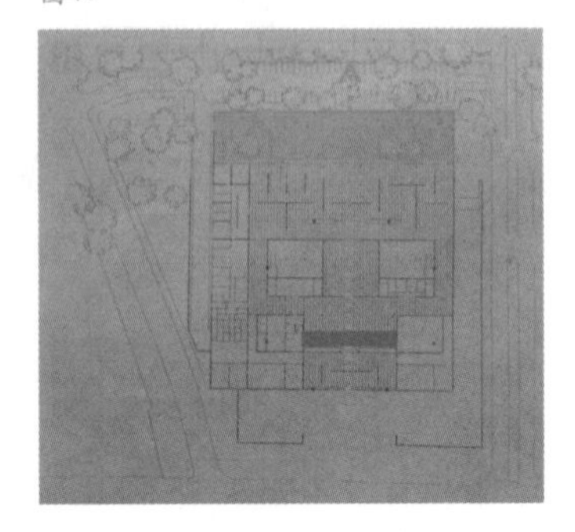

图47

图48

图49

图50

## 2-密斯之棋

经过对以上作品的研究，我们看到了密斯空间与棋局空间作为时空架构的相似性，也看到了密斯的每一局棋到底是怎样建构的。

第一章曾说过，棋局空间是在棋局架构之下，棋子"从一而起"所形成的博弈关系。正如石涛的"一画"，"未有不始于此而终于此"。[1]密斯空间亦如是，他并非主观地为形式而形式，而是先去关照先在之物，如同下一盘棋的残局，在彻底"还原"之后再给予"一画"。接下来密斯所要做的便是跟着"一画"走，并将空间的开放性彻底打开，近取诸身，远取诸物，为我所用。

在密斯空间中，密斯叙事，观者阅读。他并非只是让观者欣赏房子的精纯，更是让观者体味世界的丰富。正如伽达默尔所说，"事实上，最真实感受游戏的，并且游戏对之正确表现自己所'意味'的，乃是那种并不参与游戏，而只是观赏游戏的人"。[2]密斯空间让在场之物被观者在时间中感知，让游戏的意味被观者真实感受。诸如动静、有无、虚实、内外等对仗关系，均在密斯空间中清晰地呈现。而且，作为"栖居空间"，对"天"、"地"的敬畏与守护一直是密斯空间的主题。因而，密斯空间和棋局空间一样，蕴涵着天地之"道"。

密斯空间同样可以看作游戏空间。这不仅是因为艺术作品所共同具有的游戏特征，更因为密斯空间对"自由"状态的关注是本体性的，这也是游戏的本性。密斯作为游戏者在其创造的游戏空间内进行着一场场面对"存在"问题的真实而富有艺术意味的严肃游戏。而且，密斯一直坚守在自己规定的游戏规则中进行游戏，并且成绩斐然，这是让人非常敬佩的地方。他曾说，"如果每天都想出点东西来，那我们干脆就前进不了。要想出点新奇的东西来并不困难，但要把什么东西研究透彻却还真需要付出很多代价……我们特意把自己约束在当前可行的那些结构体系的范围内并力图作出详尽的设计来"。[3]

密斯空间就是在建构世界。他曾说，"我的建筑内部和外部是一个整体，你无法把他们分开，外部关系到内部"。[4]在"界"内甚至"界"外，密斯呈上对"诸物"的邀约。在清晰的语法结构下，密斯构图、布局、落子，仔细经营着诸物在空间中的位置，力求使物与物、人与物之间产生明晰而诗意的关系。密斯的房子不甚关注造型，而关注空间、布局、关系，为的是聚集、形成"物体系"，从而使世界成为由建筑开启的"关于存在的境域"。他对整体性的理解是哲学性的，从而打通了整体与局部、形而上与形而下的关系，使其一以贯之。

*1（清）石涛著．石涛画语录 [M]. 俞剑华注译．南京：江苏美术出版社，2007：1.*
*2（德）伽达默尔著．真理与方法 [M]. 洪汉鼎译．上海：上海译文出版社，1999：141.*
*3 刘先觉著．密斯·凡·德·罗 [M]. 北京：中国建筑工业出版社，1992：220-221.*
*4 刘先觉著．密斯·凡·德·罗 [M]. 北京：中国建筑工业出版社，1992：74.*

密斯空间在形式上的抽象只是现代建筑表象的一面，真正的意义在于说明时代之不同导致的形式之差异。他说，“形式本身是不能独立存在的”，“建筑是以其空间形式来反映时代精神的”，“真正的形式是以真正的生活为前提的”。[1]密斯对现代性的本质思考，是产生密斯空间“少即是多”的基础。因此密斯空间不是形式化的抽象空间，而是建构性的具有内容与意义的意向性空间。

密斯不懈地对技术进行追问。他说，“凡是技术达到最充分发挥的地方，它必然就达到建筑艺术的境地”。[2]但他并未走向纯技术的迷途中去，而是重视物性的直接显露。我们在密斯空间中看到的不是某种技术“材料”的聚集，而是密斯精心建构与给予的“物体系”——柱、墙、屏、家具等，它们均作各种“物”来理解，而不是看作抽象的空间要素。他说，“只有通过材料的特性来提取其精华时，他们才能使对比、节奏、平衡、比例、尺度等抽象因素变为现实；这些因素只有以适当的方式在那些材料中表现出来，并且与作用在它们上面的各种力量取得和谐时，这些因素才能存在。正是工匠决定了这些存在形式的性质，因此他又回到建筑艺术的道路上来了”。[3]到最后，密斯脱开技术的束缚，真正地抵达了“精神意义的活动范围”。[4]

密斯空间之“精神意义的活动范围”便在“意境”之中。密斯空间如诗一般的气质，是其付诸了艰苦思考后的结果。密斯空间可谓“无我之境”，在表象与意义之间的中间地带，他直接呈现“枯藤老树昏鸦”式的语言，从而给出了“事实的真相”，[5]也回到了“建筑本身”。最后，他把“意境”二字，轻轻抛给了观者的经验和想象。

1 刘先觉著 . 密斯 · 凡德罗 [M]. 北京：中国建筑工业出版社，1992：212-214.
2 刘先觉著 . 密斯 · 凡德罗 [M]. 北京：中国建筑工业出版社，1992：219.
3 刘先觉著 . 密斯 · 凡德罗 [M]. 北京：中国建筑工业出版社，1992：220.
4 刘先觉著 . 密斯 · 凡德罗 [M]. 北京：中国建筑工业出版社，1992：220.
5 刘先觉著 . 密斯 · 凡德罗 [M]. 北京：中国建筑工业出版社，1992：222.

图51

图52

图53

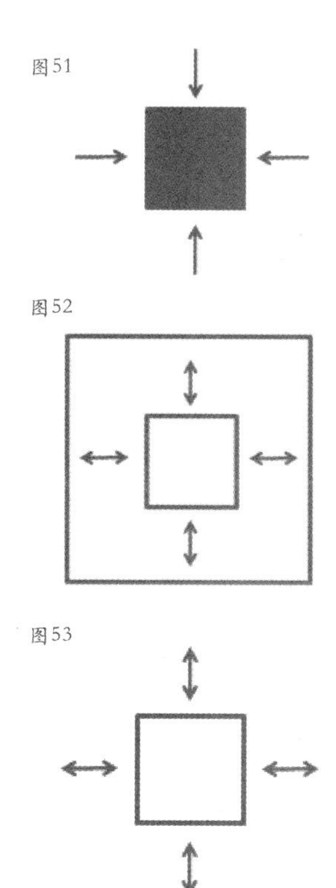

## 肆 / 棋局之外 —— 密斯的启示

*伟大的诗人的诗作都出自一首唯一的诗。*
*——海德格尔《诗中的语言》*

*一沙一世界，一花一天堂，双手握无限，刹那是永恒。*
*——布莱克《天真的预言》*

如同一位棋士，密斯的"棋史"是在时间的刻度中向"棋"本身而去的。走向"棋"的途中，有一些事发生，密斯记在心头，继续向自己所看到的"棋"的微光而去，最后，他找到了"棋"，原来，"棋"一直在途中。

我们要认识密斯，便需要向密斯的"棋史"和"棋"本身看去。可以说，"棋史"在变，"棋"不变。

先来看"变"。

密斯盖房子，颇像贾柯梅蒂画画，一次又一次地抹去重来。在这不断的遗忘与重来中，密斯离建筑本身越来越近。在密斯的作品中，沿着时间线，发生了两次转向、三个阶段。第一次是德国馆，第二次是Resor住宅，最后以柏林新国家美术馆画上句号。

第一个阶段——无盘之棋。这一阶段，密斯做出了一些作品，如里尔住宅、克吕勒住宅方案、三个砖宅，似乎有了自己的棋子，并下出了几个棋局。但是，棋子有了，棋局有了，棋盘却是别人（辛克尔、贝伦斯、贝尔拉格）做的，是在别人拟定的规则下的棋。因此，密斯在这个阶段意识到了这一结构性的问题，开始尝试为自己搭建棋盘并制定规则。所以，我们看到了乡村砖宅的努力。从空间上讲，这一阶段是"有"和"静"的阶段，密斯的注意力在建筑上，建筑作为主体出现，空间的力场是封闭于建筑本身的（图51）。

第二个阶段——有盘之棋。以德国馆为标志，密斯拥有了自己的棋子、棋盘，用自己的棋路走出了属于自己的棋局。之后的吐根哈特住宅、几个庭院住宅方案均是在这个棋盘内的不同棋局。从空间上讲，这一阶段是"少即是多（less is more）"和"动"的阶段，密斯关注空间、自由、运动、人与建筑及环境之间的整体性，空间的力场在建筑的内外环绕（图52）。

第三个阶段——无棋之盘。以Resor住宅为标志，到范斯沃斯住宅和柏林新国家美术馆，密斯从棋局之内走出，仅仅做了一

图54

图55

个完美的棋盘，在棋局之外看“棋”。从空间上讲，这一阶段是“无（almost nothing）”和“空”的阶段，密斯关注结构、物性、空、无，空间的力场无处不在（图53），如同牧溪的《六柿图》（图54）、莫兰迪的《静物》（图55）和司空图说的“不着一物，尽得风流”。

再来看“不变”。

密斯一路走来，从“有”到“无”，从棋局之内到棋局之外。但是，“棋”本身不变，棋盘之静与棋子之动的“道”不变。任何时候，密斯均立足自身，本真地面对“建筑”之事，一丝不苟地对材料、结构、技术、形式、空间、存在本身进行追问，使空间中在场之物均如其所是地呈现物之“物性”，使人、房子均谦逊地融入自然。正如密斯的名言——“建筑始于把两块砖头仔细地放在一起”，他心无旁骛地盖房子，最后发现，“建筑”的真理性其实就在盖房子这件事情本身当中。正因为此，密斯的房子才成为“思着的诗”，盖房子之事也便成为“诗化的思”。

“一沙一世界，刹那是永恒”，这就是密斯唯一的诗。

## 伍／结语

禅门有一公案：

有一位讲说佛教戒律的源律师问大珠慧海："大师修行禅道，是否用功？"大珠回答说："用功。"源律师进一步追问："怎么用功？"大珠说："饥来吃饭，困来即眠。"

对论文开始提出的第一个问题，文中一、二两章已经给出了比较清晰的答案。而对第二个问题，密斯的回答如同大珠禅师一般精辟——"建筑始于把两块砖头仔细地放在一起"。在此，我亦想借用灵隐寺飞来峰下冷泉亭的一对亭联佳话作答：

*上联是：*
*泉自几时冷起，峰从何处飞来。*

*下联是：*
*泉自冷时冷起，峰从飞处飞来。*

# 从草庵茶室到现代居住建筑

## ——建筑空间中的行为因素

涂焕赟 Tu Huanyun

近年，日本建筑师塚本由晴在经过长期实践之后提出“建筑行为学”的理论，并且在该理论指导下进行了建筑设计的实践活动，将建筑行为学重新带入人们的视野。

本文意欲从传统建筑中的行为因素入手，进行一些有益的研究和探索。

首先是对传统建筑中带有强烈行为学观念的茶室建筑进行分析研究。茶室建筑是日本传统建筑中的一个重要的建筑类型，也是茶道行为与建筑结合的产物。日本茶道经历了平安时期的贵族茶、镰仓时代的寺院茶、室町时代的斗茶和书院茶之后，形成了以千利休为主的集茶道之大成的草庵茶，也是日本茶道文化的核心。本文所指的“草庵茶茶室”是这一时期茶道行为与建筑相结合的产物，也是茶人身体的延伸，对草庵茶室中茶道行为与建筑空间演变的研究能够让我们清晰地看到行为在建筑类型的产生、发展、演变的不同阶段以何种方式存在，并对建筑产生影响。

其次是对日本第二次世界大战以后（1945 年至今）的居住行为与住宅关系的研究，由于日本现代住宅建筑行为学的提出者是塚本由晴，因此这条线索以东京工业大学在第二次世界大战以后的住宅研究为起点，以塚本由晴为主的犬吠工作室在行为学指导下所做的日本第四代住宅建筑实践作品为案例，探寻行为学作为设计手法在当代居住建筑中的操作。

### 壹 ／ 草庵风茶室建筑

#### 1-草庵茶道与茶室建筑

茶最初由高僧空海从中国传入日本，茶文化在日本的发展历史呈现出一种自上而下的态势，从平安时代的贵族茶到镰仓时代的寺院茶再到室町时代的斗茶和书院茶，历经800 多年的发展，到千利休时代，茶事完成了与佛教的禅宗思想结合，从唐风大陆式转为和风岛国式，从贵族的娱乐形式变为庶民的宗教仪式，成为集生活、哲学、宗教、艺术、礼仪为一体的综合文化体系。这个过程也确立了草庵茶在日本茶道中的至高地位。同时，茶道中提炼的生活哲学与美学最终走向民间，经受日常生活的洗礼和民族文化的养分成为日本文化的结晶和代表，也是日本人生活的规范和心灵的寄托。日本哲学家、文艺理论家谷川彻三先生发表的《茶道美学》一书，将茶道定义为：以身体作为媒介而演出的艺术。[1]小小的茶室被称为是应用化了的哲学和艺术化了的生活，是“美”与“用”的结合。

*1 滕军．茶道文化研究 [M]. 台北：东方出版社，1992:5.*

随着茶道的发展，茶室建筑成为日本建筑一个重要的类型。第一座独立的茶室由大茶人千利休建造，外形与日本农家的草庵相同，外表不加任何装饰，取禅院道场之意，古朴、简素、稚拙的风格。草庵风茶室随着饮茶的行为的变化而产生、发展，是茶人修行的道场、生活的住居，也是日本茶道精神与审美的极致体现。

图1

**2-饮茶行为与草庵茶室建筑空间分析**

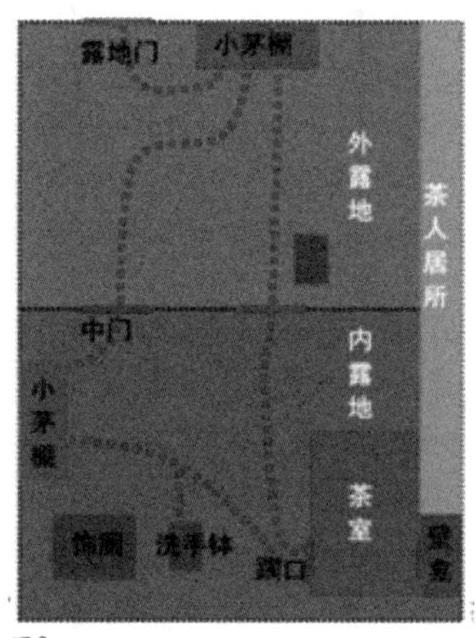

图2

茶室建筑空间因饮茶行为的发展而产生，其中，行为对建筑具有明显的决定性因素。茶室建筑是为了茶人修行而建，是茶人举行茶事的道场也是日常生活的居所，茶室空间因此显示出与茶人的行为和身体完美的贴合性。这使得茶道行为与茶室建筑空间的关系更为紧密。

（1） 行为动线对建筑布局的影响

茶事进行所需的时间一般以四小时为标准，分为“初坐”（茶食）“后座”（饮茶）两部分，以“中立”为界，前后均有茶亭小憩。

茶道行为中，有两条主要的线索：第一条线索是客人的线索：一场茶事中，客人由露地门进入茶庭，在外露地平静心情，与主人行礼后进入茶室。进入茶室后，客人需行拜礼、按主次入席、开始“初座”；初座后客人依次退席在茶亭中的茅草亭休息，而后由小入口进入参与后座的茶事，事毕，拜礼话别，客人穿过茶亭离去。第二条是主人的线索：在客人进入茶庭后，主人到中门等候，与客人行礼，带领客人更衣，进入茶厨准备。在这两个线索中，露地门、中门和小茅屋构成了第一个序列，在这个序列中，客人经历了从外部世界（动）到第一重露地（静）的转变，露地门是这个转变的节点，小茅棚作为转换的过程，中门是这个序列的终点。在第一个序列中，客人收拾自己的凡心，让自己平静下来用心感受茶庭中主人的心意。第二个序列由中门、小茅棚、和躏口组成，这个序列中，主客相见的中门成为仪式正式开始的重要节点，因此中门以内的露地也是茶道中必不可少的场所。客人在内露地中的小茅棚再次静心之后到达躏口，茶庭中的氛围在此时达到高潮，茶室中的仪式也随后开始。

从图1、图2可见，茶室建筑主要分为茶室和茶庭两部分，茶庭分为内露地与外露地，客人先在外露地静心安神，而后进入内露地，最后进入茶室。茶庭边界与内外露地之间均由篱笆墙做隔断。

（2）建筑空间对行为系统的支撑

独立的茶室产生后，茶庭与茶室组成了茶道行为的支撑系统，为行为提供了确定的空间和清晰的组织，主客的行为以相对固定的形态出现。茶室内部，“四叠半的小室，以纸障门窗相隔”的布局，将主客限定在“四叠半”范围之内。茶室外部被茶庭环绕，茶庭一般为100平方米到200 平方米，有篱笆围合，飞石相连。在这个过程中，建筑空间对行为的影响体现在以下方面：

① 确定行为的轨迹，空间与行为的对应趋向精确化

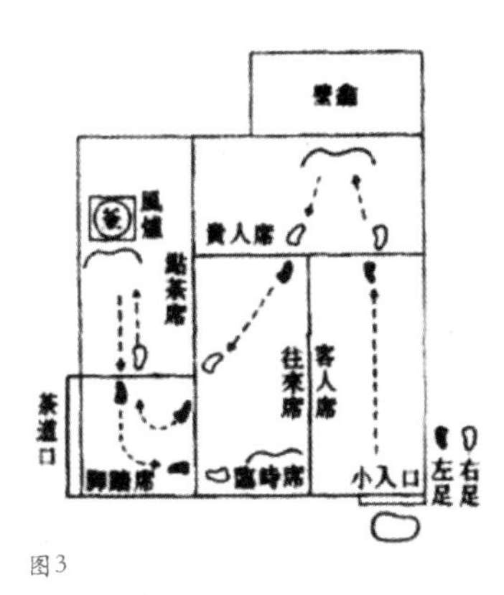

图3

在茶室内部，建筑平面模数人和物的移动方式和动线的主要依据。日本传统建筑通常以榻榻米为模数进行建造，在茶道中使用的榻榻米尺寸一般为190cm×95cm×6cm，边缘以黑布包裹，将茶室的底面划分成几个部分，黑边与榻榻米上因编织工艺而形成的格纹共同构成了茶室中的坐标系统，不论榻榻米在茶室中以什么方式布置，其边缘必须与茶室边缘平行，因此榻榻米上水平和垂直的编织格纹形成的交点、平行线与构成面之间的关系确与茶礼结合确定了人的行为在空间中的具体位置。榻榻米通过控制脚步的行为确定了人在茶室中的空间位置关系，茶道行为以榻榻米为基础在空间中形成固定的行为方式。作为行为的延伸，人与物的关系在榻榻米上被固定下来。此外，千利休根据大陆传来的阴阳学说，参照茶室中的坐标系统确定了榻榻米上茶具放置的具体位置（图3、图4）。

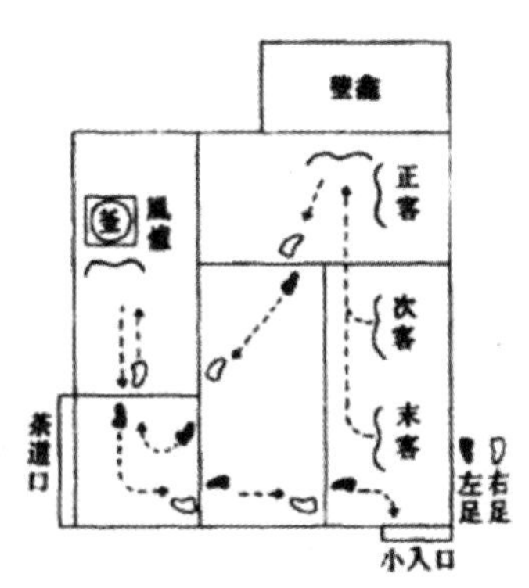

图4

以四张半榻榻米茶室为例，客人在从小入口进入后首先通过客人席中央到达贵人席，向壁龛行礼，拜看壁龛中的挂轴，以表示对作者和主人的尊敬。拜见完毕后起立转身离开，之后去点茶席观赏茶道道具。这一流程在三位以下的客人中一次性完成并依次入席，当客人数量大于三位时，首席客人拜见过字画之后会在往来席上略坐片刻，等候其他客人一一拜见之后按照主客、次客、末客的位置入座。退席时的动线与入席时相似。当榻榻米的数量变多时，茶室中的行为依旧依照固定的秩序与空间位置进行，图5为八张榻榻米茶室中人的行为动线图：突出行为的特点，空间与行为的对应趋向理想化。

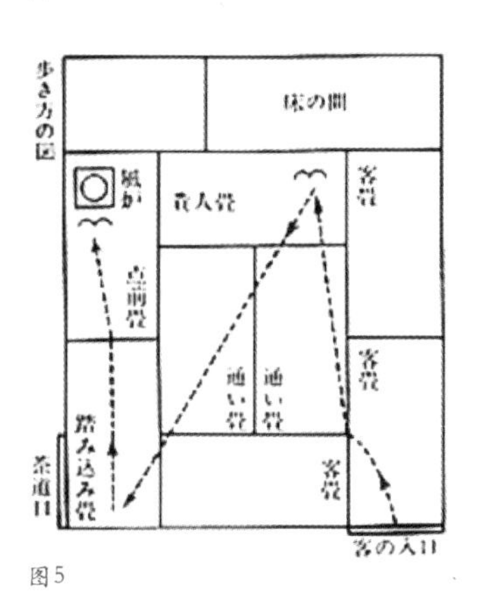

图5

进入茶室的第一个礼仪出现在茶室门口。在进入茶室之前主客在门口行礼成为茶道活动正式开始的标志。草庵茶道确立之前，茶室一般通过廊道与正室相连，村田珠光将茶室变成一个独立建筑，取消了门前的廊道，但仍旧保留正常尺度的门。为了加强茶道正式开始的仪式感，千利休利用渔船上舱门的比例，将原先正常尺度的门变为高约73 厘米，宽70 厘米左右的躙口。这个变化使得茶事行为中的第一个跪礼具有不同一般的意义：茶室的人不论身份如何，必须低下头，弯下腰，带着谦卑的心情进入，抛却尘世间的一切地位、名利等，经过躙口之后，便是一个只具有独立身体和精神的人而存在[1]。

*1 滕军 . 茶道文化研究 [M]. 台北：东方出版社，1992:83 .*

图6

图7

图8

茶室表达了一种“返回原初状态”的追寻。茶室及躙口仿佛带有这样的比喻：小小的四张半榻榻米空间和仅容一人通过的入口构成了母亲子宫般的构造，这个人最初产生和孕育的地方象征最初的纯洁和本性。婴儿以团屈身体的方式从子宫经过产道来到世界，我们无法再回到那个原初的“房间”，但通过相似的身体动作“跪行”，人从世俗世界进入到茶室，卸下一切不曾随身体带来的东西，用无语的茶与禅重新探寻人的本真（图6~图8）。

②划分行为的领域，引导行为在空间中发生的时间序列

在茶庭中，建筑系统对行为的支撑主要体现在领域和路径上，并且对身体行为的约束力减弱而偏向对心理行为的引导。茶庭首先建立了最基本的领域——露地系统（主要承担的功能是使客人在此忘却尘世的烦恼，私欲，洗净心中的尘埃，露出自有的佛心），主要分为外露地和内露地，以篱笆为边界进行划分。在露地系统的划分中，篱笆的作用显然是纤弱的，行走过程中客人可以透过篱笆的空隙窥见茶亭中的景色，但是茶道的客人必须在心中忽略这种窥探，只有当主人出门迎接的时候才能表达出对庭院内景物的感受。在这种物理上的可见和心理上的不可见之间，露地的边界成为一道隐秘的墙，只有心中有禅的客人来到此地才能感受到边界的微妙和露地中门的精妙。

图9

在草庵风茶庭中，因鲜有露出的地面，因此在飞石上行走成为在茶亭中唯一的交通方式。飞石在设计时依据的标准步幅为30cm至60cm之间，高出地面5cm至15cm。千利休将飞石的设计归纳为“用六分，景四分”，作为园中一景，在控制脚步的同时，飞石控制了行为的路径，例如在道路转折处，飞石的体积会变大，称为“踏分石”，以提示客人此处会出现转折；又如茶室躙口前方，飞石会出现连续的踏分石形式的节奏变化，比如三块连续的大体积石头，提示前方空间将出现变化，在躙口前方会有一块突出地面较多自然方石平整光滑，与茶室内地面相差20cm 左右，以引导宾客在此跪入茶室躙口(图9~图11）。

图10

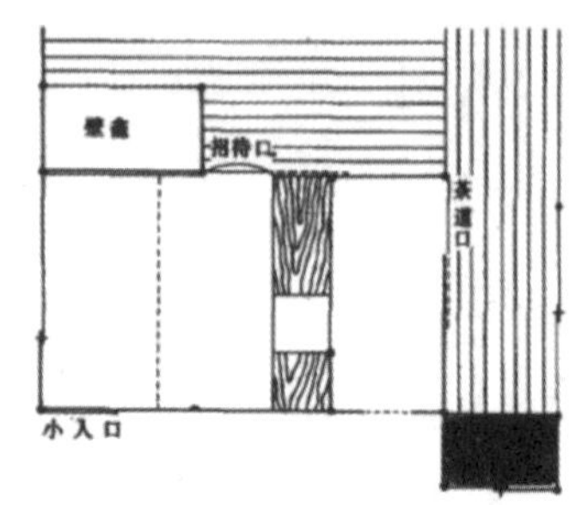

图11

飞石对行为路径的控制在引导人通过的同时通过身体的节奏和朝向控制确定了利益行为发生的位置。以中门为例，当客人从外露地进入，经过茶亭、等候室后，主人已经在中门等候客人的到来，客人在看到中门的主人时需要加快脚步以显示对主人的尊敬，而后客人一行与主人一一行礼并进入内露地。因此在外露地接近中门处，出现了一条由碎石或石板组成的小路，不同于飞石的步步仔细，客人在这条平整小路上可以“快步行走”，当主客行走至中门前

主人已经在中门之后的“主人石”上等候，主要客人在“客石”与主人互相行默礼的同时，次要客人于“次客石”行默礼，其余客人站在石板路上行默礼。礼毕客人跨过“乘越石”进入内露地。

在建筑系统对行为的支撑中，行为在系统中凝固下来形成了特定的周期和频率随着身体的动态，建筑在参与行为系统形成的过程中也具有被改变的潜能。例如，在茶室空间中，榻榻米的数量和位置并非完全固定不变，在不足以使用榻榻米却需要一定空间发生行为的地方，茶人会使用中板。蓑庵的平面图就是使用中板的典型案例：中板用于在极小的茶室中增加主人与客人之间的距离，宽度为46.5 厘米，根据不同的尺度需求，茶人也可选择使用16.5 厘米的半板。

**3-自然行为与草庵茶室建筑空间分析**

茶人泽庵（1573~1645年)在《茶亭之记》中写道：

> *“设小室于竹荫树下，贮水石、植草木、燃釜、生花、饰茶具，皆是移山川自然之水石于一室，赏四序雪月花草之风，感草木荣落之时，成迎客之礼敬。于釜中闻松风之飒飒，世上之念虑皆忘；于一勺中流出清水涓涓，心中之埃尘尽洗，真可谓人间之仙境。”*[1]

其中“皆是移山川自然之水石于一室”并非真的将自然之山川水石搬进茶室，而是通过建筑空间对自然行为依照茶人的心境和人体感觉进行收纳和梳理。

（1）视觉因素与草庵茶室对自然的收纳

在视觉因素上，草庵茶室对自然行为最主要的收纳在于光与影。在主人及最后一位客人进入茶室之后，茶室所有的门都被关闭，窗成为唯一能获得光线和景色的通道。茶室的屋顶通常为人字形屋顶，低矮的屋檐遮蔽了墙体上部三分之一的空间，只有少许阳光通过屋檐与窗台之间的空隙照进房间，从远处看，茶室笼罩在一片阴翳之中。

茶道主张自然本真，对自然光线产生的阴翳也同样带着珍惜的心情来欣赏，因此茶室内不设人工照明，而是通过改变窗与墙的形式来控制光线，达到自然的多面采光之效。茶室墙壁通常三面采光，开窗方式与茶道行为紧密结合。通常有墙底窗、连子窗和顶推窗三种。

*1 松井康彦. 茶文化史 [M]. 日本：岩波书店，1979:68.*

连子窗尺度较大，常设置于躙口上方，构成茶室的主要光源。当光线进入时，刚好落在主客之间的榻榻米上，再由榻榻米反射到主人身上，产生柔和的光晕。背光的客人瞳孔会自然扩张，造成茶室比实际尺寸大的错觉，减少压迫感（图12~图14）。

图12

顶推窗是茶室中唯一直接采集天光的窗户，通常位于客人席上方，虽然只是一个四五十公分的小口，其效果与躙口上方的连子窗相似，但由于直接采集天光，茶人需要精密地计算太阳的位置与角度，确定什么时候投射在什么区域，是要落在主人身上，形成顶光效果，还是洒在茶碗上，让人欣赏其微妙的色泽变化。

另一种是墙底窗，原型为日本农家小屋墙底之窗，开创尺度较小，构成茶室的辅助光源。

由于茶室靠柱承重，墙体因此在结构中被解放，根据茶事行为需要而定，在主光源不足的地方或需要特别光源的地方各种窗户应运而生：

图13

“墨迹窗”又名“花明窗”，用以照亮壁龛内的字画。茶人会在墨迹窗外刻意种植一些植物或是在窗框上缠一些藤蔓枝叶，以使得投射进来的光线浓淡不一、有深有浅让壁龛中的艺术品更为灵动。

“挂障子”通常设在主人点茶位置左手上方的位置。仿佛给主人打了一半侧面的逆光。从客人席看去，此光线勾出主人整个身影的轮廓，在朦胧的光晕中主人的面部轮廓融化到形体曲线中，在和服的衬托下如同一个游动的墨迹。

“风炉先窗”通常被设置于风炉（生炭烧水的炉子）前方的墙壁上，主要为茶室通风而设，采光功能为其次。

图14

禅宗坐禅修行时，需求的光线既不能太明亮，又不可过于黑暗，而是介于此二者之间。茶道借用此观念为其茶室布光。光影之中为一时之起落，昼夜交替是一天之明灭，习以为常中，充满了无常。

（2）触觉因素与草庵茶室对自然的收纳

触觉因素茶室对自然行为的收纳主要体现在建造材料上。草庵茶外形与农家草庵相同，建造选材以自然质朴为主，主要有土、砂、竹、木、麦秸。有意思的是，除了榻榻米、门窗和茶具以外，人们不可能在品茶之余触摸茶室空间，茶室中的触觉感受大部分由视觉间接获得。尽管如此，茶人还是倾尽全力将茶室一切材料感觉还原其自然本真的面貌。

茶室的屋顶最初为杉木皮葺，这种葺顶方式始于江户时代，因杉木板加工剩下的木皮非常便宜而用于低等级房屋。也有用茅草或是麦秆混合的茅葺屋顶。屋顶在内部显现为木结构，保持原木的沉稳色调和自然的触感。

草庵茶室通过四角柱和中柱支撑屋顶结构，木柱秉承千利休所定“本来无一物”的美学观念，不做任何装饰，皆以最本质的形态出现，通常室内的柱子采用不剥皮的赤松。所有木柱中以中柱规格最高，中柱立于茶室炉角，柱侧下部为挑高，上部为袖壁。传说是千利休所创。通常使用未经雕琢的面皮柱，带有自然的姿态，有些还留有枝桠眼。曲柱通常出现在壁龛边，在欣赏壁龛中书法的同时，曲柱形似书法草书中的一笔，凸显在茶室整洁简约的空间中，虽是寥寥但寓意深刻。

草庵茶室中的墙体一般为土墙，由砂掺土掺麦秸抹成，内部有用竹棍、芦苇茎编织成的固定架，作为墙底。根据《南方录》记载，烛光茶室的墙围尚糊有白色宣纸，到了绍欧取消了四周墙壁下的宣纸，改用泥土稻秆抹成。

一般日式建筑为利于通风，将整体架构略微抬高，高殿也是权利和地位的象征。草庵茶茶室则采用全着地的方式，为便于房底透气，在茶室底部有石基，这里的石头要求是自然石，不加切凿。这样做的目的，一则建筑体积小，木结构纤细，为追求稳定感，二则以这种方式表达对自然的谦逊态度和对禅宗的虔诚追求。

步入茶室目之所无不显示出“寂”的境界，从材料中剔除一切人工制造的痕迹，抹去一切物质的审美观念，“本来无一物”，“无一物中无尽藏，有山有水有楼台”，“无”在艺术范围里被看作是艺术创作的源头和起点。当茶人们否认了一切固有的审美价值，摈弃了一切的思想束缚之后，这种力求质朴无华的方式在草庵茶室中经过几代人的努力，最终成了草庵茶室鲜明的元素之一。

（3）联觉因素与草庵茶室对自然行为收纳

除了视觉、触觉等直接的身体感受外，茶室建筑利用人的联觉对自然行为进行综合收纳。“联觉”即由一种感觉激发另一种感觉的机质，它能够通过想象和记忆将空间上接近，时间上连续的事物，现象或本质相似的事物以及形式、内容存在对比性的事物联想在一起，联觉使感觉突破时间和空间的束缚，是一种“五体共感”的过程。联觉作为行为的延伸能够使人的感觉由此及彼，使我们对行为的理解并非停留在当下的此时此刻，让人置身方寸茶室却达到“思接千载”、“神通万里”的境域。

茶室中主要用视觉及听觉引起联觉。例如在客人落座后，茶室中除了地炉中的水声外再无别的声音，铁壶所发出的声音非常奇妙，是一种铁片在水中随着水的沸腾敲打壶底的声响。主人旨在用这种声音提示人们云雾缭绕的瀑布在山谷中的回音，海浪拍打在礁石的声音，疾风扫过竹林或是松涛在微风中的响声；又如茶室壁龛中的花朵通常会使用适合时令季节的花朵，晚冬时节进入茶室会看到山樱幼细的枝条与茶花的蓓蕾映衬，提示这即将逝去的冬天和春天的预告；酷暑进入茶室，会看到壁龛的阴翳中一枝百合带着露珠静静绽放。

单一物的感受能够产生特定场景的联想，而物的组合则能引起更为复杂的感受。千利休的弟子里村绍巴曾经用一只渔家茅屋形状的铜香炉以及海滨的野花，配以描写海边孤寂之美的和歌挂轴在壁龛中装饰，一个客人说，他从这支协奏曲中感受到了秋天的气息[1]。

茶室通过人体感觉的综合叠加——联觉创造出了身体所在的领域之外的另一方天地。茶人与茶客不能像禅师一样隐居山水之间，去领略“本来无一物”的清静无为之心。但是茶室通过联觉唤起人们对大自然本质的体悟，这种体悟并非神圣的崇高，也不是那种奇异的神秘；既不是对生命的慨叹，也不是“触物生情”似的伤感。它是“不以物喜，不以已悲”的禅境。使得这种具象的文化式样更为有效地营造出“物我合一”的禅宗化境。

## 贰 / 犬吠工作室作品分析

### 1-Gae 住宅，2003

Gae 住宅位于东京世田谷区，是典型的郊区土地细分类型住宅，犬吠工作室需要在这块基地面积79.37 平方米的土地上为一位作家设计一个带有居住、会客和图书馆功能的住宅。受外墙缩进法规的限制，建筑与道路和北侧邻近房屋外墙之间必须保持固定的距离，屋顶高度必须在不违反建筑面积法规的情况下高出墙体一米。在明确了以上规则之后，塚本开始布置建筑。

根据外墙缩进法则，建筑边界被确定下来，沿街部分在满足正常缩进法则的前提下继续内收，留出足够的停车空间，其余三面按照法则缩进。由于屋顶高度受到建筑面积法规的限制，因此通过加高建筑来获得更多面积在这里行不通，只能通过扩大屋顶覆盖墙体的长度来获得尽可能多的顶部空间，屋顶范围因此与基地边线重合。为了避免街道视线的干扰，室内空间局部转向半地下。仅留出通风采光用的长条形高窗。[2]

*1 （日）冈仓天心，九鬼周造．茶之书·粹的构造 [M]. 江川澜，杨光译．上海：上海人民出版社 .2011：76.*

*2 屋顶构造图详见犬吠工作室 .Graphic Anatomy Atelier Bow-Wow[M]. 日本：TOTO 出版社，2008：50 页笔者推断，波形板通常用于简易房，并且会在其中填充保温材料以替代普通房顶的保温层功能。在建筑高度受限且业主大部分财力用于购买土地的条件下，犬吠工作室采用廉价波形板能够节省业主资金，并且，波形板的结构使得巨大屋顶在完整覆盖的前提下只需要两端的横梁作支撑，省去了中间的梁，在最大限度的节省了顶层空间。在保温隔热和隔绝噪音方面，设计师在 0.35mm 厚的屋顶钢板和 12mm 构造板之间作了独立防水层构造板下为 0.7mm 厚隔音层。因此波形板在这里不起主要作用。*

图15

在这一结构形成之后，塚本开始着手收集更多的行为。

（1）通过组织身体行为对建筑空间进行布局

图16

在Gae 住宅中，存在两种不同的行为系统：一个是主人的行为，第二个是主人的客户，访客的行为。这个行为系统交织控制着住宅的布局。

第一条动线，围绕建筑外部水平展开：为了在狭小的街道上保证私密性，塚本将建筑的主要开窗方向定在东西两个面，于是形成了面向街道的纯粹立面。为了将这种私密性进行到底，塚本将建筑入口从沿街面转向基地西面，这样的做法使得整个建筑呈现出一种侧面对着道路的姿态。有效地避免了来自街道的干扰。

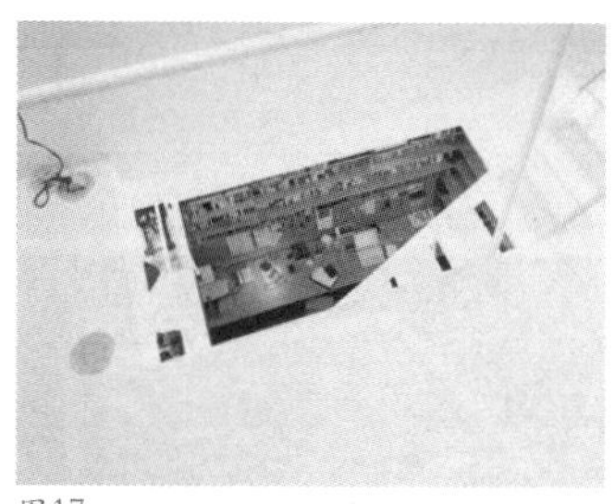
图17

第二条动线在建筑内部垂直展开：塚本根据户主日常习惯将空间分为三部分。工作、睡眠等静态的私密区域位于半地下的一层，这里两个不同功能但在地位上同等重要的空间以单间的形式并列存在（图15、图16）。

中间层，是上下层包夹之下包含通过流线的空间。私人生活轨迹和社会生活轨迹在这里交叉，围绕底层的图书馆展开。对于客人来说，通过一层入口所看到的作家的工作空间像是一个舞台，这个舞台以实时展示的方式确定了住宅主题，由于层高的限制，客人可以观看但身体无法到达。拾级而上的过程中，图书馆逐渐显现出全貌，但身体却与之越来越远，这个过程激起了客人对主人生活和职业的好奇，为客人在进入下一个空间与主人的谈话做好了心理准备（图17、图18）。

图18

会客、休闲、起居等动态的公共区域位于顶部大屋顶内，独立形成一个单间。主人在这里可以从事简单的烹饪，最主要的功能是进行工作社交。这样的设置将建筑中的行为动线充分拉开，既达到了动静分区的目的，又使得住宅在垂直方向上呈现生长的态势。在地下层和一层，塚本采用了与普通住宅类似的层高（地下层净高2139mm、一层净高1284mm），顶层采用了类似商业空间高度的4145mm，这种尺度的变化在狭小的建筑体量中起到了寓意明确的修辞作用，对于日常所见的波形板13进行镀锌处理，抹去了波形板本身给人带来的次生意义（廉价，简易），旨在唤起人们对商业空间的身体记忆，强化"公共空间"的感受（图19）。

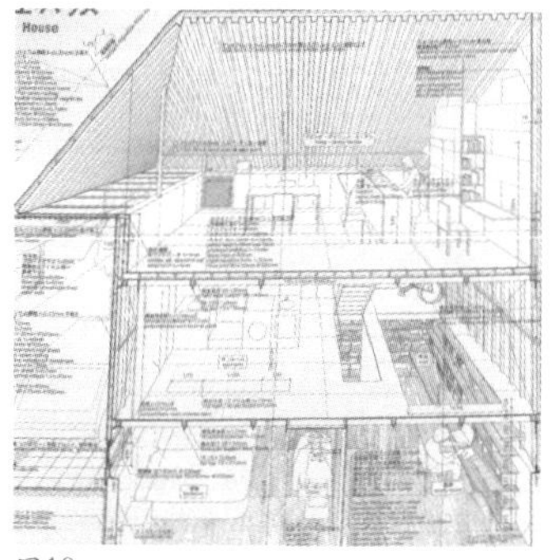

图19

在用室内路径对身体的控制中，在Gae 住宅能够找到与茶室相同的手法：首先，像茶室一样，通过分区区分了私人空间和会客空间，二者同时处于一片场地，但是客人对主人的私密空间仅限于视线可达。其次，通过对脚步的控制达到对身体位置和节奏的把控，玄关起到了露地门的作用，图书馆与一层空间用高差和材料的差别构筑了无形的边界，使人意欲仔细窥探却无法到达，这正是茶亭中篱笆的作用。而楼梯则类似于飞石，人在行走过程中必须保持一定的步距和速度，虽然在行走过程中得以窥探茶庭（图书馆）的全貌，但对茶亭中的景色（图书馆）心生向往的同时，身体实际上在飞石（楼梯）的引导下朝着茶室（起居室）走去，而离茶庭（图书馆）越来越远。

图20

（2） 通过组织心理行为进行空间材料配置

在路径的组织中，客人的身体无法到达主人不希望他们到达的地方，但是心理上仍然保持了窥探的好奇感。如何加强这种好奇感并利用它将客人对主人的兴趣点不断向上提升成为仅靠空间无法解决的问题。也可以说，通过人的行为空间和路径组织，住宅中的空间开始具备不同的意义和性格，材料的属性能够帮助这种意义和性格返回到空间中，形成足以影响个人心理感受的氛围。

图21

在空间的处理上，一层无疑是承载最多行为系统的复杂空间，玄关承载的交通转换、人体在建筑内外关系中的变化、日常生活的洗漱起居储藏陈列，种种细枝末节都是一层必须承载无法逃避的命运。塚本在这里选择用白色的油漆统一地面、墙体、天花板、扶手、门窗，甚至在家具和电器上也使用清一色的白。在对构成空间的一切元素本身属性的消解中，一层空间谦虚地退到了后台，其展示功能凸显出来，地下层被阴翳笼罩的作家的图书馆成为这个空间最主要的展品。

地下一层是业主的私人空间，使用了大量胶合板并且展现出材料本身的色彩和质感。在结构上，两个房间被明显区分，仅以通道相连，但是通过设置统一的地面材料和墙面书架，两个房间又被串联在了一起，体现主人作为作家的特殊生活习惯——在睡眠、休息等静态的私人时间，写作成为最重要的主题；在卧室床头墙的位置出现了清水混凝土和胶合板并置，设计师用混凝土的工业感和胶合板的家庭感形成一种仿佛置身洞穴的感受，唤起了人内心深处对于寻求保护的渴望和栖居的向往，这种感受正是卧室空间所要求的。

屋顶内部试图通过材料表达作为个体的身体和作为社会的身体共同存在的状态。前文提到屋顶的材料提示了强烈的社会感，在支撑屋顶的半墙上，设计师使用了与地下层相同的材料，在公共的屋顶下显现的是温馨的家庭氛围。这两种材料的对比也使得巨大的钢板屋顶获得了轻盈的性质，在纤细的钢梁支撑下漂浮在半墙上空（图20、图21）。

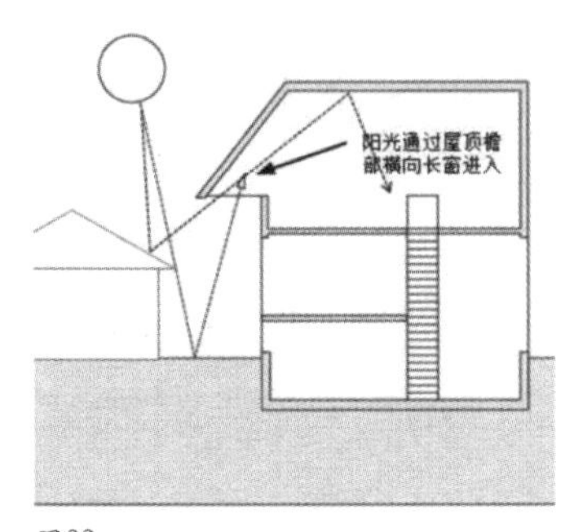

图22

图23

（3）通过开口对自然行为的组织

Gae 住宅处于东京郊区，虽然周边建筑密度不大，但是由于法规的限制，建筑不能从高度上观赏更好的自然景观，而基地内最大的矛盾就是如何从狭小的建筑间距中获得更多的阳光，以满足每个房间的需求。建筑师巧妙地运用光线独特的运动轨迹——反光来完成了这个任务，从这一点分析，我们更深刻地了解到在一层使用全白涂料的原因。

一层被称为“Sun Room”一定程度上由于它是能最直接获得早晨阳光的地方。另一方面是由于这个房间具备了太阳一样的功能：提供光线。这种“提供”通过自然光线的折射来完成。一层东面的立向长窗是整个住宅中最直接的光源，玻璃贴膜处理使光线均匀地进入一层，并通过白色空间反射到地下一层的图书馆，站在图书馆中，由于人身处暗处瞳孔放大，一层作为顶部的压迫感被阳光下耀眼的白色完全消解，这个图书馆可以说是没有顶，让思绪可以在任何地方停留飘散，也可以说是一张没有任何附加意义的白纸，为作家提供了足够的想象空间。其次，在一层地面，与窗户平行地设置了一条2310mm×280mm的开口，以丙烯酸板覆盖，光线经过丙烯酸板后因折射和反射而变得柔和，为地下层的卧室提供了柔和的顶光。

之前提到为了增加屋顶覆盖墙体面积，设计师在基地东面和南面尽量延长，覆盖整个基地的手法。这样做是为了尽量多地收集来自东面和南面墙体的反光，光线通过外墙白色金属板时同时被邻近房屋的钢制屋顶反射之后变得柔软而不刺眼，屋檐下方长条窗玻璃不做任何处理，便于反射光进入，再经过屋顶镀锌波纹板反射使得整个屋顶具有奇异的光线效果（图22、图23）。

至此，Gae 住宅的全貌呈现在我们眼前。

我在行为学中是想要将符号和形式等建筑的形式暂且分解为流动的东西。通过这样做将尺度提升到像是景观和城市那样，或是缩小到像是一场短暂的表演，这样才能连续地思考建筑。——塚本由晴《共同性·文化性/自主性·象征性》对话摘录[1]。

正如塚本由晴先生本人所说的那样，Gae 住宅通过对行为的关注，将建筑类型、材料等用各种行为系统组织起来，在Gae 住宅外形中，屋顶以接近绘本中45度角的1.25:1 产生，外部使用白色电镀钢板水平覆盖立面和屋顶增加了整体感。在这里类似“家型”的屋顶并非以修辞的形式出现，在引起人们对日常家的概念的同时，在东京郊区土地细分但建筑形式简单的场地中，这种回避特殊性表现

*1 郭屹民．日常建筑的诗学 [M]. 南京：东南大学出版社，2011:263.*

的形式有效地将建筑融合到整体街景中；在内部，三种材料的结合清晰划分了家的不同区域，家型的屋顶作为整体大空间存在并且屋顶的斜面起到了组织自然光线的作用。

虽然这个时期塚本的空间还没有显示出强烈的流动感，但是东工大的语言体系在塚本这里逐渐接近其想要表达的内核及所探寻的关系的主体。在塚本的建筑语言里，建筑就是一个精妙的茶室，物的体系以物本身出现，并且与日常的微妙关系相连，行为与建筑呈现出互相开放的态势。

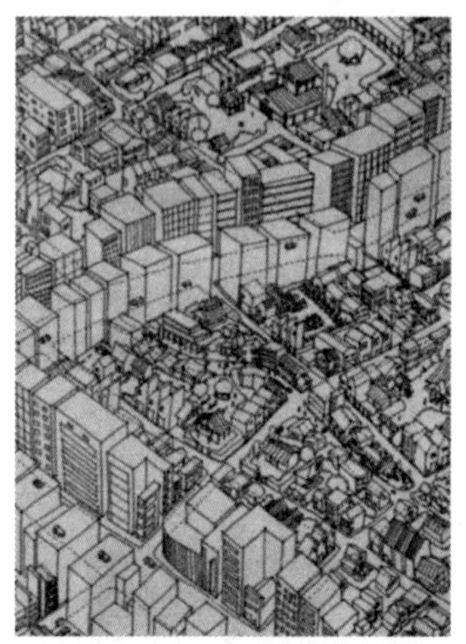
图24

**2-住宅&犬吠工作室，2005**

住宅&犬吠工作室位于东京新宿区，与前几个住宅相对宽松的环境不同，这是一个高密度的底层住宅区。塚本将其称之为“城市乡村”。这个词来源于塚本的东京都市研究。

> *在东京中心，大型商业区的道路宽度限定在30米，由于建造了许多中等高度的防火型建筑，新的城市模式出现了，其木制房屋建筑群都会筑墙为界。在这种饺子型结构的建筑群中，人们需要从大道上走下来才能进入这种老式的房屋里，呈现在眼前的就是一片密集低矮的房屋，透着幽静的气息。房屋外的空地都会种满花草，而因为这种特殊的布局，几户人家之间的小道都十分狭窄且曲折，因而在这种区域内也没有车辆同行，所以我们把这种如同乡村一般的城市格局叫做“城市乡村”（Urban Village）（图24来自：塚本由晴“第四代房屋和空间代换”，《东京代谢》，田园城市文化事业有限公司，2011，34页）。*

从塚本的描述和图24上我们可以想象新宿“城市乡村”中的情景。塚本继续说道：

> *在某些情况下，房屋的形状从来不是由建筑结构决定的，而是由房屋的高度和相关外墙缩进法规[1]决定的。在这样决定性的条件下，许多房屋虽然价高了，可是面积却越来越小，室内也越发狭窄，这是第四代房屋的命运，也是城市的日益拥挤和土地细分化[2]的结果[3]。*

犬吠工作室面对的场地条件比Gae 住宅更为严酷。场地东面是一幢3 层住宅，南面在房子与放置之间形成了一条隙缝，这条细缝和建筑西面入口的小路成为建筑与城市对话的通道，设计师将卫生间、浴室、厨房灯不需要直接自然照明的空间放置北面，起居、工作、生活等功能因此获得了基地中所有能够与自然和城市发生关

1 笔者注：外墙缩进法规：建筑物的外墙必须与邻近房屋之间保持至少 50cm 的空间。

2 笔者注：土地细分：由于高额的遗产税，在继承土地的时候往往会将上一代的土地进行划分和出手，以抵税资。由于土地作为遗产被每一代分割以及作为微发展工程用地，占地面积较大的房屋都萎缩成一小块条状地，原有的绿化空间也随之消失。

3（日）塚本由晴.“第四代房屋和空间代换”. 东京代谢 [M]. 北京：田园城市文化事业有限公司，2011:58.

图25

系的空间。在解决了基本问题后，如何在这种情况下建造一个既能提供8-10 个人左右的工作室又能供年轻夫妇居住的建筑空间并且具有足够的开敞性和流动性，成为犬吠工作室及住宅主要解决的问题（图25、图26）。

（1）通过身体行为的组织形成建筑布局

在基地内，直接用行为动线和节点的串联来实现空间配置。在这种串联中，塚本的空间呈现出更强的开放性，并且试图与城市建立联系。

图26

首先还是从使用者的需求入手，与同样作为工作室和自宅的前几个住宅不同，这里的工作室除了夫妇本人以外还需要容纳事务所的其他员工。因此，这个空间事实上成了一个定期举行茶会的地方。在这些茶会中，主要有三方面的人员登场：夫妇二人，是这座“茶室”的建造者，居住者，同时也是每次茶会的主人；工作室的员工，茶会的固定宾客，相当于半个主人；工作室的访客，不定期地来到茶室，是工作室的客人（图27）。

与之前的住宅将主人动线与客人动线以一层为核心双向展开的方法不同，犬吠工作室与自宅中三种角色的动线均以玄关为入口向上展开。塚本将将近10 米的空间分为7 个层级，垂直方向上因此形成四个以同等地位串联，不包含穿越流线的单室，分别为工作室、起居室和卧室，以及3 个包含穿越流线的较小的单室串联，分别为玄关、展览室和小剧场。水平方向上，小单室以附加形式出现在两个主室之间。在这个结构中，四个单室承担了主要日常生活行为，3个小单室通过主题性行为的构建对主室节奏进行调节。可以看到，在这个动线系统中，主旋律（单室）以正常状态出现，在Aco住宅和Izu 住宅的结合基础上发展而成的副歌部分开始成长，形成了楼梯挂接小单室的形式。

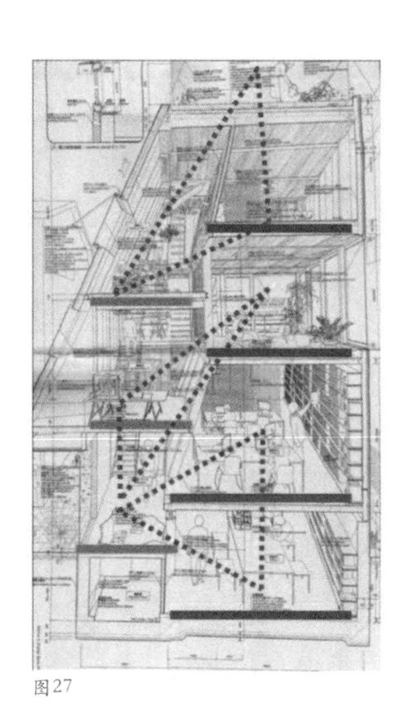
图27

一层小单室直接对应的是地下一层和地面一层的工作室，从玄关到达这两个单室的动线呈镜像关系，显示了两个工作室平等的地位和相似的氛围，构造出浓厚的工作气息；二层小单室是L形的展览室，非工作室人员可通过楼梯从玄关直接到达，并通过展览室进入三层半的起居室（兼作会议室），这样就自然地避免了来客的动线和工作室员工动线的交叉；三层小单室是以踏步为看台的“小剧场”，也是由工作转向生活的节点，从这里可以到达主人夫妇三层半的寝室和顶层的屋顶花园。

7 个室通过不同的家具摆设和尺度以及踏步形式形成了不同的序列和意向：玄关和两个工作室构成第一个序列，这个序列的主题是工作。从玄关看去，视线恰好可以从上部俯瞰第一工作室和从下部仰望第二工作室。玄关+展览室+起居室（兼作会议室）构成了第二个序列，这个序列的主题是洽谈和休闲。对访客而言，这是一条连续的线索：进入玄关感受到浓厚的工作氛围后，来到展览室参观工作室历年作品和模型，最后到达会议室与主人座谈。对于工作室人员来说，这是第一个序列的"和弦"，紧张的工作之余来到展览室寻找灵感或是去到与起居室相连的小厨房煮杯咖啡，坐在会议室宽大的桌子上或是小阳台上稍作休息。对主人来说，这是家庭生活的前奏。工作室的紧张氛围和生活的休闲氛围在这里交织、沉淀，在兼顾夫妇二人事业的前提下保证了宁静的家庭生活；小剧场+卧室+屋顶花园构成了第三个序列，这个序列的主题是家庭生活。主人夫妇从紧张的工作中脱身出来，来到"小剧场"，通往第三个半层的台阶如同剧场的长凳，而台阶前方的第三层小单室则是剧场的舞台。

图28

在Gae 住宅中，我们发现了楼梯与飞石，单室与茶室之间的类比关系，并且以相似的手法操作的空间节奏，在这里我们看到的是这一手法的反复综合使用，并且出现了茶庭的意向——小单室。小单室起到了在茶亭中露地的作用，随着私密度的增加，通过露地的数量也在增加，假设将起点全部设置在玄关。那么到达工作室的节奏是：露地1—飞石—茶室，到达起居室的节奏是：露地1—飞石—露地2—飞石—茶室，到达寝室的节奏是露地1—飞石—露地2—飞石—露地3—飞石—茶室。几重序列通过开放的结构体系结合在一起，对墙体的放弃使得视线获得了完全的自由，不论身处哪个序列，人至少可以观察到两个空间的场景。视觉上的自由减轻了狭小空间带来的压抑感，同时带来了想象力的自由，至此琴开始弹奏，脚底下的那一层楼板是这段乐曲的某个章节，视觉的自由使我们能够享受到这段旋律的上下篇章，在行走过程中章节被连续起来，构成了乐曲。

图29

（2）通过结构对心理行为的组织

飞石、露地与茶室的结合构成了动线中的空间序列，但这些节奏还需要一个合成器，将来自空间的性格和节奏糅合在一起并返还到空间中，以加强人的心理感受。这个合成器就是尺度与材料，在犬吠工作室和自宅中，尺度与材料以家具的形式组合出现在空间中。

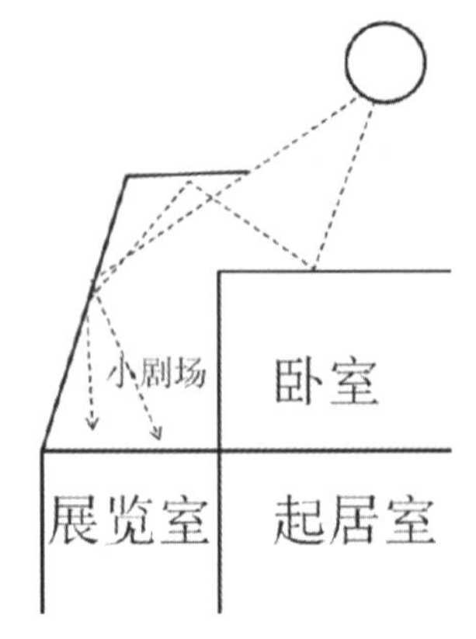

图30

四个单室平面面积相似，除了半地下层以外，层高逐层递减。第二工作室采用了一般小型商业空间的层高（3060mm），起居室略低（2685mm）卧室回归一般家庭层高（2270mm）；三个小单室随外墙结构变化略有改变，层高逐渐增高，小剧场与卧室共用一个天花板，使之在心理上成为卧室的延伸，成为三个序列中结合最紧密的部分（图28~图30）。

图31

为了实现更高的流动感和解放视线，犬吠工作室内放弃了墙体对室内空间的分割，裸露出的200cm×200cm 的钢柱做防腐处理，以1650mm的柱距排列，成为支撑整体结构的主要构件，这些构件被悬垂楼板切分成小块，这种家具化部件化的尺度调节了建筑同身体之间的关系。此时，建筑结构成为隐含在背后的支撑性内容。在拾级而上的过程结构被占据整个墙壁的架子，碎片状的悬浮楼板等家具和不同平台的主题消解在动线所带来的节奏中，通过对各条单线——家具、屏风、楼板的追寻，我们得以窥探整个建筑的整体结构。

图32

在材料与结构的处理上，通过家具尺度携带的经验感来定义空间的感受，同时我们也感受到坂本对"就是这个物品本身"的追寻深深地影响到塚本，使塚本能够从日常中跳出来，从观察、印象、感觉等多方面入手把握事物本身，并将其返还到空间的性格中，以塑造空间在人体行为和感知中的意向。

（3）通过开口对自然行为的组织

在布局上达到了与城市和自然产生对话的可能后，开口的方向和尺度变得至关重要。在犬吠工作室及自宅中，塚本不再使用封闭箱体来强调建筑内部的空间，屏蔽外界一切干扰，而是用开放的方式与城市建立联系。住宅的平台是获得阳光最佳的场所，而如何将这里的阳光传达到同样需要光线的其他地方？塚本在这里做了一个"潜水艇瞭望镜"一样的结构。光线一部分通过屋顶花园的小房子照射在室内白色的倾斜墙壁上，又通过墙壁反射到小剧场的空间中。光的操作为这个舞台提供了多重想象：光线从侧面屋顶的窗口斜斜地投射在平台的后部，好像舞台上的侧光一样勾勒出人体的线条，正对舞台的三层墙壁上一扇正方形的小窗的尺度类似老式电影院中投射口，南面阳光代替了投影机的光束投射在楼梯和地面上。

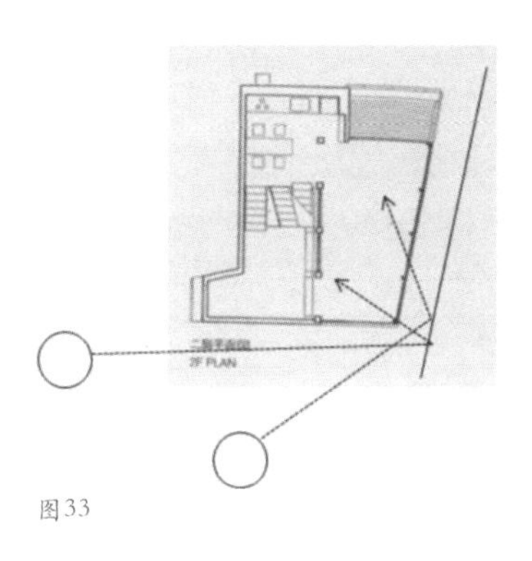

图33

由于场地的限制，对自然和城市的开放主要集中在地面一层以上的区域。在对直射光的收集中，整个南立面利用基地中最有利的位置开设通高长窗，最大限度获取阳光和景色，坡屋顶区域选择性地布置点窗，获取阳光的同时避免与邻居视线干扰。在客厅的墙面处理上，塚本运用日本住宅条例中"邻近建筑之间必须保持至少50 cm的空隙"的规定，用高差避开窗户，借用邻近墙壁的反光和50cm的空隙构筑了一个完美的反光板，保证了起居室大进深室内的充足自然照明。使用室内空间作为反光板的手法在Gae 住宅中似曾相识，Gae 住宅的反光板为自身空间营造下的纯白空间，在材料的使用上稍显刻意。这里，反光板完全通过借用来完成，更加日常，更加开放（图31~图33）。

这里，结构再次被消解，支撑杆件因受力变小而缩小为80mm×80mm，同样做白色抗氧化镀膜处理，白色镀膜框架围合出一个画框，看似框入了一个“什么也没有”的白屏，但是随着南面阳光的漫射，这面位于室外不起眼的墙体却与自然光线结合，唤起了人们对于传统住宅中“沙壁”的记忆，在犬吠工作室起居室的这面白墙上，墙壁本身的凹凸质感形成了深深浅浅的墨色，给室内带来奇妙的光影效果。

在日本小说家谷崎润一郎的《阴翳的礼赞》中，他这样写道：

> *我们居室美的要素，无非是在于间接的微弱的光线。这温和静寂而又短暂的阳光，悄然地洒落室内，沁入墙壁间，仿佛特意为居室涂筑了一道颜色柔和的沙壁。仓库、厨房、走廊等处，可以用光色涂料，而居室则用沙壁，不过分明亮。若居室过于明亮，则淡淡光线的柔和和纤弱味道将消失。我们随处可见到闪烁不定的光洒落在黄昏暗淡的墙壁上，仿佛以期保存期艰辛的余生。我们就喜爱这种纤细的光线，在我们看来那墙壁上的余光或者微弱的光线，比什么装饰都美，我总是亲切地欣赏而百看不厌。如此，这种沙壁仿佛是被齐整的单纯一色而无花纹的光亮所描绘；居室则每间底色虽各不同，但只有极小的差异。与其说是颜色不同，不如说仅仅是浓淡之差而已，不过是观赏者感觉不同而已。而且，由于墙壁色泽稍异，因之各居室的阴翳多少也带有不同的色调。*[1]

1（日）谷崎润一郎. 阴翳礼赞 [M]. 陈德文译. 上海：上海译文出版社，2006：25.

通过这段话，我们更贴近地观察到了塚本在对这道墙的处理上体现出的对日常的反复解读所带来的“源自日常又高于日常”的观念。此外，通过这道墙壁，塚本尝试着保留材料社会属性的方式来探寻人的身体性与社会性相结合的方式。身处东京拥挤住区的塚本对人与自然、城市的考虑使其选择放弃建筑结构和形式的空洞追求，转而追求一切日常生活微小而美好的关系从而把人引向对“物的本身”的思考中。也正是因此，塚本对行为学的观点得以不断地延伸。

茶室则在对身体行为的多重追随中达到了对精神行为的升华。

## 叁／结语

行为与建筑是无法分割的统一体，海德格尔在《建筑空间论绪论》中提出，“不能把人和空间割裂开来，空间既不是外部对象，也不是内部体验，人与空间是不能分开来考虑的……”从茶道行为与茶室建筑分析中，我们总结了行为与建筑发生关系的基本模式，并且对其中的原因及发展过程做了简明的分析和总结。通过对居住行为与住宅空间关系的分析，对茶室中总结出的行为与建筑关系模式进行验证，并且通过比较分析得出现代行为学的操作手法与传统手法的差异和拓展。

在分析过程中，可以清晰地看到传统茶室操作过程和行为学观念下的居住建筑设计过程在对待行为与建筑关系上的紧密联系。行为的意义被深刻地认识到，设计重点在于处理建筑与其所承载的行为之间的关系，没有极端的偏重。在通过建筑空间控制身体行为上，现代建筑使用了丰富多样的手法，而在通过建筑队行为的综合控制营造意境上，传统手法显然更胜一筹。

本文主要结论如下：

首先，在建筑设计中，建筑不是唯一的中心的物，而是对多种行为系统综合反映的媒介。建筑不具有统摄一切的控制力，而是多种关系中的一个环节，与关系的其他部分一样，是自由可变的，模式化的空洞的空间必然导致建筑在经历了“时尚”之后走向无意义的存在最终被另一种“时尚”替代。所以无论是形式还是布局，建筑都必须有所凭借，都必须真实地反应行为系统本身的要求。

其次，建筑空间中的行为不再像旷野上的风一样无从捕捉，而是凭借建筑的支撑在空间中凝固下来，在结构、家具、材料的关系中显现出来，使得行为本身的结构更加清晰，其位置系统和动线系统有了建筑的依据而可以从各方面被切切实实的捕捉、细化、加强、改变。行为支撑下的建筑不再是一种客观、恒常的物质存在，而是一种与行为系统交流中不断变化发展的过程。

最后，建筑与行为之间的关系是开放的，这种开放为建筑提供了多样性，也为行为的可变性提供了足够的空间。我们应该带着客观的眼光，将重点放在行为与建筑的关系上，而不是草率地偏向某一方。行为并不以强悍的方式控制一切形式和空间，而是以一定的系统和主题存在，并且要求建筑围绕特定的系统和主题展开，建筑作为行为系统的职称者和主体系统的控制者具有一定的主导性，这也要求建筑设计走向开放和弹性，在建筑与行为之间建立平等的关系，以多样形式进行对话。

城
市

陈柯 ///有关城市思维的四个实验性思考

皇甫文治 ///有意的隐藏——斯蒂芬.霍尔成都多孔切片社区项目的图像学再解读

赵榕 ///读《南浔镇志》附图札记—— 关于南浔水系的一种城市形态学尝试

练秀红 ///简单城市—— 鼓浪屿城市空间元素生成义理

# 有关城市思维的四个实验性思考

陈柯 Chen Ke

于2015年6月完成的中国美术学院建筑学院城市设计系本科毕业设计课题（图1），是一个3年课程实验的终端环节。实验遵照课程大纲分4次完成。回3年多的历程，感触良多。简单说，城市设计专业的特殊性使这一实验过程注定有所不同。这一过程中既有前辈学者的指引，也有同在校园，日常互勉的伙伴们所给予的情感与行动支持，但支撑实验摸索前行的根源，是城市领域的自身魅力、价值观念的坦诚碰撞和对可行但尚未行之理想的执念。

城市设计的概念在专业领域中并不陌生，但能够理解其内涵却并不容易，而能在某种城市思维下去解读就更为不易。与建筑设计或城市规划相比，城市设计虽在国内外相关院校普遍开设课程，但大多作为研究生的研究方向，或是本科高年级的课题内容，而成立于2008年的中国美院城市设计系是目前少数以系科方式从事城市设计教学的单位。因此，将城市设计从某种建筑设计或城市规划的延伸转向看待为某种相对完整的体系，将使我们有机会从城市本身出发，深究城市的方方面面。毫无疑问这是一种巨大的挑战。

目前，城市设计研究最缺乏的不是具体的概念或理论，而是对城市自身特点及其引发语境,摆脱干扰和束缚的清醒解读，我们称之为“城市思维”。实际上，我们想探讨的城市思维并不拘泥于学科，而是某种专业探讨之先的基础观念，尽管我们认为系统的总结和梳理这种城市思维相当困难，但本周期的课程实验却通过涉及的几个客观维度，或多或少具有些观念探讨的性质，通过整理，在以下几方面积累了一些认识。

图1

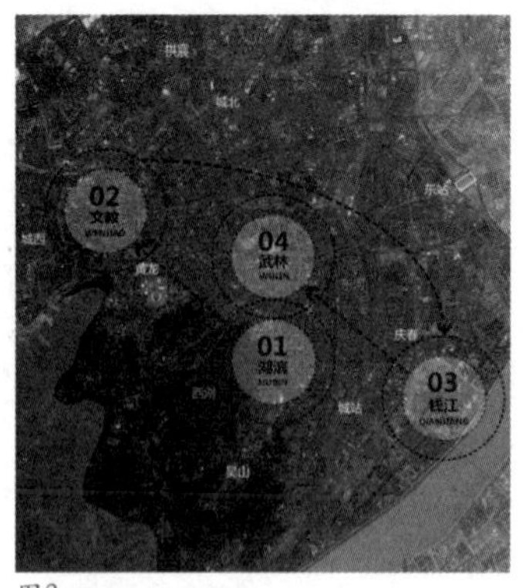

图2

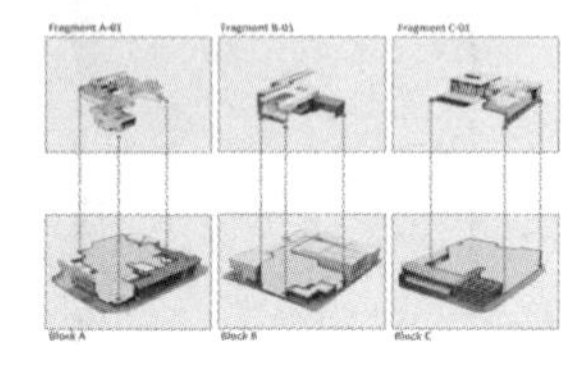
图3

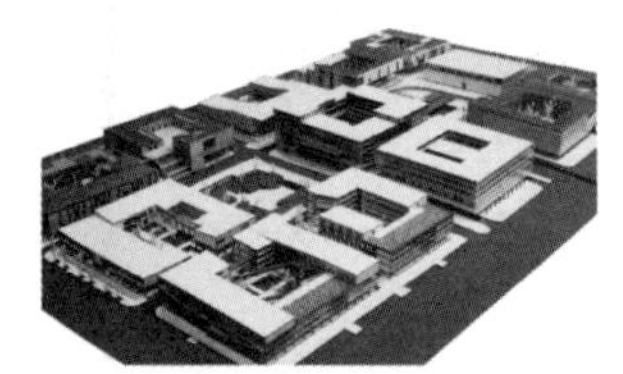
图4

图5

图6

## 壹 / 建成环境的坐地研究

· **关键词：建成环境、典型的、逐个逐次**

逐次开展的课程实验均在杭州选址，除了研究便利，其目的在于客观上尊重城市及其建成环境（Built Environment）[1]的复杂性与历史性。每个具有典型意义的城市，都适合长期系统研究，从而将内部的复杂现象与多元观念，延展为诸多现实任务的界定和研究，从而形成比较稳定的研究气候乃至研究团体。基于此，多个典型地段的同城课题实验，一定程度上是这一思路下的产物。

三年来，课程实验分别在湖滨历史城区、城西文教板块、江滨钱江新城和武林中央商务区(图2) 展开，客观上以采样的方式接触杭州的不同区域。2012年，以湖滨历史城区的建筑片段为母题，实验从“拼贴”（Collage）和“演替”（Succession）线索入手，探讨建成环境中空间的计划更迭与自发生长的博弈局面，从而在空间碎片互为消长的规律中，认识湖滨历史城区断层面貌的内涵（图3）。2013年，以城西文教板块的建筑空间群体为母题，实验从“共享”（Sharing）和“置换”（Replacement）线索入手，探讨现代城市中，功能游离的现象与既有空间的兼容，从各种维度理解现代规划对杭州的功过（图4）。2014年，以钱江新城的城市综合体为母题，实验从“紧凑”（Compact）和“复合”（Compound）线索入手，探讨信息、资本、资源在超级街区中的聚集状况，从而在城市形态趋同化的背景中探讨紧凑型城市的现实利弊（图5）。2015年，以“城市中央”为线索，实验以圈层递进的方式探讨武林中央商务区。通过对杭州核心区域变迁的梳理，尝试发掘在多中心格局下，武林区域成为杭州梳理历史文脉、集聚商业资本、定义生活形态、节约建设成本最佳区域的潜力（图6）。历次课程实验，均隐含着对特定价值观念的评价，这一评价并不仅建立在对象的调查之上，还源于同城各地段间的比对分析，这是同城体系带来的重要价值。随着“存量规划”[2]时代的到来，中国城市将普遍进入优化调整时期，建成环境中的各种、各次局部更新，将更加依赖整体城市语境的定位。

持续做同一种建筑设计被认为是专注，而持续做同一个城市的研究却可能是城市设计中被低估的基本要求。我们认为建成环境的研究与设计，其工作特点更倾向于历时讨论，而不是共时控制，原因有二。其一，建成环境的复杂性和历史性，超越了人类生理认知的极限，任何瞬时制定的宏观策略均不具备贴近微观现实的优势。无论怎样弥补，其压缩时间的立场容易使我们以先验的眼光将城市认识模式化。而典型地段的逐个逐次梳理，一定程度上可以使复杂的环境消解为适合讨论的量级。其二，在业已成型的建成环境中，

*1 截止 2015 年，杭州市域面积为 4899 平方公里，其中建成区面积 701.8 平方公里。*

*2 “增量规划”与“存量规划”对应，前者指以新增建设用地为对象并基于空间扩张的规划；后者指通过城市更新等手段促进建成区优化调整的规划。2015 年 5 月上海率先制定《上海市城市更新实施办法》开启存量规划时代。*

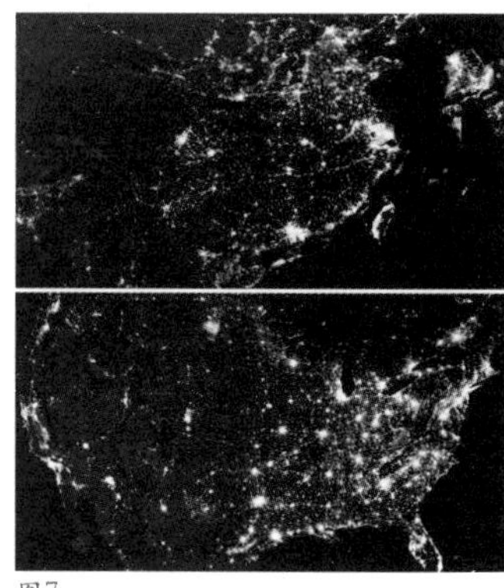
图7

诸如空间格局、道路骨架、业态布局、历史脉络等宏观内容，基本成为须尊重的既成事实和一定时期内的潜在结构，这意味着相当一部分依据共时策略操作的内容均已成为空间基础。这种条件下，典型地段的渐进式列举很可能成为探讨整体的合适起点，而逐个逐次的微观梳理也将从工作方式上保持和凸显典型地段的良性特征。

我们必须认真反思某些唯理倾向的思维在城市研究中产生的弊端，这些倾向容易使我们忽略现实的立场和方法。例如，我们习惯将世界从抽象的概念开始探讨；习惯将世界看待为无限从而专注于普适捷径的寻找。这些观念会使我们潜移默化地相信“城市”这一复杂事物也可以被看待为某种抽象范畴，通过建立模式达到任务简化，并以局外人的立场被把握。实际上建成环境的经验世界恰恰是城市价值的重要体现，与抽象的共性规律可以通过知识隔空传递不同，这些多元现象必须通过细心体验被逐一认识。此外，我们须清醒地认识到，地球表面具有典型价值的城市（图7），其数目绝非无穷，从某种意义上筛选相当有限[1]。城市研究并非要一味停留在捷径的寻找中而丧失判断，而应对合适范围的纵深研究建立认识。

人类的知识体系至今还是由分类法主导的，而建成环境的复杂性，是任何单一门类知识无法涵盖的，因此，跨界研究在城市设计领域是常态。在我们看来，这其实是人类知识体系与城市运行规律发生冲突的表现。今天我们讶异于启蒙时代（Enlightenment）知识持有者“通才”的面貌[2]，一定程度上是学科分类和专业教育在世界范围内渐进影响的后果[3]。我们在这条路上走得太远，已不可能在弊端内部找到消除弊端的门路。因此，务实的城市研究必然要求摆脱学科分类的束缚，这不仅在于学科间的合作，还在于探讨建立全新领域的可行性。这个全新领域是开放的，跨界建立必要的知识储备，并逐渐稳定内涵。如果说学科以不同行业来界分，倾向于探讨在所有城市中均适用的行业知识，那么我们探讨的全新领域是以不同城市来界分，倾向于积累和溶解各个行业中适用于所在城市的特定内容。

## 贰 ／ 线索语境和周期意识

**· 关键词：线索、机体、事件、周期**

在城市研究惯例中，我们将空间格局、道路交通、业态功能、历史脉络、基础设施等内容分门别类，组成相对固定的研究框架。但这种研究思路实际上更适合成为一种解析和交流的途径，其对信息的组织方式并不能深入贴近生活的运行，也不具备创造能力，如果主观地认为这种框架能够代表城市的真相，从城市是某种“机体”（Organism）[4]的角度来看，一定程度上均是一种潜在的“格式

*1 根据“中国数据在线”网站统计，截止2015年，中国城市总数约660个，其中超大城市12个，特大城市22个，大城市47个。另据相关资料显示，目前我国一线城市为5个，二线城市为30个，三线城市为60个。*

*2 很多学者将西方启蒙时代，尤其是17世纪，叫做博物学家和天才的时代。*

*3 近代专业化教育模式始于19世纪的德国。*

*4 始于19世纪，西方科学研究出现一种既纯非物理学，又非纯生物学的“机体”研究，从“所有空间”的连续场性出发，能量守恒和演化原理也在这一时期成为一组对称的有关连续转变的概念。怀海特（A.N.Whitehead）认为这一时期倾向于将机械论中的“静止实在”替换为模式的“重现”或“持续”。*

图8

图9

图10

图11-1

图11-2

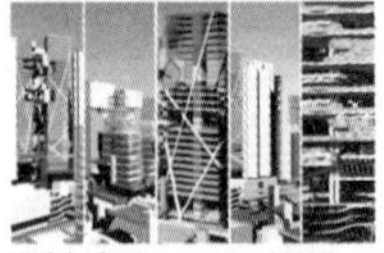

图11-3

图11-4

化”。我们暂且不去追问某种前提武断、过程客观的自然机械论（Nature Mechanism）[1]所带来的“具体性误置”，但须明确的是，城市设计不是将现实梳理为某种趋同逻辑的过程，更不是依靠某种普遍公式预计成果的科学推理。“城市”之为“城市”，和“人”之为“人”，某种程度上是一致的。

在同城实验中，从地段的选择开始，各次课题均有意识地评价地段特点的典型性，其目的是捕捉内部较为鲜明的话题，成为提挈研究的线索集合。典型地段的内部世界多数不是单维逻辑产物，是诸多各究其因的线索编织而成的复杂脉络，某些时候具备些许混沌特征（图8）、（图9），具体问题的情境性远大于工作惯例的普适性。因此，我们所探讨的立场很可能不是将源于个案的线索作为补充，而是将惯例内容溶解于线索组织中，按照适当的顺序被兼顾讨论。需指出的是，线索的现实意义在于线索间和线索内因素间的等级和因果顺序，它将使研究一定程度也具备“机体”特点，从而使原本被和盘托出的复杂问题，呈现依序而解的连锁态势（图10）。

从将城市看待为物理空间复杂聚合的角度讲，城市设计可以被看待为建筑学的宏观延伸，但这种视野中的城市只是可被观察的有形实体，并不能代表城市作为一种“实在”（Actual Entity）[2]的完整价值。因此对于城市、特别是建成环境的理解，必须超越物理空间的范畴，相对完整的解读其背后的深层社会原因，这将涉及某种事件（Event）式的解读方式。事件不能被框架化的预设，也不能被格式化的认识，其自身是某种以绵延（Duration）[3]解释的时间。因此，事件解读中涉及的诸多因素，其讨论顺序与制约关系才是“结构”，从认识的历时过程来看，我们更愿将其称为“线索”。需要明确的是，每条线索均高度具体化而无法真空探究，这是建成环境内部多样性的重要来源。多样性是城市的天性，在尚未引起混乱的状况下，这种天性并不取决于物理空间细分带来层级、数量的繁复，而取决于单位闭环（Closed Loop）[4]中原始动因的数目。显然，在某种界限明晰的中微观空间领域中，多样性不仅仅指向内容，也关乎结构，更多的时候，多样性来自不同线索群体对相同内容的周期演绎（图11）。

谈到多样性，必然涉及自上而下与自下而上方式的比对，而我们在讨论这一问题时，多半未能清醒认识“前提”的意义，正如特定类型的民主（Democracy）匹配城邦（City-state），特定意义的集权（Centralization）对应国家机器（State Apparatus）[5]。因此，无论是描述现状还是设想未来，自上而下或自下而上应是城市空间不同规模的属性解释，不是可以被剥离出来的可能性选项。如果我们已经认识到在这个问题上前提就是本质，方式就是属性，那么我们不妨进一步认清，我们的工作很可能不是某种发明，而应是某种

*1 脱胎于自然神学（Natural Theology）的近代物理学经由数学逻辑支撑，逐渐在与感官等效的推理中验证了理性的有效性，开始脱离启示神学（Revealed Theology）的哲学意志，其极端是形成以自然机械论为代表的封闭意识形态。*

*2 怀海特（A.N.Whitehead）在其《过程与实在》（Process and Reality）一书中以际遇、摄入、连结等概念重新解释了“实在”概念，其过程哲学（Process Philosophy）的观念被认为是20世纪新实在论（Neo-realism）的典型代表。*

*3 柏格森（H.Bergson）在其《时间与自由意志》（The Time and the Free Will）中比对了两种不同的时间观念，即“空间化的时间”和“绵延的时间”，并认为后者是时间的真相。两者最大差别在于，前者是可以界分的抽象刻度，与事物变化的动因无关。后者则是创造性的根本动力。*

*4 闭环，是一种操作性系统周期的称谓，可以是一种反馈控制系统，或是一种管理模式。本文中指的是城市运行机制中某一线索或线索群体中的运行范围与周期。*

*5 卢梭（J.J.Rousseau）在《社会契约论》（Du Contrat Social）中曾以由小到大的人群规模，分别解释了民主制、贵族制和君主制。*

图13

1 列斐伏尔（H.Lefebvre）于1974年出版《空间的生产》（The Production of Space），从微观层面将社会问题空间化。

2 现代科学尚无法从微观世界的细究中证明自由意志的存在，这往往也是与神学观念交叉的关键点。本文所指的自由意志更多指神学之外伦理学与心理学中的自我认同与价值判断。

3 对现代性的界定尚无绝对的认识，本文指西方启蒙运动以来，伴随近现代各领域革新、建立世界新秩序的时空观念。

4 居伊·德波（G.Debord）于1967年出版《景观社会》（The Society of the Spectacle），是情境主义国际（Situationist International）反对资本城市中空间消费主义模式，即景观社会模式的主要理论著作。

5 弗洛伊德（S.Freud）从人以自我为中心的角度分析，认为人类曾经历经三次大的"打击"。第一次是哥白尼的日心说，证明人不在宇宙中心。第二次是进化论，证明人不是第一个生命。第三次是弗洛伊德自己提出，人不是自身感觉的主宰。利奥塔（J.F.Lyotard）在此基础上进一步推进，指出世界复杂化的过程同时也是负熵化的过程，人类主宰自然的自信将从自然的反馈中证明只是一种宇宙进化过程。

6 怀海特在论述近代科学过程中，曾经提到这两个概念。若按照能量思路理解物质，"振动的运动"和"振动的变异"是事物存在的基本状态，前者关乎的是某种机械运动，而后者则是复杂运动、演化、发育的根源。

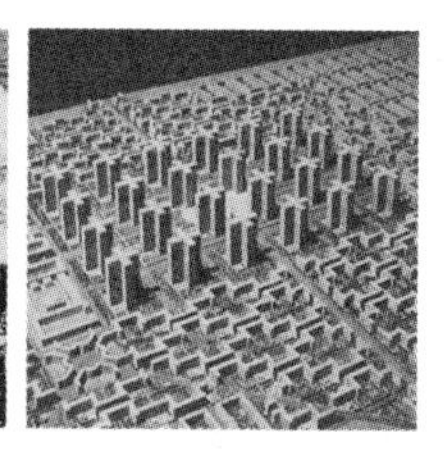

图12

解释性的发现。而在牵一发动全身的城市微观建成环境中，最佳的创造途径，也确实是对现实解释后有意识的良性偏移，而不是为某种主观发明在现实世界中挖掘可用理由。因此，在建成环境的中微观视野中，线索注定是解释性而非指定性的。

在建成环境研究中，我们必须审慎人类在把握世界中逐渐积累的自信，特别是摆脱20世纪以来现代主义（Modernism）折射出的已成为某种先验信条的英雄立场（图12），它使我们在微观城市探讨中看不到线索的解释和空间的生产[1]（The Production of Space）。而另一方面，我们也必须抵抗自由意志[2]（Free Will）的空洞化，抵制空间伦理的景观化。现代性[3]（Modernity）在相当长的历史时期中肯定个人生存与奋斗的价值，并将其纳入通往绝对未来的总体时间中，这成为现代国家、民族、法律、文化、艺术等成型的基本语境。而后期的现代性中不可避免地夹杂着某种为超越而超越的惯性状态，对多元现象无底线的宽容，逐渐成为其不可摆脱的根本弊端，催生了许多彼此断裂的自我认同价值，显然关乎的是真理和伦理之外的空洞经验。从另一个极端来看，城市中仍在不断演化的"景观社会"[4]（The Society of the Spectacle）（图13）却在大量吞噬良性的自由意志，其背后基于资本效率最优与商品价值最大的潜藏目的，必然导致城市现实被高密度的情景模式化，使现代性的消费受众越来越疲于接受，但也来不及摆脱为蒙蔽现实而制造的伪装。

所有这些促使我们必须回到现实中，探讨那些不被纷杂现象左右，并超越人类自由意志的自然与社会周期，重启对时空真相的体悟。实际上，线索均应是对某种微观或宏观"周期"（Cycle）的解释，这源于某种现代性之前跨越文明的古老智慧。我们虽不能在空间中讨论城市的终极形态，但我们可能在时间中解释某种规模中相对稳定的周期现象。想象的绵延并非永不回头，只有现代性的单向时空才使任何革新均以颠覆来路为潜在目的。社会演进的复杂化与生态系统的简化、技术文明的进步与道德伦理的沦陷是宏观意义中互逆的关联线索，它使我们看到了无法超越，此消彼长的守恒周期。也许自恋的人类必须领会有史以来"第四次打击"[5]所带来的启示，去接受人类的地位并不如现代性所标榜，而同万物一样均是世界进化必然结果的现实。实际上，人类的地位毋庸置疑，而是我们的时代已经触碰到了诸多宏观周期的边界。这需要我们放缓日益加速的心绪，去捕捉超越个人意志，存在于现实中的固有节奏。无论是"振动的运动"还是"振动的变异"[6]，物理学从机械时代跨入机体时代，进展的标志之一，是把"持续"解释成"反复"。它从一个侧面印证了时间被从空间化讨论还原到对生命的解释。而对于城市，特别是对于微观视野中的现实环境，周期性的线索语境对解释真相的意义值得我们深究。显然，在多样性的名义下，我们可以尝试探讨那种早已存在的，将线索的周期物化为空间属性的现实。

## 叁 / 街区引发同质全局

· 关键词：街区、活体组织、原始体、临界

跨越三年的课题实验均将街区（Block）[1]看待为重要的研究对象，尝试探讨一种适合城市设计的操作单位。我们并未将街区仅仅看为一种地理单位或空间层级，而是将其看为人们探知复杂世界的思维方式和生理极限所必然匹配的量化方法或生长现象。在拥有街区的城市中，因为街区的存在，城市物理空间及其多维线索有了探讨完整性的鲜明单位，也具备了交汇多层视野的临界介质。目前，城市设计概念宽泛、落实困难的原因之一，就是缺少既鲜明准确，又能并蓄城市多维内容的空间对象作为工作开展的共识性乃至法定性单位[2]。街区未必是唯一的城市设计单位，但一定是目前公众最为熟悉的城市概念之一，也是学术研究和专业设计中兼顾微观设计和宏观标准较为合适的临界单位。

首先，如果我们将城市看为由街区组成，将涉及一种与城市分类解析不同的认识语境，即切片的语境。这种语境切取“活体组织”（Living Tissue）来认识，而非解析“元素”来归类。建成环境的街区中诸如单体建筑、道路、景观等构成要素，其充当本街区角色的意义，要远大于被从不同街区抽取出来，归到同类集合中分析类属的意义。当然，街区中总有超越街区价值的空间存在，但其首先也得扮演所在街区的角色。因此，街区是一个凭借关系线索映射要素真相的完整小世界，而不是要素作为某种物属被配置其间的机械装置，从这个意义上讲，我们探讨街区，其切入点与现代规划中的邻里单位（Neighbourhood Unit）、社区场所（Community Place）[3]有很大区别，后两者本质上仍是变体的功能主义和普适的捷径观念对微观空间的渗透，尽管其标榜“场所精神”，但现实中只能在上述两个本质中有所动作。如果将其动作放大，它们会“标配到牙齿”。

其次，上述思路实际上将城市看待为由诸多关系组成，而并非由元素构成，这将成为超越物理空间理解城市的起点。这里有两个提示。其一，经济学领域倾向将城市解释成经济利益的博弈（图14），社会学领域倾向将城市解释为人群的生态，当代理论物理学中的弦论（String Theory）也试图证明构成物质的最小单位并不是点状元素，仍然是某种基于振动频率的能量关系[4]（图15），因此各种层级的关系世界是提示包括城市在内的各种“存在”不可忽视的思路；其二，整体世界与局部世界可以在关系结构中实现等级间无差别的轮回，而复杂的来源很可能不是有意识的创造而是某种客观偏移的积累。借用分形论（Fractal Theory）和混沌论（Chaos Theory）（图16）的观念，我们可以清楚地认识到这些。这表明事物的复杂性并不完全由单线单向的时间推演带来无限可能，也可以

图14

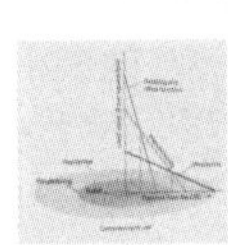
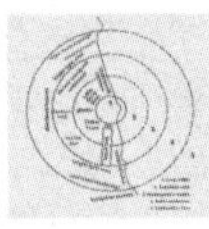
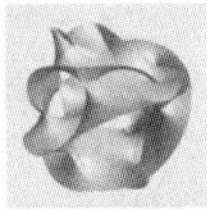
图15

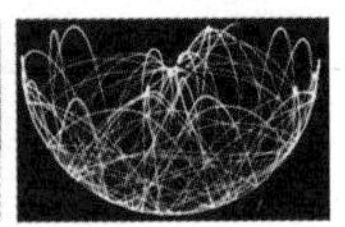
图16

1 也叫街块，根据常规概念，是城市中以多条道路围合而成的地区。划分街区的道路通常是城市支路级别以上的道路。
2 目前，中国建筑行业中与建筑设计挂钩的法定单位有建设项目和工程项目两种。规划行业中的法定任务则有城市总体规划、城市分区规划、控制性详细规划与修建性详细规划等。而城市设计目前尚未有适合特点的独立法定任务单位，主要依附在规划的单位中，这对于城市设计的良性发展极为不利。
3 亚历山大（C.Alexander）指出邻里单位和社区场所虽然关注“社会空间”和“社区归属”，但从本质上讲源于某种机械的“树形结构”（Tree），通过“半格结构”（Semi-Lattice），他提出微观层面的城市空间应充分兼顾不同居民对地方性服务设施的灵活需求。
4 弦论的理论基础是将亚原子范畴中的粒子均看待为具有相应震动频率的微小能量场。

 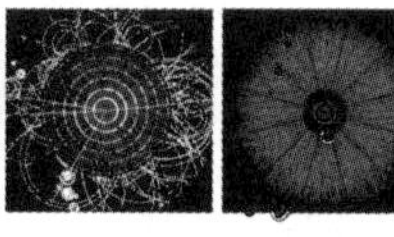

图17

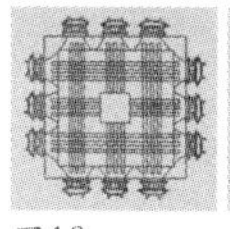 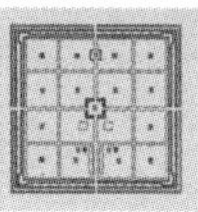 

图18

图19

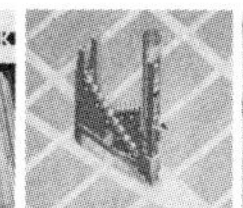 

图20

 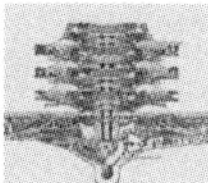 

图21

是轮回的多线时间彼此杂糅带来异向和滞后的累积，更具意义的启示是，我们可以使城市暂时摆脱由数和量积累的复杂面貌，在生理允许的范围内讨论同质范畴。长久以来，城市和建筑这两个似乎存在必然本质联系的概念相互比较时，量级的悬殊一直是城市不能被更好理解的瓶颈。从内部关系本质在等级间的同质认识看，“城市概念家族”也许该委派“街区”概念与“建筑”概念比较异同，而不是兼顾了太多角色的“城市”概念亲自出马。从“活体组织”这一层面来看，常规意义中包含多维关系的街区已经可以代表城市从本质上区别于建筑，建立起正确认识城市的思路起点。

再次，至今和相对论（Relativity）仍以互补方式解释完整物理学世界的量子力学（Quantum Mechanics）与场论（Field Theory）密切联系[1]，陆续发现的基本粒子，不再是原子之于分子的概念，而是微观能量现象中的互动角色。涉及的是某种不可复分的“原始体”，其内部由互补的组分结合才能稳定。迄今，原子核与电子，费米子（Fermion）、玻色子（Boson）中的正反夸克（Quark）均是围绕原始体讨论的范畴[2]（图17）。我们无意以微观世界中的微粒情形解释城市的内部构成，但在围绕城市“原始体”（Original Unit）的判断中，能由此引发有关街区优势的思考。的确，若按照某种与城市整体同质的视野分析，至街区一级，城市的“世界”无以复分，若强分，分到的将是拆除互动关系和失去角色意义的元素，不是“世界”。

量子力学还提示我们，微观世界中的能量增减是有单位的，而不是任意刻度上的变化，比如来说，从1累积到100的过程中，不存在1.5、2.2、3.7……的刻度。这是由于能量变化是以原始体数量的增减为基础的，原始体并不存在半个的状态。显然，使原始体规模恒定的内在能量是稳定的。街区的规模未必有量子世界那么严格，但必然存在某种最优规模。实际上，街区的规模关乎城市的特征，不同语境的文化意识和社会生态促成不同的规模选择。与街区视野同质，周代廛里、汉代闾里、唐代里坊、宋代坊巷（图18），均印证了古代中国城市存在稳定的空间单位意识，其规模的界定兼顾了多维现实价值。西欧中世纪城镇紧致有机的街块；近代借助权力优化的巴黎街区；在地理上保证社会公平的巴塞罗那街块（图19）；以及经由土地价值左右，兼顾了公平和效率的曼哈顿街块等（图20），其规模和特性也均是同一的。而现代主义超级街区和新城市主义对街区尺度的反思，则从正反两面直接指向街区规模引发的利弊问题。但作为一种单位，街区的形态是多元的，我们可以在很多对未来的设想中看到类似探讨（图21）。

街区在宏观规划与微观设计间的临界（Critical Viewpoint）价值也值得探讨。这里有一个前提和两层内涵需要明确。前提是，

*1 量子力学是研究微观世界构成及其运动的物理学分支，主要研究原子、分子、凝聚态物质，以及原子核及其基本粒子。量子力学与经典场论（Classical Field Theory）结合为量子场论（Quantum Field Theory）*

*2 自旋为半整数的粒子称为费米子，包括质子、中子等。自旋为整数的粒子称为玻色子，包括胶子、光子等。夸克是至今发现的最小微粒单位。*

我们的课程实验尝试界定城市设计工作的范畴。本周期的各次实验将侧重探讨街区内部世界，并将导向某种引导街区生长的空间法则。而这之外的工作范畴，会指向超越街区范畴的系统化设计，是某种相对趋向给定而非兼容的思路下，目的性、匹配性、渗透性、单列性的内容，例如划分街区的城市路网系统及各种交通途径、层级较高的公共空间系统、重要的城市地理空间界面等，其无法以街区的"活态组织"式思维建立相对完整的丰满世界，或不具备多生的血统成为普遍群体中的一员，从这个层面上讲，它们明显区别于由街区累积而成的高于街区级别但尚未构成完整城市的各种"区域"（District）[1]。实际上，这些有别于街区思路的范畴在某些学者或规划设计者眼中，是"设计城市"这一行为中可以着力的主要对象，也是本周期实验之外另行详细探讨的话题。

图22

两层内涵是，其一，在诸多乌托邦式的理想城市案例中，尽管许多标榜自由和民主，但从设计行为本身来看，均是基于一元设计精神的主观图景，这也是乌托邦之所以是乌托邦的原因之一。尽管我们认为这是又一种范畴的典型城市设计，但现实中关于城市能否用建筑学的方式通盘设计，怀疑声从来不绝于耳。实际上，从城市没有最终形态的角度看，任何通盘的城市设计行为，即便忽略共时性的多样需求，也会陷入通盘成型来不及赶上局部变更的悖论中。而从现代技术条件超越时间[2]，引发对超级尺度诸多反思的角度看，以街区为规模上限也许是单一设计主体以建筑学的方式设计特定寿命物理空间的较好选择，在这个范围内，可以满足人类具体空间设想的生理需求，并能最大限度地发挥这种方式的优势，而超出这个上限，无论在技术层面还是伦理层面，均将背离或妨碍城市空间多样与变更的良性循环；其二，街区概念是城市总体（City）、城市分区（Region）、城市区域（District）、城市街区（Block）这一尺度层级中的最后一级，规模虽然最小，但仍是彻头彻尾的"城市概念"，指向一系列城市视野和意识。城市空间的量级并非一定与城市基因的浓度和等级成正比，街区层面的城市基因也许更具意义，落实来自规划的标准也许更具效率。从上述两层内涵来看，街区可能是兼容宏观规划标准和微观经验设计比较理想的临界单位。

## 肆 ／ 协作指向任务本体

**· 关键词:协作、多样性密度、人群生态**

任务协作系统化是三年里课程实验的最大特点（图22）。区别于将"有效协作"看待为工作途径，实验将其看待为某种目标，成为与设计同等重要的评价内容。实验曾以3人协作研究小尺度街区，以5人协作研究大尺度街区，以7~8人协作研究超级街区，以15人

*1 凯文·林奇（Kevin Lynch）曾将城市的意象以道路（Path）、区域（District）、边界（Edge）、节点（Node）、标志物（Landmark）进行界分，实际上不是物理要素的归类，而是不同丰满程度的关系世界区分，作为某种意象的子集，它们在城市总集中是互有交集的。本文讨论的街区内部世界，累加后的意象基础实际上是凯文林奇所讲的区域。*

*2 中国境内某建设集团于近年曾以19天完成57层楼的施工，被认为是目前最快的建造速度。而当代城市中选择巨构综合体方案而非尊重城市肌理的谨慎方案，均或多或少都自信于现代施工技术的日趋成熟。*

协作研究城市片区，因此，协作人员的密度被看待为影响城市研究的因素。需指出的是，各次协作均不采用溶解多意识为单意识的方式，而是保证每个成员独立担纲局部，再合并为整体。城市设计是一个高度依赖协作的领域，形而上的空间构想与构想行为的系统组织是不可分的事物两面，甚至没有讨论先后。而多样性是城市的天性，在某种协调语境下，多样性密度比建筑密度和容积率更能解释城市本质。实验尝试的协作包含两种现实情形。一种是同一时间内整体街区设计的内部合作，另一种模拟了不同时间里，各街区片段的设计或更新该如何互为语境的呼应为街区整体，其目的虽不在于细究人数与空间规模之间的比率关系，但其立场已经倾向于抛弃一元主体式的研究与设计的思路。

在刚刚过去的20世纪，自然科学中的唯物观念已完全过渡到超越经验的唯理（Rationalism）时代。这种背景空前强化了人类对一切领域均按理性方式总结普遍规律的信念，各种精密的科学模型随之用于分析与改造世界。而西方实用主义（Pragmatism）传统加快了科学，特别是应用科学（Technologies）进驻所有领域的节奏。从20世纪中期开始，规划领域先后出现将系统科学[1]（System Science）应用于城市宏观分析的趋势。但这种分析将人的经验世界空前压缩，企图设计一种关于城市的逻辑生态。如若完全依赖这种逻辑生态，势必带有明显的封闭空想性质。Team 10 曾以人际结合（Human Association）[2]诟病《雅典宪章》以来城市规划中“人性”的缺失。实际上，除了传统人文地理学（Human Geography）分支[3]，从芝加哥城市社会学派（Chicago School of Sociology）[4]开始，城市研究中维系了一条讨论社会生态的宏大线索[5]。而20世纪后期兴起的“公众参与”则成为另一种有关协作的命题，涉及民主意识与社会公正。从上述内容可以看出，系统科学皆倾向于以唯理方式代替人的经验世界把握城市内部的复杂协作，而围绕社会生态的思想则皆未放弃对关乎人伦的经验世界的关注，但它们有一点相同，即都以局外人立场将城市空间及人群看待为客观研究对象。而公众参与略有不同，其将被研究者的主观意志引入设计。实际上，上述三种范畴均没有专门聚焦城市规划与设计工作者的协作组织与人群生态，而这一点似乎在当代被埋没在分散的实践总结中[6]，或是游离于城市研究之外的管理学（Management Science）或组织行为学（Organizational Behavior）等领域里。显然，城市研究与设计组织不是上述视野所能涵盖的。

社会分工使当代发达社会大部分人群住在别人建造的房子里，待在别人规划的社区里。高度的自足生活对他们来讲已经是天方夜谭。于是，我们尝试通过引出某种乌托邦式的“理想社区”来放大城市研究与设计中系统化协作的内涵。确实，如果社区居民自足的规划自己的社区，那么他们之间的协作会因社区的人群生态呈现我们

*1 系统科学主要包括新旧三论。系统论（Systems Theory）、控制论（Cybernetics Theory）和信息论（Communication Theory）合称为“旧三论”（SCI）。耗散结构论（Dissipative Structure Theory）、协同论（Synergetics Theory）、突变论（Catastrophe Theory）合称为“新三论”（DSC）。*

*2 人际结合指城市与建筑的设计必须要以人的行动方式为基础，城市和建筑的形态必须从生活本身的结构发展而来。*

*3 人文地理学中和城市相关的分支有很多，例如城市地理学（Urban Geography）、社会地理学（Social Geography）和文化地理学（Cultural Geography）。*

*4 20 世纪 10 年代到 50 年代，在芝加哥大学社会学系兴起的城市社会学研究团体，代表人物有帕克（R.E.Park）、伯吉斯（E.W.Burgess）。*

*5 这条线索上以行为学派（Behaviorism）、新韦伯主义（Neo-Weberianism）、新马克思主义（Neo-Marxism）、结构化理论（Structuralism）等诸多思想为代表。*

*6 纽约城市设计学者巴奈特（J.Barnett）在多年实践中将城市设计看为一系列连续策略。*

图23

在常规工作中难以见到的情形。这种协作里会渗透伦理、契约、观念、情感。尽管我们认为,一方面当代城市生活的自足潜力正因大数据平台而逐渐提高[1]；另一方面知识经济正逐步使人类的住居形式发生转变，传统通勤正在被工作与居住混成的方式部分代替，但对于诸如社区这种建成环境单位，自足的建设团体仍然还是个乌托邦的话题。但在目前专业化的城市设计工作内部培养富于潜力的协作体系，倒是可以讨论的话题。通过比较分析我们不难看出，上述“理想社区”的协作关系拥有系统体系，其基本精神与系统科学中有机整体（Organic Integral）、动态自组织（Dynamic Self-Organize），以及等级化（Grade）和分层化（Layer）的原则是一致的。其次，这种理想协作是以人群生态为基础的，依靠的是经验世界的人际交流而不是抽象的逻辑模型。再次，它将依靠放大了的协作，强化城市研究与设计内容内在的线索性和周期性。

成熟的协作系统在成为事实时易于理解。但在尚未形成时却绝非能够依据逻辑进行预设。在协作实验中我们发现，可行的思路是将成员间趋利避害的观念物化为互补的契约意识，促成相应的互助氛围。过程中，协作成员时刻受到观念差异与视野阻滞的干扰，也凝合于成果的激励与情感的交流。这意味着在繁复的工作面前，群体协作远比单纯的设计研究困难，各次实验中拼合而成的研究成果（图23），其背后的工作远非累加。有形成果易于呈现，但背后的无形过程更具价值（图24），从某种意义上讲，于2015年6月完成的毕业设计课题，其最大的实验进展不是设计理念和方法的完善，是在任务容量和时间跨度均为极限的情况下，16个人的工作能够各归其位并成功地协调在一起，没有出现紊乱（图25）。

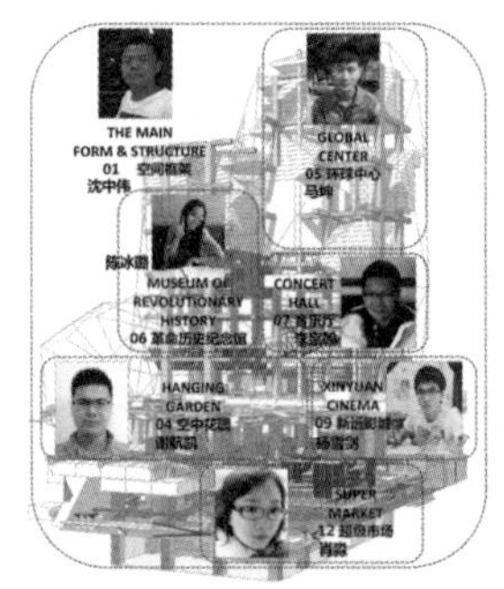

图24

关于系统的协作，有三点逐渐明确。其一，协作中的自由意志与契约精神某种程度上表征了城市机体的真相。不是协作创造出空间，而是协作把自己创造进了空间。其二，体现在整体成果中的局部特征与群体面貌，和体现在协作中的自由意志和契约精神是两个彼此关联但有所界定的领域，目前接受品评的更多的是前者，后者长期被忽略。我们在实验中有意识地将后者放大，使协作任务有机会成为现实城市中多元主体互为前提、博弈共生的缩影。其三，协作的系统化与城市设计研究必须成套讨论。现实中许多“存在”和“方式”是同一的，远不及人类的逻辑思维在解析事物性状时表现出的分合自如。城市设计这样高度依赖协作的领域，不应长期守望在作为结果的物理空间层面，将本应身体力行的对协作的研究，界定为时空分离的身外之事。更进一步来看，城市的研究和设计，不应禁锢在与其他领域互为分维的“学科分类”模式中，而应尽量靠向关键因子皆在自身宇内的“完整世界”模式。

图25

*1 近年，基于大数据平台的数字城市开始过渡到基于创新生态的智慧城市模式。其一个重要愿景，是通过知识和信息的便利获取，使以往诸多由社会分工垄断的领域成为新的自足领域。*

## 伍 / 结语

总体来讲，本周期的实验尚属阶段性的实践，许多思考尚待验证，许多内容尚待细究。从城市自身，特别是建成环境的特点来看，相应的思维方式发展应是个开放程度相对较高的过程，视野的建立、内容的选定以及涉及问题的范围都是在实验过程中逐渐确立和不断调整的。

实验中的方方面面也使我们逐渐意识到，现阶段处在某种完整语境中的城市研究与设计，其潜在的工作特点，既不像建筑设计、城市规划那样在明确的专业内涵中，开拓视野，延伸理论，做锦上添花的事情，也不像某些全新领域万事皆为起点，从零开始的摸索探究。而是相对严肃的，将累积到今天的特定城市文明中真空化或碎片化呈现的知识与经验加以耐心归位与梳理。通过叠加相关领域，勾勒围绕城市设计内涵的现实边界，并形成以解决现实问题为根本目的应用机制。这一应用性的机制，将是城市设计，特别是建成环境的优化中，最具现实意义的专业内涵。我们的城市即将进入一个全民参与的优化调整时代，在这个时代中，无论是宏观、中观，还是微观的建造活动，均将深层触及由城市地缘确立家园归属的“城市精神”，因此，我们比任何一个时期更需要“城市思维”，也比任何一个时期更需要有效解决各类城市问题的“城市研究阵地”。

# 有意的隐藏

## ——斯蒂芬·霍尔成都多孔切片社区项目的图像学再解读

皇甫文治 HuangFu Wenzhi

### 壹／图像学作为一种设计文化

本文，以一种建筑考古的方法，旨在从图像学的角度重新解读斯蒂芬·霍尔成都多孔切片社区项目。

图像学，作为一种设计文化，在亚历桑德罗·泽纳·保罗（Alejandro Zaera-Polo）于2013年发表的文章"葛饰北斋浪花"（Hokusai Wave）中首先被建立起与建筑学的交互。文章以作者在横滨国际港口码头（Yokohama International Port Terminal）项目汇报中偶然的图像运用为起因，定义了图像学在建筑师的公众交流与设计过程中的文化地位。

在文章中，作者用若干实例扩展性地解释了图解学与实际建筑项目间的潜在关联及其意义。一方面，图像学可以为建筑师给甲方解释自身的理性设计策略建立一个更直观与通俗的途径。另一方面，图像学又能使得建筑设计跳出现存的形式与语言系统，从而为建筑设计本身提供新的可能性。

通过这些案例，作者论证图解学和实际建筑项目并不相互冲突，相反，它们通过持续地给对方回馈使得两方面都处在一个"去稳定化"的过程。在这一过程中，建筑学在实现持续的边界衍化与扩张的同时还可获得可辨识的身份（亚历桑德罗·泽纳·保罗，2013）。

### 贰／当前的作者阐释

本文研究的对象是斯蒂芬·霍尔(Steven Holl)最近的多孔切片社区。这是一个位于中国成都的由五座塔楼围绕一个公共中心广场的大型建筑项目（图1）。建筑师和当前关于这一项目的普遍解释包括：

总体构思：

坐落于一环路与人民南路的交叉口，这个项目被认为是对通常的大型商住综合体所使用的塔楼加裙房模式的革新。五座塔楼被想象成一个整合的综合体，共同创造一个包裹着底层商业空间的中心公共广场。在解释这一广场空间的重要性时，霍尔说："这个中庭广场是这个项目赠予这座城市的礼物，看到人们渴望享用这一空间是一件真正令人愉悦的事情"（斯蒂芬·霍尔，2014）（图2）。

体量形式:

作为对惯常模仿器物图像摩天大楼的替代，这个31万平方米的项目根据自然光的分配处理了自身的体量形式。根据周围城市肌理的最小光照要求所需要的准确几何角度，混凝土结构的体量被切分成了现有形式（图3）。

中心广场设计:

台阶将人引入共有三个平台的中心广场，在广场中设置了大量的座位、绿化树木以及大面积的景观水池。这些水池同时用作下层商业空间的采光口（图4）。

三个大型空中公共节点:

三个巨大的公共开口被嵌入到塔楼的中段体量中，为建筑内部提供一组可选择的公共空间。它们分别是斯蒂芬·霍尔亲自设计的历史厅，勒布斯·伍德（Lebbeus Woods）设计的光之厅，以及本地艺术展厅（图5）。

结构策略:

建筑主体由一个间距六英尺的白色混凝土框架结构和一个为了加强结构整体性以便抗震而设计的斜向桁架系统所支撑。而被切削的区域则保留了大面积的玻璃幕墙（图6）。

从以上所有原始披露的项目资料，我们可以看到，这一项目的设计关注和解释语境并未依赖任何外部形式和语言参照，相反是高度建筑化和自明性的。正如霍尔的其他诸多项目，这一项目在现代建筑自身建立的语境内呈现出一种对于冷漠而富于英雄主义的现代主义建筑的持续修正的后现代主义特征。

## 叁 ／ 图像学的新视角

然而，结合本土文脉的深入分析，该项目被发现与一个外部的图像学语言体系潜在相关。相比于为公众和本土甲方提供一个易理解的交流工具，这一图像学更多表现在反向地塑造建筑项目自身，从总体的构思到细微的局部。这一图像就是中国山水画场景。

“山水”图像对于总体构思的影响:

图1

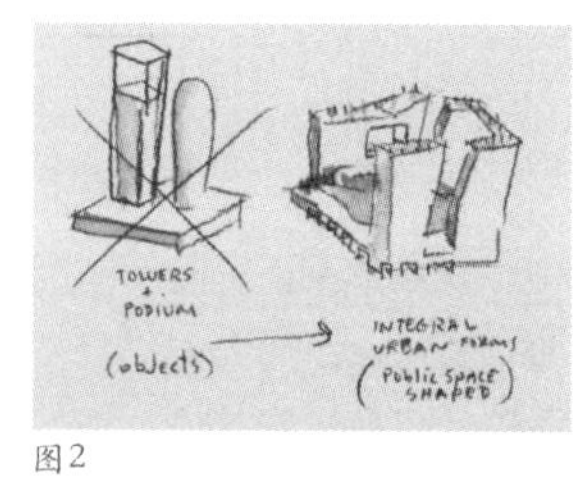

图2

图3

图4

图5

图6

图7

图8

首先，高大的塔楼群应该积极地为城市营造良好的公共空间这一总体构思与中国山水画的理想生活图景呈现出潜在的类似。

在一个典型的山水画结构中，人们居住于崇山峻岭之间的空间中，和自然环境保持着和谐的共生关系。和其类似，这个项目中的几个塔楼模拟了高山的角色，而画中的生活空间则成了项目中心广场的原型。虽然没有明确的证据，但这种与本土文化的相似性有意或无意地提高了当地甲方及公众对项目的接受度（图7、图8）。

“山水”图像对于体量形式的影响:

如果说塔楼建筑群应该服务于其所界定的公共空间在西方现代建筑学中是一个被广泛运用的概念（比如，多米尼克·佩罗的法国国家图书馆），因此不能明确被证明是受到山水图像的直接和唯一影响， 那么“山水”图解与项目体量形式的观念则为此提供了更确凿的证据。

从霍尔的官方阐释可知，塔楼的多孔切片形式是为满足最小光照要求进行精确切削的结果。但是一个对塔楼形式与山水画中的山体形式的比较暗示了切削操作可能受到了山水图像的直接影响。

两个理性的实证可以用来支持这一判断。第一，如果首要地考虑光照需求（两小时的冬季直照日光），建筑师从总体平面到基本建筑类型还有多样化方案选择，而不仅仅只是现有的策略；第二，根据光照软件的分析，现有的塔楼形式仍然表现出对基于直接光照结果的明显的调整。因此，基于以上的分析，对于设计过程的一个可能的假设是：建筑师预先拥有了山水图景的想象，但是试图找到更多实际的技术性支撑。最终，切削操作被发现不仅可以使塔楼轻易地接近山体形状，而且因为具有实际的功能而使得设计意图更加具有说服力（图9、图10）。

图9

"山水"图像对于中心广场设计的影响：

另一个山水图像的影响表现在中心广场的景观设计。从霍尔的阐释"扶梯将人引入中心广场，这个广场由设计的座椅、绿化树木及大片水池三个大平台有机组成，这些水池同时为下层的购物商城提供必要的日照"（斯蒂芬·霍尔，2014），水池的设计似乎是又一个纯粹的功能选项。然而，在大量的山水画场景中，我们可以发现水在营造巨大山体之间的生活空间气氛中所扮演的不可或缺的角色。因此，考虑到水池并不是为下层内部空间提供日光的唯一方式，霍尔的阐释很可能是一种和对体量形式的解释相似的策略，即利用稳定的功能化的意义强化不稳定的意境性的设计意图的传达（图11、图12）。

图10

"山水"图像对于三个大型空中开放节点设计的影响：

塔楼群中的三个大型空中开放节点设计同样表露出山水图像的影响。从霍尔的解释"这些开口被塑造出来作为一个展示当地历史和本土艺术的公共空间"（斯蒂芬·霍尔，2014）可知，但是，一个细致的分析暗示这些空中开口空间是一个模拟中国山水画中多层级地形结构的强烈意图的结果。

图11

在传统的山水结构中，巨大的山体并非只是作为背景存在，相反，它本身完整地塑造了人们的生活世界。通过一系列蜿蜒而丰富的斜坡与路径，整个山体，包括山脚、半山腰以及山峰都被连接起来，为人所能到达并长期占据。多样化的人造设施沿着这些高低错落的复杂路径被兴建，从而使得整个山群成为一个和谐的人居世界。

图12

因此，考虑到这一特征，三个大型的开口空间可以被推测扮演了山水图像中半山腰公共事件节点的角色。与中心广场的设计相结合，它们成为模拟山水图像复合高度地形结构策略必不可少的一部分。这一推测可以被至少两个设计细节所强化。第一，中心广场本身被划分为具有几个不同高差和有机边界的区域，试图在较低的广场与较高的开口公共节点间建立持续而自然的过渡，正如山体间丰富的地形关系一样。第二，连接不同高度区域的斜坡被有意识地处

图13

图14

图15

图16

理得更宽并更为和缓，从而诱发人们一种类似于爬山的逐渐性上下移动的体验，而对比于攀爬常规建筑的纯粹连接性的楼梯系统，这种逐渐性更接近于对地形的感知。所有这些细节都强烈地暗示了斯蒂芬·霍尔试图将公共空间从底层“山脚”引入建筑的上层空间“山腰”的意图（图13、图14）。

“山水”图像对于结构策略的影响：

受到山水图像影响的第五处潜在的证据是项目的结构细节，抗震斜向杆件体系的设计。不得不承认，这一结构设计确实具有类似桁架的原理，加强了对于地震所带来的水平应力的抵抗。但是一个有意思的问题是为什么它被处理成与水平楼板和垂直柱网所组成的正交框架相同的视觉等级。一个常见的见解是暴露结构的真实性。但是考虑到这一斜向杆件在结构逻辑和重要性上仍然不同于正交梁柱框架，为了实现结构的真实表达，更准确地说，表达真实的理念，这样的斜向辅助构架需要在视觉呈现上与主体框架有所等级区分。因此，现有的几乎视觉类同的处理方式必然有意或无意地服务于其他目的。

通过进一步的分析，山水图像的影响再次浮现。从之前的分析，我们可以窥探出建筑师以塔楼形式模拟自然山体的潜在意图。但是，现实来讲，一种简单的切削操作并不足以实现这一目标，因为它只能模拟山体的轮廓，而塔楼上大量的中间区域在暴露的正交梁柱框架系统的强化下仍然面临着一种被“建筑化”认知的危险。因此，考虑到山水画中的山体同时具有一个动态的、不稳定且不规则的内部视觉结构，暴露的斜向杆件系统起到了打破规则的内部立面（相较于轮廓边缘）并在视觉上强化一种类山体的非均质与不稳定感的作用。在这里，对斜向杆系结构与正交框架结构的同等级暴露，从本质上说，在消解了立面的结构化表达的同时，将正交的框架空间也纳入到了建筑师所期望的“图案化”的理解空间。结合对建筑轮廓的切削操作，所有这些设计处理共同体现了一种使建筑体量尽可能地隐喻山体图像的努力（图15、图16）。

“山水”图像对于边界设计的影响：

除了以上这些主要的设计方法，在项目中还存在着一些复合的策略，反映了中国山水图像的潜在影响。这其中最为明显的当属对于项目边界的设计。

从之前的分析，我们可以看到整个项目具有建立中国山水画中微观世界的强烈意图。但是，一个明显的问题是，山水画中的理想世界通常具有一个由无数山体组成的无限延伸的边界，本土艺术家通过利用图像强弱的变化和不同物象间的前后遮挡表达这一无限延续的空间认知。因此，为了足够成功地模拟山水图景，如何利用有限的几座塔楼来创造延续边界的空间体验成为摆在建筑师面前的重要挑战（图17）。

很有意思的是，这一项目中，面对不同的场地条件，两种为实现空间延续的纵深感的稍有差异的策略可以被发现。 一种是利用场地外部的现存建筑。例如，考虑到项目的西侧一街之隔存在一个塔楼，项目西侧原本整合的塔楼被有意识地撕裂成两半，从而为中心广场提供了一个可以看到后面建筑的视觉路径。通过这一方法，西侧的整个界面获得了纵深感。另一种方式是利用不同材料的视觉强度差异。例如，在背后没有高层建筑的项目西北角，存在的塔楼被设计成颜色更深而却更轻盈的玻璃幕墙立面。与两个相邻的拥有更醒目白色混凝土框架立面的塔楼相比较，这一巧妙的立面材料转换在视觉上拉伸了转角塔楼的距离感从而强化了一种具有前后空间层级的心理感知。这两种处理方式都体现了存在于建筑师与山水图解之间强烈的交互与再造（图18、图19）。

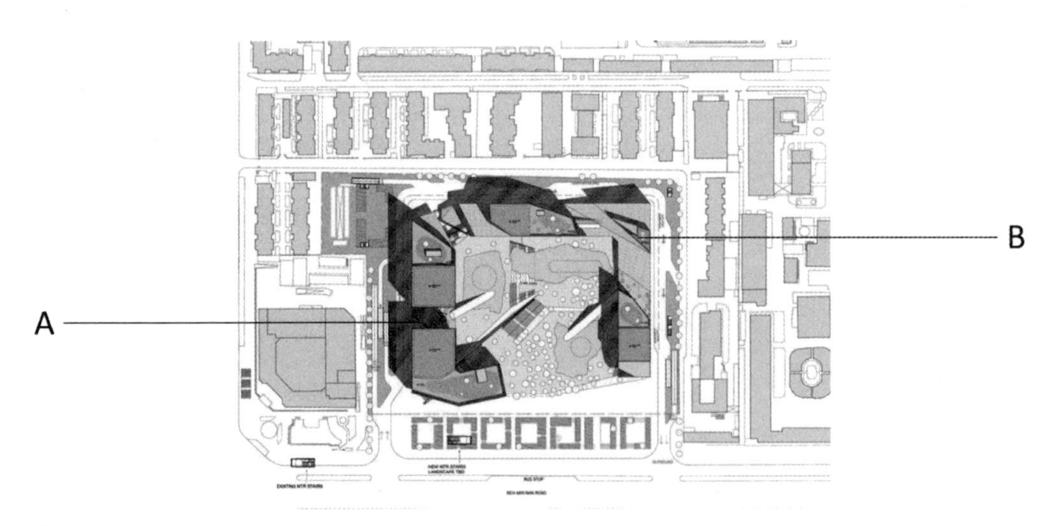


图17

图18

图19

## 肆 / 结论

综上所述，即便斯蒂芬·霍尔从没有承认图像学作为他的一种设计策略，他的某些阐释系统甚至暗示了对于被贴上“图像主义建筑师”标签的警惕与抵制，图像策略仍然有意或无意地介入到他的设计过程之中。这个位于成都的项目正是对此的最好佐证。

从文中两个平行的设计与交流语言系统，他运用的纯粹的现代建筑语境和文章所揭示的中国山水图像语境，我们可以窥探出一个明星建筑师的内在偏好与纠结，同时在本质上理解图像策略是如何有意或无意地介入设计的思考过程并在从总体到细部的各个层面上持续地解构存在于建筑学和图像学各自内部的固有边界的。

# 读《南浔镇志》附图札记

## ——关于南浔水系的一种城市形态学尝试

赵榕 Zhao Rong

66个“水晶晶”!作家徐迟一口气用了66个“水晶晶”赞美了自己的家乡南浔镇。太湖流域的河网里缀满了大小珍珠一般的镇邑，而南浔镇无疑是其中最大的珍珠之一。这个小镇建制于南宋，到了清末，已经是个烟火万家的大镇。道光年间，南浔镇区“自东栅至西栅三里之遥，距运河而至南栅五里”[1],规模略小于湖州府城(4 里×6 里)（1里=500米），实际已是一座小城市。它还是一个罕见的富镇，以辑里丝发家的巨贾富商云集南浔，富可敌国，财富甚至早早地给小镇带来现代化的设施[2]。当时的南浔是浙江雄镇，称其为江南水乡第一镇亦不为过。因为机缘，笔者开始关注南浔的历史水系，本文即是一篇研读地方志和历史地图的笔记。

江南水乡河流纵横，这一带的城镇因水而生，表现出相似的地域特征，但每个小镇又有着独有的面貌，其独特性与小镇所傍依的水系形态密切相关。徐迟的66个“水晶晶”，描绘了他少年时代的南浔镇、1920年的南浔镇，这个南浔镇是一个被河流缠绕的、湿漉漉的小镇，与如今诸多水系被荒废填埋的南浔镇很不相同。笔者研读清代汪曰桢《南浔镇志》、近代周庆云两版《南浔志》（后文分别简称《汪志》、《周志》）的附图[3]（图1、图2），并结合《周志》的河渠卷四，按图索骥，试图描绘清末民初南浔的水网形态。

《汪志》始编于咸丰八年（1858年），共四十卷，付梓于同治年间。《周志》遵循《汪志》体例，扩充修编为六十卷，成稿于宣统三年（1912年），民国11年（1922年）出版。两者相差约60年，这一期间是南浔丝业走向鼎盛的时期，也是南浔近代最辉煌的建设时期和繁华时期。古至近代，水路一直是交通、生活、农业的命脉，因而比较前后两版地图，60年来,镇内的宅第、寺庙、学校、园林有许多增减变化，而水系格局变动极少。《汪志》与《周志》附图的主要不同在于《汪志》仅限于镇区，《周志》涵盖乡里。比较两版镇区图，《汪志》附图以镇区为界，东南西北四至分别为：分水墩、百老桥、祇园寺、下霸港；《周志》附图由镇域总图和

图1 清汪日桢版南浔镇图

图2 清周庆云版南浔镇图局部

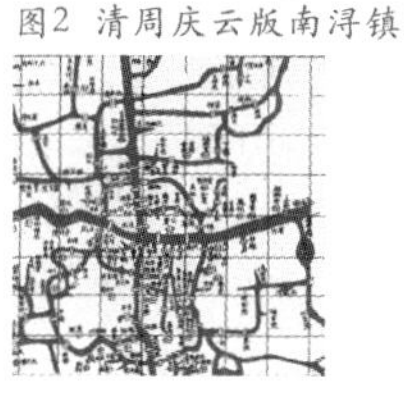

1 清末南浔富商有“四象八牛七十二狗”之称,“象”是指资产在百万俩以上大商人，“牛”是指资产五十万两以上，“狗”是指资产三十万两以上。后来“四象”中的刘、张两家资产超千万以上，又称“二狮”。从中可见南浔商业资本之雄厚。

2 富裕也带来城镇建设的繁荣，南浔镇是较早引入现代化设施的市镇。光绪九年（1883 年）设电报局，早于湖州；光绪二十六年（1900 年）设邮政局；1919 年，浔震电灯公司正式发电照明；1920 年，南浔电话股份有限公司成立。

3 本文采用的汪月桢《南浔镇志》附图为 1995 年半《南浔镇志》转载。

十二张分区构成,其中一至四分区图可连接成片,拼合后的地图在东界与《汪志》基本相当，扩展了西、北两界，唯独南界回退到凤凰桥、蒋家桥一带。这个变化并不意味镇区的变化，估计与志图的关注点、或者当时测绘的条件限制有关。

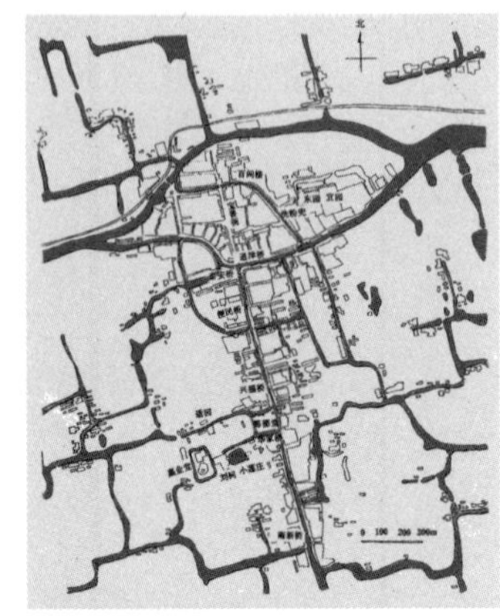

图3 1981年南浔古镇地图

清朝后期，经纬网与计里画方相结合的新绘测法[1]开始得到广泛应用，南浔镇两版志图都是这一新技术的产物。《周志》附图注明了经纬度，总图和分区图均附有“计里画方”的坐标网，总图网格标明以半里为单位，分区图未见说明，推测为清制“一引”[2]，约340米。南浔水系迂回曲折，形态复杂，两版志图所描绘的水网形态大体相似，与现代地图（图3）相比较时，可以发现水系的走向、形状、曲率、尺度相对于“真实准确”的现实空间有着较大的变形，但已经表现出一定的准确度，或者说足以凭借此图的“形似度”来认识南浔的地理地貌。地方志书以文字为主，地图为附，图为文字的补充，一则反映文字不易表达清楚的内容；二则标示文字所叙之重要事物。志图通常是简单而扼要的，它描述地方的概貌，着重于配合文字来说明空间位置和相对关系，而非现代意义上的精确与详尽。精确的地图需要投入大量的人力、物力，现有地图能够满足基本需要，实在无须“吃力不讨好”地将追求过度的精确。这种实用主义阻截了传统地图对精确性的追求，沦为文字附庸，在文字占中心地位的社会,这种现象恰恰是情理之中的观念性产物。传统方志图的作者多为懂得一些古代测量技术的儒士、生员、绘工，志图的准确性也因绘制人员的素养差异很大，而且常常由一、二人制成。南浔志图即使如此，《周志》附图上标明了作者，“邑人潘琳书，苕毓甫测绘”，附录上还清晰地介绍了利用日晷法对南浔的经纬定位，以个人之力、简单丈量能达到这样的准确度已属不易。

图4 文昌阁和极乐寺（1）

地方志图是一个地方的地理地貌的概述，在信息的选择上有着明显倾向性。两版志图名为南浔镇（乡）图，实际上更像一张水系图，图面上看不到街道的标示，只有水系、桥梁和重要建筑的点位，绘制内容的选择与志书的体例和重点相吻合。水系是江南水镇格局的奠定者，水系即交通要道，而主要陆路基本随水而定，因而河道也即标明了主要道路。相反，桥梁是陆地的连接枢纽，也是城镇空间定位的重要节点，志图给予了完备的描述，不仅标注名称，还有了一套图例区分桥的类型。志图虽然着重于水系，但多数河道有图而无名，其中有图幅限制的因素，核心仍是志图为志书的附注，要了解南浔，图文结合势在必行。因此，本文即借助两幅志图和《周志》的相关志文，在清末民初那个“水晶晶”的南浔镇里迷宫一样的流水上展开一次想象性的旅行。

1 计里画方也就是在地图上叠合方格网，类似于现代坐标网格，但并不是固定的坐标体系，地图上的点不是根据坐标定位，还是根据相互之间的距离和方向来定位。通常，根据测绘对象不同，方格长度有一套模数，如丈、引、里等，便于地图使用者来计算距离和面积。计里画方提高了古代地图的精确度，由于它将地面视为平面，因此在大范围中、高纬度地区误差更大。康熙年间，引入经纬度实测法。但实际上，方志地图中并没有真正采用经纬度实测地图，而仅仅用日照高度的计算，定经纬度，测算地方与京师或上级府城的相对位置关系。
2 一引，即百尺，按照清光绪度量制，约340米。按此比例，志图中东西、南北间距与文献描述吻合。

图5 文昌阁和极乐寺（2）

图6 牌坊群

图7 卧塔

## 壹／入镇——东水口

“1857年初夏，有一个英国丝商，旅行到杭嘉湖平原…船摇曳在江南运河的柔和水波上。他的目的地是湖州府的南浔镇。它在世界的东方，是一个巨大的丝市。[1]”徐迟在其自传《江南小镇》中借用了对一个英国商人行程的想象，描述了南浔鼎盛时期的繁华，而我们不妨随着商船来到南浔镇。

商船自上海而来，此时它行进在波光粼粼的千年古航道中，这段航道名为荻塘，是大运河的支线,因两岸多长芦荻而得名，始凿于晋代,因唐代湖州刺史于頔重筑,又名頔塘。船行河塘，两岸是茂植的桑树，堤岸后是碧波一般的水稻田。一路行来，经过一些秀丽村庄，远处出现一处市镇，灰灰白白的建筑密集成一线横梗在碧水绿田里，这便是南浔镇了。靠近镇子，航道前方耸立着一座三层楼阁，楼阁坐落在水中小岛上，岛和建筑混为一体，这是分水墩(文昌阁，图4)，是江浙分界的标志。阁的北岸是极乐寺（图5），南岸一字排开着五座牌坊（图6），伴着佛寺晚钟，在黄昏晚霞里落寞地恢宏着。绕过文昌阁，就进入南浔地界，河上高跨着三座满月似的拱桥，至东而西，分别为洪济桥、通津桥、垂虹桥。华灯初上，临河的商铺还是人声喧闹，船穿过高大拱桥，来到开阔的十字港，岸旁的河埠宽敞平直，可容纳多艘船只。到此，英国商人便弃船登陆，开始他的丝绸贸易。

东水路入口是南浔镇最重要的门户，以文昌阁、寺庙、牌坊群等建筑群构成了优美又不失隆重的门户意象。分水墩在水乡很常见，多建在村镇外围、水系出入之出，人工堆土以分水流。它既出于传统风水思想的考量，也有着“杀水害、利舟楫”的功用。水是自然环境的决定性因素，是“地之血气”，也象征财运。“天门宜开，地户宜闭，”即上游来水要开敞，而下游去水要收窄。水乡平原没有天然山体夹持水口，则多在去水中央立分水墩，即以镇河水，亦起到调节水流分配的作用。镇志记载，分水墩初建于元代，明朝在其上建龙王庙,后改为文昌阁，以庇佑文物昌盛、人才辈出。在南浔镇，类似的分水墩还有两处，分别在北栅外古溇港中流、南栅外独骑滆口。“通显一邦，延袤一邦之仰止，丰饶一邑，彰扬一邑之观瞻”，水口的设置不是孤立的，通常是一整套的营造，建塔修桥，筑亭立坊，建筑与自然一体构成了村镇的景观标志、构图中心，同时也是最佳观景点。南浔水口的建设也是如此，文昌阁孑立水中，既是东入口的视觉中心，也可乘舟登阁、总揽全镇。风水的设置还起到集体心理慰藉和文化认同的作用,当建设不便或资金有限时，风水还有变通的办法，镇志记录了北栅外的卧塔（水塔，图7），颇为有趣。明代董份在北栅北新桥外的西岸，连续挖掘了几个水塘，由南至北，水塘减小，形若七级浮图，这是一种取塔形塔意以

1 徐迟. 江南小镇（上）：5.

镇去水的象征做法，类似于北京紫禁城的金水河，寺观祠坛前的泮池。

图8 百间楼

## 贰 ／ 水网与岛群

杭嘉湖平原水网发端于天目山的苕溪,苕溪之水从西南向东北流淌，在湖州分流无数细支,汇入太湖。南浔水系就是这众多支流中最北端的一脉。在两版志图上，穿越南浔镇域内的河道迂回曲折而多汊港，其间还交织着无数的水塘和水湾。图上除了运河（頔塘）和少数水面有标示外，多数水系均未注名。其中原因，非不为也，而不可为也。在《周志》中，河渠篇排在卷四，足见水系对南浔的重要性，洋洋洒洒写足了四十版面，涉及河名七十余处。对照地图、仔细阅读志文之后，就会发现，当河道流向发生变化时，其名跟着改变，也就是一段连贯曲折的河道由若干个独立命名的河段组成。命名的基本规则为"流通者称河港（溪），蓄水者称漾荡，回水者称兜浜，迂曲者称湾。（图8）"如此复杂的命名系统在简约概括的志图中的确难以表述，篇幅有限，只能删繁就简。在南浔镇这样的泽国城镇，这套命名系统有它特殊的作用，不仅应对了水网形态的复杂形态，同时也是一套有效的地名系统和定位系统，就如同陆地城市的"家住某街某坊"，转换为"家住某港某湾"。

南浔镇水系像一团相互纠缠的乱线，大体上是一个横五行、纵三列的扭曲网格形，它将整个南浔镇分割成许多小岛。江南一带称这些被水环绕的土地为"圩"。整个南浔镇乡有近百个"圩"，专有一套由文字、方位、数字联合的系统来命名与区分这些小岛，如"要一"、"简五"。圩名多用于村庄和镇区周边，在镇中心地带，这些"小岛"不再使用圩名，而是以更细一级的街巷、桥坝等来区分地点。南浔镇里小河流水，河道宽者十余米,窄者不过四、五米，行走一岸，可以看清对岸行人的面孔，随处可见邻里乡亲隔着河寒暄热聊。在建筑稠密的地带，亲切合宜的河道尺度使得两岸房屋比邻如隔小街，再加上桥梁遍布,通行方便，人们基本意识不到实际上居住生活在一个个独立的小岛之上。在地名和归宿感上，河道既是街道，如"百间楼"指得百间楼港两岸的民居群，它没有因为河而分裂为两个建筑群，相反是连接成为一个整体。密集细小的河道对于江南水镇而言，不是隔绝，而是联合，南浔镇就是这样一个被水网粘结起来的岛群。

## 叁 ／ 市河——骨架与坐标系

江南水镇，因水成市，河道是经济命脉， 在许多水乡小镇中，都有一条名为市河的小河，通常是镇中最为繁忙的河道，两岸

图9 东西市河现状（頔塘运河）

图10 南市河现状

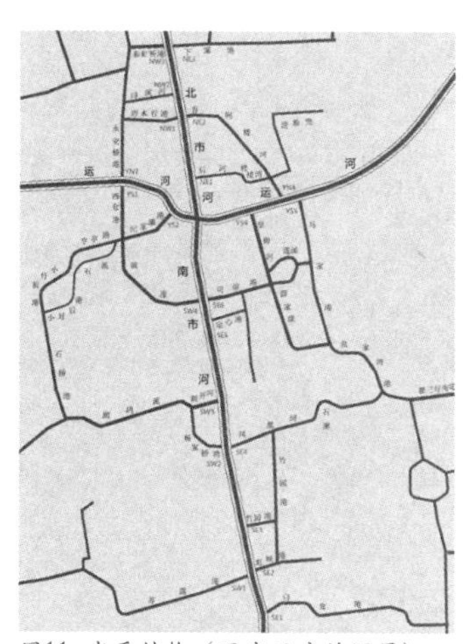


图11 水系结构（现实尺度的还原）

是最为热闹的街和市。在南浔镇曲折的网状水系中,有一个显著的十字架,这便是南浔市河,它是全镇空间的主骨架（图9、图10）。以十字港为交点，东西市河实为穿镇而过頔塘古运河，水道曲折，西栅流入，东栅流出，过了分水墩，就流入江苏境内，总长约1.6公里。南北市河是甲午塘河流经镇区的河段，也是古浔溪所在，全程约2.5公里。市河是南浔最重要的航道，堤岸石砌驳岸，沿河有商铺，每隔一定距离有一段宽敞河埠，是货物码头。市河两岸是稠密的商家与住户，最为热闹的是东大街和丝行埭，是全镇的商业中心。市河两岸并不是一样的热闹，而是一动一静，一岸商旅云集，一岸庭院深深。“东大街并不宽，人群拥挤得只有中央一条可容两三人缝。喧闹之声可以吵到华灯初上。小镇是很早就有了电灯公司，所以入夜电炬通明。它又有了颇为繁荣的夜市。旅店酒肆里，传出歌女卖唱的胡琴声、吴歌声。而隔溪对岸的住宅里却幽静而清爽。高高的风火墙，即可避风，又可挡火，它隐藏了许多精致的建筑。小巧的园林里盘旋着小巷和长街，间以幽静的水潭和细浪。”[1]徐迟的回忆描绘了当时市河的活色生香。

东西市河之所以为主河，不在其河道宽度和长度，而在其航道便利与城市商业聚集于此。城市的发展带有顽固的惯性，不会轻易地改弦更张，而更像在一张反复书写的纸，在同一地点反复建设。南宋初建，城镇就沿着古浔溪带状发展，虽然镇中心会随着市河向北偏移，但沿革下来浔溪两岸始终繁华，这也奠定了市河作为城市骨架的地位，在众多河道中凸现出来。因此，市河也构成了城镇的参照坐标，市河四端的河栅成为镇内外分野的重要标志，交汇的十字港是全镇的中心。在《周志》河渠篇的描述中，支流也是以市河为坐标进行编号，东西市河（运河）上，以西仓港、永安桥港分别为南北两岸的第一支港，从西往东；南北市河，以百鹭港、苏露港为东西两岸第一支港，从南往北；按此顺序依次编号，清晰地解释了各支港的相对位置，使图文之间有了很好的对应关系（图11）。

## 肆 ／ 洗粉兜的故事

南浔盛产一种名为“绣花锦”的蔬菜，入口软糯清香，据说与西施有关。相传，春秋时西施受命前往吴国，途经吴越交界地南浔东栅，在此休息一个晚上。次日西施在屋前的小河边洗脸，脂粉落入河水，老农以此河水灌溉，就产生了“绣花锦”。西施洗妆的小河就是“洗粉兜”，又名西分兜，镇志批驳西施传说附会而无更根据，而民间更愿意张扬传奇色彩，于是“洗粉花香”成了南浔十景之一。

按文索图，看到洗粉兜像一截盲肠一样，从百间楼港的一侧向东北方向生长，这种尽端式袋状水系是南浔一大特点，“回水者称兜浜”，兜是极形像的称呼。兜像是水系的赘生物，在河渠卷中，

1 徐迟．江南小镇（上）:8.

"兜"并没有独立的篇幅，而是做为枝节，出现在主河道的附文之中。但在南浔空间系统中，"兜"有时是重要的节点和地名，洗粉兜就是典型，其名未被纳入河渠卷，而出现在衢巷卷中，类似的还有华家兜、妙境庵、白燕兜等。这些兜通常深入陆地，而周边有民居寺庙，沿水有道路通行，故而纳入到街巷系统中。志书编纂有时也很难在分类学上做到一致，河渠卷中仍独立描述了个别兜状水系，只因这些水塘名为潭、池，如梦华潭、凤凰池、白果潭。粗略统计，《汪志》镇区地图内有大小"兜"40余处。

## 伍 ／ 桥的符号集

"小桥流水人家"是江南水乡的典型意象，水系即交通要道，城镇空间延水展开，桥与水不可分离的元素。《汪志》、《周志》两版地图共同的特征是：详细地描绘了河流的走向形状，却没注名。最为详尽的注名系统，不是宅第寺庙，而是桥梁，几乎每桥必注，盖因桥梁是连接枢纽和反映城镇空间特征的重要节点。比较两版地图，《汪志》镇区地图侧重镇区，相较于《周志》，细节更为丰富，其图绘有83座各色桥梁，除了桥名完备外，还采用了一套图例系统来描述桥梁类型。这些图例形象直观，特征明确，一目了然（表1）。

不论古今，地图都是表示某地域的地理信息的符号系统（自然元素和社会元素）。从图经时代开始，中国传统地图延续着一套表意符号系统，地理实物用象形的手法被描绘在地图上。在南浔镇这样，无山峦、城界、官衙宫殿的平原水镇，桥梁无疑成为这套符号系统的重点，在《汪志》镇区地图中，我们可以看到作者在其上用心之多。

## 陆 ／ 园林中的水

南浔镇是江南园林名镇，自宋以来，造园之风在此兴盛。而到明末清初，是南浔造园的高峰，丝业发家的富商聚齐于此，加上吴兴一带，文化之邦，重视教育和文化传承，造就一代儒商。富商后辈多有从仕或留学经历，出现了像刘承干、庞莱臣、张静江这样的藏书大家、书画鉴赏家和政治人物。这些人既有深厚的传统文化底蕴，又有面向世界的开放心态，他们在家乡置地造园，品格不俗而有新意。童寯先生在《江南园林志》中写道："然湖州园林，实萃于南浔，以一镇之地，而拥有五园，且皆为巨构，实江南所仅见。"[1]文中所指的"五巨构"，即小莲庄、宜园、东园（绿绕山庄）、适园和留园（觉园）。这些园林多属于《园冶》中的"郊野地"，占地面积大，结构疏朗，景象野逸，常借外围田野风光，不

表1

| 符号 | 类型 | 数量 |
| --- | --- | --- |
|  | 单跨石拱桥 | 13 |
|  | 石拱桥(上有建筑) | 2 |
|  | 多跨石级平桥 | 9 |
|  | 单跨石级平桥 | 22 |
|  | 单拱石级平桥 | 20 |
|  | 石平桥 | 9 |
|  | 木桥 | 9 |

1 童寯. 江南园林志.

图12 小莲庄荷塘

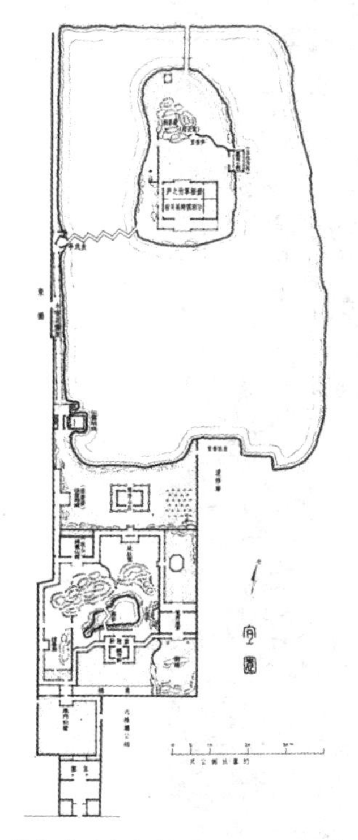

图13 宜园平面图

筑围墙，而用小河隔而不断。

凭借着多水的便利，南浔镇园林多以池塘水景为主，且尺度较大。如刘氏小莲庄（图12）总占地20余亩，而其外园荷塘就有十亩之广，由古挂瓢池改造而来，荷塘与鹧鸪溪一堤之隔，溪岸来往的人们都可观赏园中美景；又如庞莱臣所筑宜园（图13、图14），童寯先生在《江南园林志》中评述其“南半亭榭曲折，北半荷池开朗，别具一格。南浔虽多大院池，无能与此争者。”[1]从童寯先生的测绘图来看，其水面占园林面积的2/3，中有小岛，廊桥亭台，外围不筑围墙以借田野风光。南浔镇儒商开明豁达，这些园林分内外，内园居家，外园通常会免费或收低廉门票对外开放。徐迟在其回忆录中也记载了童年时期在宜园、东园游玩的经历。在某种意义上，南浔镇园林中的部分水系成为小镇公共系统的组成部分。

## 柒／结语

20世纪30年代以后，传统丝业在国际市场上被工业化的日本丝业排挤，南浔镇经济逐渐衰落。迅速地，抗日战争的烟火燃至小镇，南浔遭兵燹之灾，建筑被焚毁过半，许多豪宅名园也没能幸免于难。繁华易逝，重建艰难，如今南浔镇的东部还是一片郊野之地。新中国成立以后，水运渐废，镇区范围内填埋的河港达十数条之多，更不用说那些成为南浔水系特色的“兜”，几乎无存，空留其名。

如今的南浔古镇以不到清末民初历史城镇的一半之躯，仍然位“江南六镇”之列，让人感叹并唏嘘。古镇淹没在数倍于它的新城区之内，曾经优美隆重的东水路入口荡然无存，新修的入口广场一派官气，尺度宽大以满足集散之需，它拦腰堵在古镇南侧，过了票房闸口，人就撞进了狭小的巷道，像一重巨大幕布揭开看到的舞台。市河上小桥流水仍在，但已残缺为“T”形，百间楼面貌依旧，但更多的河港不见踪影，如今南浔镇的“水气”不再酣畅淋漓。要重塑“水晶晶”的面貌是当下南浔镇城市复兴的核心目标之一，让水成为城市生活的气脉，而不仅仅是凭古缅怀的风景，这也构成一种共识。因从事与相关南浔镇的项目，笔者读图阅志写下这篇札记，作一点小小的南浔镇历史水系研究，算为南浔镇复兴尽绵薄之力。

图14 宜园现状

参考文献
[1] 周庆云．南浔志．
[2] 南浔镇志编纂委员会．南浔镇志 [M]. 上海：上海科技文献出版社，1995.
[3] 朱均珍．南浔近代园林 [M]. 北京：中国建筑工业出版社，2012.
[4] 陈国灿．奚建华．浙江古代城镇史 [M]. 合肥：安徽大学出版社，2003.
部分照片来源于马俊摄影，陆士虎著文．南浔 [M]. 杭州：浙江摄影出版社．
[5] 童寯．江南园林志 [M]. 北京：中国建筑工业出版社，1984.

1 童寯．江南园林志．

# 简单城市

## ——鼓浪屿城市空间元素生成义理

练秀红 Lian Xiuhong

### 壹 / 观看城市

时下，在面对具有城市意义的建筑综合体或城市规划项目中，往往会采用一种普遍流行的、满足技术性、指标性、功能性的简单的规划方式。在此，并不需否定它的作用。事实上,我们知道，满足功能、指标要求的城市并不意味着就是完美城市。我们所面对的现状是：一方面是对传统城市营造理念直接挪用的无计可施之苦；另一方面是对西方城市规划理念作用于中国具体现象一知半解的隔靴搔痒之恨。

那么，可能性在哪里？从现有的案例中学习其道是直接的方法，对于空间集体性事实（例如聚落和城市）的直观研究有助于对“城市”的认识，而这一分析研究的目的，则是尝试着还原一种城市观念。并通过此过程，寻找对建筑或是城市规划具有的方向性提示及启发意义，这一分析研究意在建构一种反思性的营造理念。

当讨论城市空间问题时，空间并非下意识地长宽高几何化的抽象空间，也并非提供“空”的场，空间必然是由一系列的城市元素所界定、构成。什么是城市空间的基本构成元素？构成元素各自是以一种什么样的方式参与到城市空间的形成？

综上，本次研究聚焦于：城市空间构成元素生成义理。

鼓浪屿则是这次研究的样本（图1）。

图1

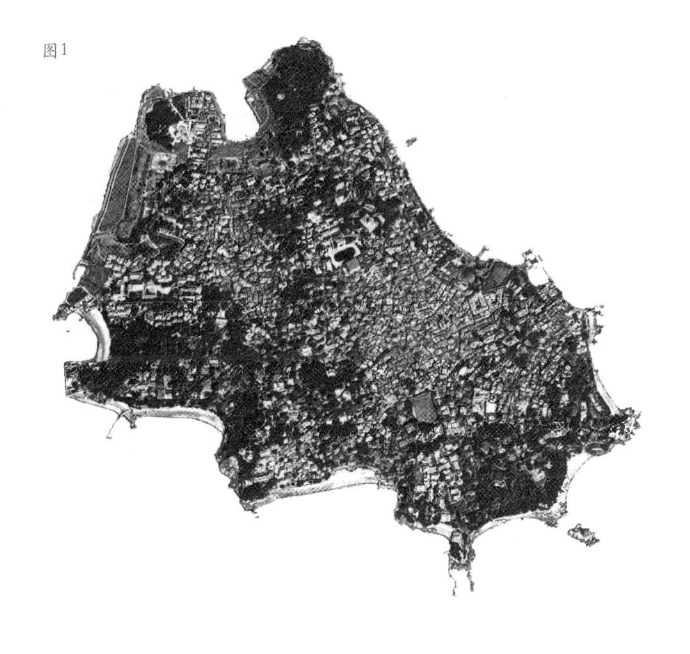

当思维被习以为常所遮蔽，又一味求新，却往往忽略最直接、简单、甚至是本质的思考时，有必要引入一种直截的“观看”方式：“看”到底存在什么，发生了什么，“看”鼓浪屿现状所具有的东西，逐一分析，并回溯至历史查看其生成关系。这是一种类似于“无预设”的方法：放下成见地去观测、描述、追问。“东西就摆在那”，这句话的意思就是任何你想知道的东西都明晰地存在了。

我需要观看反映鼓浪屿本质的现象，让事物不衰减地阐释自己。从某种意义而言既是对事物本源的一种返回。因此，论文的基本立场是：追回事物的本质该是如何即是如何，也即“面对事物本身”。

## 贰 ／ 命名和位置

*唐朝时，鼓浪屿被命名为“沙州都”，为南安县属地；*

*宋代以前鼓浪屿是一个水草丰茂、渺无人烟的小岛，名“圆沙洲”，又名“圆洲仔”。*

*明代，鼓浪屿因岛屿西南海滨的鼓浪石而得名，称为“鼓浪屿”（此得名之处亦是在鼓浪屿的发源地附近，名字的由来与发源地息息相关）。*

比较一下这三次命名：“沙洲都”意思是水中的陆地，这似乎是较远距离对鼓浪屿的描写，是在它之外所观测到的，一种距离感的描写；到宋“圆沙洲”，开始有了具体一些的描绘，以“圆”字对其形状描述，又称为“仔”，这个“仔”不仅是其大小的描述，也反映了特有的熟悉与亲切；至明代，因海滩上一块中有洞穴的礁石在风浪冲击时，发出酷似鼓声，被定名为“鼓浪屿”，一直沿用到现在（图2）。这次的命名不光较前两次距离更为拉近，应该是已经深入其中了。并且它在说此地发生着什么（风浪冲击着岸边的洞穴发出阵阵“鼓声”）。

图2

对于这三次命名，是一次一次接近具体化的过程，越来越开始接近对位置的描述方式：“在此地发生了什么，或发生着什么”。“鼓浪屿”最终被认可说明了命名更接近本质。“鼓浪屿”描述了如其所是的位置，这也说明了鼓浪屿强烈地被意识到的其中一个原因。

命名的实质是人对存在的一次辨认，它体现着确认的意愿，体现出想知道它“是什么”的努力。

我之所以强调唐朝初次命名的重要意义，是因为它是在一个没有被命名和初次命名之间的沿口，在这个临界点的契机上，可以启示我们对命名本身的思考和对命名意义的思考。唐朝的初次命名对于鼓浪屿来说使其位置上升到意识范畴。现在的我们对于这次的命名真的应该为之怦然心动，而不是引以为傲的历史感。应该以之为傲的是鼓浪屿唤起我们对一个位置的意识。“沙洲都”应该被我们再次回忆起来，铭记于心。命名将位置意识化，体现对位置辨识的意愿。记住它——“沙洲都”还可能让我们回忆起来什么才是“我们所属的位置”。

这是在此前，我对鼓浪屿位置的描述，基本符合一贯对事物区位系统的描述方式:

鼓浪屿位于厦门岛西南隅，地处我国东南沿海，东经118° 4′ -118° 5′ ，北纬24° 26′ -24° 27′ 。

对位置坐标式的精确描述似乎是对位置点的理性捕捉，但实际上未让我意识到其位置的具体所指。

另一种描述:

*岛东北部隔500米左右的鹭江与厦门岛相望,北与厦门西通道：海沧大桥相望；西隔厦门西港与海沧开发区相临；南接厦门港。是鼓浪屿—万石山风景名胜区的主要组成部分。鼓浪屿周边海域是濒临中华白海豚保护区、文昌鱼保护区、大屿岛、鸡屿白鹭保护区、与诸多海岛隔海相望；鼓浪屿与金门列岛一江相隔，与金门南太武、漳浦隆教火山相对。*

两种对位置的描述传达出鼓浪屿基本的区位关系，但还不能使我意识到鼓浪屿位置的真正含义。即，鼓浪屿这个位置所具有的意义，这个位置使鼓浪屿发生过什么？发生着什么？

**1-鸦片战争以前**

宋元之际，李氏家族的渔民躲避风浪在西南隅沙坡（今康泰路）一带避浪，并定居下来，时称“李厝澳”。在浪荡山和面包石的西北麓，有旧庵河附近井水供水充足；另有祖公河，供为灌溉.

因为靠近西部的嵩屿，岛内的山体，使其成为渔民在近海内捕鱼时所能最迅速到达的避浪之地。集中于岛的西北浪荡山北面山凹，鼓浪屿首批的聚落点即位于此地。聚落点的选择关系出于与西面的海沧、嵩屿等地的直接联系中。

因其渔民的避浪续而定居，在此后的延绵中，逐渐向东部扩展，至鸦片战争之前，当时岛上有内厝澳、鹿耳礁、岩仔脚三个居民聚落。

鸦片战争以前的鼓浪屿作为一个小渔村，其发展最直接的开始来自与周边的联系：主要是西部和北部。由于这个原因，其岛内聚落的延续与扩张使鼓浪屿由无人小岛到发展聚落。

**2-鸦片战争之后**

至15世纪末，就世界海洋争夺冒险而言，鼓浪屿是以依附厦门、从属于厦门港的关系而出现在世界舞台的；在几百年的贸易、战争不断地交流中，我们可以推测鼓浪屿中的居民并不是对外面的世界一无所知。以至于当初次上岛的英国人惊讶地发现鼓浪屿中“不但有农夫和渔民，还有下过南洋，甚至‘对欧洲人的风俗习惯比广州商人更加熟悉’的人”。

在当时，鼓浪屿却是一个在海洋与大陆之间的重要控制点：地处在厦门港海域与九龙江入海口之间，向外通往南海、东海海域；向内通往九龙江内河航行、厦门本岛海湾，处于内与外的交汇点。它作为一个海岛具有相对独立性，又因与厦门城只有一水之隔而相连紧密。这种既独立又相连的地理关系，在当时世界背景的历史事件下，使鼓浪屿由一个本该与中国沿海大致相同命运的岛屿发生了历史性的转变。这种地理上的联系，使鼓浪屿与厦门的关系空前地加强，并一直影响其以后的发展，使鼓浪屿进入世界舞台，发展出自己独特的面貌。

**3-现状**

现状，在厦门城市总体规划已确定了城市空间向岛外扩展，城市类型从“海岛型城市”向“海湾型城市”转变：

鼓浪屿是厦门的本岛中心城的组成部分之一，是“心”与“主”。必然导致鼓浪屿与厦门本岛发生密切的关联（图3）。

现状的位置关系：鼓浪屿既是厦门的城区同时又是风景旅游中的龙头。它与厦门本岛的关系将不仅仅是发生在东部与厦门西港的直接码头联系上，更是岛屿作为一个整体与厦门西海域、海湾城市格局的关系。

位置关系对鼓浪屿而言是鼓浪屿发展的原动力。鼓浪屿的发展受周边关系的影响，事实上，鼓浪屿与周边的关系作为一种恒定的位置存在，其本身是不会改变的，在不同的历史时期，在周边关系中成为不同的关注对象。所以说，位置是属于意识上的位置。

图3

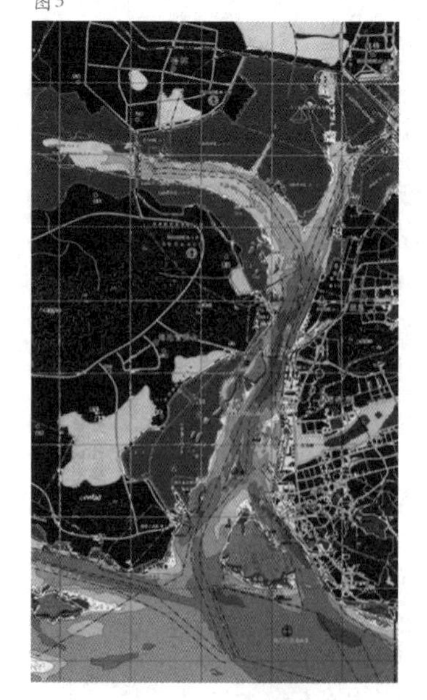

## 叁 ／ 海岸线

观测鼓浪屿的海岸线（图4）。首先第一个直觉是：作为边界，鼓浪屿的海岸线在区分着水与自身。海岸线是海水与岛屿冲刷中所形成大致稳定的界限。对于周边而言是一种区分，对于自身是不可再伸张出去也不可再收缩进来的一个"状态"，所以边界不会有一个具体的"边"，是收与放的"态"。

我们常把海岸线与陆地线混同一谈（图5）。陆地线是实际上是人为所明确界定的岛屿边界，包括了码头的范围，直接主体呈现为现状的环岛路（鼓浪屿经过2000年后的整治工作，基本形成环岛一周的道路系统）。

图4

谈鼓浪屿的边界，实际上有两个具体的所指对象：海岸线与陆地线（环岛路）。至此，在本文确定了这样的一个概念：现状鼓浪屿边界，即称为"海岸线"：它真正的实体确切范围是陆地部分、同时包括具体海岸所对应的内容。所以说本文提及海岸线，不是单独的一条线或是道路，它是以这个为中心，向外（海水）、向内（陆地）所共同参与构造的具有一定腹地和深度的区域。

图5

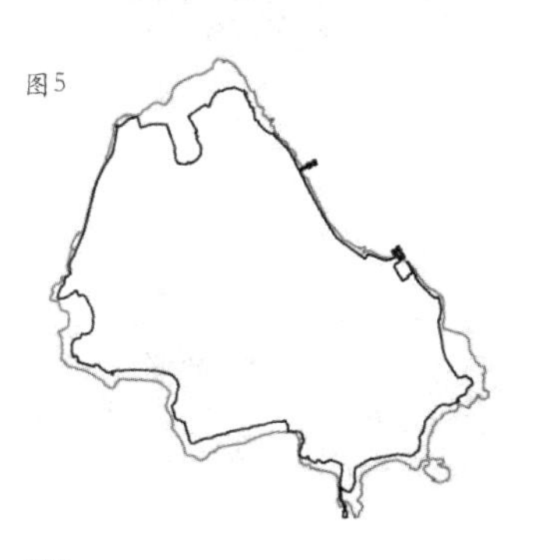

无论海岸的内容、形态如何，岸与码头是海岸成为海岸的必备元素：码头是间歇性出现，而岸则是所有海岸线的本体。至此，可以明确的是所谓海岸线并非"线"，而是具有一定腹地深度的区域，这个区域可以说即是岸的范围。

### 1-依地理结构生形

从整体分析鼓浪屿的海岸线，鼓浪屿的海岸线经过历史的发展表现为现在的样子，一部分是自然形成，另一个部分是人类的建设，最终围合成现状的海岸线。

图6

从自然地理角度分析：外部关系，周围常年受到海水的侵蚀；内部关系，鼓浪屿的山体走势形成一个"X"形的交叉状（图6）。如果把鼓浪屿整个岛屿比喻成建筑，那么这个"X"的山体就是起到支撑与稳固作用的框架结构。山体决定了海岸线的走势，山体奠定了海岸线的基本范围，这是第一步。

其次，海岸线是在自然地理所赋予的基础上由人类改造而成，依着地理结构而生成。人类屡次对海岸线的扩张都在利用这个"框架"。就如东部的人造海岸线，它的山体所形成的形状是一个扇子形，两侧山体犹如两根扇骨一样支撑着这块形状。我们看到这段海岸线基本已经到了极限，如果再继续扩充出去就失去了这个天然的骨架，失去了扩充的依靠，代价将会相当昂贵。

## 2-四段岸线

*鼓浪屿的海岸线曲折，长6.1公里，其中沙滩约2.7公里，临水驳岸2.2公里，其他岩岸、礁石和峭壁带约1.2公里。整个海岸线迂回曲折，有十一个大小不一形状各异的海湾．九个小半岛，十处礁石群和七处峭壁带，构成鼓浪屿独特的海岛风光。*

上文说过，对海岸线的认识必须观测其内外辐射区域，如果我们把海岸线抽离出来，将只是纯粹的图案信息，无法进一步理解它。海岸线是在一定辐射范围内（周边参与）的事物共同参与塑造一种共同的气氛，尔后凝聚表现在这条“线”上，因此，对于海岸线的分析，必将结合其内外两方面方可理解。

（1）是什么就是什么：东北部

东北部海岸线此段全程为人工堤岸（图7），其间有两个码头：公共轮渡码头与三丘田旅游码头。先看岸，上文一再提及海岸线绝非线而已，而是必须考虑其腹地、与内与外的关系。

东部码头的腹地内容：以住宅小区、配套设施、单位为主，其大体上共通的存在方式为一个一个独立的单元街区，都以封闭的围墙绿化为界面（图8）。我们可以确切的感知到，所说的堤岸，在这里真的就表现为3m左右的环岛路及沿岸的人行道。岸作为海岸线的腹地区域已经悄然瓦解为道路。

历史照片透露（图9），当时的堤岸还保留自然形态，自然形态的堤岸一般以斜坡的方式发生，有着一种逐渐过渡和诱导的感觉，诱导人们走向区分的现场。这个形态最能够使人真切体验到水和陆地区分的本质特征。从陆地经由岸逐渐延伸到这个边口，人可以方便地到达这个边口。

这是1906年的鼓浪屿龙头码头，20世纪30年代的轮渡码头（图10）。从1906年近照中可以看到，停靠在码头载客运货小舢板，是当时主要的海上交通工具，与现代的轮渡方式相比，当然显得不便。码头是以斜坡的形式出现的，在岸上就可以看到人们通过码头由海上进入陆地，由陆地进入海上这一过程。从材料上，可以看出当时的这个码头是用条石筑建起来的。一条条的条石体现出逐格进入的诗意营造。诉说着人们通过码头由海上逐渐进入陆地，由陆地逐渐进入海上这一过程。

这是1941年的轮渡码头照片（图11）。它是由鼓浪屿向海上拍

图7 肌理示意图

图8

图9

图10

图11

摄，所以我们看不到码头，但可以看到它以牌坊式的结构方式作为码头位置的标志，这种标准性以露天的方式呈现，使得整个过程清晰明了。这个标识强调了我们即将走上的是码头，从哪里开始就是进入码头的明确性。这个牌坊式的“建筑”，它的清晰性使其本身就可以说明这是码头。当年自觉或是不自觉的建造它充分地体现了人在依循本质而为，让事物本身自己说明自己，让物达到如其所是的努力。

图12 肌理示意图（1）

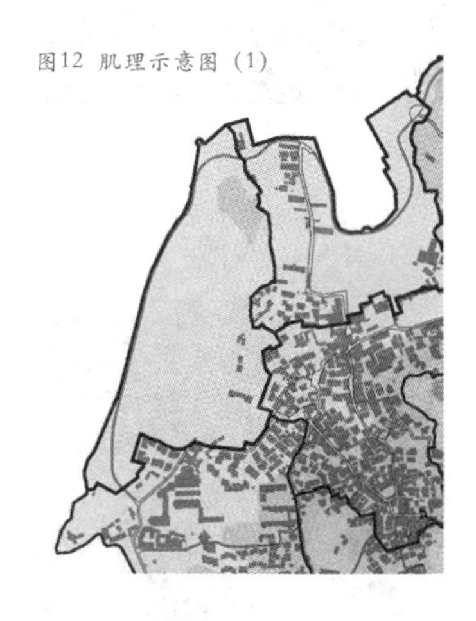

在这里并不是要标榜之前的轮渡码头的优越，现状的码头在便利性、功能等方面的要求是远远优于之前的码头。这个说明的意图在于，意识到我们常犯的一个错误：由于可选择的条件、可能性几乎是无限量的增多，转移了我们对事物本身的注意力，或者说因为提供的条件和优势常遮蔽事物本身。

（2） 靠山吃山靠水吃水：西北部

靠山吃山靠水吃水，意味着尊重地理条件而行。每一个地方都有属于它自己的特点 。就岛屿而言，靠近水的就是岸，靠近山的就是腹地。而我们建设的时候需考虑对这最基本的生存规律依循。

图13

鼓浪屿西北部海岸线，是另一人造的海岸线（图12）。此位置堤岸分布着大面积的绿化草坪，是一个以景观为主的区域（图13）。因为政府一直计划对其进行改造开发，因而景观的建设也就相对简单。初次相见，你会诧异于这一个密密麻麻的岛屿突然间出现的大面积空白区域。在历史上，这块位置的形成经过两个时期的填海筑地而成，一直处于不断地建设与抹去的过程。此区域的填土面积非常庞大，已经深入腹地。

（3） 自自然然就是好：南部

图14 肌理示意图（2）

鼓浪屿的南部海岸线，是那些属于自然的海岸线。在上文提过鼓浪屿南部海岸线是依托山体而构造的，在系列的海湾中，它们皆具有结构上的相似性。我们看这部分海岸线分布的内容：基本为均质的树木绿化与建筑的共同参与，呈现建筑散落布局关系，事实上，在这块区域基本已被单位用地所划分完毕（图14）。

我们先看岸，南部海岸线为自然海岸，所以这里不存在堤，皆为自然的岸。虽然看地形图或是航拍图，岸好似结束于山脚或是也像东北部的堤岸一样集中凝聚为环岛路上。但是，在实际的体验、及对内容的分析中，南部的岸是在具有一定的腹地区域来构筑的，即使没有具体内容发生的地段，却有山体自然形成的各种景致参与情境，就是高高建于山上的建筑也是表达着对海水观望。在这里，通过对现状的分析，更为明确关于堤岸的本身：能够体现区分的情境；由公共性的内容参与岸的构筑；这个区分的堤岸本身具有独特的美感而凸显（图15）。

图15

再看一下沿海道路，这段环岛路的位置是在岸的外沿，这个工程的设计是留出了自然的海岸，处于岸的内部偏于外沿的位置，所以它是一次依循自然、符合自然的添加。

鼓浪屿立有郑成功雕像，这个景观我们应该非常深刻，这是80年代左右拍摄的照片（图16），其选择的角度是一座在海岸线位置的雕像，既有海岸、海、雕塑，同时凸显了共同交接的时刻。雕像没有改变海岸线的原貌，而是在原貌上增添。同时它加强了海岸线的意识。

图16

**3-结构形式与内容**

现状海岸线是对岛屿外围的最大化使用，现状海岸线的结构呈现为东北部、西北部、南部各自的特征。在对海岸线历史演化三个阶段的回溯，也能清晰地看到在发展之初便表现为这三个部分的差异，以后的发展保持其基本的结构特征，逐渐地填充、消抹、再填充。在历史的演化中，它是内部与外部关系挤压的反映，是内外的某些诉求，犹如窗口般的通过海岸线反映出来。整个海滩是一个陆续修建的过程，新的事物大多在老的基础上发展。

南部海岸线在三次的演变中始终紧紧缠绕，在屡次的填海中因为依然受山体地理条件的控制而不受影响。其内容也大部分多为利用原有的房屋建筑增建或改建。

海岸线的扩张与演变分别是东北部与西北部。海岸线以1935年为界的第一次扩张，主要是集中于东部，显示了与厦门的直接关联；东北部分布的密集码头减少为现状的两座公共码头。其内容上每次的演变即是全新的抹去与替换，现状多为新建，其主题内容也差异较大，没有延续性，内容始终没有表达作为岸的本质。

西北部进行了较大面积的海岸线扩张，目前以绿化带为主。在1956年的第二次填海，主要满足工厂建设用，出于内部自主自足的生存需求。新的工厂大多在老的工厂上建设，从20世纪50年代至20世纪90年代的工厂建设过程中，形成自主生活的厂区，有其旺盛的生命力。拆迁后，零碎的剩下住宅与设施用地，一直处于边缘状态，呈现的现状也如其所示的荒凉。

从这三个典型时期海岸线的扩充，可以得出以下结论：

图17

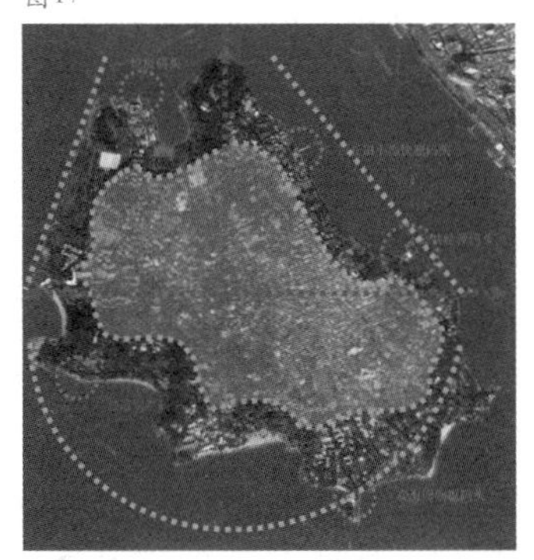

图18

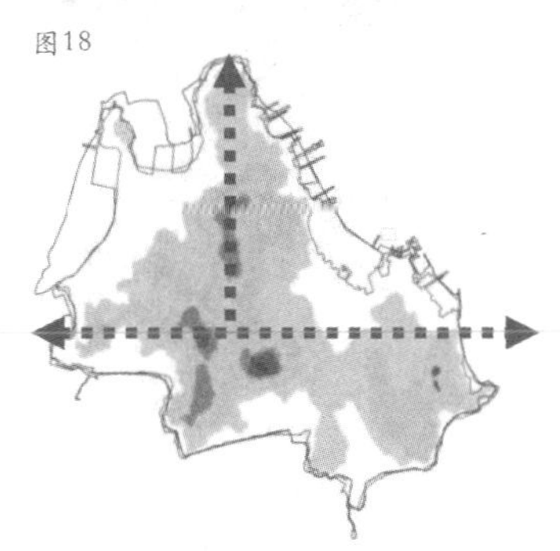

图19 岸线演化示意

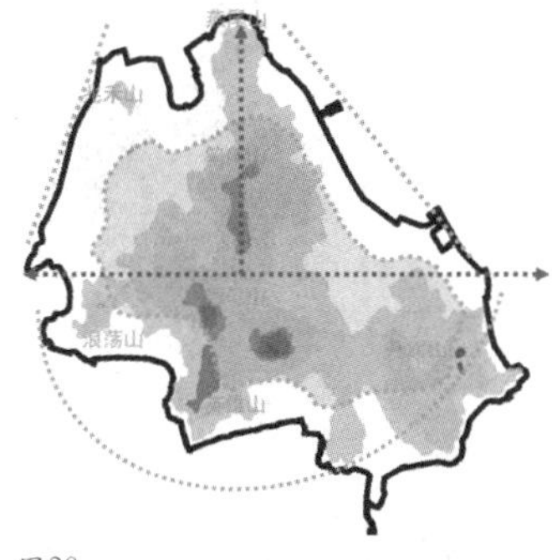

图20

就结构上而言：其发展是在延续上轮结构的基础上演化的。其基本的结构在19世纪末已显现，并以成型初具规模，鼓浪屿开始大发展时期就已经成型，以后两个阶段的发展与扩充皆在延续性地演变过程。这种延续性还包括功能使用上的延续性。

就海岸线本身而言：我们单单比较海岸线也能发现其历次的扩充填海部位：南部始终保持基本不变、东部两次扩充、西北部两次扩充（图17）。这个意味着海岸线在历史的变更过程与扩充与其现状的结构特征是重叠的，都凸显为三个部分的差异。

结构受何影响？在无需了解任何史料的基础上，我们根据地理山体，即可清晰地把岛屿岸线分为三个部分：南部、东部、西北（图18）。所以说，鼓浪屿海岸线的基本结构受"山"字形山体地理因素的影响，即地理的山体因素决定了海岸线的基本结构，在历史的演化中，人为的使用与改造亦是在相对恒定的结构基础上，借用山体的框架，应地理的不同而产生不同的使用方式，各自有了不同的发展。

现状的海岸线，在历史的屡次添加中，达到了其结构上的完美状态（图19），就全岛而言，轴心是由"山"字形山体所构成的；就海岸线本身而言，其最北端由于一直作为造船厂的海湾而在屡次填海中保留了海湾，形成以北端海湾与南端港仔后海湾的第二条轴线，以这些轴线为核心形成南北、东西向的海岸线对称结构。自身的结构源自于岛屿地理山体的结构，正因其内在清晰，故外在表达出一种形态的完整。

## 肆 ／ 建筑

建筑，在岛屿上显现为一个一个独立的单体。这些类似的单体几乎铺满了全岛（图20）。

北部与西北部的外缘两处空白，这里无建筑；

东部与西部建筑分布密集，最为密集处，建筑与建筑的分布形成区块，建筑与建筑空隙形成的道路依稀可见，这种布局能够呈现为某种结构关系。

南部与中部建筑较为稀疏，相隔一定的距离，均质的散落布置。

北部与西北部建筑也是均质地散落，但不同于南部及中部的肌理，呈现为自己的组织形态。

分析纯粹的建筑分布肌理所反映出来的组织关系，其个中缘

图21 鼓浪屿建筑布局示意

由，只能返身到存在的条件中去考察。阿尔多 罗西在《城市建筑》中提示我们地理与历史的作用：“不过城市的历史总是与其地理有着不可分割的关系；而且缺少了任何一者都无法理解城市建筑；是城市身为人类事物的具体符号。”

不可否认城市的历史与地理有不可分割的关系，而且必须从历史与地理中才能理解城市建筑。

**1-建筑布局与组织**

图22-1 聚集形态示意

（1） 布局的形成

鼓浪屿的建筑肌理的生长，其发展历程：于19世纪末奠定了东部与西部的基本结构；在1935年后扩展至南部的生长；至1957年后的填海筑地出现了鼓浪屿北部的发展；这个陆续修建的过程一直持续至21世纪初（图21）。

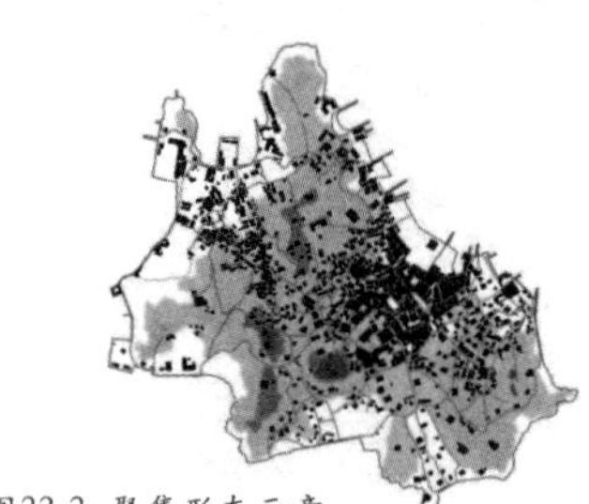
图22-2 聚集形态示意

建筑布局的发展方式，于上小节所分析的鼓浪屿东、西、南、北四个部分的城市空间布局结构吻合。由于其各部分核心的发展确立是在相对集中的历史时期内完成的，因此，这也使得此四个方向的布局具有一定的结构稳定性和内部的相似性。

鼓浪屿至1935年奠定了其基本的核心形态后，至今是一个缓慢的建设过程，城市在貌似平静中，从未停止演化。由于受岛屿明确边界的客观限制，岛上可建设的用地的有限（目前大面积的可建设用地在西北部），城市的建设主要表现为更新改造，在缝缝补补不断持续的修正。

图22-3 聚集形态示意

鼓浪屿的建筑的布局是在地理与历史的共同抉择中，由一地的聚集，逐渐的密集化，在此过程中，随着最初聚集地方密集度的增加，才逐渐向外沿、向山体扩散建设，是一个由中心渐渐向外扩展的发展过程。这个由中心的聚集逐渐向外扩散的现象背后，是集体性的反映，人总是集体聚居，相互依赖（图22）。

（2）布局的内与外

历史总是犹如地质般一层一层的叠合。1935年以后鼓浪屿奠定了其基本的核心城市形态，此后的建设亦无实际的改变，但鼓浪屿外环，却一直未停止建设。可以说，1935年形成鼓浪屿的内部，现状形成鼓浪屿的外环（图23）。外环的建设又集中在北部，北部外环的建筑类型主要是两种：居住类的行列式住宅及工厂类配套建筑。它的建设均是出于当时直接需求的考虑，带有罗西所说的“肤浅的功能主义”立场。

图23 鼓浪屿内外环结构示意

图24 鼓浪屿建筑肌理示意

城市的内环构造极具说服力，而北外环线一直处于游离状态：虽是处于鼓浪屿，却与鼓浪屿无关。反映在结构上，也未融入总体的结构关系，只呈现零星的片断。

用现在通行的表述方式来说，鼓浪屿的内环是现在一般意义上的老城区，内环以外则是新城区，新区的北部一直未融进城市内部真正的结构，所以其肌理一直具有不稳定性，处于拆建的状态中。在罗西的观点中，我们不用担心城市里的某个重要建筑会被破坏，同样的，不好的，没有表达本质的东西，总是很容易地被集体所否认。

（3）单体直接组织为整体

鼓浪屿真正的迷人之处，并不是作为单体的建筑：如果把单体建筑挨个抽离出具体场地端详，也就陷入贫乏。鼓浪屿的魅力在于，一系列这样相似又绝不相同的建筑，以近乎无限般地重复，通过与山体场地发生的具体关系，最后，当整体的面貌出现，通过身体的尺度感知其近乎无限的丰富性。它们是如何组织的？

图25 鼓浪屿建筑类型分布示意

建筑基本为相似的体量单元，这些单元无论是互相紧挨还是分散，都遵循一种共同的原则：建筑作为一个个独立的个体，直接参与城市关系：犹如我们通常下乡看到的村落的布局方式。它们的组织方式不是现代城市中建筑与区块或是区块与区块的关系，而是建筑与建筑的关系，建筑的这种彼此的相似性是在历史的发展中，集体选择下对场地判断认同，集体的相互关照、避让。这种的组织构成犹如水面层层荡开的波纹，直接影响、直接对话（图24）。

**2-类型映射出时代**

鼓浪屿的建筑过程是在历史发展中逐渐累加的过程，各历史时期的人们根据自己的需求与喜好在岛屿上依次建设，这必然受时代的影响，呈现出各个时代面貌，建筑造型的发生这个看似偶然的过程并不随意。

本文对鼓浪屿建筑的分类是以造型的角度，区分出8种类型（图25，每个类型又是以一对相似性上的差异概念呈现，分类如表1：

表1

| 相似性 | 差异性 | |
|---|---|---|
| 具有历史风貌保护建筑的造型 | 1）历史风貌保护建筑 | 2）非历史风貌保护建筑 |
| 早期现代主义、稍带点折中风格 | 3）以独幢为主的建筑 | 4）以集合为主的建筑 |
| 20世纪八、九十年代的现代主义风格 | 5）以功能性为主的建筑 | 6）对鼓浪屿的各种风格元素借用的建筑 |
| 废墟 | 7）拆迁的废墟 | 8）完美的废墟 |

### 3-单体建筑的特征

鼓浪屿新建设的大部分建筑一般都是坡屋顶，不管其立面是何种风格与效果，这就是为什么我们从航拍图上，俯视观测鼓浪屿时，显得更为统一。

鼓浪屿的建筑，在核心的主体历史建筑及非历史建筑类，往往具有大量的装饰，然而这些又不仅仅是装饰，反映本质的表象与本质的表象即在这里，通过对窗户、柱子、分层线、屋顶，等等各种装饰元素的运用，真正有意义的是，通过这种运用，反映出来的是对构成元素的强调，每个部分、每个构成元素被区分和强调出来，它们各自是什么、各自履行的义务和责任及应有的外在（图26）。

可以看到，窗户通过一系列地运作被强调出来，窗户顶部的圆弧体现了牢固的信息，同时在它结束的位置又出现了区分并具有强调作用的粗线条。鼓浪屿的建筑只要具有区分性质的位置都会被强调出来。

我相信除部分历史建筑的建筑有确切的设计师所考虑的风格，多数的建筑在建设时并不重点考虑风格问题，尤其建造的是本地的工人，他们所能把握的是通过细节及装饰把每个部分的内容凸现出来，也许他们在建造的时候并没有意识到这一点，而是参照着某个邻居引人注目的装饰方式，但在这个无意的过程中，他完成了这一点。

强调手法和区分意识是鼓浪屿的建筑特征，在这个基础上的构建特征明确地凸现，反映的是诚实的建造。

通过在上几个章节对建筑布局的组织关系、建筑造型上的分类与归纳，总结出鼓浪屿建筑单体布局的特征：

1）建筑布局的类型典型的有两种：独幢式（带花园庭院）；并联式（主要用于高密度的沿商业街）

2）独立体量的控制：建筑宜独立小体量，不带过多的牵连，大体量会带来处理上的困难。如龙头商业中心的大体量使得其与龙头内部的商业街相比带来很多处理上的困难。

3）单体间的摆放关系：考虑其他周边关系的：与建筑或是与场地，而不是自我内部的组织；

4）单体造型特征：运用强调手法和区分意识是鼓浪屿建筑特征；

5）由此而来的诚实建造的要求。

图26-1

图26-2

图26-3

图26-4

图26-5

建筑一开始便以完整个体的姿态存在，体现了鼓浪屿情境。是集体性的反映。建筑是个体存在的直接证明，是构成城市的主体元素，与其他元素间构成一主多辅的关系。

## 伍 ／ 道路

将“道路”二字的通俗语义进行分析，能够帮助我们理解道路的本质含义。

（1）周而复始的往返

道路如何体现“道”的本质，对于“道”提供一种安全的暗示，我们是可以理解的，即使在鼓浪屿，经常会体验到迷路，但也不会觉得不安，反而成为一种游戏；另一个关于“道”的本质特征就是周而复始，我们一直都把走和回来放在一起，我们一直把“往”与“返”放在一起，而且的确路是因为往返而成形的。

（2）体现存在的痕迹

道路应该体现“路”往返的本质，这个就是人们往返其上时所留下的标记、痕迹。还有它应该是最为有效的捷径，这个含义我们要全面地来考虑：真正有效的捷径是依循自然的、尊重自然的。在自然中，没有一个东西是相同的，鼓浪屿的道路，各有特色。同时，路还体现其存在的痕迹，同时也造就了路的差异。

（3）提供串联的路径

由道路我们可以明确地由此地到达彼地。我们想去哪里，通过道路到达。因此，道路是线，串联了一点至另一点。所以，我们也会说“路径”，通过某些途径我们到达事物。在这种勾连的过程中，隐含的指向生成道路。

### 1－空间书写的串联

（1）初识道路

就鼓浪屿而言，道路大部分消隐于城市中，消隐于自然地理中。现代便捷高速化的道路使你在任何条件下都无法漠视它，以至于，道路是我们在城市里迫切需要掌握的东西，在路标中认识城市。而道路大体相同，城市也是那么的雷同。

这是一个纯粹的道路图案化信息：不规则密密交织的路网，没有一个条相同的，没有一条是直线，在10~20米的距离内就会出现分叉、交汇，路与路之间皆能循环沟通。在这里你没法明确地辨别主干道与次干道等城市道路等级。但是，你能发现这些线条的各种摆放，它隐约有组织规律在其中。岛屿的内部能够形成连续贯穿的圆形，在外围也是如此，并且在内外之间有道路勾连。道路在内环中相对密集，在外环，有时是整个西面极为稀疏（图27）。

图27 道路网示意

（2）道路基本形象

对于鼓浪屿道路的信息，历年来，厦门市城市设计规划研究院完成了扎实的研究工作，为论文提供了宝贵的资料信息，分项筛选式引用三个方面的资料：内部道路概况、道路路面材料、现状道路竖向及坡度。

图28-1

鼓浪屿犹如依附山体上的网状，随着山势上上下下，应对具体的场地，因而没有一条道路是相同的。这种网是立体的，立体的蜘蛛网式的道路增加鼓浪屿道路的丰富性，这仅仅是道路本身就能够带给我们的。这是一种遵循自然地理的顺应关系。

就道路的坡度而言，我们能体验到四种不同的方式：平地、台阶、缓坡、较陡坡；从数量上而言：平地、纵坡>8%及纵坡>3%的这三种坡度类型的道路所分布的数量几乎占同等比重（图28）。

（3）道路界面

我们说鼓浪屿道路有不同的功能，有巷道、街道、环岛路；还有坡道、平路、台阶，甚至每条道路还有不同的铺装方式。无论这个路面多么丰富，道路始终有这个路面的边界，以及在这个边界之上的主要是两侧的围合。通常我们对道路的感知，主要是围合的界面空间，路面本身的往往是最容易被我们所忽略的，如铺装。构成鼓浪屿道路的围合主要有四种存在方式：

图28-2

1）两侧或一侧由建筑为主的立面直接构成道路的立面，主要表现在商业性的街道或建筑密度较高的区域；

2）两侧或一侧由建筑或是场地的围墙、院墙构成道路的主立面，即第一立面，透过“空”的花园，我们从稍远一个层次才能体验鼓浪屿的建筑：第二立面。

3）一侧由海面构成道路的主立面，是把道路的垂直围合的立面无限扩展的平面化，主要是环岛一周道路；

4）隧道，道路作为四个面围合，鼓浪屿有三条隧道。

图29-1

图29-2

图29-3

图30 隧道位置示意

图31

这四种方式的交接出现，即便鼓浪屿大部分的道路在3米左右甚至更小范围，在这样的宽度、坡度又不相同的道路上漫步，不会有视野上密集的紧迫感，反而能体会到空间是流动而有层次的。

鼓浪屿大部分的道路是以围墙、院墙为界面，这是岛上道路最为常见的界面方式。鼓浪屿的道路共有30.16 km，其中由院墙构成的，包括构成一面的道路占总道路长度近二分之一，围墙是对建筑或是场所的围合，所以它们是以段为单位，一段段独立构成或是相接而成一个连续的界面。与道路一样，在鼓浪屿基本上没有一段院墙是相同的。

鼓浪屿的围墙基本上有三段式，犹如借以传统建筑的三段式：基础部分、围墙中部、围墙顶部。有时基础部分与围墙中部会依据实际情况合一，但基本上，对于围墙的顶部是可以保留的，这种保留不仅仅体现在檐部的处理，更是体现围墙的作为院子边界的透与不透性的选择。顶部保留镂空处理是透，接纳，底部和中部是实体，体现的是围合、保护，建立围合空间（图29）。

作为对位于中轴线山体的三次划分，是打通东西的三条隧道（图30）：

1975年建成笔山洞，全长200多米；
1987年9月开凿鼓声洞，全长110米；
1976年开凿龙山洞于1990年12月开通，全长426米。

隧道整个建设时间从20世纪70年代持续至20世纪90年代。可以清楚地看到鼓浪屿的建设部分对隧道开始的意图：打通东西、贯穿东西、增加便利，这是卓越而有成效的，也进一步丰富了鼓浪屿的道路类型。

隧道是一个四面围合的空场，即像管子，这种形式本身，是具有流动性，所以很少人会在隧道停留，它的形式本身暗示着流动、前进（图31）。

**2－形成城市的结构**

鼓浪屿犹如依附岛屿的网状，部分稀疏部分密集，密集的地方说明分割越为细密，内容、关系就越复杂多样。道路网络由稀疏贯穿细密终端的发展，是与建筑肌理的分布一同生成的。因为道路真正的发生是由于建筑为代表的生活内容的发生，道路依附山体而生，确立了道路的主要结构类型。

在鼓浪屿，道路结构能在一定程度上指代城市的结构，鼓浪屿的建筑倾向于表现为相类似的单元体块，是由建筑与建筑所划分的道路共同构成城市结构的。所以，我们在这里谈现状道路的结构，事实上，谈的是鼓浪屿的城市结构。

（1）外环道路（图32）

即岛屿的边界，形成环全岛边界贯穿的道路；

此道路需打通菽庄花园、皓月园方可实现。实现边界的贯通可达性，具有重要的意义。

外环道路就是海岸线章节所重点描述的问题，它并不是一条线，而是一个区域。

（2）内环道路（图33）

内环路以内，意味着内城生活，着意的是与山的关系。根据鼓浪屿19世纪末即形成的内环道路，拓宽加入福建路片区。构成路段：龙头路—鹿礁路—漳州路—中华路—晃岩路—鸡山路—内厝澳路—鼓新路。

内环道路的内向性：内环作为道路的两侧，却明显的向内，与内部发生关系，向内的倾向。于外的关系弱。这与道路系统的多少相关，道路多少也进一步说明在外环的使用率及交流率都较少。

（3）内外环连接道路（图34）

内外环连接道路是内城与外环滨海的联系方式。内外区域的连接，靠的是在两个环之间建立射线，每个区域呈扇形，它们并不像内环如此多的道路，可见在形成过程中的使用量与建筑的密度分布在外环不大，清理出10条内外相连接的道路，有利缓解内环压力和带动滨海发展的作用，是需要重点塑造的街道形态。 构成路段：龙头路、福州路、三明路、兴化路、兆禾路、康泰路、西苑路、鸡山路、鼓声路、港后路、田尾路。对于缓解内环的压力，激活外环而言，内外环间道路是很重要的连接线索。

（4）内环主要东西轴、南北轴（图35）

内环的东西、南北轴，即十字结构的街道是城市最为密集的使用道路，这些道路在众多细碎的小道中脱颖而出，路是走出来的，因为使用频率极高而成为街道，也是内外连接最通达、最便捷的道

图32 道路结构示意（1）

图33 道路结构示意（2）

图34 道路结构示意（3）

图35 道路结构示意（4）

图36 总体结构示意

路。东西轴构成路段：龙头路—泉州路—安海路—内厝澳路；南北轴构成路段：泉州路—永春路—安海路。

在建筑章节，对建筑的分布为内外两个区、东西南北四个面。在这里，与道路的结构合并，确立城市的总体结构："山"字形山体、内外环道路结构、两线、两区、四面、十六块（图36）。

"山"字形山体：山体的架构作为原始的人文地理单元因素决定了全岛的基本结构方式；

内外环道路结构：以19世纪内环贯穿的道路结构为基础，形成新的内环道路结构;

两区：内核城市居住区、外环滨海旅游带；

四面：在山体及两环结构性道路作用下的东、西、南、北四个面域关系面；

十六块：建立在上述基础的全岛十六个人文地理单元、内核城市部分六个（东西各一主两辅）、外环滨海带十个（南北一分各五）。

## 陆 ／ 公共空间

很显然，除了建筑范围内的私属领域空间，其余外部几乎都可以说是公共空间，广场并未仅是人们逗留的公共空间，道路、海岸线岸的周遭皆是。在本文中对公共空间的讨论，主要集中于广场、交叉口、公共花园。

城市在供人使用中形成，上面发生的事情本质上就是聚合性质的，而这种聚集性在公共空间上更加突出地表现出来。

### 1-从道路抵达广场

广场是道路交汇的节点，也可以说是节点的放大后，置入一定的精神意义或是实际的功能。广场一般都是在特定范围内围合存在起来的比较大的空间，一般提供庆典、朝圣、聚会、休闲等功能，这些空的场域具有一种聚集性，聚集的同时意味着疏散，因此，广场会是多条道路引向的节点。它通过道路汇集到一点而体现或暗示道路的本质，以它闭合的（圆圈）形式解释道路的本质。

我们知道鼓浪屿在1878年成立的“鼓浪屿道路墓地基金委员会”负责修筑鼓浪屿的道路，1903年更名为鼓浪屿“工部局”，此后，在鼓浪屿上西方人自发形成的共治管理模式基本确立，沿用部分西方的城市建设及管理模式。但是从历史发展历程及现状所显示，鼓浪屿在1935年城市结构基础成型时，并未形成一般意义的西方城市广场。这个是有其历史背景的。

图37 广场位置示意

鼓浪屿作为一个公共租界，至1903年鼓浪屿工部局及会审公堂为代表的鼓浪屿公共管理机构的正式成立。在那个难免动荡的年代，作为公共管理，自然也不会关注于公共性的形象、广场空间的设定，而是关注于对建筑具体的使用。这种集体拥有、共同管理的模式使鼓浪屿具有西方式的单体形态，却不拥有表达单一市政形象的公共性广场空间。

现状鼓浪屿广场总共有三个：轮渡公共广场、街心公园广场、马约翰广场（图37）。这三个广场皆是在1949年后城市的演化中，开放为旅游区而逐渐开设，轮渡公共广场是在1978年填海修建轮渡码头的基础上形成的，街心公园广场及马约翰广场是在对原有场地部分建筑的拆除而形成的。

广场是围合的场，同时具有一定的广度，这个场具有容纳性。所以，两个方面需要注意：一是具有多点汇聚性的要求，拥有恰当的位置与入径；二是对围合广场界面的要求，是各种形式建立起来的围合感；三是同时需要有内容的支撑，而这个内容往往必定是公共性的内容，在其上能够发生最为活跃的城市公共生活；最后，其本身是一个提供“空”的场。

图38

如此，即便像龙头路的街心公园，其内部的简单无趣，也不妨碍其成为鼓浪屿最好的汇聚各类人气的广场空间（图38）。它周围由商业性建筑所围合，多条道路的汇聚，几乎是重要的必经之路，而轮渡公共广场与马约翰广场，必然是从实际的需求出发，在多数意义上满足了内容的需求，事实上这些广场，并不仅仅是个巨大的空洞场所。广场提供了内容的多样可能性。

图39 纪念性场所示意

所谓内容并不单单指向功能层面，同时与精神层面，尤其与纪念性有关。矗立在广场上的七处纪念性建筑皆建在内环，纪念性建筑成为内环的区域意象核心。

其中毓园、音乐厅、黄家花园属于岛屿城市东面，八卦楼、种德宫、安献堂位于内环西面，而三一堂是东西面的交点，亦是全岛的中心（图39）。除全岛的正心三一堂外，其余六处纪念性建筑皆为每个区域的核心，从某种意义上，象征了每一区域的特点及内涵。

图40

## 2-逗留在公共花园

鉴于鼓浪屿是旅游区，其很大一部分的公共空间是景点，景点相对而言是为外来者而服务的，也是吸引外来者游玩的诱惑；而公共性的公园就景点而言却是为居住者服务的，虽然公园和景点都同时对人群无选择性的开放（图40）。

历史上的公园：有20世纪20年代左右就开设的延平公园，还有20世纪五六十年代开设并不断变更的鼓浪屿人民公园。一类公园是根据历史上的景点改造而来的：如日光岩；另一类公园是利用优美的自然环境而生的。

鼓浪屿素有“海上花园”之称，“山、海、沙、岩、木兼优”的美景，称整个岛屿都是公园也不为过。鼓浪屿现状最大范围的绿地在西北部片区，但此为待建设用地，日后的建设虽会预留公共绿地，暂不计入考虑范围。鼓浪屿的公共花园如下所示：

笔山公园、毓园、延平公园、轮渡广场前绿地、兆禾山、燕尾山西侧绿地（图41）。

本质上，景点与公园是难以互相定义的，因其风景优美，当地人的赞赏续而引来外来人赞赏。包括各大主要的海滨浴场有大德记海滨浴场、港仔后浴场和美华浴场其本质上是居民与游客的共享。

图41 公共花园位置示意

## 柒／"简单城市"

鼓浪屿在19世纪末高速发展至1935年城市"成型"之后，进入了一个相对缓慢的演化过程。这是一个彼消此长的过程，新建筑大多在老建筑的基础上形成的。新建筑依从老的建筑。每个时代都在添加新的内容，这是一个逐渐添加、覆盖、保留的过程。鼓浪屿由最初确定的中心，逐渐向外扩散；道路网逐渐细密，形成循环反复的、互为串联的系统；道路与建筑互为表达、相互关联、不会孤立。其中城市空间生成的一个很重要的机制是依附于地理山体的构造，是对自然地理的辨识之后的运用。

在这种城市结构下，各个区域的边界过渡自然、含义丰富，毫无生硬之感。一个片区的差异性与独特性，维持着片区自身，同时是对周边环境和他者的认可。这是理想条件下真正的区域含义。

在城市空间形态构成方面，所有的城市元素互文见义：如山体结构决定了海岸线、建筑肌理、道路等等。城市的基本组成元素并不割裂，一同发展。道路、广场、建筑总是紧密相连，毫无断裂。在连续而多样的城市空间中，各个元素都是在互相说明，互为阐述。

所以，我们会觉得鼓浪屿的空间集合性在骨子里是村落的，它如此"简单"，我们观察它的地形图，就会立马发现这种单纯性：那是无数相类似的单体，以微妙的方式，在与场所的关系中交织成为街道，形成城市的日常生活场所，继而形成城市的整个形态，不需要另一个层级的转换，简单、直接而又有效。但同时又因为其空间的丰富性、交流的密集性而具有城市的气质。作为一个城市，我们很难发现其被规划的痕迹；它自然般地生长出来（图42）。这种组织方式是我们所赞叹的有机的生长方式。即意味着人（建筑是人的直接存在）直接与城市发生关系。

简单城市意味着一种直达本质的清晰。在此直接的城市构造关系、质朴的空间生成义理下，结果呈现的状态却是无比的丰富。这是一种人们的存在状态与存在形式的高度对应。今日，人对自身境遇的满不在乎导致了我们称之为"城市"空间的支离破碎和乏味。如此，本文对鼓浪屿这一"简单城市"的观测研究，或许可以作为一种对恰当的空间存在形式的发现，是一种能动性的反思与自省。

图42

形
式

# 从得克萨斯宅到墙宅

## ——海杜克的形式逻辑与诗意

徐大路 Xu Dalu

### 壹／引言

*“在得克萨斯某个季节的黄昏，树干闪烁着磷光……发放出一种灰暗耀眼的光。仔细观察，你会发现树干已经完全被某种原生命的弃壳所覆盖。令人惊讶的是，这些壳是那么的完好无缺，其形式与生命体栖居期间时的形态完全一样。所不同的是，原有的生命已弃居而走，留下的是我们现在所见的外部形式，一副空壳，看起来似乎是一种X射线，并隐隐发光。突然从浓密的树丛中传出某种生命体的群音：可以断定那正是从弃壳中走出来的生命体，在以它特有的新的无形之形传播信息。这是一种奇特的现象，我们可以看到生命体遗留在树上的空格，一种被生命所放弃的形式。而当我们正在寻找这些幽灵时，我们却听到了隐藏在树丛深处的生命以其新的形式发出的声音。闻其声却不见其形，从某种意义上讲，我们所听到的是一种灵魂之音。”*[1]

谈及“形式”，我常回味建筑师约翰·海杜克（John Hejduk, 1929~2000年）的这段文字：“那树干上闪着磷光的，即是蝉蜕。枯槁的躯体犹在，而合唱从荫翳中来，不可断绝。躯体将离未离之际，是形式的近于完满，然而这一刻它飞去无踪，只留下回声。在开启了的一瞬，也意味着旧躯壳的枯槁和封闭。那林中的声响可是诗的回声？”

于是我尝试触及建筑学中有关“形式”的问题。源自有关“形式逻辑”的疑惑：形式本身存在先在的逻辑基础么？形式的诗性是否可谈？为何第三代现代主义建筑师中有相当一部分人对形式操作如此执迷？优秀的设计真的可以从这样的操作中生成么？设计中形式操作的过程与建筑向往的最终目标——形式的诗意之间是否存在关联？这看似对立的两极之间，是否隐有曲径？形式在逻辑条件下进行操作是否有到达诗意的可能？如果可能，那么如何发生的？它的可能性和局限性在哪里？在今天依然是可行的么？

1 译文来自：孔宇航 邹强．不同的追求——对两名美国建筑师的比较［J］．大连理工大学学报（社会科学版）20(4).

## 贰 ／ 扩充和限定：源自蒙德里安的线索

纵观海杜克一生对形式逻辑的艰苦卓绝的研究和对形式诗意的无限向往，问题产生了：形式在严格的逻辑的条件下操作是否可能达到诗意？在海杜克前期清教徒式的逻辑追求与后期明显的诗性建筑之间是否隐含着关联？如果有，那是在一种怎样的机制下运作的？

### 1-推测

建筑学之外，有充分的理由推测逻辑条件下诗意在场的可能。文学中遇到这样的例子毫不困难，翻开《旧约 · 创世纪》的第一页，再看一眼那不容置疑的伟大句子："神说要有光，于是就有了光……"（And God said, "Let there be light," and there was light）[1]一个清楚并且合理到极点的句子：没有比这个更富逻辑地表达了。

目光投向蒙德里安风格派时期的作品，同样的情况在绘画中发生。蒙德里安处理颜色之间的逻辑、画面空间之间的逻辑、水平线条与垂直线条的逻辑……然而，在蒙德里安那里，逻辑并不以牺牲诗意为代价（图 1）。

图1

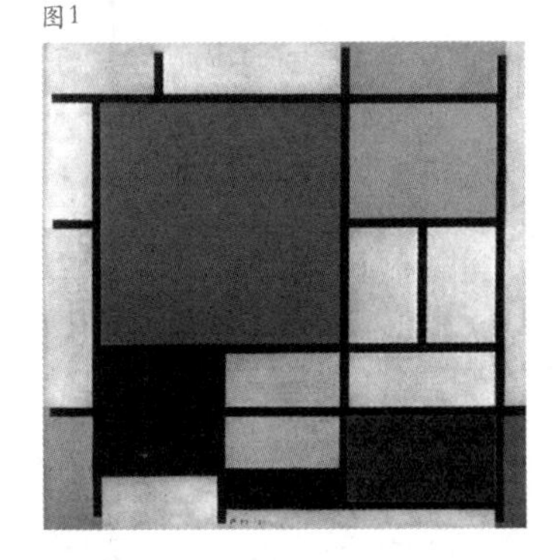

相反，蒙德里安绘画的特殊价值正是来源于其纯洁性、必然性、规律性。他精心地组织画面内部的抽象秩序，甚至在画作展出之后，他也会重新对它们做出几乎察觉不到的比例上的修改。于是，在画面上，正是这种确定无疑的品质打动了我们。仿佛在运动的原色和一直抽象到线与面的精确关系把观者引向无限的想象。这一点十分重要：线条和色块并没有自我封闭，像是一直在向外部呼唤。在蒙德里安的画作中，两个方向的力量似乎不可分：内向的牵引和外向的召唤。

### 2-扩充和限定

按照沃林格（Wilhelm Worringer）在《抽象与移情》中的说法，人对基本形式的反应有个两方面的内在心理活动，"扩充"与"限定"：

> *"任何一个简单的线条，只要我试图按照它所是的那样去把握它，都会使我产生一种统觉活动，我必须去扩充内在视线，直到把握了线条的所有部分为止。我必须内在地限定这样把握到的东西，并自为地把这东西从其环境中抽离出来，因此，每一个线条都已使我产生了那种包含着两个方面的内在活动，即扩充和限定。"*[2]

1 Holy Bible, King James Version
2（民主德国）w. 沃林格 . 抽象与移情——对艺术风格的心理学研究 [M]. 王才勇译 . 沈阳：辽宁人民出版社，1987

在蒙德里安的作品中，极端的限定反而产生了极端的扩充。

仔细观赏这些抽象的画面，我们仿佛能感受到绘画的过程，这些线条和颜色让人感到蒙德里安是如何地把油彩涂在画布上的过程。甚至在一些画作中，可以察觉到笔触：而研习古典绘画的学生已经能够轻松地做到隐藏笔触了。这些让我们重新想起，在进入风格派阶段之前，他是一位对具体世界极其敏感的画家，他画风车、画树木、画百合花：没有人会相信他在绘画中使用了直尺和三角板。一切来自具体的世界。

同样，画面走向的是现象的丰富。蒙德里安深信自己在寻求“现实”。在最为抽象的一些绘画作品中都有具体意象的名字“开花的树”、“海堤与海”、“百老汇爵士乐”……这一点与那些将蒙德里安图案化地应用于封面的书籍设计做一个对比就可以得出。精确的形式关系不是最终的结果。而是将观者引向万千现象的媒介。

从具体现象中来，到具体现象中去。中间发生了什么呢？蒙德里安这样解释这个过程，这段话的背景是在一次美好的夜晚散步归来之后：

> *“夜晚随过而美却犹存。我们不仅用眼看：在我们和被感觉到的物体之间发生了互动。这种互动肯定会产生某种东西；它已经造成了某些形象。对我们而言，这些形象（而不是我们所看到的事物本身）是美的真正表现……因此，在艺术家的作品中，我们看到美的形象在脱离物体时，逐步展示出来。通过使自己脱离物体，这种形象从个体的美转变成普遍的美”*[1]

图2

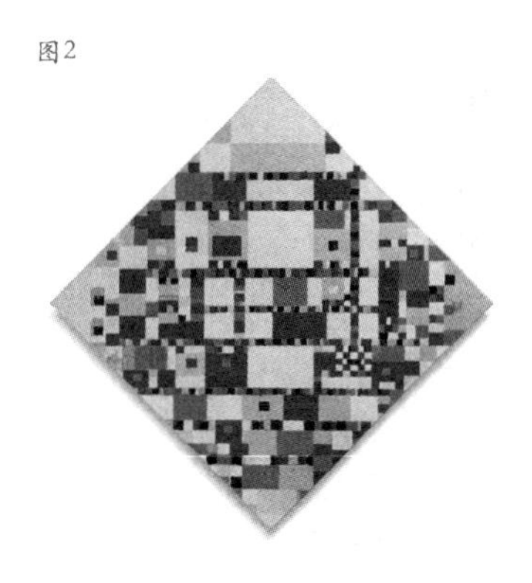

画面中的形式逻辑既不是画境的起点，也不是终点。而是作为一种过程或者条件。在蒙德里安的抽象绘画中，形式的品质在于内部的准确限定。然而这种限定却导致了自身的开放。形式在这种严格的条件下，反而在向画面外部无限的扩充。

当蒙德里安在后期作品中，开始将画面扭转45度的时候，两个倾向更加清晰了。这些线条和原色在菱形画布的边缘表现出最大的张力，仿佛要延伸出画面，而画布本身像是在无限的空间之中裁取了一部分。画面转向了明显的动态的平衡：内部的限定与外部的扩充（图2）。

画面中的水平线条与垂直线条相对于观者依然保持着水平与垂直，这意味着将人引入画布：一个可通过冥想进入的抽象空间，这是否意味着画面本身就是一个二维的建筑呢？

*1 （英）理查德 · 帕多万 . 比例——科学 · 哲学 · 建筑 [M]. 周玉鹏，刘耀辉译 . 北京：中国建筑工业出版社 ,2005.*

最后，还是让蒙德里安自己解释自己：

*“通过极其纯粹的关系，纯抽象艺术可以接近普遍性的表现、接近扩展的表现，这样就实现了艺术的真正功能。”*[1]

向具体性的扩展其实走在一条看似截然相反的路上：内在的准确限定。蒙德里安在绘画上的成就证明这一做法并非南辕北辙，相反，他作为现代艺术的先锋之一，开启了一条纯粹形式之路。这个启示同样直接地映射到建筑学中。

**3-线索**

这里引出蒙德里安的例子并非偶然。事实上，蒙德里安与海杜克之间有非同寻常的关联。海杜克曾不止一次地提到过这位现代主义先锋对他的影响。不仅仅是从艺术观念的角度，还包括对建筑空间观方面的具体影响——海杜克对蒙德里安的工作如此敬仰，甚至在菱形住宅的阶段里，对蒙德里安的绘画空间作出建筑空间的翻译（图 3）。

图3

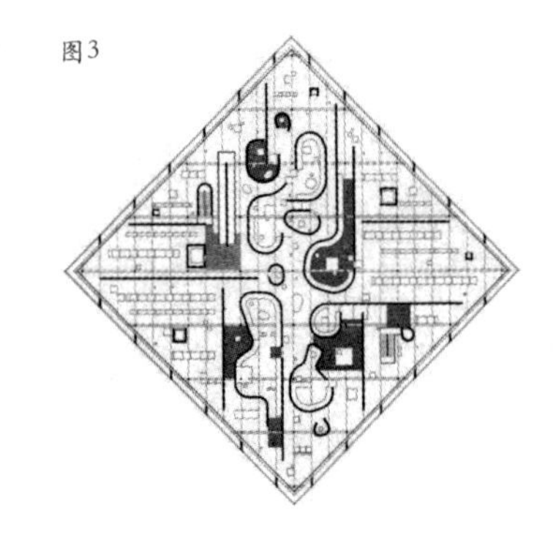

海杜克建筑中不难发现与蒙德里安同样的对抽象的偏爱、普遍性价值的追求，对形式间的逻辑的不断试验，同样的对人的引入。这些品质是否可以与蒙德里安互为参照？

蒙德里安的绘画中表露的观点，与海杜克对墙宅2号的描述中非常相似：

*“在BYE HOUSE中我感兴趣于建筑的诗性（poetics），那是只有建筑能够给予的一种东西。任何人可以给予任何其他东西，但有一种是他们不能给的。这正是我的兴趣所在。我不是一个模棱两可的建筑师，我处理组织（fabrication）、处理清晰(clarity)……形式就在那里，它们不可能有双重含义，它们是单独的，每个人可以看到它们……画家开始于真实世界，向抽象努力，而当他完成一件作品时，它是抽象自所谓真实世界的。而建筑师在两条线上行走。建筑师始于抽象世界，而由于工作的性质，向真实世界努力，最出色的建筑师是那些，当一件作品完成后，他尽他的可能来使之接近原初的抽象……这也正是建筑师区别于房屋建造者的地方。”*[2]

*——海杜克*

虽然评论不断提到海杜克建筑中的诗意品质，然而这里的一段话中，海杜克为自己很少提到的“诗意”下了注脚。这为本文揭示诗意的发生机制提供了难得的线索：形式逻辑所操作的方法是“组织”

1 徐沛君 . 蒙德里安论艺 [M]. 北京：人民美术出版社，2005.
2 Hejduk John. Mask of Medusa: Works, 1947-1983[M]. Edited by Kim Shkapich; Introduces by Daniel Libeskind. New York: Rizzoli.

与“清晰”，达到的却是诗意。这是怎样一种过程呢？“开始于真实世界，向抽象努力”不正是蒙德里安这一类型的画家么？那么，建筑师是在怎么样的“两条线上行走”呢？对外的扩充与对内的限定，是否与组织与清晰有关呢？

下文将沿着组织和清晰这一对线索出发，探究形式逻辑在海杜克那里如何一步一步逼近诗意。

## 叁 ／ 组织与清晰：得克萨斯住宅中的形式逻辑

教师的身份似乎使海杜克为自己对形式逻辑的追求获得了正当的解释。从1954年起，对形式操作的准确性追求成为与海杜克的教学生涯并行的、长达九年的得克萨斯住宅（Texas Houses）研究的主要特质。得克萨斯住宅是指这段时期内海杜克先后在纸面上完成的7个住宅。对比20世纪50年代中期之前学生时期的作品，海杜克的建筑取向似乎发生了180度的转变。从库伯联盟（The Cooper Union）学生时期充满有机形的、强调平面构图感、大多依靠感觉画出的作业——海杜克曾回忆，在库伯的学习过程中甚至“从未画过一榀框架”[1]——到得克萨斯住宅中一望而知的严格与理性，两者形成鲜明的对比。在这些有着清教徒般克制的住宅研究中，海杜克在追寻什么？这一问题与形式逻辑密切相关，而要解释这一问题，必须首先探讨得克萨斯住宅的发生模板——“九宫格问题”（Nine Square Problem）。

1 Hejduk John. *Mask of Medusa: Works, 1947-1983[M]*. Edited by Kim Shkapich; Introduces by Daniel Libeskind. New York: Rizzoli.

### 1-形式

如同蒙德里安的绘画需要画框——这个画框确立了边界、区分了内与外、限定了画面作为二维表面的本分——在得克萨斯住宅研究中，海杜克首先建立了一个起框架作用的先在物。这一先在物即九宫格体系。在20世纪50年代的美国，海杜克发展九宫格，其初衷是把它作为一种自觉区别于包豪斯(Bauhaus)功能主义体系的教学工具，目的是以九宫格作为空间的发生模型，建立建筑学科的自足性基础；针对不同建筑项目中特定的要求，在此模型内“解决问题”。此过程中，学生将理性地把握建筑学中的“基本问题”。

九宫格体系首先要保证发生在其中的诸要素有极其开放的可能性，故平面上标定4排4列16个柱点，暗示出九个正方形网格。九个正方形网格作为9个单位，是区分空间中心与边缘的最简化的空间模型。它可以完全开放（柱之间不布置墙板），也可以完全封闭（墙板满布）。也就是说，它提供了空间密度的两级，并暗示两级之间的各种可能。其次，柱点间的基本柱距是16英尺，这个尺度为一个房屋开间单元，因此功能能够以单元为基数填充进这个系统，并进行面积的分配、累加、和交叠（如每一单位功能可以安排进两个网格、单个网格、1/2网格、四分之一网格等）。除此之外，九宫格在结构上预设为具有延展性的梁柱体系，梁与柱、板与柱之间的关系可以齐内、齐外、居中等。这样也就将结构问题纳入体系之内。所以说九宫格是容纳了空间等级、功能系统、结构框架等各种关系的空间发生装置。这一装置使建筑学的基本问题获得抽象化的还原。处理对象因此变得非常清楚：分别是“关系”（中心与边缘的关系、空间的挤压与扩张、正交关系与扭转关系等）与“元素”（点、线、面、体量、柱、梁、板、空间、网格等）。这两者分别对应了前一章所提到的“组织”与“清晰”。难以捉摸的空间世界变得可以准确把握（图4）。

图4

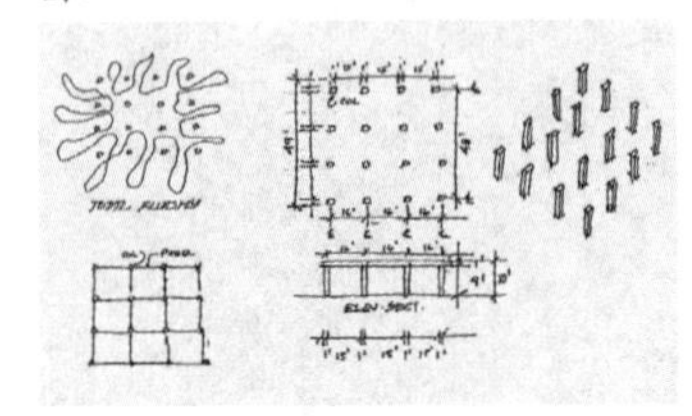

接下来的问题是在此体系上进行逻辑化的操作。在一个命题下发展其解决方案。比如，按照不同的建筑主题，柱间的墙板可以采取整块布置，切割1/2、1/4布置，甚至置入曲线墙板等；墙板与柱之间可以有不同的位置关系，并列、成角度偏转、甚至脱开柱子系统成为独立元素；柱子本身可以是方形截面、圆形截面、菱形截面，其高度和截面可以从一英尺累加到十英尺等等；可置入单跑或多跑的楼梯、坡道；房屋可按照同样的原则从一层发展到两层、三层等等；屋顶可以为方形、圆形、菱形；大小可以是基底的一半、二分之一、四分之一等等。最后，将所有的考虑融合在一起，继续推敲，以应对不同的建筑主题。库伯联盟的学生作业能够表现出这个体系可以产生的丰富形式。这里可以看到，九宫格既有高度的适应性，又有强大的可操作性。它处理的各种“关系”和“元素”完全是纯建筑学的。这正是海杜克所认为的建筑学科之所以自足的“基本问题”。通过这一种开放的系统，建筑学获得了有别于其他造型艺术的语法规则和词汇表。这一套语法和词汇正是得克萨斯住宅的操作对象。

得克萨斯住宅中的每一个都开始于九宫格系统。在操作的过程中预设不同的主题，构想不同的场地，解决特定的问题。七个住宅分别引入历史中不同的风格，在形式发展的过程中，作者观察并研究形式内在的冲突，最终通过在九宫格的基本框架内的操作，解决形式的矛盾。比如，住宅1号和2号预设了关于对称与非对称的主题，1号住宅引入是意大利花园风格，2号为意大利古典式，要解决的是不对称的功能置入对称的形式中。住宅3号的主题是如何以对角线关系组织功能，为蒙德里安风格。住宅4号的主题是非对称平面与源自切分音的立面分割法，莱格尔（Fernand Léger）风格。住宅5号密斯（Ludwig Mies van der Rohe）风格，以流动空间为主题，要解决的问题是如何通过直角关系，使空间进行扭转。住宅6号与4号相同，层数增至两层。住宅7号的主题是组织空间密度在剖

图5

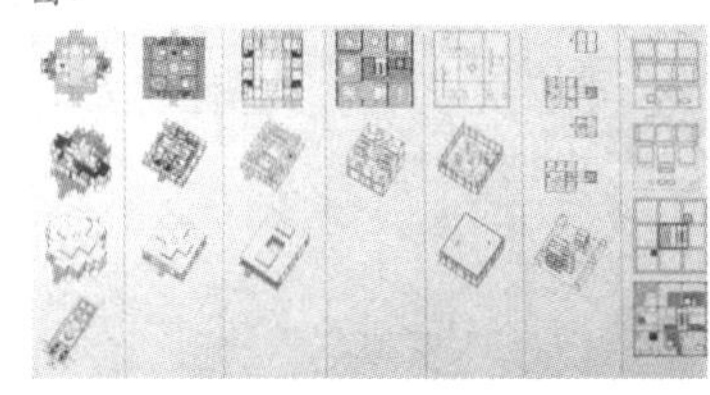

面上的序列和文艺复兴式的立面比例的反转（图5）。不同风格的可引入和被解决反证了九宫格强大的包容能力。除此之外，海杜克在文本中透露了更为重要的两个目的：

*“得克萨斯住宅是一种探寻建筑中形式和空间的发生原则的结果。有一种意图是要理解某种关于建筑契约的本质，伴随着扩展一个词汇表的希望……*

*……争论和不同观点就包含在作品中，在图纸中。我希望形式之间的冲突将引领到一种清晰。这种清晰将会变成可用的甚至是可以转译的。”*[1]

图6

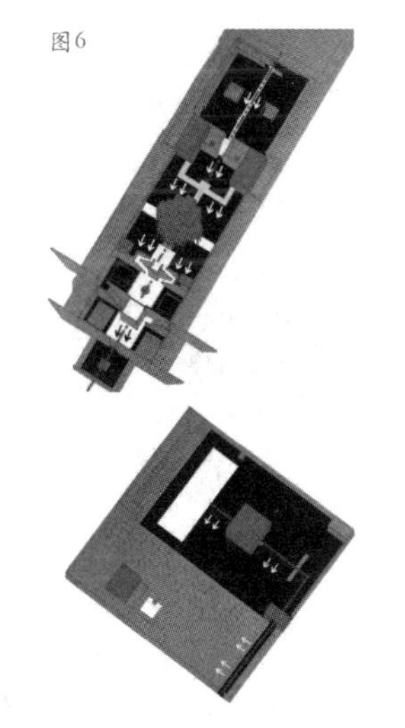

可以明显地看出，海杜克在得克萨斯住宅中有两个方向的意图：一是通过反复实验、寻找，接近某种准确的组织关系。并且在过程中吸纳可用的形式单元，最终使建筑元素清晰化。九宫格限定了这种操作对象和处理方法，为形式的逻辑划定界限。对照上一章中海杜克对自己工作作出的阐释，可以看到，这些基本关系与基本元素正是“只有建筑能够给予的”。而在这里，建筑学的处理对象，“关系”与“元素”分别对应了文中的“组织”与“清晰”。海杜克正是在这个框架内展开形式操作。在九宫格的体系下，形式开始可以谈“逻辑”。

**2-逻辑**

以住宅1号与住宅2号作为一组对比，可以清楚地看出海杜克形式逻辑的具体所指：

图7

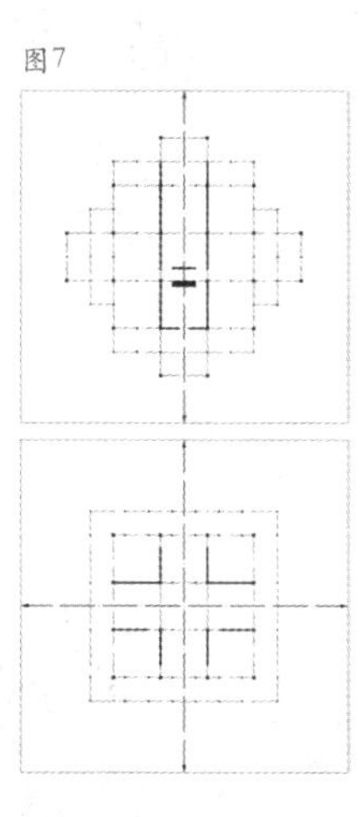

住宅1号要应对的场地是一个斜坡上的狭长、对称的意大利花园。人的行进路线呈一条绵长的轴线贯穿整个场地，这条轴线的方向与主要景观的朝向相一致。住宅2号的场地有所不同，方形的场地上组织“L”形流线使场地具有扭转的动势并最大化地占有场地。景观的布置是一个反向的“L”形，行走轴线与景观轴线相分离。人的动线的组织在这里回应了场地的特征（图6）。

外部的差异决定了建筑内部组织截然的不同。在住宅1中，九宫格在四个方向的中央开间各伸出一跨，扩展为14格的骨架，服务空间与阳台分别自九宫格内部延伸半跨，挂在出头的一跨上。这一做法主动解释了场地的对称问题。住宅2号则保持了正方形的九宫格，附属空间与服务空间向外延伸半跨。这就是说，景观方向动态地垂直于人的走向，“走”与“看”相分离（图7）。

*1Hejduk John. Mask of Medusa: Works, 1947-1983[M]. Edited by Kim Shkapich; Introduces by Daniel Libeskind. New York: Rizzoli.*

住宅1号的内部要求纵向的轴线穿过建筑的中央开间，内部空间对此的回答是中央开间同样组织为长向并保持最长的实墙面。轴向的透视被强调，并以入口、门厅、起居室墙板和隔断的处理,形成从压缩到开放的序列。住宅2号相反，中央开间以十字形完全开放，同时应对交通轴线与景观轴线（图8）。

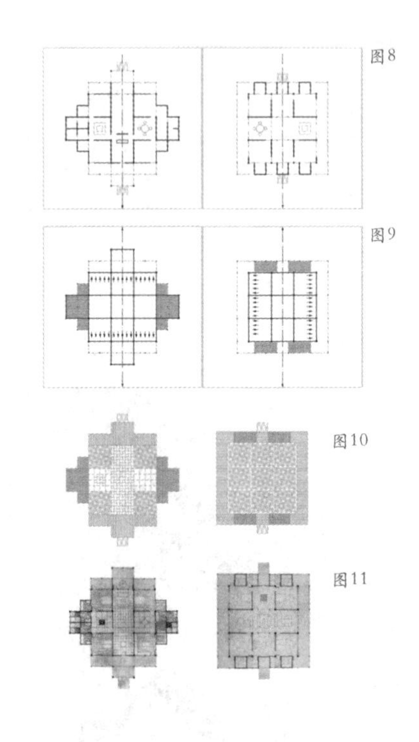
图8
图9
图10
图11

接着，两个住宅遵循效率原则，决定了次级交通线和门的开设。餐厅与起居室允许被穿越，可以视为次级组织厅。厨房、卫生间等对应各自的被服务空间，分别填充就位。不同功能的面积的序列为：被服务空间，整开间；服务空间，半开间（图9）。

结构布置体现了等级关系，柱的截面尺寸依此等级倍减：主系统，1英尺；次级系统，6英寸；门窗框，3英寸。柱从地面上架空，场地得以在地面上延续其坡度变化。地面网格与主要建筑构件相对齐，空间的位置关系清晰可读。网格的大小决定于空间的密度。尺度成倍数递减：1英尺、6英寸、3英寸（图10）。至此，两个住宅生成（图11）。

我们再来看人在这两个场地上的活动是怎样发生的。住宅1号里，人从一个完全对称的花园里进入场地，先是穿过夹在两片树林之间的狭长通道。这条通道暗示了场地的特征，并把人的视线引向正对着的住宅。路线在第一个下坡处分成三路，人可以选择直行或者绕行，到达住宅面前。在这个节点上，长向的景观完全被住宅屏挡，交通空间被压缩，人将通过墙板正中的门洞进入住宅。他到达一个尺度适中的门厅。绕过起隔断作用的家具，进入一个透视感极强的中轴对称起居空间，他的视线通过组织，又回到了轴线上。这条轴线将它引向住宅背面开放的阳台。出口的处理与入口完全不同，墙板材料变成了玻璃。视线引向开敞的远方。走出出口，在阳台上忽然之间景观完全开放。他仿佛经过了一个景观的过滤器，不知不觉之中，阳台地面到达一层楼的相对高度，在这里，他得以俯视另一部分的花园的全景（图12）。

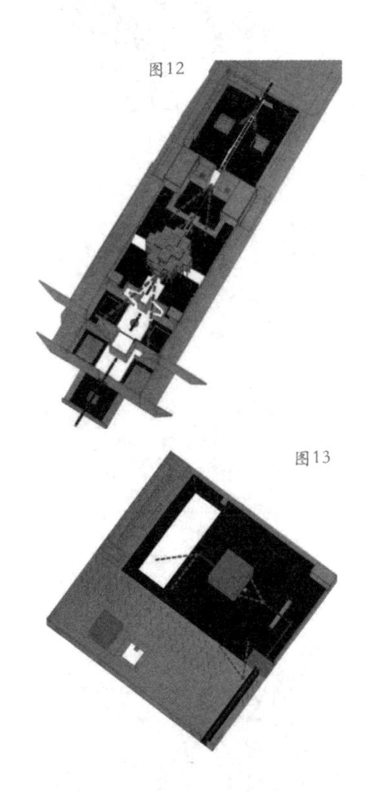
图12
图13

在住宅2号里，人从方形场地的一角进入。车行道笔直开进，斜前方是一片树林。只有停驻在之前，才看到本来隐藏在树林子后的住宅的一角。落客后车继续前行到车库。人这时开始从一条对称轴进入开阔的下沉的场地，走进住宅。住宅内的起居空间是开敞的，视线透过起居室一直可以望过阳台，望见景观。在住宅的出口，他将看到面前的一面湖.当接近这面湖的时候，他才会意识到树林的另一侧隐藏着一个单层的小客房（图13）。

两个场地的处理完全相异，然而又是依照着确定的原则。在这一组住宅中，图面上强烈感知到的逻辑自洽正是来自于“组织”与

"清晰"。首先是精确的组织：组织的对象是空间的扭转与对称、开敞与封闭、轴向对称与中心对称；结构的主体与附属、功能的合并与分割，等等。其次是清晰的元素：1英尺柱、6英寸柱、墙板、1/4墙板，3/4墙板、旋转楼梯、直跑楼梯等等。每一个元素都被抽象而确定地使用，不带有歧义。然而这种形式的逻辑并没有自我封闭，相反，它通过组织，与外部的景观、人的行为相联系。

当然，组织与清晰的丰富含义不止于此。如上文所说，它将是揭示诗意发生机制的关键。为了进一步说明这两者，笔者将借助于语义分析，分别探究"组织"与"清晰"的内涵.

图14

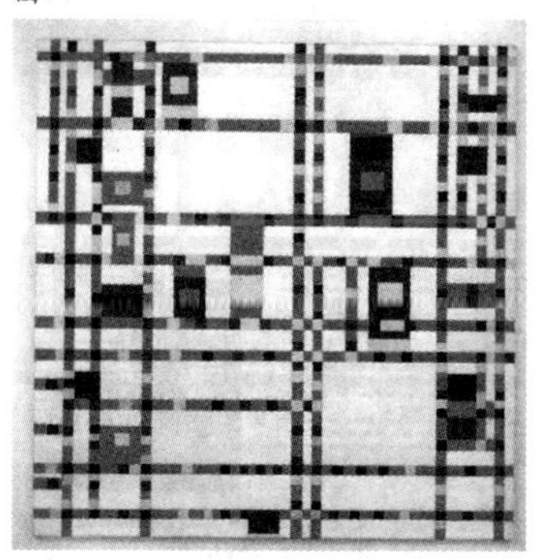

### 3-组织

英文中对"组织"(Fabricate) 的解释是"构造和装配，尤其指构造自多种标准化的，先在的元件"（construct or manufacture, especially from prepared components. ）它的拉丁文词根与"编织"（fabric）同源。[1]

图15

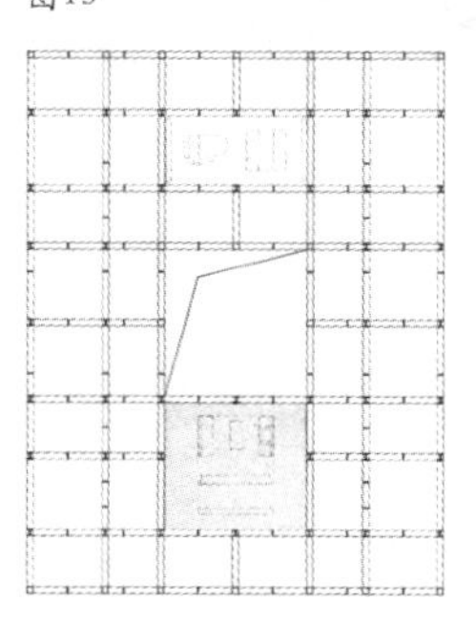

从上一组住宅的分析中，可以看到"组织"的结果是，整个建筑的形式系统趋于逻辑自洽。也就是说，在内向的层面，编织起一种确定的发生原则，所有的元素排列都与这个发生原则有关。整个建筑可以在对这个原则的反复接近中自我完成。

住宅3号的组织方式源自蒙德里安最后时期的两个作品："Broadway-Boogie-Woogie "（图14） 与"Victory-Boogie-Woogi"这个住宅的两种开间节奏的重复对于场地而言本身就是一种编织。如同两种间距（9英尺与12英尺）的经纬线在两个方向交织在一起。甚至连柱子的宽度也被精确地编织进来。

图16

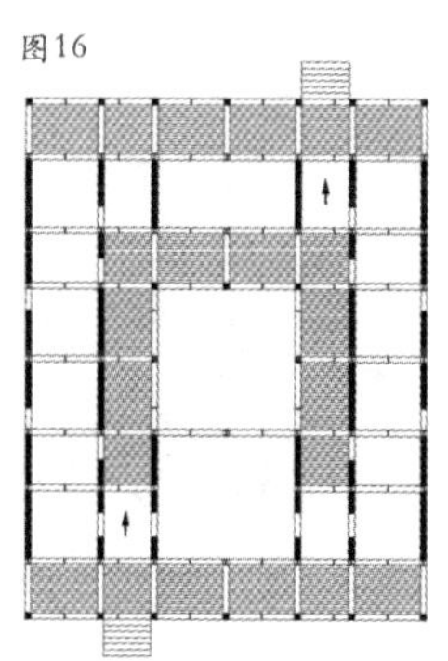

在这两幅作品中，蒙德里安把跳动的元色编织到画面中去，原色的色块较之风格派前期的作品更为积极和活跃。色块来自横向和纵向的线条，然而又凭自身的形状与这些线条区分开。作为类比的住宅3号中，大空间 ——音乐房、中庭和图书馆作为开间的变异，以同样的方式被编织进九宫格（图15）。之后，织入墙板。随之功能的组织也确定下来：交通空间环绕内庭，阳台在两端（图16）。

接着是引入人的活动，出入口分别在中央开间旁边的短跨开间，在平面上呈对角线布置。像两个手柄一样在操纵着整个住宅的扭转。在均质的编织背景下，人进入建筑却经历了空间的偏转。从立面的一侧进入，轴线转化为围绕着中庭的流线。内部空间与外表面的脱离增加了这种态势：3号住宅的骨架其实是九宫格在纵向延伸出的两个阳台，这两个阳台与墙板的方向一致。地面网格的铺设

*1 Oxford English Dictionary,OED.*

与不同的柱截面暗示了这两套关系的对立。这是一组二元的对立：对称的形式关系与偏转的功能序列。反复营造的是空间的扭矩和中心的虚空。

住宅3号的场地组织可谓意味深长。人自一条两面以墙作为限定的长甬道进入场地，甬道没有盖顶，是一个室外空间。在这条甬道中，唯一的窗口望去，是场地尽头的另一个甬道。边缘正对着我们的窗口。从这个显得孤立的窗口望出去，他可以读出整个场地的全长。继续行走，甬道恢复了对场地信息的遮蔽。直到走出甬道，住宅看似对称的立面蓦然出现在眼前，恰巧遮挡住了缺口（图17）。接近建筑的时候，他意识到自己并不是从建筑的正中央进入， 而当他迈入门口的时刻，一切与他先前的预设相反。为他安排的流线处处打破他先前的对称印象，扭转的流线、刻意的反透视、一个你只能绕行但不能进入的庭院（图18）—— 不禁想起博尔赫斯（Jorge Luis Borges）的诗句"庭院空洞如碗"[1]——他从对角线的方向走出建筑。正对他的是一条硬质铺地，又将他引向未知的花园。

图17

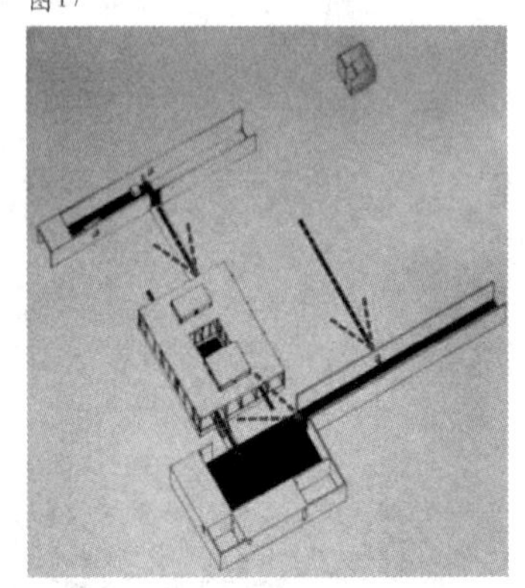

图18

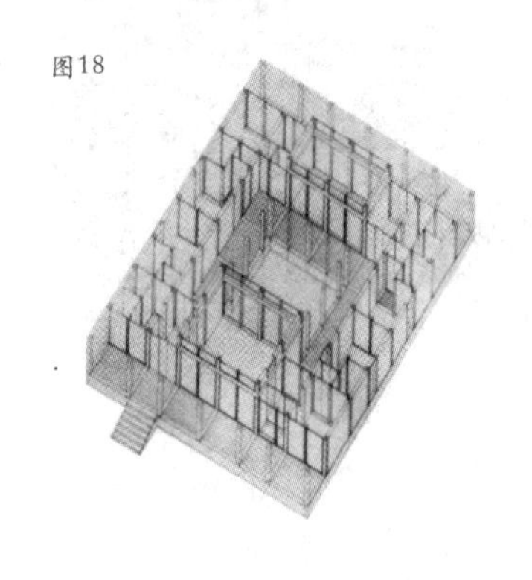

这是精确操作下获得的丰富体验，某种程度上，诗性已经隐隐在场。通过组织，人被请入这个建筑内："组织"并没有导致封闭，人的在场和环境的介入。它的外向化是一种开放的引入。

**4-清晰**

在"组织"一词的解释中，组织的对象是"已经准备好的元件"这其实已经道出"清晰"的一个内涵，即某种具有自足倾向的元素化。英文中对"清晰"(clarity)一词有两个解释：第一个意思包含"清楚、分离、容易被察觉与理解"（The state or quality of being clear, distinct, and easily perceived or understood[1]）；第二个意思包含"透明和纯粹"(The quality of transparency or purity[2])。 综合一下，可以说，清晰的内涵拒绝模棱两可，指向元素化、意义的分离、本身易感知。"透明"和"纯粹"在这里很好地形容了操作过程本身。就像前几个住宅中看到的那样，海杜克每一步操作的意图都是明确的，整个操作过程拒绝神秘化、排除模棱两可的干扰项。完全是建立在透明的平台上。

住宅5号，即海杜克认为是"最纯粹的一个"[3]方案，将验证这几个义项。

初看，这个住宅似乎遇到解释上的困难：该住宅是目前为止唯一一个不使用网格的。然而这一点的探究正揭示出"清晰"的一个内涵。不错，所有得克萨斯住宅全部应用了网格，即1英尺、6英

*1 （阿根廷）博尔赫斯．博尔赫斯全集 诗歌卷 [M]. 王永年，林木之译．杭州：浙江文艺出版社，2006.*

*2 Oxford English Dictionary,OED.*

*3 同上．*

*4 Hejduk John. Mask of Medusa: Works, 1947-1983[M]. Edited by Kim Shkapich; Introduces by Daniel Libeskind. New York: Rizzoli.*

图19

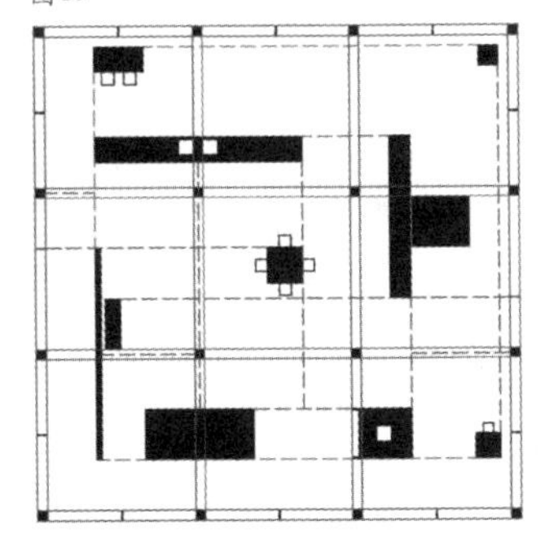

图20

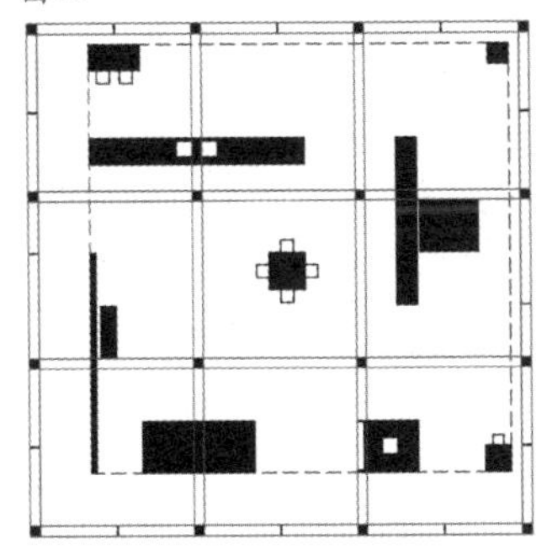

寸、3英寸，柱子、墙板、门窗洞口、家具、立面的划分全部与网格对齐。墙板的分割同样遵循这样的原则，二分关系、四分关系。这一尺寸关系同样运用在柱的截面。海杜克在这里使用的比例法是完全建立在人的体验关系上的。不同于柯布西耶基于黄金分割的控制线，海杜克的比例观念属于范-德-拉恩的塑性数的家族。“建筑正是必须加之于自然的东西，以使它变得可居住、可见以及可以测量。”[1]因此，得克萨斯住宅立面中，凡是颇难感知的一分三关系，总是与空间的转折处建立联系，以使其位置可被人感知。在5号住宅中，柱子之间的网格线仍然被保留；而由于作为元素的家具之间强烈的对齐关系已经形成直接可读，故网格不再需要（图19）。这正是清晰的一面：容易被察觉与理解。这正说明，海杜克的形式逻辑从不拒绝人的进入。

住宅5号中元素的还原倾向已经非常明显。从平面中容易读到的是，九宫格与家具元素两套系统有意地相互分离（图20）。这一次，平面中倒没有刻意夸张人在空间中流线的扭转，相反，这一次是人相对静态，而元素及元素周围的空间在围绕人流动。

室内的几件家具安置在不同的空间位置，不同的导向，被元素化了。成为各具表情的构筑物。甚至内部的四根柱的元素意义也被强调出来：在文本中，我们发现海杜克柱的表面做了不同颜色处理，每一个表面对应一组空间关系。这一动作使元素的意义分离与区分倾向暴露无遗。这种还原中，有一种揭示空间本身的意图。室内的四根与其余的12根意义相独立。每一个元素都倾向于还原至单义。

可以看到，“清晰”的多个义项里每一个都在不同层面上进行还原，从纯粹形式的还原，到功能的还原，一直到意义的还原。在这里，我们得到：清晰指向还原。

**5-逻辑**

以上几个案例代表了得克萨斯住宅体现的形式逻辑。在这一时期的所有的住宅研究中，海杜克处理的对象是纯粹的建筑学的“关系”与“元素”，而对应的操作的方法是“组织”与“清晰”。从得克萨斯住宅之后的作品中，会看到有些元素和关系被再一次使用、有些被舍弃、有些继续发展了下去。这让我们回到了九宫格问题的研究核心：建筑的基本语言问题。在九年的时间里，海杜克在反复地实验，试图回归一种稳定的自足的建筑语法与词汇。

到此为止，我们可以得到一个结论：形式的逻辑在海杜克建筑的语境中包括“组织”与“清晰”。而组织向外部指向引入。清晰则向

*1（英）理查德 · 帕多万著 . 比例——科学 · 哲学 · 建筑 [M]. 周玉鹏，刘耀辉译 . 北京：中国建筑工业出版社 ,2005.*

内部指向还原。这两者的相互作用不仅带来了建筑的质量，并且有可能引入建筑之外的某些感人的东西。本部分的讨论中，需要提出最后一个问题：这样的操作如何通达诗意？

在得克萨斯住宅中，某些唤起诗意的因素已经隐隐地触动了我们。然而假如与后期作品做一对照，就有理由相信，这期间必然发生了些别的，让后者的形式诗意完全传达了出来。从上一章海杜克自己的解释中，我们能够得出操作的对象依然是组织与清晰。那么，这些“别的”是什么呢？

在海杜克的建筑中，逻辑是诗意的前提，但显然逻辑的自洽并不能保证诗意。如同我们用“合理性”来评价建筑质量时的错位失效。那么问题就仍然存在，当组织和清晰发展到极致的时候，诗意将怎样发生？

“幻觉的效应源于非同寻常的清晰，没有什么最终会比准确更加迷人。”

这是罗伯-格里耶(Alain Robbe-Grillet)对卡夫卡作品的评价。海杜克将这一警句录入作品集中得克萨斯住宅的最后一页。海杜克作品中诗意的途径在本章不能完全揭开，我们将继续从中猜测：从逻辑出发到达诗性的超越，其答案一定还是在于清晰和组织。而只有当读解海杜克之后的两个作品时，诗意的发生机制才会渐渐明了。

## 肆 ／ 投射与还原：诗意的发生机制

上文中讨论了海杜克工作的对象是组织和清晰。然而两者不能保证诗意的发生。类比于绘画，正如蒙德里安所说：

> *“绘画主题、表述性的东西、和自然本身都不能创造绘画美，它们仅仅通过构成、色彩和形的确立而建立了美的类型。”*[1]

1 徐沛君. 蒙德里安论艺 [M]. 北京：人民美术出版社，2005.

仿佛上帝造人，在一切就绪之后，向人的鼻孔里吹了一口气，灵魂自此发生。在到达诗意的途中必有一个暗箱、或者说一个奇妙的装置：诗意在其中诞生。在海杜克那里，这个装置其实是两个立方体。分别为设计于得克萨斯住宅之后的哈马舍尔德纪念碑（Dag Hammarskjold monument）与1971年至1972年的元素住宅（Element house）。

### 1-组织

哈马舍尔德纪念堂的场地设定在纽约，联合国大厦前广场。场地的北面是自然环境，南面是联合国大厦，西面是纽约林立的高楼，东面是河流。一个40英尺见方的先在的立方体置入场地——海杜克认为几何体是“具有普世价值的工具”[1]，纪念堂的主题是将几何关系与人的体验连接到一起。在这个小房子里，将要处理的元素很简单：5个外表面，人、纪念碑。[1]

*1 Hejduk John. Mask of Medusa: Works, 1947-1983[M]. Edited by Kim Shkapich; Introduces by Daniel Libeskind. New York: Rizzoli.*

首先，场地被海杜克抽象化的概括了。五个方向分别有五个对应物：上方——天空；北侧——树林；南侧——建筑；东侧——河流；西侧——城市（图21）。下面是对五个表面的组织：屋顶是对天空直接的反应，作为回应的是顶平面正中心开了边长4英尺的正方形天窗，是屋顶平面图形的中心化。阳光可以穿透进入室内（图22）。方形天窗的形状投射在室内地面上，确定了纪念碑的位置。纪念碑本身是边长4英尺、高8英尺的方棱锥以对角线方向切掉一半，在四英尺的高度上又切掉一半（图23）。两次剖切使静态的方形棱锥转变为动态，并使之具有明确的方向性：它正面对着房间的一角。这一角其实是入口的位置，而棱锥的斜边暗示了整个房间的对角线。人从北侧自然环境中走近房间，以正交的方向自角部进入，视觉上造成扭转。出口的位置在对角线上，同样以正交关系走出（图24）。这样，人将在房间内走出一个直角，因此房间内部也开始扭转起来。人、纪念碑安排就位。之后是组织其余四个立面的开窗。南立面开窗对内直接面对入口人的进入方向，对外应对联合国大厦，位置居高。东立面相反，正对人另一个方向上，面对河流，低窗（图25）。北立面和西立面窗户的位置正对棱锥形纪念碑的投射线。面向水面的是低窗，面向城市的是高窗（图26），四个面组织完毕。最后进入这个住宅是直角踏步，进一步加强了空间的扭转（图27）。

### 2-引入

没有什么比上面的过程更清楚地展现海杜克的操作逻辑了。在这个操作过程中，我们可以看到，首先操作的对象是最基本的形式关系：立方体、表面、窗洞。操作的方法是如此直接的方法。即形式在几个表面上的相互投射。

下面我们想象一下人是怎样进入这个建筑的。对照场地平面（图28）可以看到，进入入口一条宽的道路之后，人将继续选择五条道路的其中一条，穿过一个沉静的树林，到达纪念堂。五条道路中有一条比其余的更宽，这条道路正对纪念堂的入口。纪念堂外地

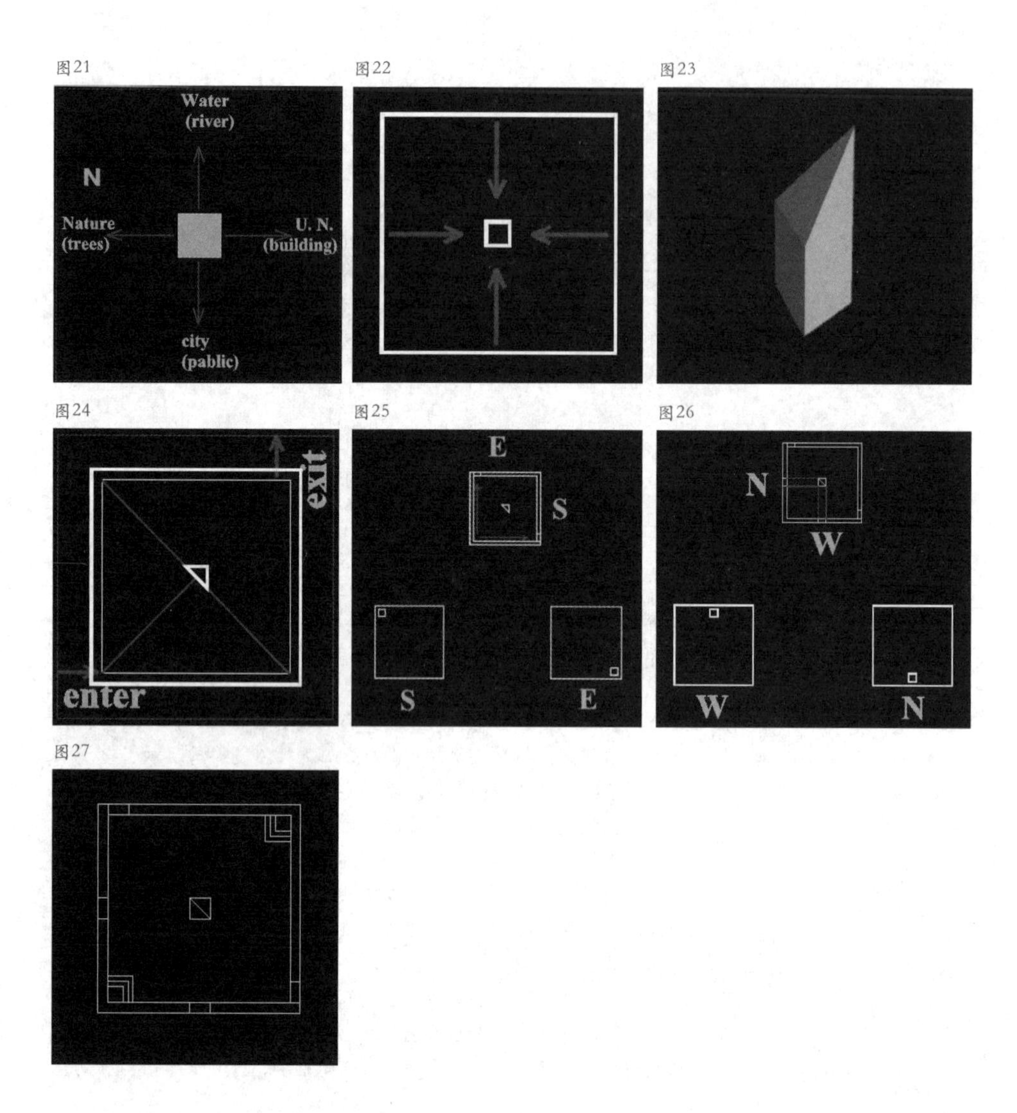
图21
Water
(river)
N
Nature
(trees)
U. N.
(building)
city
(pablic)
图22
图23
图24
exit
enter
图25
E
S
S
E
图26
N
W
W
N
图27

图28

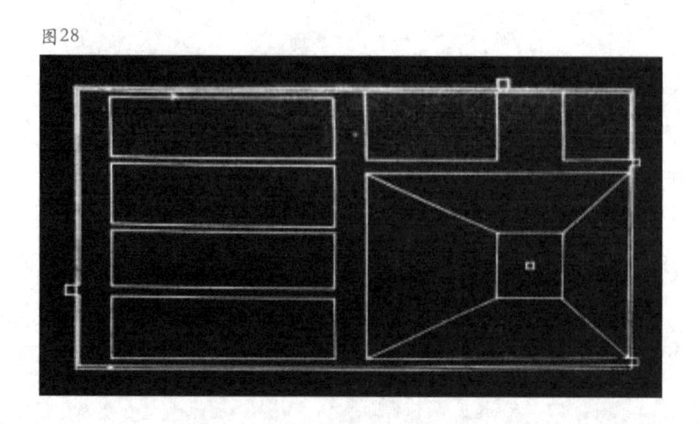

坪微微隆起，使得这个纯白的房子获得一种漂浮感。人从自然中走来，在进入建筑的一刻，这个进入者与先前的设想的截然相反，空间深度感被对角线的强调模糊。对角线的暗示让人产生一阵恍惚，仿佛进入一个极浅的空间。之后他发现自己身处一个幽暗的房间之中，映入眼帘的是对面高窗上被框定的联合国大厦。40英尺的高度上开了4英尺高的窗洞，这意味着你只能在这一点上看到这个画面，这个固定的画面转瞬即逝。两个高窗的开设正是这个意图，单一位置对单一图像的投射。两个低窗使得在人的尺度上分别与树木、河流取得了亲近的关系（图44）。

我们可以继续想象四面分别引入了形式之外的东西：自然、城市、联合国、河流。在整个操作过程中，建筑没有拒绝人，而正是当人被引入这个房子中时，这个房子变成一架投射的机器。透过它我们看到，一个看似简单的房子可以引入无穷意义：人从自然中走来，观看城市与联合国，向河流走出，完成一次纪念过程。纪念堂中的哈马舍尔德是谁？1961年诺贝尔和平奖获得者——原来如此。诗意其实已悄然而至。

**3-投射与隐喻**

海杜克正是以这样一种质朴的方法使建筑与外部世界之间建立起了联系。在哈马舍尔德纪念堂中，海杜克处理的正是得克萨斯住宅和九宫格体系中提炼的“建筑学的最基本问题”：体量、对角线、空间的扭转、投射。然而在这样一个奇异的装置中，以上关系奇妙地转化为开窗的诗意、对角线的诗意、观看的诗意、偏转的诗意……

组织的方法是直接的投射。五个窗户完全由投射关系决定。建筑在自身内部的投射导致了高度的逻辑性。建筑就这样准确地生成了。之后，人被引入了建筑之内。当人进入建筑的时刻，投射由内部引向外部，开始与无限的现象世界发生关联。建筑不再是一个封闭的、冷酷的几何机器。而是在其确定外表下敏感地对人作出反应，对自然做出反应。

另一方面，窗口对确定图像的投射是如此直接。如此这般一对一的确定关系，正同一个词语对另一个词语的呼唤。这不正是隐喻的本质么？博尔赫斯认为每一个词在一开始都是一个隐喻。[1]

当人第一次使用隐喻时，一个词与另一个词的关系就这样被挂接在一起。两者的合力创造的不只是意义之和而是意义之积：诗歌里精练的语言与丰富的意蕴之间转化的秘密就在于此。

哈马舍尔德纪念堂可以看作是一个隐喻的机器。这种隐喻是始于逻辑并对逻辑的超越。

1（阿根廷）博尔赫斯．博尔赫斯谈诗论艺 [M]. 陈重仁译．上海：上海译文出版社 ,2008.

**4-清晰**

海杜克关于清晰的追求在元素住宅中发展至极致。方案的最初动机是海杜克试图为7岁的小女儿解释建筑学的要素。首先看到的时，是尺度的缩减：住宅的尺度缩减到了24英尺，仅相当于得克萨斯住宅的一个半开间。房间内仅包含了居住的极限化功能：壁炉、盥洗间、厨房。每一个功能的面积都缩减到最小。

图29

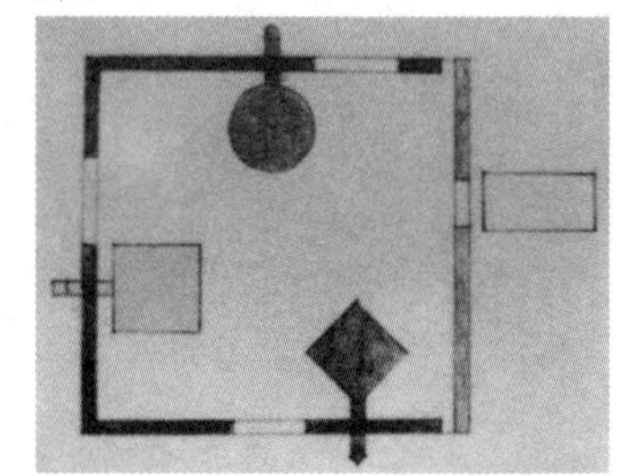

三种不同的功能分别对应三种基本体量和三种原色。元素相互独立：壁炉 ——菱形 ——红色，盥洗间 —— 圆形 —— 蓝色， 厨房 ——方形 ——黄色。颜色的指定是靠儿童般的直觉。儿童们都不会弄错：红色的是火，蓝色代表水，黄颜色的是厨房。在这个方案中，功能、形式和材质三者以一种清晰到天真状态的直接地匹配起来。

图30

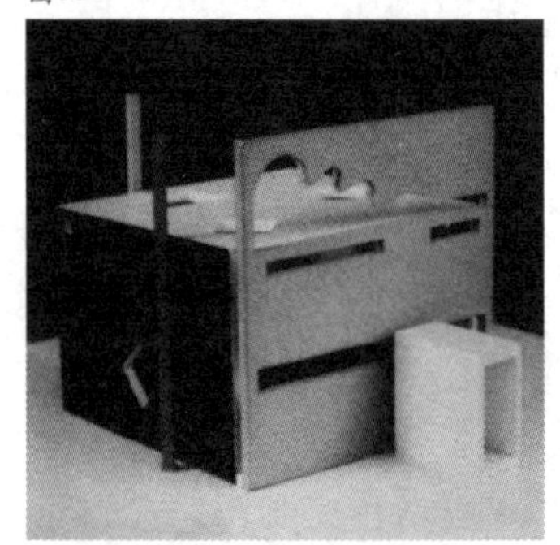

这三个几何体量是三个房子中的房子。从平面中可以读到，三个体量的排布造成了一种离心的势态。房子的正中间却是虚空，仿佛一种来自中心的力量把三个体量甩向边缘（图29）。

这种平面关系，通过立面的开洞使观者能够从外部感觉到。

图31

建筑在外部被读解成纯粹的立方体。形成对应的是独立于立方体之外四个外挂元素。三个排烟管拉伸出来，分别对应三个室内棱锥，截面是相似形，像内部体量的亲属。第四个外挂出现在正立面入口处，功能是一个门廊。这个门廊的外形是门洞的正面投射。将居住者接引入立方体内。门廊的不同语义使得自身与立面相分离（图30）。

操作过程的透明可以强烈地感受到：顶面的三个天窗是三个图形在顶部平面的投射：方形、圆形、菱形：一层平面变成了顶平面（图31）。每一个立面也包括三个窗洞，一大，两小。以菱形窗洞的立面为例：大窗洞反映贴近的此墙面的内部体量，并在形状上依然延续这种投射关系。两个小窗洞反映其余两个，一高一低，圆形和方形。可以想象，对于观者来讲，这些窗子的形状仿佛是它旁边体量的一个简要说明书。

在元素住宅中，颜色是至关重要的分离手段。除三个墙面：黑色，内墙面：白色。把内外的不同含义区别出来。正立面脱开的墙体是灰色。原因是外面的黑色与内部白色的叠加。

## 5-还原

元素住宅是在各个意义上进行还原的方案。尺度、空间、体量、立面、色彩、开窗、意义。还原意味着净化建筑语言，排除一切非本质的、引发歧义的无关因素。假如我们认同诗意有别于趣味，不只是单单无目的的将一件事分离为两件，不单单是纯粹趣味的追求，那么还原的含义就需更进一步的探究。

从一方面来讲，在海杜克的语境下，还原与隐喻不可割裂。隐喻的前提是各自语义的相互独立。当我们试图进行隐喻，“阿喀琉斯是一头狮子”或者“庭院空洞如碗”的时候，两者必须有自身确定的所指，不容含混。另一方面，元素本身在自我言说的情景下将显示意义：还原是一种自我的揭示。在这两点上，海杜克又一次与蒙德里安互洽：

*“形只是为了这些关系的产生而存在，形创造了关系，而关系也创造了形。在这种形与关系的双重性中，两者均不占主导地位。”*[1]

*“很清楚，抽象艺术只以抽象的形式表现这些形。但通过这些，抽象艺术仍不能被创造出来。在体块、平面和线条被完整保留的情况下，我们无法取消其特殊性。因而，真实的普遍表现就不能被建立。为了建立真实的普遍表现，上述的表现方法必须通过进一步的抽象过程被废除，直到他们变成中立的形。或者，通过更强有力的推论，使之归纳成形的元素。”*[2]

1 徐沛君.蒙德里安论艺 [M]. 北京：人民美术出版社，2005.
2 同上

## 6-揭示和照亮

图32

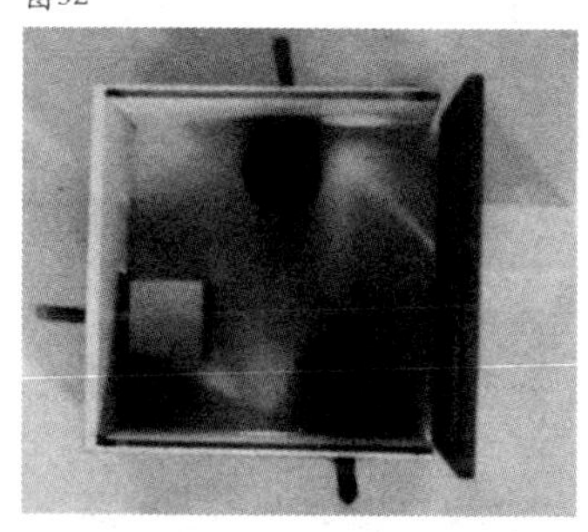

通过还原照亮自身，揭示自身的意义。

一个立方体，当观者进入它的内部，参与其中的时候，表面转变成包容他的实体（这是建筑独有的特质）。海杜克用一个直接的动作，首先明晰了这一语义的分离：在住宅的正立面，墙体被拉伸出、与体量脱离了1英尺（图32）。当穿越这一正立面的时候，建筑向观者打开，把进入者吞入体内，建筑的体验突然从墙板系统转化为实体。内墙和外墙颜色的区分是为了明确这一差异。

除此之外，正立面的含义十分丰富。它是建筑内部各种矛盾的清晰表现。从中我们可以读解到关于建筑内部所有信息。透过齐门高的水平长窗，人可以看到室内的三个主要元素。壁炉、盥洗间、厨房。高窗的开设位置其实在顶面对应了三个几何形的投影线，并揭示出楼板的位置。最后是立面最上方的一个镂空形象，反映着天空和地面。这就是建筑意义上正立面的所有功能，揭示内部，表达形象。这几个简单的对应，使得立面极其易读，并不产生任何费解之处。这一意义上来说，这是一个非常克制的还原状态的立面（图33）。

图33

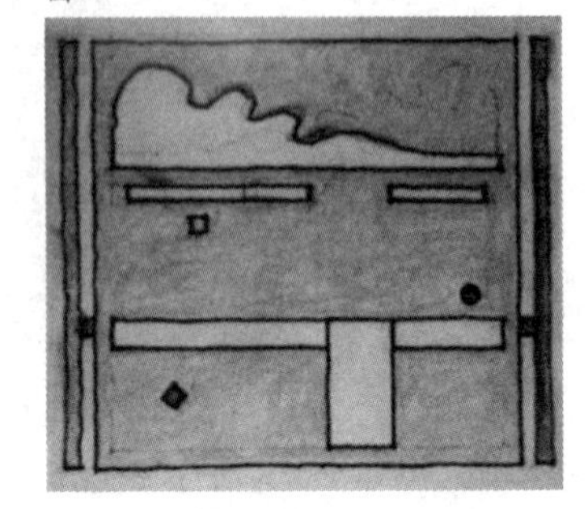

下面是立方体的自我揭示。外墙面如草图中所示（图34），是粗糙的不反光的黑色材质，再加上立面的不稳定构图造成的旋转感，使整个立方体仿佛漂浮于基地之上，脱离了所在的环境，显示自身的纯粹体量。

图34

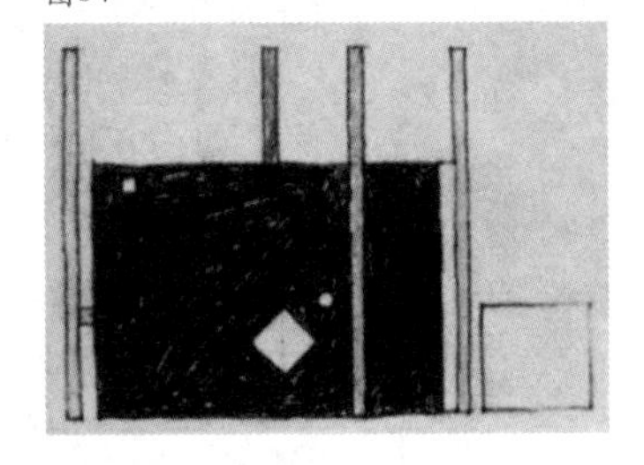

室内元素初看是封闭状态，保持静态的平衡。然而一旦光线通过天窗引入，便发生了不可思议的变化。首先是室内阴影的深浅变化，使元素周围的具有了空间的倾向，有些空间是压缩的、紧张的，另一些是舒展的、明亮的。其次阳光的直射和反射造成了三个原色之间的混合。这些混合色将产生无穷的色彩变化，并投射在白墙上。 这一静态的关系似乎完全转变了：光线射向室内三个元素的原色表面上，颜色开始相互浸染、撞击，反光，混合的颜色投射到白色墙面上。考虑到一天之中光线的变化，这个盒子里将释放出万花筒般的无尽幻化。

这是一个接近幻觉的状态，而当我们试图回到形式本身时再次发现，它们是如此基本的、简约的而富有逻辑的：这个甚至看似刻板的小小的装置，没有表露出其他内容。然而以一道光线为契机，无限意义开始发生。极少的元素完全制造出极端复杂的空间。然而关系无一不是清晰的：旋转、漂浮、立方体与墙板、立面与平面、开窗与表皮、内部与外部……在这种极端的还原和极端抽象的关系下，意义在自我言说中照亮了自身。

**7-投射与还原**

从上文的分析中，可以发现海杜克运用投射的方法包括着多重含义。投射的第一重含义是指建筑制图中的投射法，即物象在二维表面上的反映（A solid shape or object as represented on a flat surface [1]）。在得克萨斯住宅中，这种反映被直接的表现出来。以住宅4号为例，立面作为投射的结果十分明显。这也引出了投射的第二重含义：投射不仅是制图的方法，而且成了设计的方法——建筑的生成方法。一个明显的例证是海杜克的“彼此宅”（“ This is that” house）。在这个住宅就像它的名字一样，它的平面变成立面，建筑在内部自圆其说。这种图形之间相互的投射使建筑元素之间建立了确定的关系，是形式逻辑的来源之一（图35）。第三，在哈马舍尔德住宅的例子中，投射成为一种修辞。自身的投射关系引向外部，有一种隐喻的性质。内向的投射所编织的形式逻辑之所以重要，是因为只有在内在准确基础上，这种一对一的关系才可以被理

图35

1 *Oxford English Dictionary,OED.*

解成为一种隐喻，即词与词之间的替代。替代的过程中激发的多义成为诗性的条件。第四，投射在外向层面的含义是一种心理学上的"移情"的过程。也即沃林格所说"移情始于从外部向自然的投射"。在这个概念上，建筑与万象世界建立了诗性的联系。正如哈马舍尔德纪念碑中人对城市、自然倾入了建筑。

同样，还原分为几个层面。首先是指形式层面的还原。在20世纪初，西方建筑学与其他造型艺术一道完成了抽象化的历程。在海杜克的建筑里表现出对这种抽象化语汇的回归。得克萨斯住宅中，可以看到建筑构件向点、线、面、体块等的形式还原。第二个层面，形式还原到基本几何体的同时，意义被分离而进一步还原。元素住宅中表现出来的，是第三个层面：意义的自我揭示。这种揭示与审美过程的"抽象"有关，无穷的意义向自身牵引。即沃林格所谓"抽象始于自然内向的牵引"。[1]

如此，可以看到，在海杜克的语境下，投射与还原开始于形式逻辑，其实则包藏着对意义的期待和对现象的期望。投射与还原，代表了一个过程的两个方面。一方面是意义向外的隐喻关联。另一方面是意义向内的自我揭示；一方面是对现象世界的无穷，一方面是意义世界的无限牵引。

而正是这两个过程的反向张力，最终使得建筑逼近诗意。海杜克再一次与蒙德里安互洽：

> *"一名艺术家应尽可能客观地创造一种表达形与关系的方法，这种工作不会是徒劳的，因为其构成元素和方法之间的对立唤起了感情。"*[2]

1（民主德国）w. 沃林格 . 抽象与移情——对艺术风格的心理学研究 [M]. 王才勇译 . 沈阳：辽宁人民出版社，1987.
2 同上
3 Hejduk John. Mask of Medusa: Works, 1947-1983[M]. Edited by Kim Shkapich; Introduces by Daniel Libeskind. New York: Rizzoli.

**8-诗意**

海杜克一贯的透明化的操作过程，使得诗性发生的机制在哈马舍尔德纪念堂与元素住宅中显露无遗。

形式逻辑所操作的对象是组织与清晰。这两者本身具有超越逻辑的因素。由于两者的外延分别指向投射与还原。而投射与还原作为设计方法，具有引入现象世界和倾入意义的可能。在此机制下，最终由逻辑出发的形式将向诗意无限逼近：

> *"我爱建筑，因为它是一门逼近的艺术。这意味着你能调节、变形、转换。这门艺术就处于转换之中。建筑只是一种假想的静态艺术，实际上，它从未停止过运动。"*[3]
>
> *——海杜克*

## 伍 ／ 形式逻辑的反思

### 1-形式

今天在建筑话语中“建筑师的语言”，是一个非常平常的表述。然而在现代主义运动之前，却少有将建筑与语言直接进行类比。第一代建筑师的关注焦点更多的是居住问题、革命问题、新的形式、新的精神。这些问题似乎更为迫切。“语言”在那个年代并非建筑运动的关键词。回过头来看，约翰·萨姆森1963年出版了《建筑的古典语言》，布鲁·特塞维1973年的《现代建筑语言》，查尔斯·詹克斯1977年出版《后现代建筑语言》，亚历山大的《建筑模式语言》同年出版，包括之后的一系列著作，《空间语言》、《符号、象征与建筑》等等，建筑理论如此密集地在讨论语言问题。理论家最先察觉到了哲学世界里的关注焦点的转化，开始有意地引进语言学方法。实践方面，最明显的是纽约五公然宣称取法于第一代建筑大师的经典图示。通过分析大师们的句法来完成新语言的建设。建筑界如此频繁的将建筑与语言类比，以至于詹克斯调侃道如今学生初入建筑学院常会感到自己“误入了文学院的大门。”[1]

建筑学是否可以被类比成为语言是另外一个话题，无论如何，建筑与语言已经被捆绑在一起了。这多少来源于年轻的一代建筑师针对国际式风格对语言混用状况的反应。然而更为重要的是开始于分析哲学的哲学中心向语言学转向。形式之所以可以用“逻辑”来描述和操作正是因为语言学的介入。

在这个意义上，海杜克仿佛在恪守着早期维特根斯坦的语言哲学：“凡是可说的都可以说清楚，对于不可说的一定要保持沉默。”维特根斯坦的哲学中不谈论价值问题。而美学作为价值的一种，当然被划定在“不可说”之列。

20世纪50年代之后的美国建筑氛围中，可以看到对语言本身的兴趣超过了对诗意的兴趣。明显地一点是，诗歌并非从句法中推导出来的。怀特海（Alfred North Whitehead）讽刺过这类思考方法：“在许许多多谬误中，有种误认有完美字典存在的谬误”。[2]

在谈论诗意的时候，从诗歌的角度衡量，可以看出两个是语言学类比的局限。

第一，具体性的缺失。如博尔赫斯所言，“诗歌并没有尝试着把几个有逻辑意义的符号摆在一起，然后再赋予这些词汇魔力。相反的，诗歌把文字带回了最初始的起源。”[3]那最初始的起源指的是什么呢？“文字并不是经由抽象的思考而诞生，而是经由具体的事

1 程悦．建筑语言的困惑与元语言——从建筑的语言到语言的建筑学 [D]. 同济大学博士论文 ,2006.
2（阿根廷）博尔赫斯．博尔赫斯谈诗论艺 [M]. 陈重仁译．上海：上海译文出版社 ,2008.
3 同上

物而生的——我认为‘具体’（concrete）在这边的意思跟这个例子里的‘诗意’是同样的。”[1]

第二，语言元素的创造力。这正是美学意义上的语言与作为语言学研究对象的语言的最大不同。在美学中，元语言常常作为一套系统被提出，并且就其本身来说就有无限的创造可能。

**2-反思**

什么是建筑中的诗性似乎是一个无法直接回答的问题。从对语言的超越的角度来说，诗意至少包含了现象与意义。也就是说，上文中的自洽性分析得到的结论反过来可以评价形式操作是否向形式主义撤退。即当形式操作是否单单指向了形式本身，作为最终目标来追求的时候，便不可避免地发生形式主义。

塔夫里（Manfredo Tafuri）早已发现美国当代建筑中，这种形式操作有渐渐退化成为一场智力游戏的危险。这正是形式逻辑的消极方面：无指向性的操作最终滑向虚无。

从海杜克自觉地与纽约五保持距离中，[2]至少可以看出他们之间的建筑观点并不完全一致。上文的分析反映出海杜克对形式的过程性的认识上。即逻辑操作的目标是将形式自身投向意义和现象的无限,而不是形式本身。然而这并不意味着海杜克的操作方式对形式主义的免疫。

海杜克的形式逻辑所操作的对象是组织与清晰，这两者本身具有超越逻辑的因素。由于两者的外延分别指向投射与还原，具有引入现象世界和倾入意义的可能。在此机制下，最终由逻辑出发的形式将向诗意无限逼近。

同时，形式的内在逻辑有发展成为教条化的形式主义的危险。形式的活力在于形式与现象、意义初次建立关联的真诚一刻。

在西方语境中，形式（form）与观念（idea）同源，共同指向形而上学。形式可谈逻辑则可追溯至毕德哥拉斯“万物有数”的观念。在文章的结尾，我们不妨用诗歌中的“数”类比为建筑中的纯粹形式，来做一个开放性的推测。在诗歌中，当我们说“十个海子全都复活”[3]、“四倍的子弹打倒了他”[4]“四十个冬天围攻你的容颜”[5]的时候，一种真实就到来了。这种形容如此具体而确然，那是形式初次发生的时刻。关于形式的核心问题是，诗人第一次使用了这个词。第一次，意味着单个的形式首次被赋予了对世界的指代。从此之后，四十就不再重要。他开启了一个窗口，同时封闭了它。形式的诗人相信那确然并且决然是四十个冬天，不能多一个，也不能少一个。

1（阿根廷）博尔赫斯．博尔赫斯谈诗论艺 [M]. 陈重仁译．上海：上海译文出版社 ,2008.
2 约翰·海杜克，卫·夏皮罗，约翰·海杜克，或画天使的建筑师 [J]. 建筑师．胡恒译（128），北京：中国建筑工业出版社，2007.
3 海子的诗《春天，十个海子全都复活》。
4 出自博尔赫斯小说，《秘密奇迹》。
5 出自莎士比亚十四行诗第 2 首。

# 要素拼贴
## ——多米尼克修道院空间建构逻辑分析

刘秋源 Liu Qiuyuan

### 壹／关于一座修道院方案的研究

笔者在翻阅路易斯·康作品时，对一个修女院的设计方案产生了兴趣。它在路易斯·康大量未建成的方案图纸中似乎毫不起眼。作为一个宗教建筑，跟大多数我们印象中路易斯·康那些井然的空间秩序、明晰的间隔区分的作品不同，除了具备传统修道院的“U”形轮廓外，多米尼克修道院内主要的空间群体是以相对自由的方式被精巧地组织在一起。往前寻找这个方案的调整过程，依然鲜明地显现出路易斯·康的设计特征：分离的房间作为建筑设计的开始，个体与集体之间的对话，空间原型的角色。美国建筑师Michael Merrill在他的书中评价了路易斯·康的这一设计：“它如此形象地体现了建筑师对于空间的成熟思考……实际上，可以容易得出这个设计几乎就是研究路易斯·康后期作品里一些中心主题的典型案例。”

本文试图通过分析路易斯·康对多米尼克修道院要素化的拆解与重组，探求一种建构要素而获得总体的方法。

1966年路易斯·康几乎在同一时期设计了两个真正意义上的修道院，一个是位于加利福尼亚的圣安德鲁修道院，另一个就是本文研究的多米尼克修道院（图1），而在此之前修道院对于路易斯·康来说仅仅是一个理想的空间图式。相比于圣安德鲁修道院，多米尼克修道院的设计更加成熟地展现了路易斯·康对修道院原型的深入思考，以及“房间社会”的平面原则，路易斯·康的空间社会关系的理念得到了完整且充分地表达，这个理念强调彼此独立的空间之间“互相对话”。

修道院的场地被其南、东、西三面的落叶林深深包围，无论是从东北Providence路还是从西北Bishop Hollow路都能访问山头。这个被修女称为“水仙山庄”的场地花草葱郁、阳光照耀，还有自由生长的树木。森林的边际，草地和微起伏的地形都参与了这田园的风光，具有开放与围合的双重属性，以及展开与庇护的双重承诺。

图1 路易斯·康设计的两所修道院

路易斯·康在三年（1965～1968年）中反复修改他的设计，按照路易斯·康提交给修女的方案汇报情况，基本可以划分为四个设计阶段。其中第四稿方案中，路易斯·康把所有的公建单元都收纳进一个大院子后，就再也没有改变过这种基本的格局（图2）。

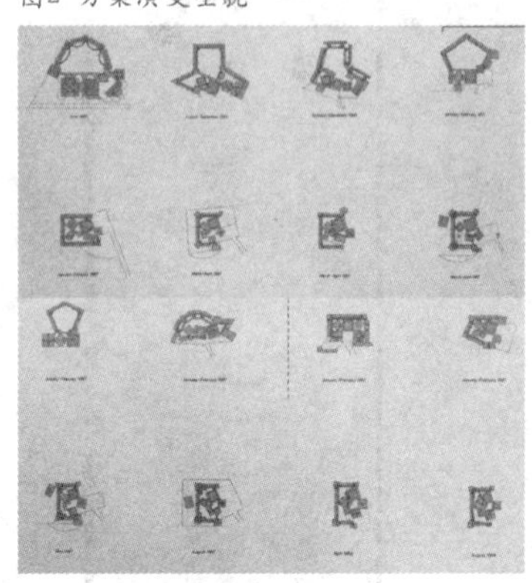
图2 方案演变全貌

## 贰 /“完美整体”的裂解与要素的显现

### 1－柏拉图的平面构成（第一稿）

路易斯·康几乎出于直觉地在一开始将整个修道院作为一个完美的柏拉图形体来处理，他勾画的第一张小草图就表明了这种判断：一个拱形和一个三角形区域。拱形是四个首尾相接的房间条，三角形的部分安排了修道院的公共空间（图3）。

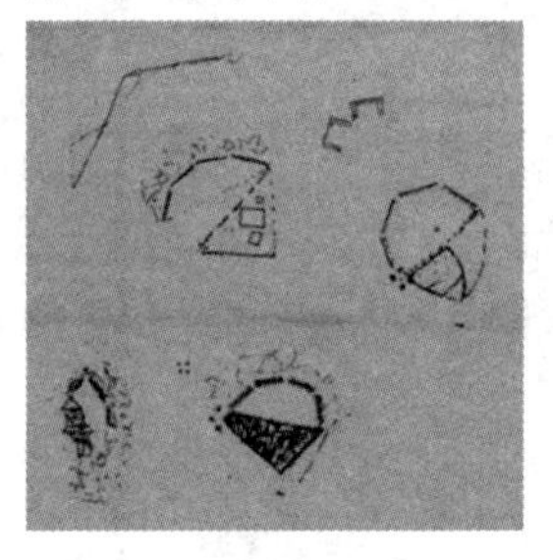
图3 第一张小草图

在后续的两个变体中，公共建筑部分出现了形态上的变化，但依然保持了这种柏拉图式的几何形态，维持着与大内院的均衡关系，保证了一个“完美整体”。

### 2－未分离的公建

1966年5月路易斯·康所绘的一张片段图显示出公建被组织为一个连续的序列，一些功能空间横向展开，共享彼此的边界，呈现出未分离的粘连关系。

在第一稿里，除了门塔外，其他的公共建筑——礼拜堂、食堂和教室几乎就是一个有空间厚度的连续体。这从路易斯·康所画的第一张北立面图就可以发现，公共建筑连在一起就像是一堵相对于森林的庞大墙体（图4）。

公共建筑都是始于方形，学校与食堂紧挨彼此，通过内部放置旋转了45°角的方形和十字在四角产生对话关系，食堂的四角被开放为进去的大厅，礼拜堂的四角被处理成圆形的水池，食堂和学校外围也有圆形的花园和通廊。

图4 显示出“庞大墙体”的北立面图

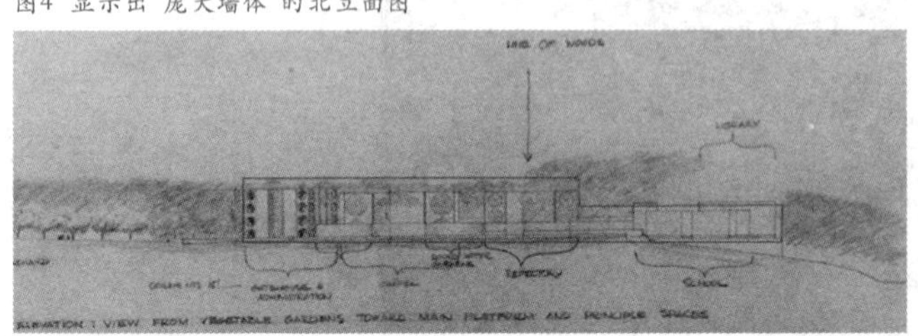

图5 第二稿方案平面图

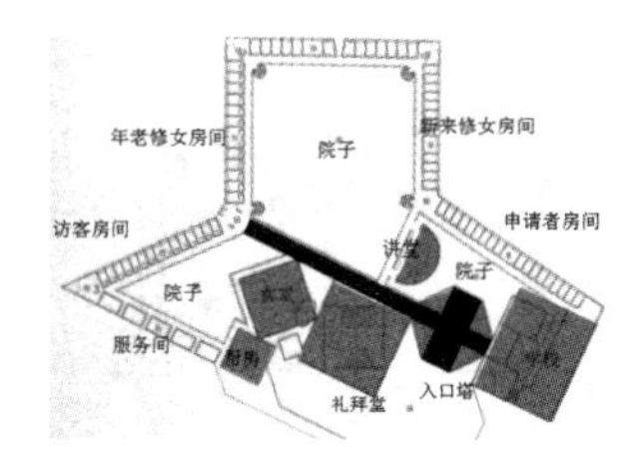


## 3－松动结构的第二稿（要素开始显现）

修女院长看了提交的第一稿方案后，给路易斯·康写信表达了她的担忧并提醒教会有限的预算。路易斯·康和助手Polk着手压缩整个方案的尺度，原本完美的整体形态第一次出现裂解，结构开始发生松动（图5）。

对比第一阶段的方案，最大的变化是主导的几何关系更多地来自地形，内外关系也变得不像原来明晰。原本联结为一个几何轮廓的公共建筑开始分离，通过一条笔直的廊道串联各个要素，礼拜堂与食堂仍然挨在一起，但仅仅是位置上的紧挨关系，形体发生了错动，已呈现出分离的倾向。

一条比较窄的廊子穿过门塔，形式类似一个"中空的纪念柱"，连接了学校和住区的公共空间，一个大的回廊体系把建筑彼此紧凑地衔接在一起。

## 4－完全裂解的第三稿

图6 第三稿方案平面图

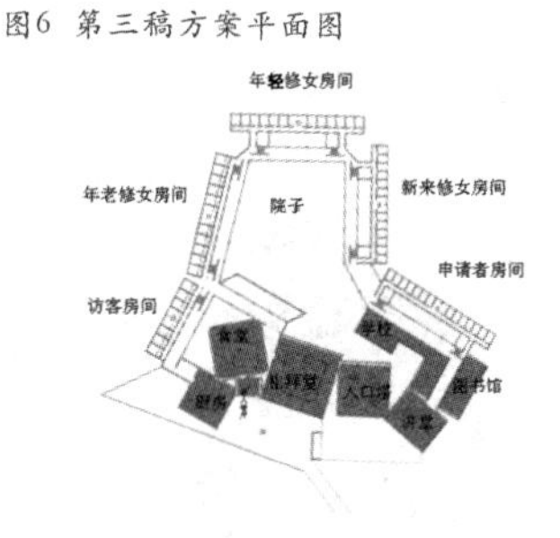


在1966 年初秋,路易斯·康的事务所的员工们决定了通过破坏一张已经画好的图来研究这个设计，这样设计中的组成部分就可以像真正的拼贴画一样进行组合和转变。这样·路易斯·康可以在研究相互关系的同时，保持各个元素的完整性，它们中的每一个元素都是一个房间，对于他来说，每一个都是建筑中不可缺少的一部分。1972 年当他说"房间们相互讨论然后决定它们的位置"的时候，他脑子里想到的或许就是这种方法。

在其他场合中，他用了另外一种说法："我认为建筑师应该是作曲家而不是设计者，他们应该将元素组织起来，元素本身是一个整体。"[1]

图7 第四稿方案平面图

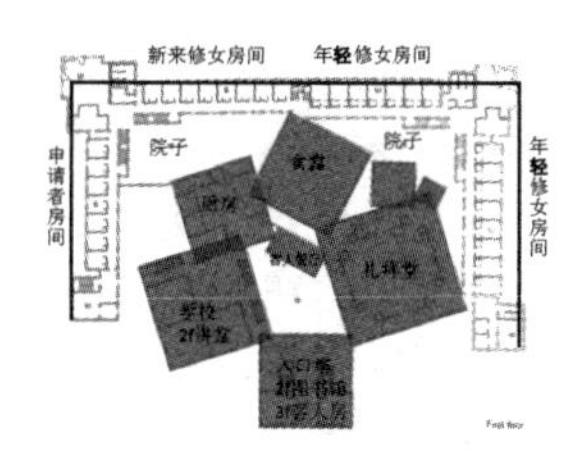


那些独立的公共元素发展到一定程度后就不再整体的规划里反复重画，而是将那些方块剪下来，让他们成为拼贴的要素，在路易斯·康那里他们被移动、对接和调整，直到"发现"他们想要的结果，各部分以奇特的角度归组，最后黏贴到纸上（图6）。

## 5 －重构的第四稿

相比与早期的草图中间院子的设计保持了一种破开的形式，公建单元依然是集中在一起（图7）。1967年2月主要的变化是整体布局转了90度，以使教堂正面朝向西方(礼拜方向)，宿舍房间被组织成一个矩形院子的三面墙，公共起居室安排在4个角落里，最后，公共元素成被院子本身包纳。

*1（美）戴维·B·布朗宁 戴维·G·德·龙，路易斯·I·康：在建筑的王国中 [M]. 马琴译. 北京：中国建筑工业出版社，2007：177.*

宿舍房间被当作传统修道院类型安排在三边院墙里，但非常不同于传统修道院的是，路易斯·康把每个公共空间都当作一个独立的建筑来放进院子里。

这种对传统类型折叠的结果是产生了一系列"城市"空间，路易斯·康要在农庄山顶创造一个小的"城市"。[1]

### 6－问题

对比三年中的四稿方案的修改过程（图8），不难发现这是对最先设定的"完美整体"瓦解、松动并重新建立整体的过程，路易斯·康在每一个阶段都在不断地分离出清晰的要素部件，再去重新建构一个总体。

至此提出本文要解决的关键问题，即路易斯·康在这个方案中是如何对待要素个体以及如何将要素构成总体的?

图8 四稿方案的修改过程

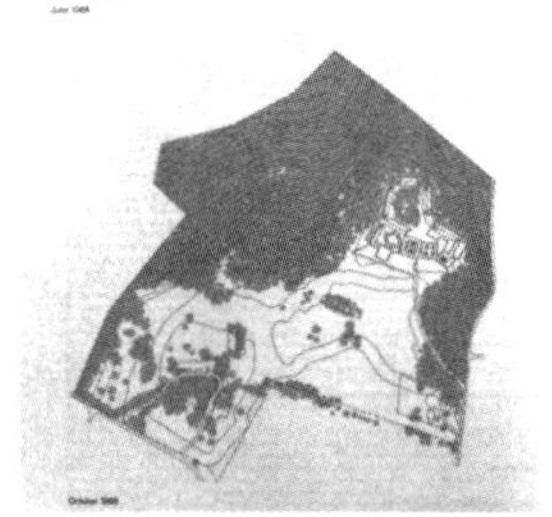

## 叁 ／ 独立要素

### 1－要素化的观念背景

要素主义是现代主义核心的基础思想，从新古典主义到现代主义转化的过程当中，要素主义在其中浮现，与构成主义、风格派、画境派一脉相承，都是建筑要素化的观念来源，要素化就是将房间或者建筑的一个实体作为一个独立要素呈现出来，不像古典主义将空间都压缩到一个几何图形里，而是自然散布的组织，这同样是绘画中"拼贴"的开端，可以是说"要素"为"拼贴"提供了前提条件。在古典主义时期，要素更多的是被认为是柱式等构件，到了现代主义要素从构件发展成为一个整体，就像里特维尔德做的家具，强调构件的拼合，构成主义同样是强调构件性的事物产生的组合。

路易斯·康所处的时代正是这种观念占主导的时候，将空间分为"伺服空间"和"被伺服空间"，就是要把空间职能区分清楚，一个空间对应它特有的形式、形制、特征，同时还带有功能主义的倾向，每个单元都有一个单一的功能。

### 2－事物的区分与要素的分离

对路易斯·康的建筑思想转变有重要影响的安妮·唐曾说："路易斯·康总是想在事物之间找到区别"。[2]这句话道出了路易斯·康观察和构造事物最基本的原始动机和思维方式。布朗宁在谈到路易

*1 Prof.Robert McCarter.LOUIS I KAHN ROBERT MCCARTER II：289.*

*2（美）戴维·B·布朗宁，戴维·G·德·龙著．路易斯·I·康：在建筑的王国中 [M]．马琴译．北京：中国建筑工业出版社，2007：62.*

斯·康的实践与思想活动时更是指明了区分事物的内部动机："事实证明这些活动也是很有刺激性的，因为它要求他把注意力集中到事物的本质上并且对不同的东西进行区分。"[1]

路易斯·康认为事物应当回归各自的本源，这中间存在差异，区分正是建立在这一基础之上，这就不难理解为何路易斯·康总是将建筑空间处理为一系列的单元，并给这些单元分配最基本的角色。这样的分配是对一种对复杂事物的简化，也是从简单个体构造复杂整体的基本前提。对修女院空间的建立同样是这种基本的思路，在确定一个整体之前，首先确定的是各个功能内容的局部零件，而这些要素部件都有着各自的本源和类型。

**3－多米尼克要素的词源与类型**

*路易斯·康在《形式与设计》中谈道："形式是没有定形和方向的……形式是'什么'，设计是'怎么样'。形式是不受个人情感影响的，设计则是设计者个人的，设计是一种与环境有关的行为……形式则与环境条件无关。"[2]*

在这里，多米尼克要素被拆解为一系列的"部件"，是一个个有明确含义的"单词"，关注其本意（语义）与词源（类型）。而在它们被解构为上下文关系之前，要先从根源上理解每个要素个体。

（1）门塔——圣与俗的分野

语义

门塔，是从外部世界进入修道院的仪式性空间，其词义代表的是"圣与俗的分野"。这个门口的建筑平面为边长58英尺的正方形（17.7m×17.7m），地上有五层，一层为进入大厅和行政办公室，上面是通高的图书馆，顶层安排了客人房间（图9）。

图9

*路易斯·康后来阐述："我有一个出入口大门建筑，这扇大门是内部和外部的过度，我的意思是，它是主教特别会议的中心。但它不在这个任务书里面。它来自于问题的精神和本质。"[3]*

词源类型

在类型上，路易斯·康一开始的构想是要做一座钟塔。钟塔在中世纪的修道院和教堂建筑中普遍存在，在那时候修道院的也作

*1（美）戴维·B·布朗宁，戴维·G·德·龙著．路易斯·I·康：在建筑的王国中[M]．马琴译．北京：中国建筑工业出版社，2007：104.*

*2 李大夏．路易·康[M]．北京：中国建筑工业出版社，1993.*

*3 Michael Merrill. Louis Kahn Drawing to Find Out: The Dominican Motherhouse and the Patient Search for Architecture.*

图10 尼尔斯巴顿教堂的塔楼

图11 洛尔施修道院入口"托尔哈尔"

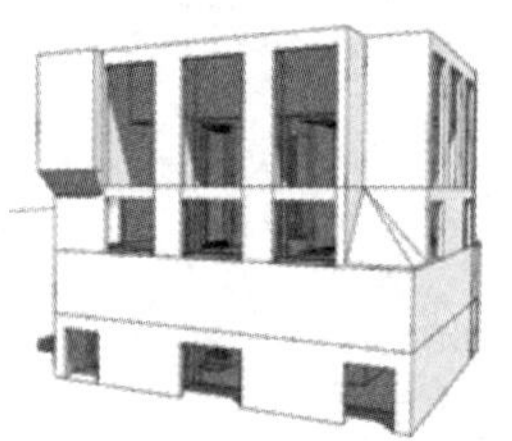
图12 入口门塔

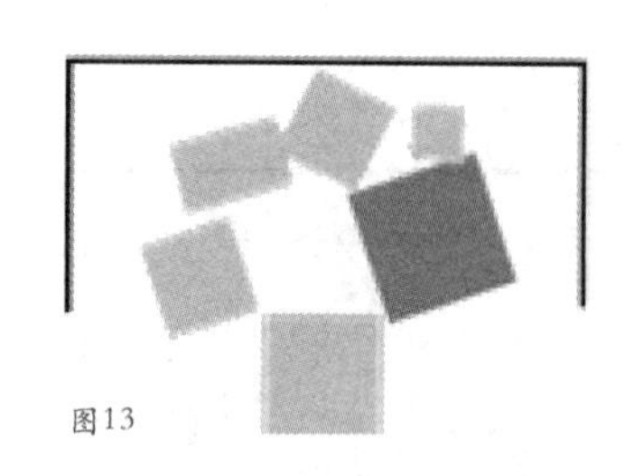
图13

为堡垒使用，钟塔类似瞭望塔，具有防卫的属性（图10），这种带有入口门厅的塔楼式西端被称为"西部工程"，是教会武力的一个象征，竖壁起来用以抵抗来自外部世界的敌对力量。[1]加洛林时代的洛尔施修道院拥有一个纪念意义的著名入口-"托尔哈尔"，同样在修道院入口前庭占据了一个独立位置（图11），对比路易斯·康后期方案中门塔的设计，有着相似的形式特征，底层三个门洞，上层三个开窗，西北侧角部一个符号性的物件，看得出路易斯·康在处理多米尼克修道院门塔的时候极有可能是参照了这个经典的入口（图12）。

（2）礼拜堂——集会的仪式中心

和其他公建要素一样，礼拜堂从一开始就被缩略为一个传统的方形（23m×23m），可以容纳164人以及特殊场合下可以扩展至200人（图13）。礼拜堂理应是修道院最重要的建筑，在设计过程中，路易斯·康反复调整设计方案，避免其昂贵的造价。

语义

作为修道院的宗教核心，礼拜堂的角色被设定为"集会的仪式中心"，是修女与上帝灵交和参与宗教节日、演出和集会活动的场所，1966年Polk的会议记录里显示出路易斯·康与修女关于礼拜堂达成的共识："礼拜堂的存在具有仪式的意义，是情感知觉的提升，不是便利。"[2]

词源类型（增加了回廊的万神庙）

在类型上，属于路易斯·康的典型"集会空间"，形式类似于第一唯一神教派教堂(1958～1969年)，均是集中式的空间平面。路易斯·康认为这类建筑空间表达的是对永恒的理解，并且与活动相关，正如他在表述集会思想时所说：这就是空间想要成为的样子——"一个在树下集会的场所"。[3]

接近最后一稿方案的总图中，礼拜堂的平面基本类似于早期基督教教堂的常见形式：矩形厅堂，木构架屋顶，中央内殿两边各有一条或两条侧廊，侧廊尽头为一个半圆形后殿，另一端则是主入口，后殿内沿墙布置一排或几排半圆形座席供牧师使用，中央是抬高的主教神座，一道开放的围屏划分出内殿，并将它跟中殿的其他部分隔开，圣坛便设于该区域内。[4]

事实上这类"集会空间"在历史的深处有个共同的原型——万神

1（英）大卫·沃特金.西方建筑史[M].傅景川译，长春：吉林出版社，2004:90.
2 李大夏著.路易·康[M].北京：中国建筑工业出版社，1993.
3 Michael Merrill. Louis Kahn Drawing to Find Out:The Dominican Motherhouse and the Patient Search for Architecture
4（英）丹·克鲁克香克著.弗莱彻建筑史[M].北京：知识产权出版社.

庙。路易斯·康反复提到这种异教徒的原型:"它是一 种信念,是就说这些话的人而言的一种信仰,因为它的形式创造了一种可能是通用的宗教空间。"后来他把万神庙描述成"一个世界内的世界"[1],是一种"圣殿",路易斯·康又在他的理想原型中加入了一圈回廊,不仅是建立"伺服空间"与"被伺服空间"的相互关系,更是保留了这个"圣殿"的纯粹和完整,就像他在解释第一唯一神教派教堂的形式图解时说的:

> *"在了解教堂的本质时,我首先要说的是,你有一座圣殿,而圣殿是为那些想跪下膜拜的人而造。环绕着圣殿是一圈回廊,不确定想进入教堂的,可以在此回廊停留。回廊外是院子,给那些想感受教堂存在的人走动。院子四周有一堵墙。那些从墙边走过的人可以只是对教堂眨眨眼睛。"*

最后阶段的礼拜堂,主空间居于中央,包括主祭台,两侧为唱诗班席位以及台下的14排座位,8个空心柱将四边空间区分为走廊通道,在几稿方案的演变过程中,形式虽然一直在改变,而类型始终保持着稳定不变。

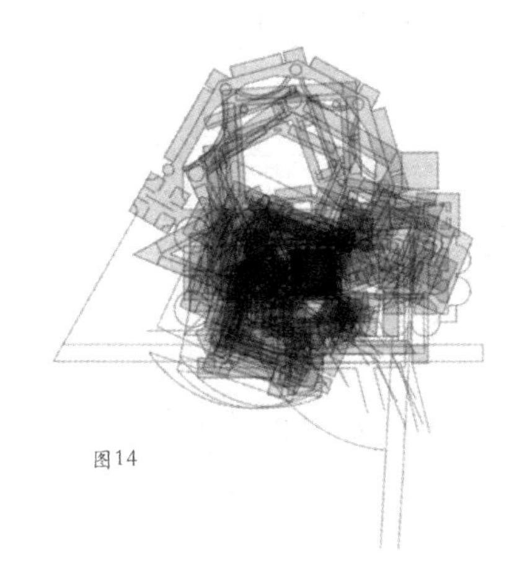

图14

在总体关系中,礼拜堂是公建群中最核心的要素,将几稿方案叠在一起不难发现这一要素始终处于恒定的位置上(图14),可以说多米尼克修道院中的礼拜堂是一座增加了回廊的万神庙,是多米尼克修道世界中的世界。

(3)食堂——欢乐的社交

食堂,作为修道院中的另外一个"公共生活"的核心要素,将容纳135人一起就餐。

语义

这个部件的语义主要来自修女意见的反馈,修女主张"吃饭和宗教实践一样都是社交性质的",并且"餐厅是不同于礼拜堂的宗教空间,这个大厅是让人觉得欢乐的"。查询最早的会议记录,会看到路易斯·康与修女都赞同保持餐厅的传统属性,以此来回应修道院安静与交流的双重生活。

路易斯·康为餐厅画了4个长条桌,修女看到后认为跟草图中的4张大桌子相比,多安排一些小桌子会更合适,路易斯·康坚持了原来的想法并说服修女,说小桌子会"让这个地方像是一个餐馆而不是一个大餐厅"[2]。即使是欢乐的社交场所也应当保有修道院该有的仪式性,而非完全世俗的随意。

*1(美)戴维•B•布朗宁 戴维•G•德•龙著,《路易斯•I•康:在建筑的王国中》[M].马琴译,北京:中国建筑工业出版社,2007:105.*

*2 Michael Merrill, Louis Kahn Drawing to Find Out:The Dominican Motherhouse and the Patient Search for Architecture*

词源类型

用餐对教徒来说是教会活动的重要部分,是社交关系的象征,通过用餐来界定教徒们的仪式共同体,大部分时候,会众集体分享一个饼和杯,一起吃喝,不仅同上帝更加亲近,而且彼此之间也更加亲近。一般的聚会用餐被称为"团契"(agape),而最高的形式则为圣餐礼(Eucharist),是《新约圣经》中基督"最后的晚餐"中设立为同洗礼、洗脚礼同等重要的教会礼仪,酒与面包,象征着基督的血与肉,通过饮食饼和葡萄树的果实,门徒们建立了与主亲密分享的关系。

*在圣保罗的《哥林多前书》中,对于圣餐礼的仪式作了永久性定义:"祝谢了,就擘开,说:'这是我的身体,为你们舍得。你们应当是如此行,为的是纪念我。'饭后,也照样拿起杯来,说:'这杯是用我血所立的新约。你们每逢喝的时候,要如此行,为的是纪念我。'"*[1]

圣餐仪式只允许入会的信徒参与并在室内举行,所以需要足够的地方容纳所有与会者。[2]相信路易斯·康要坚持表达一个"大餐厅"而不是一个"小餐馆"绝不只是为了满足容纳众多的与会者,更多的是要营造一种具有仪式性的社交空间。

食堂在总图中一直与礼拜堂保持着紧密关系,路易斯·康在宾夕法尼亚大学的硕士班上让学生去思考怎么开始着手设计一个修道院的时候,一个学生补充了这样一个观点:"食堂应该与小礼拜堂大小相当,小礼拜堂一定与单元的大小吻合,蔽所应该同食堂一样,所以没有 哪个会更大。"

1(美)理查德·桑内特.肉体与石头——西方文明中的身体与城市[M].黄煜文译,上海:上海译文出版社,2006:164.

2(英)丹·克鲁克香克.弗莱彻建筑史[M].北京:知识产权出版社:297.

(4)学校——均等的学习

语义

多米尼克修道院最后一个主要的公建要素是学校,申请者在这里学习大学课程,新的信徒则跟着一起上课并且接受高强度的精神训练,修女希望教室是可以混合使用的,然而一贯"区分事物"的路易斯·康提出来教室的安排应该"类聚群分",分别为申请人和年轻修女,新来的信徒和年老的修女提供教室。后来修女同意每个等级的修女应该有自己的修习教室,作为她们起居的一部分,并且向路易斯·康提出关注学校与房间的距离。在后面的设计中,路易斯·康将学校设计为一个田字格,其中三个格子安排了教室,以风车状的平均布局,表达一种"均等的学习"(图15)。

图15

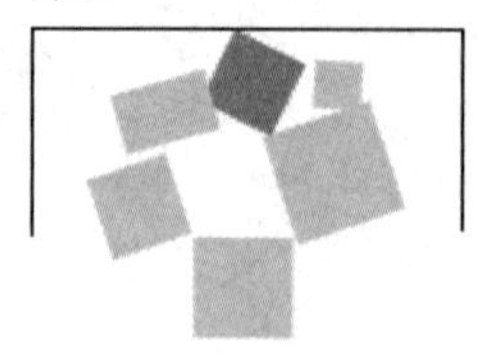

学校除了安排教室之外还包括楼上的讲堂。

词源类型

中世纪的修道院：多米尼克教会特别提倡学术讨论，传播经院哲学，奖励学术研究。当时在欧洲的许多大学里，都有该会会士任教。

多米尼克教会以布道为宗旨，着重劝化异教徒和排斥异端。其会规接近奥斯定会和方济各会，也设女修会和世俗教徒"第三会"，主要在城市的中上阶层传教。在灵修方面，该会称多明我曾得有圣母玛利亚亲授之《玫瑰经》，并加以推广，今已成为全世界天主教徒最普遍传诵之经文。该会还兴办大学，奖励学术研究。

（5）间——高贵的独居

助手David Wisdom 在提交给修女的第一稿方案中这样说道：“各个房间被组织进一个拱形，沿着主要平台后的树林里山坡，面向南面。他们被如此安排意在每个房间都有其与树林之间的私密关系——森林的宁静可以在房间与自然的和谐关系中被感知到。”

每个阶级的修女会被分开安排住宿，每组（4人一组）会有她们自己的房间，“避免新来的修女被欺负”。

图16

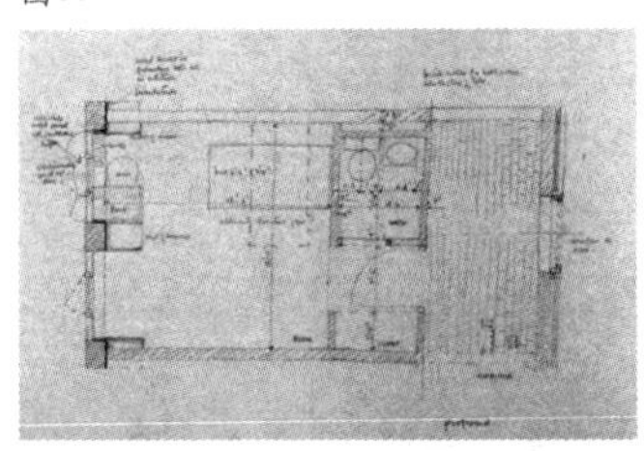

语义

在与修女沟通方案时，修女反馈的意见是“房间应该表达出个体的高贵”。

院长在给路易斯·康的信中说道：“多尼米克的秩序是一种教徒的秩序。他的精神是跟随沉思的行动……沉思和独居是她们的结局（图16）。”

词源

斯巴达式的苦修生活（最简单的食物、最必需的衣物、最狭窄的住房），召唤出苦行的精神气质。这一点与柯布在拉土雷特修道院中对于独处的理解是一致的。

*刘易斯·芒福德在谈到中世纪的修道院时提到僻静、幽*

*暗、保密的精神独居处对城市人类生活有多么的必要，“若没有建筑形式为人们提供独处、静思的机会，提供处于封围空间、不受别人窥探和搅扰的机会，那么即使是最外向的生命最终也会经受不住的。不具备这种小室的住宅无异于营房，不具备这类设施的城市无异于营地。”[1]*

在总体构造中，房间以不同的类别集结为居住性的墙体，路易斯·康在房间内设计了一个面对森林打开的窗体，被他称为房间里的房间，而另一侧朝向院内的回廊上开了更狭窄的窗口，面对森林打开而面对院子窥探，以此有意强调了一种向背关系。

类型要素的纯化(区分事物的基本前提)

*路易斯·康在给安妮·唐的信中提及他三个阶段创造过程的理论,第一个阶段是“空间的本质”，接下来是“秩序”，然后是“设计”。[2]*

将各个阶段的核心公建要素整理在一张阶段演化表中,纵向观察,在每一阶段各个要素都有着明显的共同属性,这与每稿总图的特征保持着高度匹配,更明显的是,横向对比整体呈现为一种“纯化”的发展脉络,形式走向一种接近原型的图解(图 17)。

这种趋向事物本质的要素纯化分别发生在功能与形式方面,以下举例说明。

1（美）刘易斯·芒福德.城市发展史——起源、演变和前景 [M]. 宋俊岭、倪文彦译，台湾：建筑与文化出版社有限公司，1994：288.

2（美）戴维·B·布朗宁，戴维·G·德·龙.路易斯·I·康：在建筑的王国中 [M]. 马琴译.北京：中国建筑工业出版社，2007：105.

图17 各阶段核心要素演化表

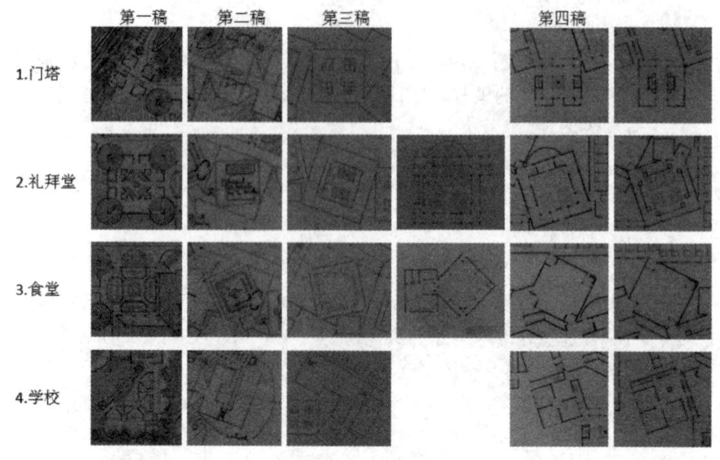

图18 礼拜堂附属功能从形体中的分离

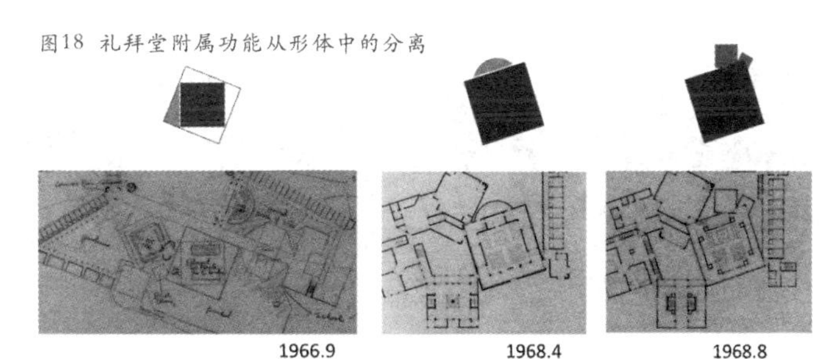


**4 －功能的纯化**

在路易斯·康的想法中，空间必须是单一的，庄严的目的对集会空间来说是非常必要的，在这一点上，他从来没有动摇过。[1]第二稿中（1966年9月），礼拜堂的平面是一个方形内部又旋转了一个方形，从而创造出辅助空间，用来作为忏悔室和圣器室，第三稿开始教堂中的圣器室和侧礼拜堂在这里逐渐被分离出去，1968年4月的方案中，半圆形的侧礼拜堂沿着轴线从主题空间后部凸显出来，直到在1968年8月份的方案中，彻底分离为两个尺度不一的方块，此时，礼拜堂的内部只安排了仪式的主体功能（图18）。同样，游者餐厅也从食堂中分离出来，形成较为独立的小单元。

**5－形式的纯化**

将三年中主要的立面图比较观察(图19)，不难发现路易斯·康对于形式的寻找经过了一番尝试和选择。最早的立面图显示路易斯·康打算在森林里塑造一些表达具象含义的物体，这些物体有着较为复杂的形态，连续的拱廊以及重复出现的圆形洞口，或许跟路易斯·康在印度和巴基斯坦项目的经验有关。然而修道院所在的宾

1（美）戴维·B·布朗宁，戴维·G·德·龙著.路易斯·I·康：在建筑的王国中[M].马琴译.北京：中国建筑工业出版社，2007：105.

图19

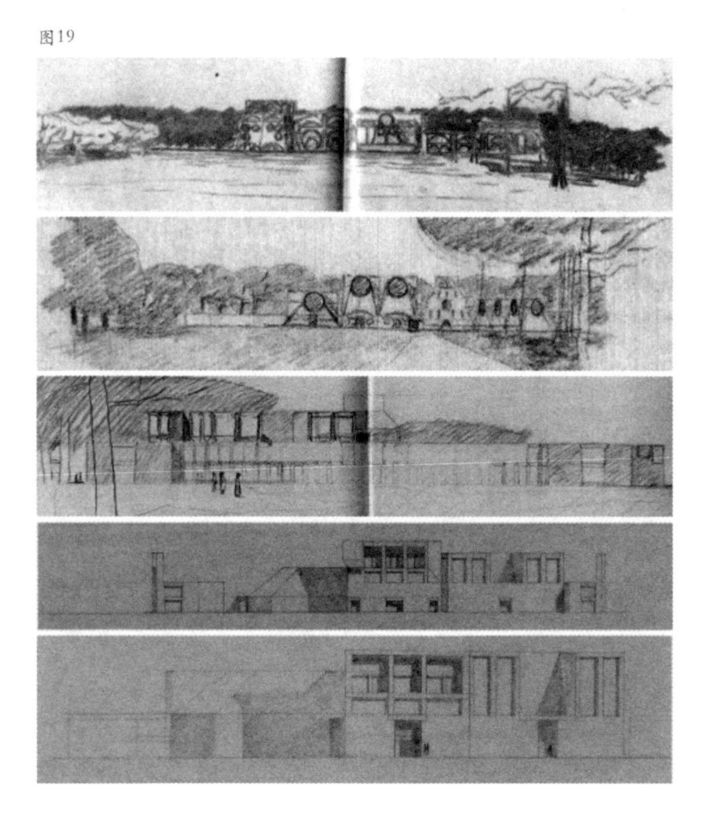

图20

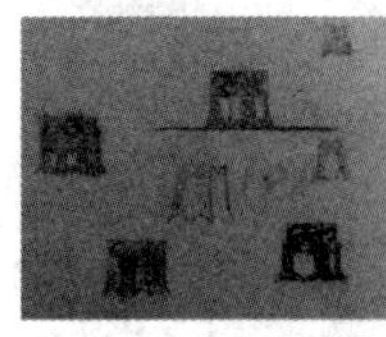

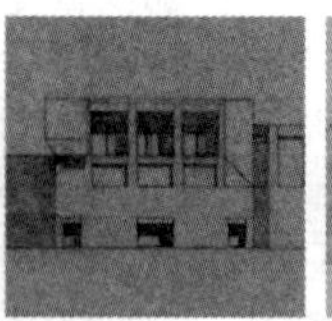

夕法尼亚与印度次大陆的气候状况不同，原本为了调节光线和气候拱廊和洞口似乎只剩下形式价值。状况发生转变是路易斯·康选择用抽象的几何形式来代替具象的表达，这说明后面路易斯·康更加关注的是要素个体本身秩序的清晰，而逐渐从一个与自然高度融解在一起的整体中分辨出来，后期的立面图几乎不再对修道院周边的森林有所表达，而更加强调自身的几何空间秩序，要素单元之间的拼接关系变得更加紧凑。

形式纯化意在对历史原型的直接表达。以门塔为例，最初被画满了具象的符号的钟楼,经历了类似亚述金字塔的几何形体变形，最后逐渐演化为更加纯粹的方体（图20）。

**6－个性赋予(差异性被强调)**

“无论问题是什么我都从方形开始”(I always start with squares no matter what the problem is )[1],多米尼克的公建要素均是方形体块的不同演变,而要素之间有着明晰的区别, 除了类型上的区别,路易斯·康有意为每个独立单元赋予个体特征,“使一物体有别于其他物体的独特气质”,以此来强调要素之间的差异性。

路易斯·康有意区分了每个要素的尺度,在群体关系里,礼拜堂、门塔、学校和食堂分别以不同的体量和高度出现。

个体之间的差异性还建立在屋顶形式的不同处理,也就是说,这种个性的赋予也集中在造型意义上。门塔为十字形屋顶,其中一个角突出,其他三个角斜向内收缩;礼拜堂屋顶被设计成九宫“灯笼折板”,形成4个斜坡面和4个开有大窗洞的角部高塔,高塔的根部留有门洞,是唯一可以走上屋顶的部件,学校为两个斜对角屋面在上部收束成一个方形,食堂为单层的十字形屋顶,在一个角部放置了高起的壁炉（图 21)。

对路易斯·康影响极深的古典理性主义建筑师勒杜(Claude-Nicolas Ledoux)十分关注纯粹实体要素的组合，认为建筑是构成

*1 Yutaka Staito, Louis Kahn Houses 1940-1974. Tokyo, TOTO Shuppan, 2003:23.*

图21

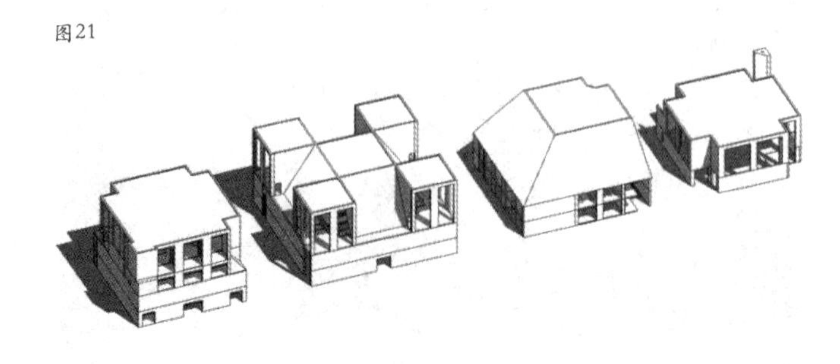

(Composition)而不是形制 (Form),他把建筑还原成几何形体，而建筑唯一的区别在于“尺度”和“个性”。 路易斯 · 康对待要素个体强调不同类别的个体之间的差异性，在类型区分的基础上，通过尺度的区分和特征的赋予进一步使得个体更加明晰,事实上仍然是要素的分离，是一种深度的要素区分。

**7－多米尼克要素的建构属性**

要素个体存在着差异和各自的取向，而语义的分离、类型要素的纯化以及个体特征赋予则是对这种差异性的不断强调，这一切都表明，路易斯 · 康对待独立要素有着异常明确的态度，即要素个体的清晰，而清晰的最终意图没有停留在事物的分离，而是对差异性要素进一步的组织和建构。

继续单独地探讨一个词已经没有更大的意义，它必须被放到总体关系中去讨论，在具体的句子和段落里去看上下文关系。

路易斯 · 康的要素（单元）之间的布局看似随意散落，但每个要素自身的形式和建构生成仍然是异常严谨的几何秩序，这保证了其建构的精确，不同要素之间的“连缀”传递和清晰地交接。

## 肆 ／ 要素构成的总体

*“我认为建筑师应该是作曲家而不是设计者,他们应该将元素组织起来,元素本身是 一个整体。”*[1]

1 (美) 戴维 •B• 布朗宁，戴维 •G• 德 • 龙著 . 路易斯 •I• 康 : 在建筑的王国中 [M]. 马琴译 . 北京 : 中国建筑工业出版社 , 2007：105. 版社，2007：177.

前文讨论了构成总体的要素,本章重点讨论的是要素最后如何构成一个总体,这些要素遵循着什么样的原则而被组织在一起。

**1-要素即结构(要素是如何成为结构的?)**

在什么意义上讲,这些要素单词可以单独拿来讨论,最后又把它们组合在一起,那种组合关系是不是先天就已经存在?

（1）“天堂堡垒”修道院的总体原型

修道院这种类型最初被建立就是一种集体空间,无论在后面如何演化也都是由基本的礼拜堂(教堂)、食堂、图书馆、宿舍等基本要素构成,它提供了一种集体的生活空间系统。

图22 丰特奈修道院（1130~1147年）

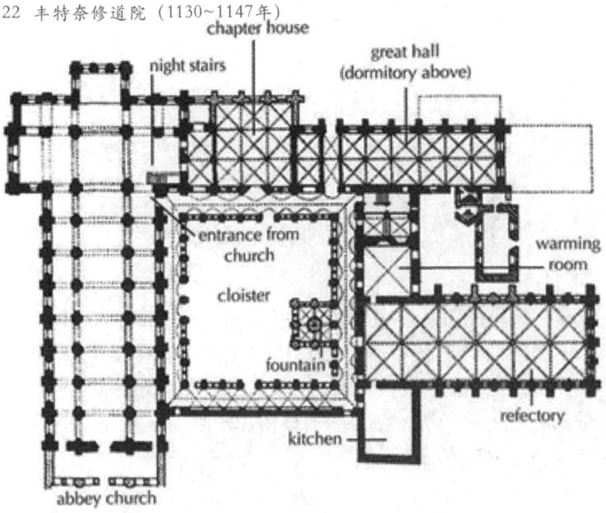

> *修道院实际上是一种新型的城邦，它是一种组织形式，或者说，是思想志趣相同的人们之间的一种紧密的手足情谊联系，他们不是偶尔举行仪式而汇聚到一起，而是永远共同生活居住在一起，在人间努力实现基督教生活，全心全意做上帝的仆人。*
>
> *——刘易斯·芒福德*

观察各个历史时期的修道院,无非是对那些基本要素片段的重组,正如芒福德将修道院的本质认定为是一种对集体空间的组织,而组织的方式基本上有两种：一种是围绕院子组织空间,一种是在一个院子内部组织空间。

中世纪以来的修道院大部分都是包括教堂在内的各个功能空间围绕一个大院子组织在一起,例如法国著名的丰特奈修道院,空间要素全部通过一个方形的回廊来组织,四边的廊道分别通向大教堂、集体宿舍、食堂和厨房,各个要素是隐含在这样一个结构中,并且向院子外部展开(图 22)。

如果追寻更早时期的修道院,还存在另外一种类型的修道院即修道院"城堡"，即有一个明确的边界范围,而空间发生在内部。中世纪黑暗混乱的外部环境使得修道院在当时成为几乎唯一幽居静修的地方,"是一种庇佑灵魂的城堡,它的宫殿就是修道教堂(Abbey Church)"。[1]其中比较特殊的一个案例,与路易斯 · 康做的多米尼克修道院极其相似,在一个大院子内部组织了一些差异性的要素个体。公元 6 世纪建的西奈山圣凯瑟琳修道院,在一个小教堂的基础上建造起城堡式的修道院,在一个大院子内部紧凑地组织了图书馆、博物馆、藏骨堂、会堂和清真寺等差异性的要素个体(图 23)。

城堡本身就带有一种理想的空间格局,城堡与修道院,自古就有着密不可分的渊源, 12 世纪意大利僧侣基姆曾设想过人类在修道院里实现大同,同一个世纪的伯纳德认为，修道院就是天堂的堡垒,他甚至造出了一个拉丁文的新词汇"paradisus claustralis"(修道院天堂)。[2]这些都传达出修道院和城堡共同具备的理想特征,而这种理想倾向更多的是因为它们都具有一个完整的内部世界。

图23 西奈山圣凯瑟琳修道院（公元6世纪）

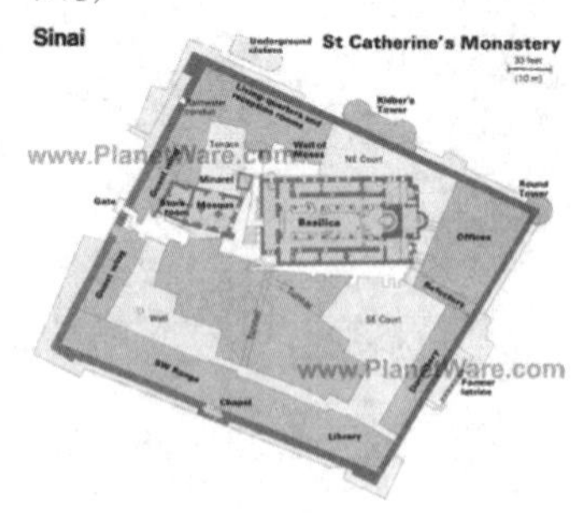


1（美）刘易斯 · 芒福德 . 城市发展史——起源、演变和前景 [M]. 宋俊岭、倪文彦译，台湾：建筑与文化出版社有限公司,1994：264.

2（美）刘易斯 · 芒福德 . 城市发展史——起源、演变和前景 [M]. 宋俊岭、倪文彦译，台湾：建筑与文化出版社有限公司,1994：264.

*“无论外部世界多么混乱,修道院总在自己院墙范围内建立一套平静而又秩序的生活。”——刘易斯·芒福德*

上述历史中出现过的两种修道院组织基本要素片段的方式分别是:①围绕院子组织空间的“回廊”类型;②在一个院子内部组织空间的“城堡”类型。对比路易斯·康在多米尼克修道院的几轮方案调整中,整体空间结构的前后变化反映出他对这两种空间组织方式的取舍。

(2)“廊”与“院”的取舍

在一次和莱斯大学的学生的讨论中,路易斯·康谈到了两种组织空间要素的方式,一种是通过廊子连接房间,另一种是在院子里组织房间,他更倾向于后者并在多米尼克修道院方案中最终选择了这种方式作为组织要素的首要结构。

这两种组织空间方式的差别在于前一种强调一个完整性的结构体,要素是次一级的内容物;而后者强调构成要素本身就是结构,以及要素间的差异。

公建单元从一个整体里脱离出来,获得了“成为自己”的自由,那些方块以自己的意愿找寻本源,直到在这个过程中稳定下来。棘手的依然是如何确定一种结构,一种将要素有效地组织在一起的结构,那么一般作为结构的填充物的要素本身能否同时成为结构?

*“假设你有一种很好的小径或者美术馆的形式,并且从这个美术馆中穿过,与这个美术馆相连的都是与美术有关的学校,它们可能是历史、雕塑、建筑,或者绘画学校,你可以看见人们在教室里工作。这样设计的目的就是让你总是感觉好像你在穿过一个人们的工作场所一样。然后,我还设计了另外一条观赏它的道路,那就是庭院,你进入到庭院中,你在庭院中看建筑,一栋是绘画楼,一栋是雕塑楼,一栋是历史楼,另一栋是建筑楼。在一栋楼中,教室的存在阻碍了你的行动,在另一栋楼中,如果你想的话,你就可以进入其中。我想到目前为止,后者更好一些。还有一些和联想有关的感觉,它们是微妙的,而不是直接的,越微妙的联想有着越持久的生命和爱。”*[1]

要素本身作为结构正如路易斯·康在讨论中所做的选择一样,多米尼克的方案正是从“廊子连接房间”转变为“大院子里房间直接连接房间”,而这里面根本性的转变在于让那些房间个体直接支撑起整体的空间结构。

1 Kahn .Talk with Students: 39-40.

多米尼克修道院中的全部要素集结为“院墙”和“院内”两种结构:a. 宿舍房间群构成的外围独处边界;b. 独立要素构成的内部公共世界（图 24)。

图24 “院墙”和“院内”两种结构（作者自绘）

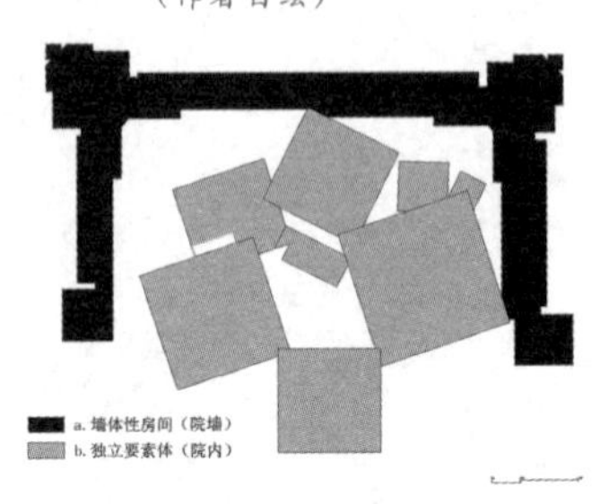


这里比较特殊的是宿舍房间以单元群组的方式组构为一个更大的部件，形成墙体的房间群,由左到右分别为申请者房间群、新来修女房间群、年轻修女房间群和年老修女房间群(图25)。

内外两个结构事实上形成了两套基本秩序,而这两套秩序的确立和明晰很大程度上建立在轴线角度的偏转角度关系介入的总体构成，角度偏转与内外两套秩序的确立分别有各自的朝向，首先内部秩序与正东西方向一致，这是由礼拜堂正立面要朝向正西面来确定，即礼拜的方向；外围秩序是以礼拜堂与宿舍的交角为重心，向外旋转了18°，两套秩序轴线的夹角成72°黄金角（所谓黄金角就是黄金三角形的一个底角）（图26）。

图25 墙体的房间群（作者自绘）

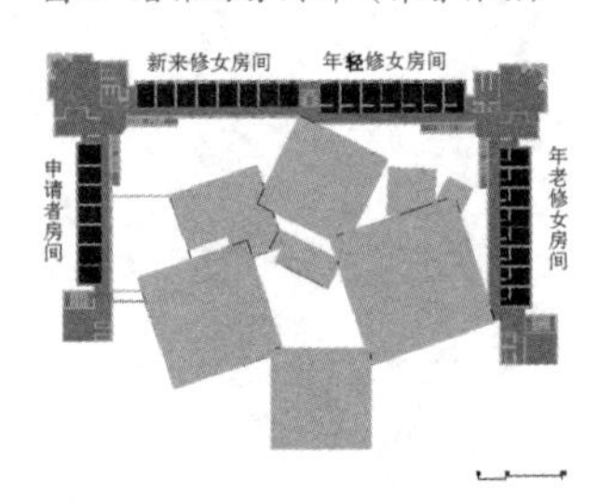


两套轴线的并存并非透明性中所指的现象叠加，成角度的两套轴线系统意图恰恰是在做出区分，恰恰相反的是建立了两种秩序从而区分两类事物。

两套轴线网格以礼拜堂为重心发生了旋转，使得内部秩序和边界秩序分离开来，门塔在这里被清晰地界定为边界要素，而同时又是公建要素群的一员，因此属性和角色变得重叠和多义。

图26 两套秩序轴线系统（作者自绘）

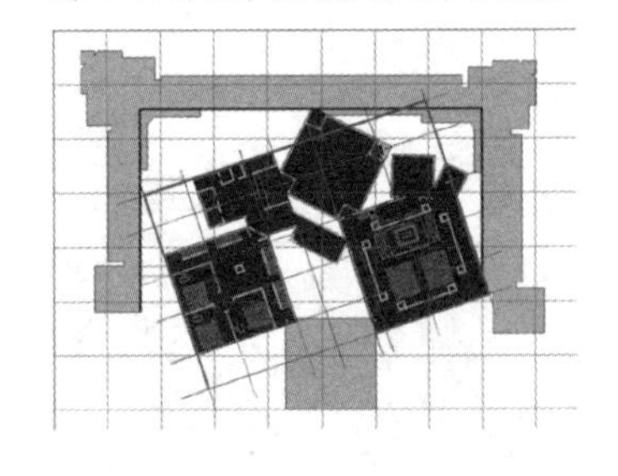

区分的是院内与院外两个世界，入口门塔和宿舍院墙同属一套轴线系统，这个时候它已经不再被认为是公建单元群的同类物，而是和院墙一起形成区分修道院内外的边界要素。

与柯布对修道院或者城市的理解接近的一点是人应该有独处与集体生活两种基本的存在方式，因此公共性的、汇聚的空间组成团，而独处的空间安排为很小的房间，两者分离得很清楚。

（3）角度偏转引发的空间整体性撕裂

之所以说多米尼克修道院方案在路易斯·康众多的方案中如此特殊，很大程度上是因为中间那堆建筑体的自由姿态在路易斯·康作品中很少得见，汤凤龙在《间隔的秩序与事物的区分》中将这一方案归类为自由的“散落”，并认为相比于福特韦恩艺术中心和印度管理学院，单元间存在明确的几何牵制关系，然而多米尼克修道院、费歇尔住宅，各单元间没有明确的几何连带关系，似乎就是要强调不同单元之间随意的对接与碰撞。[1]

1 汤凤龙著. 间隔的秩序与事物的区分[M]. 北京：中国建筑工业出版社，2012: 174.

图27

正西，礼拜方向

事实上路易斯·康作品中几乎不会出现“随意”的布局，多米尼克修道院看似“散落”的总体关系，也是在2套叠加的轴线系统控制下发生：礼拜堂正立面朝向正西，即礼拜的方向，由此确定了院落内部公建群体的一致方向（图27），偏转了45°食堂依然在这个轴线关系里；三边宿舍形成的矩形院墙从礼拜堂的一角旋转72°黄金角，由此确立了外围轮廓的朝向。

图28 深空间序列（作者自绘）

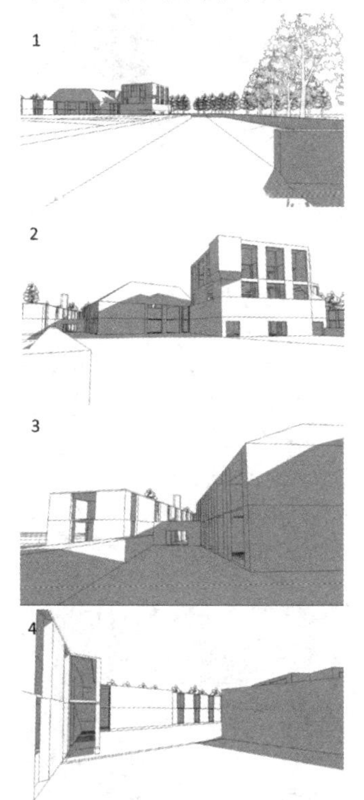


这一角度的偏移除了应对改到西侧的主入口这一现实因素之外，更重要的结果是引发了空间整体性的撕裂，随着视点逐步移近，空间被一层层撕开，更深的空间在后面不断展开（图28）。从而在一个局限的范围内获得了“深空间”（看上去比实际更深远，空间层次更多）。

场地周边的景观包括森林，地形和临近关系也很完整地延伸进内部的生活中。

就跟核心空间被旋转进房间框架里一样，整个修道院也如此被旋转进森林里。好像都被一种离心力牵引住，森林和修道院的片段已经成为分离的一些局部。森林边界与建筑体量之间的空间通过这种旋转变得清晰（裂开），伴随着的是那些建筑间不规则的部分也在发生改变（图29）。森林与建筑互相增强又互相矛盾，离心的运动与森林空地的静止是同时发生的。

进入的方向与教堂、学校成正交关系，旋转的构成被几何秩序固定在场地上，从正面接近的时候会明显的复杂（进一步接近，所看到的立面就不再复杂）。

我们倾斜着进入森林，只能局部地看到目标，如果我们朝着建筑移动，整个建筑会旋转起来。

这个方案里的对称性都是被设定为相对关系。看向前面的同时能看到斜对角的其他体量，那些看不到的部分都抵在了森林的边界上。我们在内部体验到的丰富效果同样适用于整个全局。

图29 森林边界与建筑体量之间的空间通过这种旋转，空间被逐层撕开

（4）要素单元之间的“成角互嵌”

相邻的要素单元之间存在特定的角度关系。

要素单元之间的角度经过测量，发现看似“散乱”、“无序”的单元之间只存在两种主要的角度关系：1.前部的门塔与礼拜堂、门塔与学校、礼拜堂与院墙、学校与院墙成72°角关系，通常这个角度被认为是黄金角（黄金三角形的一个角）；2.中部的客人餐厅和后

图30 单元之间成角关系图（作者自绘）

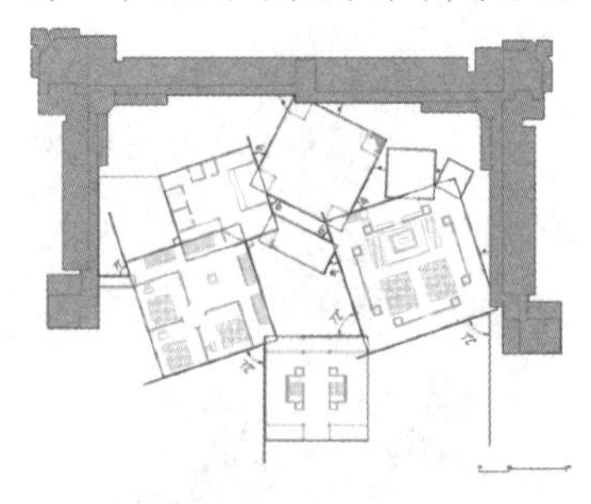

面的食堂均与相邻的公建单元之间只存在45° 角关系（图30）。

图31 拼贴关系图（作者自绘）

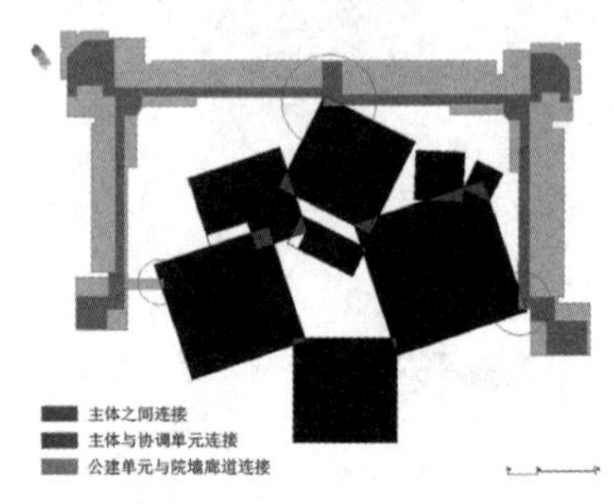


这些看似散乱的个体单元却是被精心地控制和组构在一起的。

路易斯 · 康说："房间会找到属于它们自己的连接方式。"他所说的"房间"并非通常意义上的房间，而是建筑中的不可再分的基本要素。而这里路易斯 · 康让房间找到的连接方式便是房间与房间直接连接，要素单元之间成特定角度地互相嵌入（图31）。

包括三类连接关系：

1.主体与主体相互连接
2.主体与协调单元连接
3.内部公建单元与外部院墙连接

图32

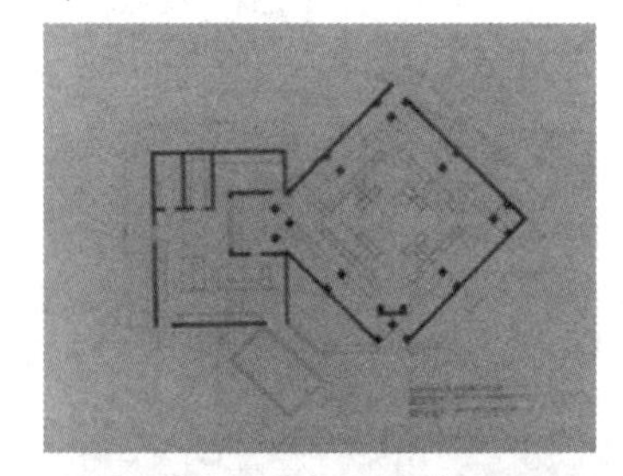

在图形关系上表现为不同要素的"拼贴"，所有的要素都集中在一起同时呈现，要素的角部之间互相咬接，而出现局部重叠，那些重叠的部分是从一个空间进入另一个空间的交界地带，它造成的结果是一个空间还没结束下一个空间就已经开始了。

就像路易斯 · 康问砖想要成为什么一样，或许他也会问："房间啊房间你们想怎么连在一起？"房间在路易斯 · 康这里，不仅获得了"想要成为什么"的自由，从而成为清晰的个体，而且还要以更自主的方式彼此串联，直接以角对角互相碰撞拼接在一起。

图33 食堂空间渲染（作者自绘）

然而值得注意的是这种直接的角对角碰撞并非毫无根据，实际上，路易斯 · 康在1961年的一次采访中就阐述过他对于空间的角部有其特定的看法，他认为一个方形的内部并非是无差别的，而是存在恒定内部和偶然性角落的差别，四个角部是空间结束或者开始的地方。

图34

在多米尼克的要素单元之间就强烈地表现出这种特征，自第三稿开始路易斯 · 康就在尝试让房间角对角直接相连，然而仅仅是互相紧挨，且呈现为松散的关系，第四稿之后房间与房间相互冲撞，并在角部侵入彼此，墙体断开，有的直接开口，有的裂解成柱（图32）。比如食堂进入厨房的时候，走到食堂的角部还没有走出去，已经开始进入厨房的前厅了（图33）。

再比如礼拜堂，四个角落连接了不同的物体（图34），各个角落的连接方式也存在差异（图35）。

此外，处在角落的空间是连接不同空间的过渡区，同时又保证

图35 礼拜堂交角空间渲染
（作者自绘）

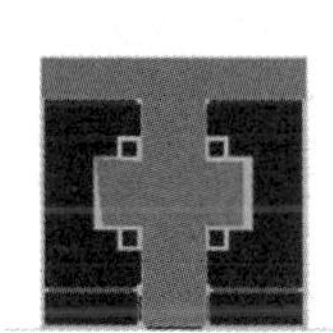
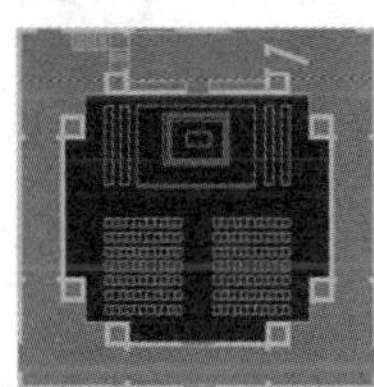
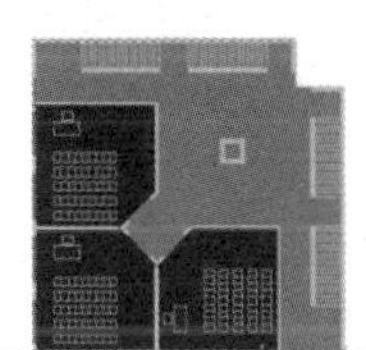
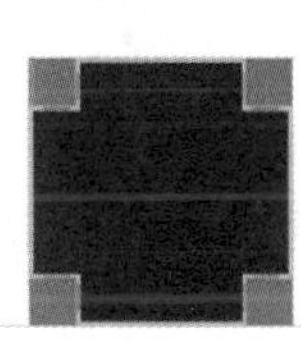

图36 各要素的服务与被服务空间
（作者自绘）

图37 角度推演模型
（作者自绘）

各个空间的独立性。因此常常被路易斯·康用来作为“服务空间”。“在一个常规的正方形里你总要面对的问题是如何到达空间的尽端。你必须要穿过‘功能性’的区域，来到那些服务区域，服务空间同时也服务于房间到房间。”观察每个多米尼克要素单元，这种区分也十分的明显，例如图36黑色区域为被服务空间，灰色区域为服务空间。甚至外围边界的起居室等服务于房间的那些区域同样发生在4个角落里。

这里我们不妨做一个假设，如果这些要素不存在这种交角而是都在一个正交的秩序下，空间关系会是怎样？笔者将这种情况在模型中推演分析，图37发现当所有的要素都按照一种正交秩序排列组合时，不确定性瞬间消失，空间变得非常确定，单元个体的动态联动变为静态组合。

（5）核心单元的轴线传递与对位

值得注意的是那些成45°角的拼接单元，仍然在强调一种轴线的对位关系。对位便意味着空间发生结构性的组合。需要明确的是，这里的轴线对位关系存在于要素结构的内部，这就是为何这个方案给人的第一印象是“散落无序”，而“散落无序”的表面下实际上有着精确的结构关系。

仔细观察内部要素个体的平面秩序：礼拜堂为明确的纵向对称；食堂为4个顶角确定的十字对称；学校则是对角对称(图38)。

图38 架构性单元的轴线传递与对位关系
（作者自绘）

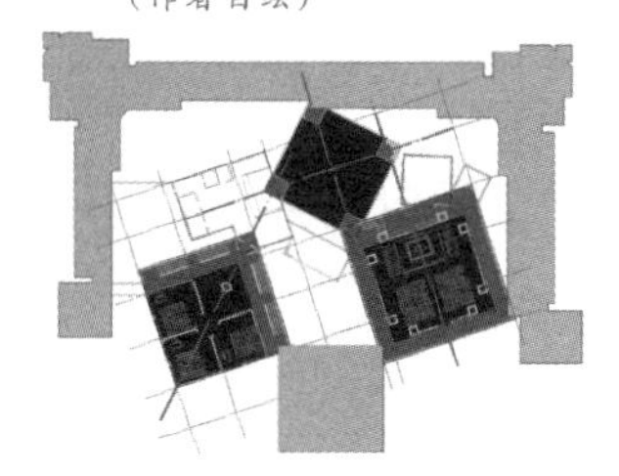

这些要素彼此之间精确地咬接在一起，礼拜堂的对称轴与食堂横向的轴线垂直并且相交于食堂的一个顶角（壁炉），壁炉在这里强调了这条纪念性的轴线，食堂的另外一条轴线贯穿了礼拜堂单边的服务通廊，学校的对角轴线延伸到食堂与轴线相交到和壁炉相对的顶点上。

图39 服务空间的连接性系统（作者自绘）

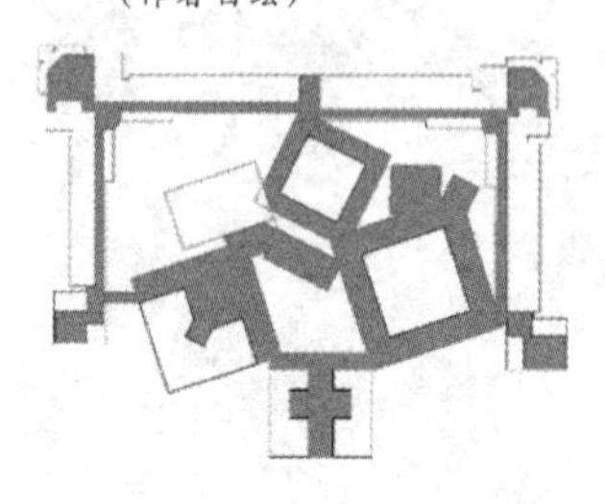

因此可以说礼拜堂、食堂、学校，这三者是内部秩序中的架构性单元。它们通过轴线的传递实现精确对位，在内部形成稳定的实体结构，其他的小单元或平行或沿对角保持着与这三者的连接关系。

图40 三维拼贴产生的空间弥撒（作者自绘）

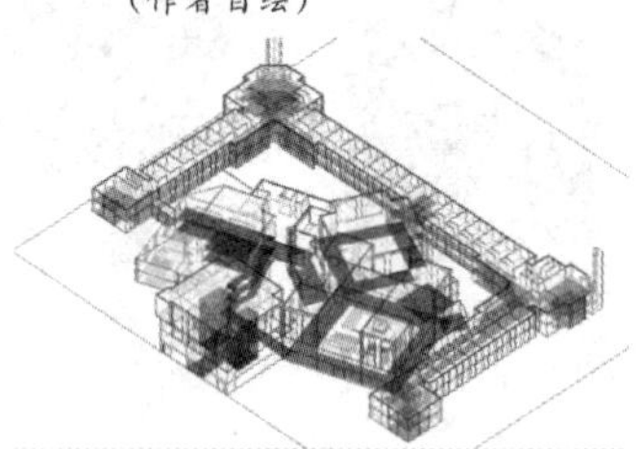

（6）要素拼贴的空间弥散

离开图形分析，再次回到三维空间来看，多米尼克修道院完成了要素与要素在空间中的“拼贴”，拼贴产生了空间的多义，房间与房间的确定性关系消失，所有要素的服务空间被连续为一个大系统（图39），空间在内部成为一种平等无层级的弥散状态，路径不再是单一流线，而是多重路径的叠合。核心空间的“随意”连接，通过房间外的走廊形成最终的流线环，增加穿越整个场地的可能性。修女从房间里走出来，可以通过食堂或者礼拜堂到达任何其他的地方。

单元与单元的交角并没有制造困难的局面或者消解了相互之间的关系，反而变成了更积极的转换节点，内部存在大量这类空间转换的节点，空间得以不断地展开，并且是并列地展开，单元在内部不再有等级的差异（图40）。

当进入这样的系统中在内部漫游感知的时候这种特征尤其明显，不断地从一个空间跳转到其他的空间中去，而跳转的方式在每个转换节点上都不一样，似乎内部包含了一个无尽的空间系统在不断循环，然而空间并不会完全弥散掉，因为在每个要素单元的内部又会被仪式性的恒定秩序所确定。

**2-实体要素与虚体要素的格式塔弥合**

（1）格式塔的虚体联想

路易斯·康选择庭院作为组织空间的基本结构，还有很重要的一点就是那些建筑之间产生路易斯·康所说“微妙的联想”的空白部分，即相对实体要素而言的虚体要素，也就是那些大大小小的庭院，他认为“庭院是思想和身体集会的场所”，就足以说明那些建筑之外的空间与建筑内部一样，甚至更加重要。

图41 路易斯·康绘图底草图 1968年春季

1968年春季的一张草图，路易斯·康在平面中只绘出了实体单元的边界，实体内部被淡淡地涂黑，原先清晰的要素部件之间不再有明显的分离界限，而被认为是一个轮廓清晰而内部连续的实体，实体之间的那些空白显现出来，并呈现为有特征的图形（图41）。

这张图底草图表明了路易斯·康有意以“格式塔”的方法关照场地内的空间要素，“格式塔”一词“Gestalt”来源德语，意为整体和完形，往往发生在心理层面，依靠知觉与意识对不完整的形体或者图形进行联想和补全。

格式塔理论强调图底的完型作用，实体空间与虚体空间在一个整体中互相补全，而这种补全获得的结果往往更大，正如文丘里在《建筑的复杂性与矛盾性》里说：“格式塔心理学认为感性认识总体的结果远远超过部分的总和，总体取决于部分的位置、数目及固有的性质。”所有的要素都是相互依存的关系，改变一个部分会引起另一个部分的调整以维持句法序列的平衡。

图42 多米尼克的虚体构成（作者自绘）

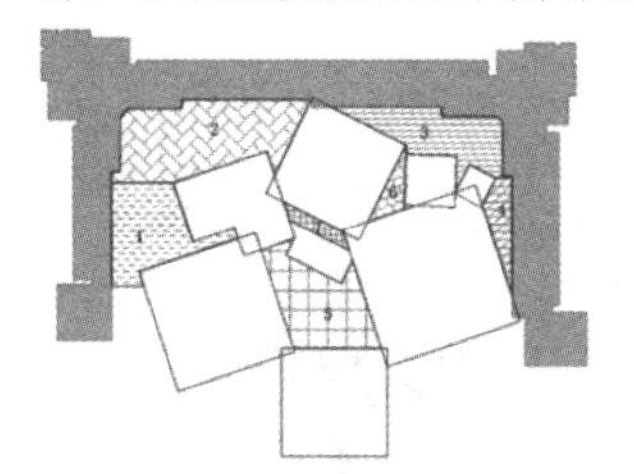

（2）多米尼克的虚体要素拆解（构成）

多米尼克修道院内部主要由7个虚体片段构成（图42），将它们全部清理出来，发现虚体片段之间同样存在差异性，同样存在内容的差异、大小的差异以及轮廓特征的差异（图43）。

图43 被实体隔离的虚体之一（作者自绘）

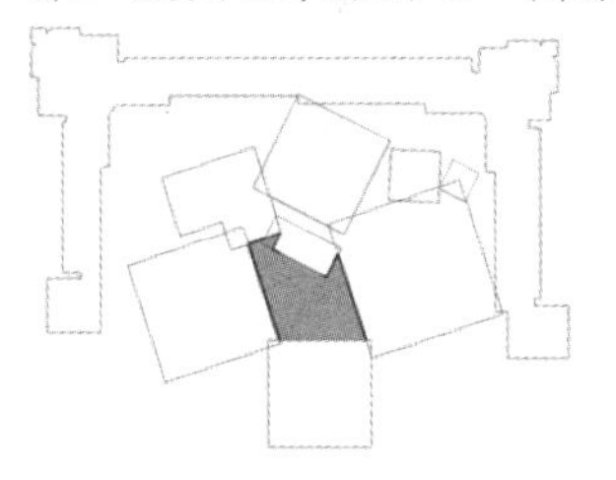

虚体要素有些开放成“院子”，有些狭窄成“天井”，当它被压缩到一定程度的时候，已经很难说清楚它到底是天井还是一个没有盖顶的大房间了，这个时候实体间的缝隙与实体内的空间产生了相似性。

路易斯·康也在这个方案中说：“院子是没有屋顶的礼拜堂”。

然而，处于一个图底关系中的虚体片段同样需要面对构成问题，虚体组合与实体组合非常不同的一点是虚体之间是相互分离的（图44），除了片段1与片段2之间是靠高差区分之外，你几乎不会再看到虚体与虚体组合的情况，或者说，路易斯·康也在有意避免虚体与虚体的直接相遇，因为那样会存在空间模糊和不清晰的危险。

图44 室内与室外的相似（作者自绘）

（3）虚体要素和协调单元

正如前面所说虚体是被动产生的结果，这一点也很好理解，毕竟虚体是伴随实体出现的，每个虚体基本上由前文提到的实体要素之间互成角度的组合来决定。然而不可否认的是，虚体要素同样会反向影响实体要素位置和角度的确定，虚体和实体存在互调关系，尤其是除了礼拜堂、食堂、学校这三个架构性的实体单元之外的那些小型单元，它们是介于两者之间的协调单元（图45）。

图45 协调单元（作者自绘）

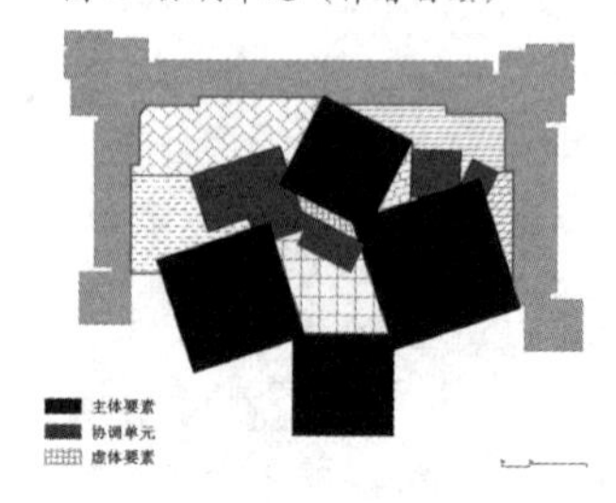


比如，从礼拜堂中分离出来的侧礼拜堂和圣器室，不断地变换着自己的轮廓形态，以求得一系列合适的虚体形态。

（4）界面的开合与内外的连续

虚体与虚体相互分离，相对独立和清晰，然而却保持着与实体内部空间的紧密关系，虚实之间只隔了一道界面，也就是说虚体空间的边界就是实体要素的界面，在那些边界被打开的部分，室内空间与室外空间开始连续，路易斯·康十分在意墙体对空间的界分，“现代主义最大的一个错误就是把墙体存在的必要性减小到最小。”从一张界面开合关系图中可以看到大部分的墙体界面十分完整，只有在特定的位置上有少量的开洞（图46），路易斯·康是如此谨慎而又精心地处理边界以及边界两侧的空间关系，控制内外空间的渗透。

图46 界面开合关系图（作者自绘）

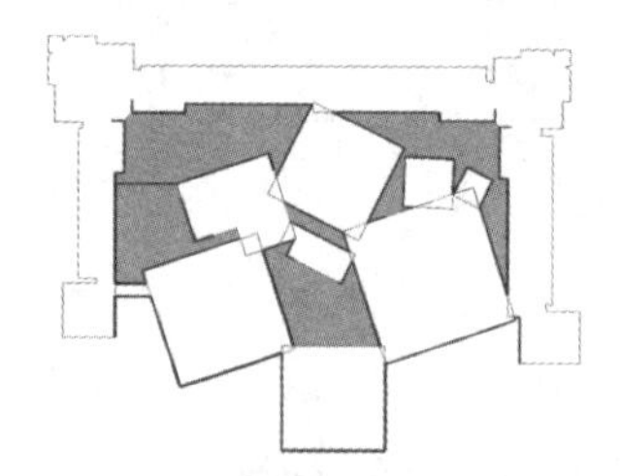

文丘里说:“建筑发生在内部使用与外部环境空间相互作用之间，建筑就和内外之间的墙一样成为一种调和与戏剧的空间性记录。”路易斯·康在整体关系里系统处理了服务空间，折叠它、颠覆它、叠起它，“围绕建筑形成包裹的废墟”（图47）。

图47 围绕建筑形成包裹的废墟（作者自绘）

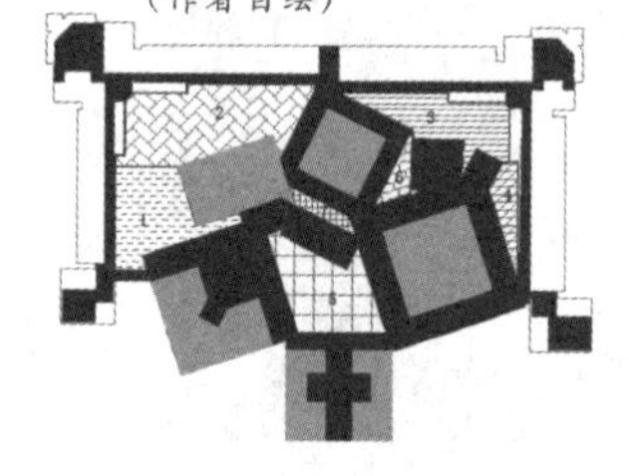

在给修女反馈意见的信中，路易斯·康将门廊、花坛和花园分别写在房间、礼拜堂和食堂的下面，反映出路易斯·康在为虚体空间赋予内容时会参考邻近的实体要素，使得虚体与实体之间存在组合关系。

而那些被特意划分的大小院子和缝隙被定义为差异性的片段，隐嵌在建筑实体背后，外围秩序严整的院墙内部发生着实体的自由组合，而这一切都被那些分段的舞台布景一样的虚体片段补充弥合在一起，是一种共底弥合，从内部到户外——是一种完整的体验。原本室内与室外“二”的关系变成了模糊暧昧的“一”。

**3-从整体到总体**

（1）共时拼贴与戏剧性的诞生

在最终稿的设计中，食堂成为连接各个部件要素的枢纽，与修女达成的共识中明确了“通过餐厅连接厨房和修女院的其他部分”，要素与要素除了在空间上彼此连接，在语义关系上也相互对话。从平面开始，路易斯·康把建筑解析为“房间”，建筑就是“房间的社会”，房间被赋予了角色，在同一个平面中形成“互相对话”。

图48 虚实角色的共时拼贴
（作者自绘）

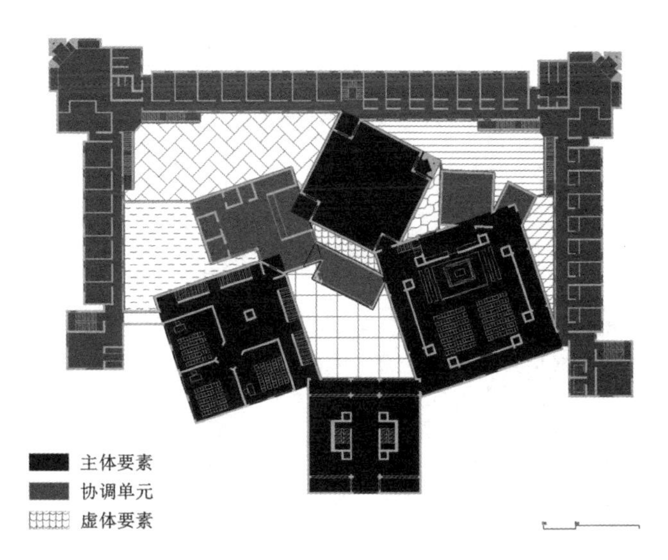

图49 院内单元的尺度关系
（作者自绘）

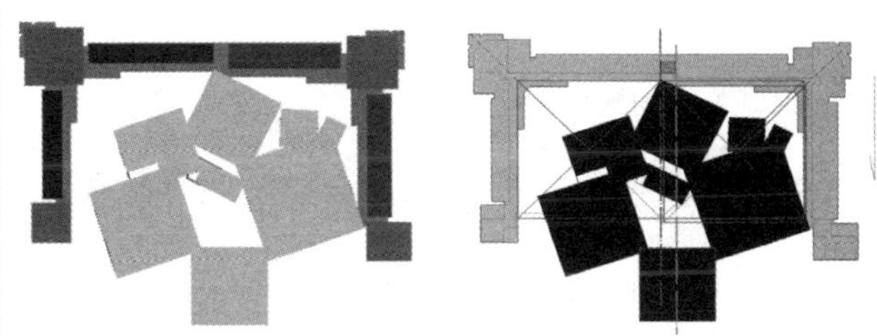

图50 墙体性房间和起居空间尺度关系（作者自绘）

图51 “不稳定”的对称
（作者自绘）

取消了“廊”之后房间直接连接房间，个体之间产生了交叠，而这种交叠使得空间更紧凑。内部的公建单元被拥挤地拼贴在一起，像是一群人被关在一个狭小的空间里，彼此挨得很近，各自都在调整自己特有的位置和姿态以避免尴尬，在没有被压在一起的时候，个体之间是松散的，个体可以主导这种关系，当它们被压在一起的时候，关系需要被重新界定，那种不适应和相互之间的排斥增强了戏剧性，空间的张力，可塑造性在发生变化，和前两稿开放的大院子相比，更加紧张，实体间的缝隙与实体内的空间产生相似性，它的复杂程度极大地增加，已经不再是第二稿、第三稿中松散的关系（图48）。

（2）动态平衡关系（“不稳定”的对称）

再次将方案放在图形关系中对比分析，院内的各个要素尺度几乎都不一样，四个角的起居空间大小都不一样，在靠近房间较小的一侧起居室更大一些，另一侧相反（图49、图50）。

经过图形分析，三边宿舍围合的大院子由2个并排的正方形构成，中轴线落在宿舍中心楼梯的一边。然而整个布局并非绝对对称，各个部分都在发生错动，入口塔的轴线并不与院子轴线重合，而是向右滑动落在了宿舍中心楼梯的另一侧，即使是两个方形的院子也发生了滑动，这一点可以从两侧的烟囱确定的对角线被证明（图51）。

图形元素之间的关系是平等的，没有哪个图形会成为全图的主导，这种均质的类似图—底关系的场地使人的空间感受没有指向性。元素和元素之间的连接靠相互关系而不是靠一个分层有序的排列原则而形成，因此，从平面图形关系来看，由于不同尺度要素的差异性拼贴，图面呈现为“不稳定”的对称关系，整个平面是在维持一种动态的均衡。

多米尼克修道院，1965~1968年

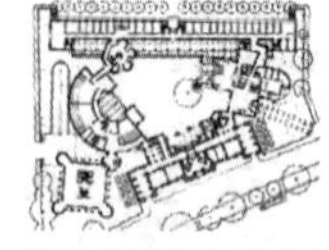

斯特林，柏林科学中心，1979~1987年

图52

（3）建构出一个总体

路易斯·康的多米尼克修道院和斯特林（James Stirling）的柏林科学中心平面图比较（图52），两者具有很大的相似性，同样是组织和拼贴了一些类型片段，然而仔细解读会发现科学中心不过是将相同功能的空间有意划分为不同的个体后进行“拼凑”，是对单一性的反抗和解构，而非多米尼克修道院中强调每个要素自身的愿望，再去精确组织那些要素。

可以说前者是在建构而后者是在解构，多米尼克修道院方案已经超越了“拼贴”的概念，是一种自由而精确的建构。

托马斯·阿奎纳斯是对路易斯·康最有影响的中世纪美学思想家,他的观念曾被路易斯·康总结为以下四点：

①完整性,一个物体自成系统，能自给自足的个性;

②整体性,赋予物体内部所有元素以适当角色，而达到完善有机的统一;

③对称性,并非简单的左右对等，而是一种相互和谐的关系;

④光明性,使一物体有别于其他物体的独特气质。[1]

这四点恰恰也是路易斯·康处理个体和集体问题时把握的重点,这些特征均在多米尼克修道院方案上得到集中体现,看得出路易斯·康尤其关注这样一种由内而外的整体关系。

（4）整体还是总体?

回顾多米尼克修道院方案的演变，尤其是对比最初的方案和最后的方案，从一个大房子演变为一堆小房子，本质的区别在于前后发生了从“整体”到“总体”的转向，一个完美整体，最终构成了一个极具偶然性和戏剧性的多义总体。

*1 陈旭东．路易斯·康的启示 [J]. 新建筑，1996.*

“整体”指向的是古典观念，一切古典的统一性和从属关系、组合都在这个观念当中，它延续着一套理性的形式原则和处理办法；而“总体”则变成了集合的问题，集合的时候并没有潜藏那么多规定，它更多的是把古典主义的诉求处理到单体上去，所谓的要素就是单体化了。

(5) 个体的崛起与集体性

本文某种程度上是在讨论一个规划问题，更确切地说是对集体性的讨论，不论是“整体”还是“总体”，都是对集体性的界定。

从“整体”转向“总体”的关键发生在内部，即要素的显现，要素纯化清晰为有建构属性的个体，个体直接精确地“拼贴”在一起。当要素不仅作为内容物，同时自身直接成为结构的时候，面对整体优先还是部分优先的问题，个体发生了一次崛起。

赫茨伯格曾说过路易斯 · 康与凡 · 艾克同时在爬一座山的两个坡，凡 · 艾克作为结构主义的代表，将设计看成一个整体构形的（configurative）过程，语法比单词来得更重要，单词在一个规则关系中获得确定的意义。而路易斯 · 康在这个方案中结构被隐藏在精确的秩序关系下，而更加强调单元的直接构图，单词的直接拼贴，获得了类似现代诗一般的丰富多义。

需要被强调的是，不确定恰恰要求绝对精确。

这种转变折射出经典现代主义文化到后现代主义文化发生的变异。

在这个方案中，要素单体自身在路易斯 · 康这里依然还是十分古典的，而他们的组合关系上已经不再是古典秩序。我们看到三年之内路易斯 · 康个人的空间观念发生了这样的转变，转变的过程中有大的背景在发生，这个方案是在20世纪60年代，恰恰是建筑史思想发生转变后现代主义思想涌现的时候，文丘里的《建筑的复杂性和矛盾性》以及罗西的《城市建筑》都是在那个时代出现的，那个时代是思潮的转变，从第二次世界大战前的经典现代主义到战后，经典现代主义还是延续了古典主义的情节，虽然产生了要素主义，仍然有一些法则约束和控制，总体的概念现代主义时期就已经出现了，一直到后现代主义法则的约束进一步被淡化，要素本身承担着更重要的角色。而这一个案发生在路易斯 · 康这样一位如此遵循古典秩序和理性逻辑的建筑师身上，说明这种变化是很深刻的。

# 与自然交织的空间叙事

## ——建筑空间形式系统在中国美术学院的教学实践

钱晨 Qian Chen

空间形式语言的训练在建筑学课程体系中具有重要的基础意义。

师父张毓峰先生希望通过建筑空间形式语言的研究，确立建筑学作为一门科学存在的基础。在他看来："科学就是一种形式语言（文字的或数学的或图形的）对事物存在形态的解释。"[1]

在我理解，建筑不等于建筑学。建筑现象更多地呈现为一种自然语言（Natural Language）的面貌，是一种自然演进的语言。但"建筑学"如要成为一门学科，必须有形式语言（Formal Language），即一般的抽象符号系统，能对自然语言（建筑现象）进行描述和分析。

近年来在中国美术学院建筑艺术系承担二年级的建筑设计课教学。王澍老师将二年级的课题定为"兴造的开端 ——园宅/院宅"。"开端"，即开一条入门的路径，而且是从"园"、"院"、"宅"这些中国传统的空间原型开端。课程对建筑现象的关注，重点转向建筑与"自然"的关系，将现代主义的空间形式语言与中国传统的空间观念加以观照对比，作为思考传统和现代之间连续与更新的开端。

得益于开放的课题化教学体系，每届持续一年的课程可以使教学保持高度的研究性和连续性。设计过程被定义成为一个研究性的过程。在课程结构的安排上，通过一系列练习单元，层层推进。由基础训练入手，培养对空间形式的认知和理解，掌握基本操作手段。随着课程递进，增加训练复杂度，不断引入新的考量因素，通过明确界定并加以条理化的组织，逐步建立起一套逻辑清晰并且具有扩展性的空间操作方法，获得操作复杂形式的能力。

以下是对于教学过程的一点记录和思考。

*1 张毓峰 . 建筑学的科学：空间及其形式语言 [J]. 建筑师 .2003(105):71-732.*

## 壹／纯粹空间形式构成训练

### 1-训练一：空间限定基础训练

基于5个空间基本单元（图1），设定3cm×3cm的网格，由基本空间单元出发，观察5个基本空间单元的空间特征，在网格的基础上，可使用界面（分为透质界面与非透质界面）、介体（包括体和柱）、异质空间（庭院）等空间限定物，逐次进行空间限定。每次限定需根据前次限定的空间逻辑作出（图2）。

此项练习可以进行复杂度的拓展，如扩展至6cm×6cm或9cm×9cm的网格，也可将正方形空间单元变换为矩形空间单元（图3）。

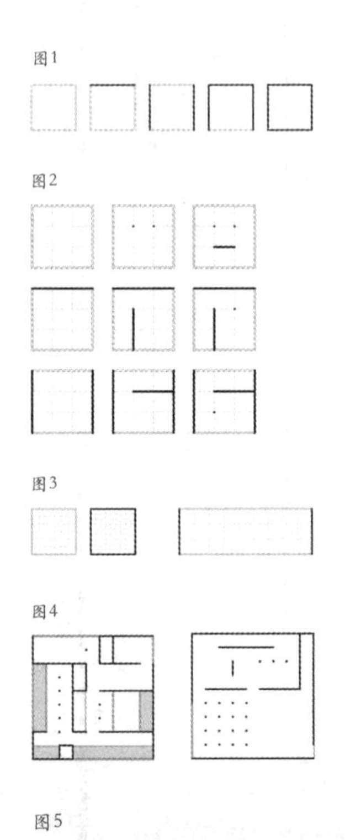
图1
图2
图3
图4

### 2-训练二：空间的水平连续

从训练一的成果中选取9个单元在水平方向上进行四方连续。尝试不同单元及排列方向的组合，观察拼接形成的空间状态，从中还原出几种可能的空间结构。分析不同空间结构所包含的空间透明性，选取一种空间结构再次进行限定推导（图4）。

### 3-训练三：空间的垂直连续

从训练一的成果中选取3个单元在垂直方向上进行叠加。观察每个单元的空间结构，依据叠加的空间结构删减二、三层底面，使得逐层空间上下流动。通过模型及剖面研究上下层的空间连续（图5）。

图5
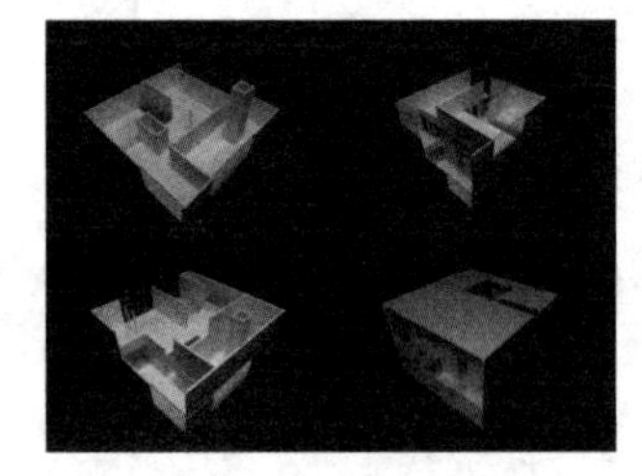

### 4-抽象的符号与真实的体验

上述训练借助于二维图形和三维模型进行。对图形符号的感知并不等价于对真实空间的体验，但是只有借助于抽象的符号系统，我们才能进行复杂的形式操作，如同音乐家通过乐谱对音乐进行记录和操作。

在训练过程中，为了区别于以往的平面构成及立体构成训练，我们通过下述手段强化抽象的空间图式所具有的空间意义：

（1）空间场景的还原，将场景图像转化为形式符号，强调其所具有的空间意义；

（2）通过空间渲染等训练，将抽象形式符号转换为空间场景的图像（图6、图7）；

（3）在纯粹空间构成的基础上，通过空间与事件关系的研究，进一步讨论人对空间的体验。讨论人的知觉和移动及对空间的使用方式和空间差异性生成所起的作用（图8~图10）。

图6

图7

图8 图9 图10

## 贰 / 兴造的开端——园宅

### 1-训练一：园林考察

在前一课程单元，空间操作借助于图纸和模型的作业。空间生成的推导，偏重于几何逻辑。在此课程单元，训练的重点从空间的形式操作转向现场的空间体验，转向对空间意图和空间叙事的感知。

这种空间体验的对象是园林。

黄作燊先生说："我们实际上有两种彼此独立的力量在创造'中国建筑'，一方面，我们有传统匠作以提供物质建造的需要，另一方面，我们又有文人在不自觉地将他们的智性注入建筑之中……将他们的建筑理念'错置'于月亮、树木与群山之间。"

这种智性的注入，使得园林中的空间关系呈现为有意识的建构，因此具有明显的形式意图。这些显然而高妙的空间意图，当然很适合作为训练体验和感知的对象。

如作进一步界定的话，本训练的重点在园林中建筑空间的部分。相较于山水画的图像再现，园林是对山水体验真实的空间再现。二维的绘画，在方寸之间即可展开千里江山，而园林对于自然的塑造是受限的，受限的结果是发展出高度的形式化，以及转向体验方式的多样化，故而造就了中国建筑传统中最为复杂的建筑空间。

图11

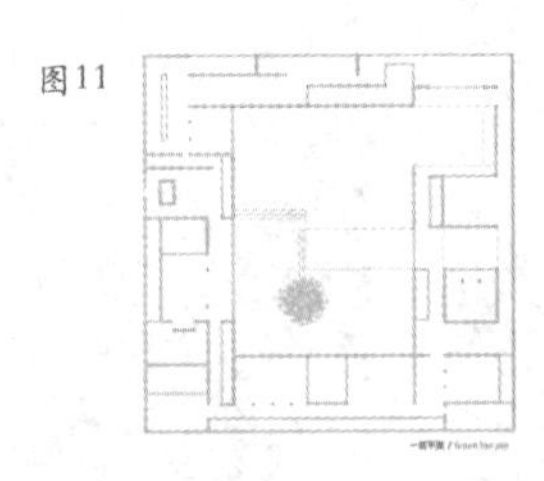

图12

图13

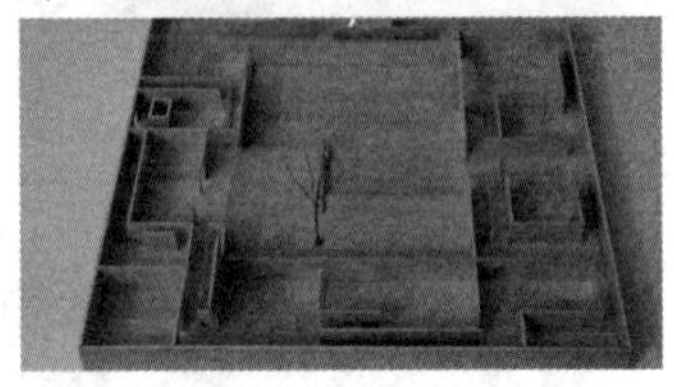

初习建筑的时候，如能站在密斯的巴塞罗那德国馆或者柯布的拉罗歇别墅，设身处地感受柯林罗所说的“透明性”，自然是很好的。好在我们有沧浪亭的翠玲珑，拙政园的小沧浪，留园的楫峰轩。这些园林中经典的建筑空间片段，实际上潜藏着值得我们重新认知的“现代性”。

图14

**2-训练二：园林空间的转译**

在练习中，我们采用“悬置”的方式，提取一些空间片段，用前几个课程的图示语言和模型进行还原，强化个人时空经验与空间形式符号之间的对应关系。随后将这些空间置还园林之中，考察它们与自然之间的关系。对空间的流动连续以及内外空间的交织进行结构认知和分析，体验潜藏在丰富性下的形式逻辑。在此基础上，展开空间类型的提取和转换与重组，通过变形对空间结构进行再次确认（图11～图16）。

图15

图16

## 叁 ／ 兴造的开端——院宅

以“院宅”设计为训练载体的课程，尝试进行从零开始的空间推导，进行自觉的空间组织训练,同时完成由单一空间塑造向群组空间组织的递进。

训练主要关注形式的精确性和复杂性。经由一定的形式法则，构造出具有精确性的复杂空间组织。在这一点上，密斯和巴赫是一样的。所谓巴塞罗那德国馆的流动空间，不是不确定的，此亦可彼亦可的流动，而是经由严格的空间对位，蕴涵着深层结构的空间复合，是建筑中的复调音乐。承接古典，开创现代（图17、图18）。

图17

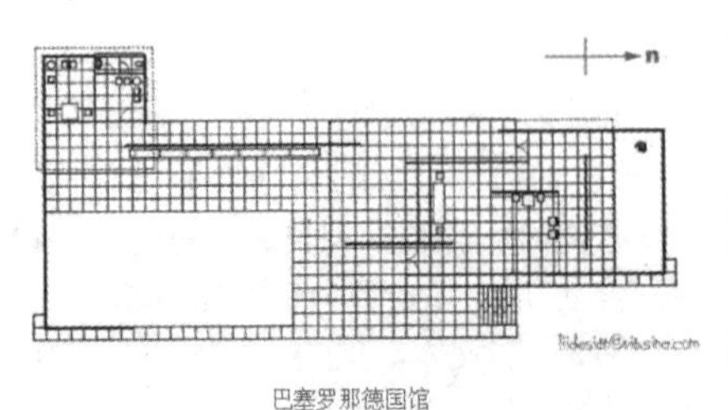



巴塞罗那德国馆

图18

平均律第一册 e小调赋格N° 10-BWV 855

## 1-训练一：案例分析 —— 结构与表意

纯粹几何形式的推导指向纯粹的形式构成。但结构一旦形成，便会和意义连接。

“院宅”借由建筑空间与“庭院”所表征的“自然”，确立了一种内外空间交织的基本模式。在人类的各种建筑传统中，不同的宅院结构，各有其意。我们通过案例分析，去和密斯、王大闳和贝扎等前辈大师会面，看看隐藏于他们的空间结构中的秘密，看看他们如何赋予各自传统的庭院空间以现代性的解释（图19～图24）。

图19 密斯·凡·德·罗

图20 1931年

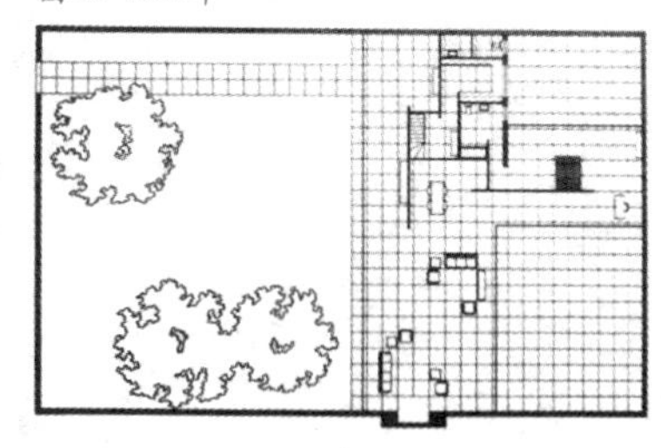

图21 王大闳

图22 建国南路自宅 1953年

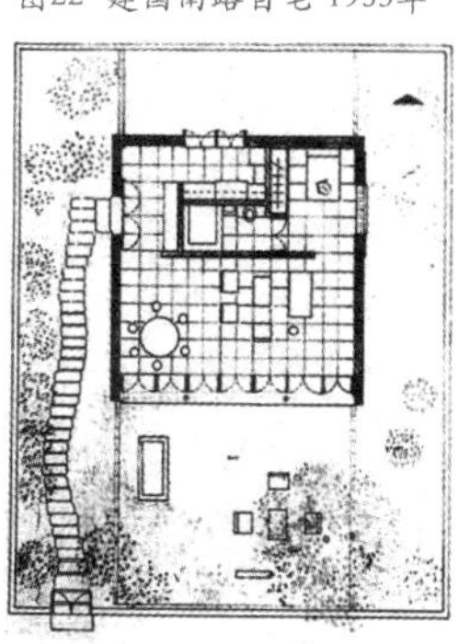

图23 贝扎

图24 加斯帕住宅

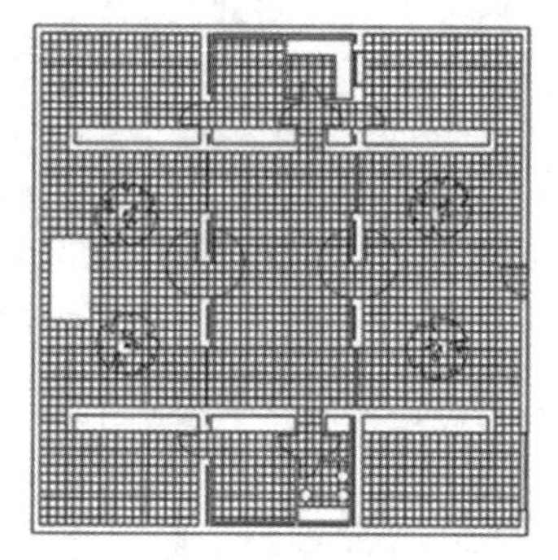

## 2-训练二：院宅设计

以5人为一个设计小组，进行群组设计。设定36m×60m的场地范围，置入5个6m×18m的建筑单体。研究5个单体的围合可能，进行外部空间限定。研究并重新定义庭院在建筑中的存在方式以及院和宅的空间联系方式，设定不同类型的庭院：建筑中的庭院，建筑边的庭院，建筑间的庭院……各种院子犹如浓淡不一的墨色，空间的穿插犹如水墨的流淌渲染，在多个方向展开。以此探讨院落组合在多个方向扩展的可能，对传统和现代之间的连续和更新作出思考和回答（图25～图27）。

此训练可以作复杂度上的拓展，例如可将单体从矩形空间设定为复合型的空间，研究单体空间复杂度变化与群体空间构成之间的关系（图28～图31）。

图25

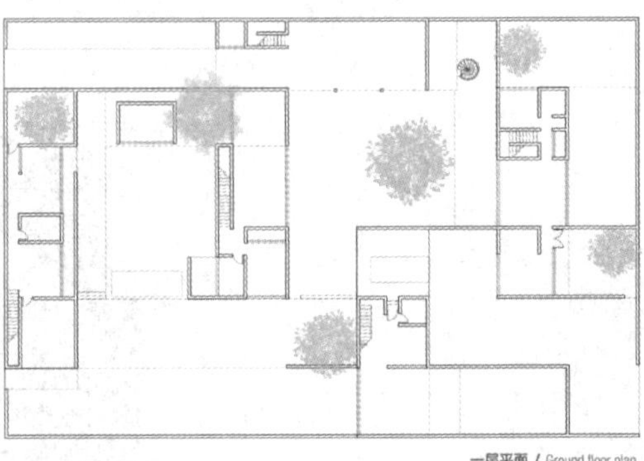

一层平面 / Ground floor plan

图26

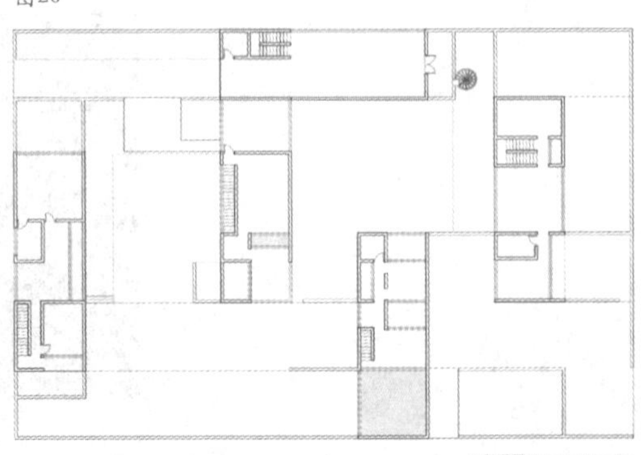

二层平面 / Second floor plan

图27

图28

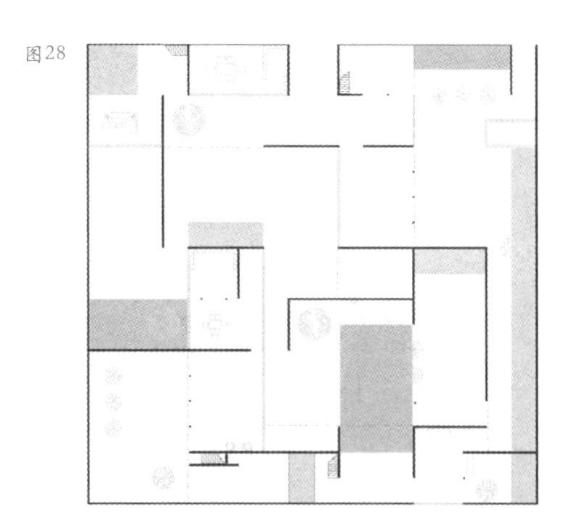

图29

图30

图31

## 肆 ／ 与自然交织的空间叙事

### 1-训练一：聚落研究

我们打开院落的边界，面向真实的自然。

研究的对象为西湖周边的湖山名胜和浙江省内的村落。

通过考察，研究复杂地形条件下群组空间的组织。计成论相地，第一等是山林地，自然地形的变化远胜人工。而聚落的形成，大多基于一定的原型，一定的组织规律，根据对场地等条件的应对产生变化，是一种基于自然条件的参数化生长。

其次，比较两种空间叙事的方式：借由空间自身复杂度的构造形成的叙事和通过与自然对话形成的空间叙事。通过对比东西方绘画对自然的再现，对中西方建筑景观体系中的自然观进行比较。

### 2-训练二：与自然交织的空间叙事

范斯沃斯的空间意义，不是因为从外观看起来是个透明的玻璃盒子，而是人在其内部可以与自然彻底地面对。在中国的空间传统里，对自然的体验除了单纯的视觉经验，更强调身体性的经验。

承接上个训练的聚落考察，选择真实自然场景，地理条件，构造具有一定复杂度的空间，进行与自然交织的空间叙事（图32~图34）。

## 伍 ／ 结语

法则的目的，不在于限制，在于获得自由。

有些东西是可教的，有些东西则是不可教的。有些东西可以言说，有些东西不可言说。只有把可以言说的说清楚了，我们才能真正意识到那些不可言说的部分是多么美妙。只有建构起一般性的描述，我们才能真正来到差异性的面前。

图32

图33

图34

# 投影逻辑下的图纸建造重构

闫超 Yan Chao

在建筑学的传统工作机制中,建筑物的创造一直是基于一系列几何层面的操作手段。这些操作手段通常在一个建筑学所特有的抽象空间内运作,并且在运作过程中,被一系列图纸所描述,其中典型的例如平面，剖面，立面，轴测，透视等。在当前的建筑语境中,根据操作手段的不同,建筑设计可以被理解为两种类型。一种是基于传统抽象操作空间的从二维媒介到三维物体的转译。另一种可被认为是基于数字化设计环境的纯粹三维操作。不可否认，数字化技术在后者中的引入为设计提供了巨大的自由度，建筑师可以更加直观地面对设计结果进行复杂空间形态的塑造。然而，随着二维图纸与三维形态在设计过程中的相对隔离，图纸仅仅作为附加物从建筑物上被投影出来以进行空间再现，隐藏在其中的“找形”生成能力也被逐渐忽视。

## 壹 ／ 图纸与建筑“找形”

“找形”这一概念在建筑中由来已久。早在“前计算机时代”，西班牙建筑师高迪（Antonio Gaudi）便利用物理实体模型的构建，通过全新的思维方法 —— 即建筑力学的关系的物理找形法，获得超越人类想象范畴的全新建筑形式。高迪使用悬链模型加荷载计算的方式来确定拱券的最优化的形式，并在设计结果中嵌入了伴随物质自成形而出现的无可预测性。之后“找形”（Form-Finding）这一概念由德国建筑师弗雷 · 奥托首次提出，也正是弗雷 · 奥托基于材料属性的一系列“找形”实验，让建筑“找形”逐渐被建筑界熟识认可，弗雷 · 奥托也被公认为参数化主义的先驱。1972年慕尼黑奥林匹克体育场的项目中，弗雷 · 奥托应用的仿生轻体结构的建筑体系正是来源一系列的“肥皂泡找形法”的实验，这种方法利用了液体的表面张力来寻找能覆盖封闭形状的最小曲面。到了当今的“数字主义时代”，建筑“找形”在新工具与新方法的驱动下显现出更多的潜力与可能性（图1、图2）。

从“非线性”到“涌现”理论再到“高级几何学”，计算机时代的“找形”已经为建筑设计带来了全新的“设计媒介”。如果说物理模型是“前计算机时代”高迪、奥托等建筑师的找形媒介，那么在当代，计算机的模拟便是当代建筑师的找形媒介。然而，在当代建筑学中往

图1 高迪倒置模型找形

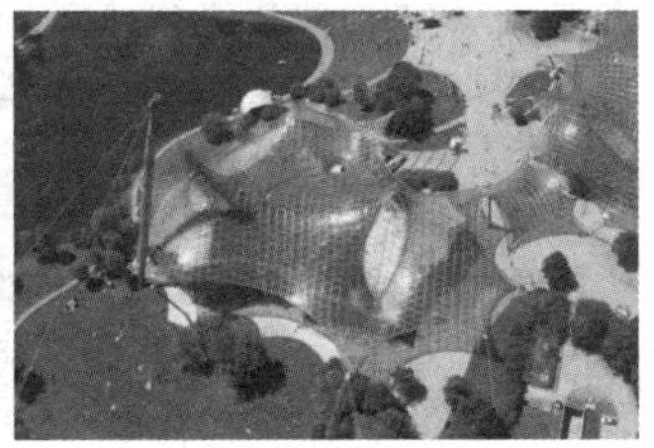
图2 慕尼黑奥林匹克体育场

往被我们所忽视的是，图纸作为建筑设计的媒介，其自身所具备的生成能力在建筑发展的历史中也一直扮演着重要的角色。归纳起来，图纸对建筑设计的"找形"作用有以下三点：

首先，人类作为存在于三维世界中的生物，其大脑对于较低维度层级的物体具有更好的感知和控制能力，这也是为什么图纸作为最主要的设计与再现工具一直存在于建筑发展过程中，甚至在三维数字化技术高度发达的今天也仍然占据着重要的位置的重要原因。在设计过程中，平面、立面、剖面等传统图纸形式的介入使得建筑师可以通过在较低层级的维度上（二维）进行几何操作来间接地控制在较高层级维度上（三维）的最终建筑形态。由于建筑师不需要同时处理三个维度以上的几何信息，设计过程对于大脑想象力的需求降低，从而极大地提高了整个设计过程中对于形态的创造性。

其次，以二维图纸为设计媒介来创造三维建筑客体时，整个设计过程会被拉伸，建筑师大脑中的过程被可追溯地反映到了纸面上，这使得设计过程中的每一个决定都更加透明化，从而对逻辑性提出更高的要求。而在这种高度逻辑化的设计过程中，二维图纸由于其具有更高的可感知性，所以提供了更好的多结果相互比较的条件，从而使建筑师拥有更加确定的依据做出设计决策。

第三，图纸对于建筑设计最大的贡献在于它在过程中引入了一种基于投影的信息传递模式，建筑师不直接面对结果，而是通过维度间的信息传递来对结果进行控制。而维度间的信息转换过程必将伴随着在其中某一维度上的信息缺失与再添加，这也就使得设计结果中包含了不可预测的成分。

在这里似乎出现了一个矛盾，正如前文所言，传统的建筑图纸已无法满足复杂空间形态的设计需求，其作为建筑设计与建造的媒介作用已逐渐被数字化设计所取代，那么蕴藏在其中的生成能力在当代应当被如何再定义和再利用呢？为了解答这个问题，我们需要从图纸与投影在建筑历史中的演进来切入分析。

## 贰 ／ 投影逻辑下的图纸重构

作为传统建筑图纸，平面、剖面、立面这三种最为重要的制图方式，其职能均是通过平行投影的方式将建筑物不同层面上的三维空间形式真实地展示于二维图纸之上（图3）。

平行投影的工作可以被想象成一系列空间中的平行线将建筑的几何信息投射到图纸平面上，对于不同的图纸类型，平行投影线会指向不同的方向。当空间中的平行投影线分别指向相互垂直的三

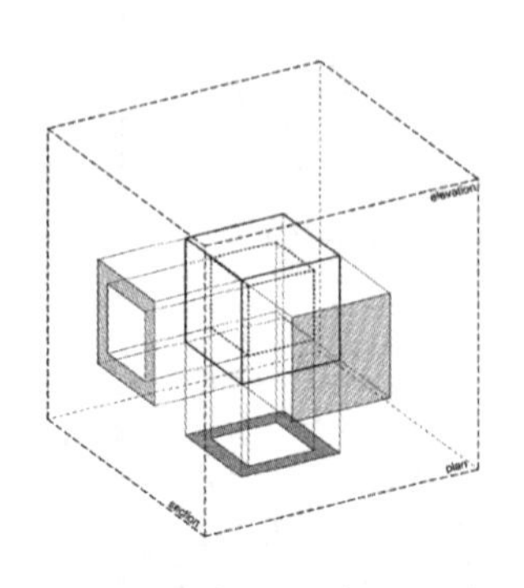

图3 立方体式的传统建筑投影空间

个方向时，承载建筑平面、剖面和立面的工作平面也会在空间中呈相互垂直的状态。这时建筑本身可以被想象成存在于一个布满平行投影线的立方体空间内，建筑的图纸被呈现于立方体的各个表面之中，这个立方体可以被称为建筑学的工作空间。一方面，建筑的形体与空间通过工作空间的机制在图纸中表现出来；另一方面，建筑图纸作为建筑设计的重要媒介也会通过工作空间的形式间接地影响建筑本身的最终形态。例如，以平面图纸为设计媒介甚至出发点的作品，最终形态往往呈现出水平向的形态丰富性以及边界延展性的特征；而以剖面图为设计核心的作品往往会在纵向维度上具有更高的形体辨识度。这无不体现了不同图纸与投影机制对于建筑形态的影响。

图4 复杂拱壳形式

无论是绘画还是建筑，其作品都是通过投影这一过程将最终结果呈现于纸面上。回溯历史，投影模式的转变对于表达方式的影响也往往会是绘画和建筑领域产生革新的根源动力。例如，同是摒弃了在绘画中沿用数百年的透视投影法，未来主义尝试将时间这一第四维度上的变化投影到三维空间中，并最终呈现于二维画面上；立体主义则尝试将多个拥有不同灭点的投影体系重叠在一起代替单一灭点传统透视法来描述一个三维空间。同样，在建筑领域，建筑师发现通过由平行投影构成的传统工作空间很难描述和创造出非正交的复杂几何形式，例如穹顶中每个石块的几何形状，这时一种在描述非正交形体方面比平面、立面、剖面更为有效的制图法——切石法，便被发明了出来。切石法摒弃了立方体式的工作空间，通过将平行投影与透视投影相结合来达到对于非正交形体更自由的操作性，从而创造出有趣的拱顶形式（图4、图5）。

图5 基于切石法的几何建构

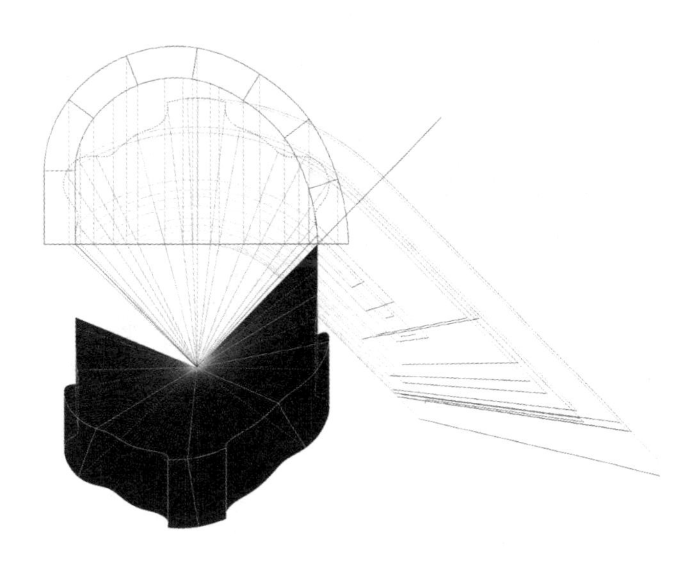

然而，在当代建筑环境中，建筑师往往只关心形式语言本身的直观转变，却忽视了投影制图作为形式生成的根源动力的革新。传统的建筑学工作空间是基于正交的平行投影体系，由于投影机制对几何形态结果的影响，所以以平面图纸为设计媒介的工作模式难以创造出建筑空间形式的三维多样性。直接利用三维建模软件进行建筑设计虽然可以生成出复杂的几何形体，但是由于建筑结果与图纸表达完全独立，图纸仅仅作为附加物被制作出来对建筑结果进行一定程度的再现，无法表达建筑客体在三个维度的全部信息。并且由于图纸不再作为建筑设计媒介。建筑师在直接面对三维形体时失去了由二维信息向三维结果转化的不可预测性所引发的形态生成能力。

从文艺复兴的制图到今天我们所讨论的计算机技术下的图纸，建筑图纸的媒介作用已经历了从二维正交投影到多维复合机制的功能转化。“图纸”这一词源的含义正在被逐渐丰富，更多的指向逻辑性与模糊性并存的图解，正如尼尔.林奇所说：“计算机时代孕育的不是一种新的风格，而是全新的设计手法。我们将新的计算技术应用于进化的和新兴的系统中，建立并实施测试系统，使图解变为现实，现实变成图解。在这全新的领域里，形式变的毫不重要。我们应探索‘算法技术’的潜在功能，并专注于更智能化和逻辑化的设计与建造流程，逻辑便是新的形式。”由此可见，基于投影的方式将图纸与计算机技术进行嫁接，正是在对“图纸”的媒介作用的又一次定义。并且在CNC、数控机器人、3D打印技术发展下，当代建筑设计中的“找形”不仅能在“自上而下”——即从设计到建造的单向过程中为建筑师提供启发与参考，更为“自下而上”的材料控制与建造提供了物质呈现的基础。试想尝试通过改变传统工作空间中建筑客体形成的投影操作机制去探索建筑形体的三维多样性，并在这个过程中以机器人作为媒介连接全新的图纸投影形式与物质建造过程。那么最终，通过融合两种设计工作方式的优点，一种既包含维度间投影的生成性又拥有控制非正交几何信息能力的设计媒介将被建立起来。

## 叁／投影逻辑下的建造重构——机械臂热线切割的几何“找形”

在对“图纸”投影机制的探索过程中，我们使用了KUKA六轴机械臂作为桥梁来打破图纸与建造、虚拟世界与物质世界的界限，进而建立一套区别于数字化模拟建模软件的物质化设计媒介。机械手臂是机械人技术领域中得到最广泛实际应用的自动化机械装置，在航天、汽车制造等领域已普及应用。机械手臂接受数控指令，实现在三维或者二维空间中的精确定位以代替人手实现点对点的精确作业。它的运动依照逆向运动学原理，以多个机械轴的转动配合实现机械臂的运动。近年来，随着数控技术的普及应用，机械手臂越来越多的应用在建筑领域。2008年威尼斯建筑双年展中，瑞士苏黎世理工学院的法比奥格·拉马里奥与马提亚斯·科赫勒教授利用六轴机械手臂实现弯曲砌墙，探索用数控技术实现对传统材料的建造，大放异彩。德国斯图加特大学在ICD/ITK项目中使用七轴机械手臂进行预制生产，是得到了受海胆类沙钱缝合连接启发而设计的结构系统（图6、图7）。

图6 KUKA机械臂对EPS泡沫立方体的切割实验（1）

图7 KUKA机械臂对EPS泡沫立方体的切割实验（2）

在我们的探索中，我们利用机械手臂末端搭载了自制的热线切割器用以对EPS泡沫进行热切割，其原理是通过高温电阻丝依次通过指定的路径对泡沫材料进行切割成型。利用热线切割法得到的平滑曲面在几何学中被称之为直纹曲面(ruled surface)。如果曲面方程为$r(u,v)=a(u)+v*l(u)$，那么在直纹面中$l(u)$为单位向量，此时v曲线为直线，直纹面是由一条条直线所织成，这些直线就称为此直纹面的（直）母线。长久以来直纹面以其易操作建造的特性在建筑复杂形体设计与建造中得到广泛地应用。哥特建筑中的尖券拱就是运用直纹面来构建的结构构件。高迪运用等距映射的操作方法得到的双曲面、双曲抛物面等直纹面也被大量运用在其建筑的形式建造中。同时，由于直纹面清晰的几何建构逻辑，所以它作为一种形式语言成了投影研究中极其适合的承载客体。在建筑学的传统中，直纹面构建是“自下而上”的进行，即从材料出发最终归位为建造，以逻辑为主导；然而现有基于数字化技术的直纹面创造更多的倾向为“自上而下”，即借助计算机媒介从图像形态出发进行形式建造，以形态为主导。因此，我们设想以机器人作为设计建造媒介借助投影逻辑控制热线的运行轨迹，来打破从数字到物质的单向信息传输方式，重新以建造为根源获得未知的直纹面形式。

我们首先使用Rhino中Grasshopper 插件对KUKA机械臂的运动进行模拟，通过对热线运动轨迹的模拟可见:1.热线的运动轨迹形成切割直纹面，热线即是直纹面的母线2.热线两个端点的运动形成两条空间曲线3. 切割直纹面可以被看成是直线在这两条空间曲线上扫掠后得到的曲面。由此可见，控制这两条空间曲线A与B就成了机械臂热线切割生形的基础。然而，虽然建筑师可以借助计算机在Rhino中对空间曲线可以做出精确的NURBS建模，然而在实际操作中，曲线却难以在软件环境中被精确地在几何层面进行控制。其主要原因是Rhino作为计算机三维建模的软件，其结果以二维投影的方式呈现在屏幕上，这种模拟投影不可避免地会提高设计者对三维几何形态的控制难度（图8、图9）。

为了解决这一难题，我们引入了“圆柱投影”体系。“圆柱投影”（ cylindrical projection）是地图投影的一类，我们常见的世界地图便是是采用了墨卡托投影中的圆柱投影体系。在地图圆柱投影中，假想一个圆柱与地球相切或相割，以圆柱面作为投影面，将球面上的经纬线投影到圆柱面上，在正常位置的圆柱投影中，圆柱面展平后纬线为平行直线，经线也是平行直线，而且与纬线直交。由于直线的无限延伸性，在圆柱投影体系下，两条空间曲线均可以先通过圆柱承影面进行二维绘制，然后再回馈到三维中进行空间曲线的定位。操作上是对圆柱投影的逆向操作，我们将承影面展开为二维的笛卡尔坐标体系，这平面体系亦可以看成是建筑师操作生形的基本“图纸”（图10）。

在该二维坐标体系中，热线沿y轴自上而下运动，起始于顶边，终结于操作台面即图中的x轴。在该坐标体系中沿热线的运动方向绘制两条线，然后将承影面弯曲为圆柱面，承影面首尾相接。此种圆柱形投影方式可以用来描述任意在此项机械臂热线切割实验中自上而下运动的空间曲线（图11）。

由于在Rhino中进行圆柱体展开面的“图纸”绘制来控制机器臂的运动轨迹是基于投影的二维操作，我们在设计之初并未对最终的直纹面形式做出任何预判，而是完全基于逻辑对泡沫块进行切割，由此产生了不可预测的多种形式可能性。在建构过程中，我们可以利用grasshopper中的KUKA控件对机械臂的运动方式进行全程模

图8 Rhino模拟臂热线切割

图9 Rhino热线切割中引入圆柱投影体系

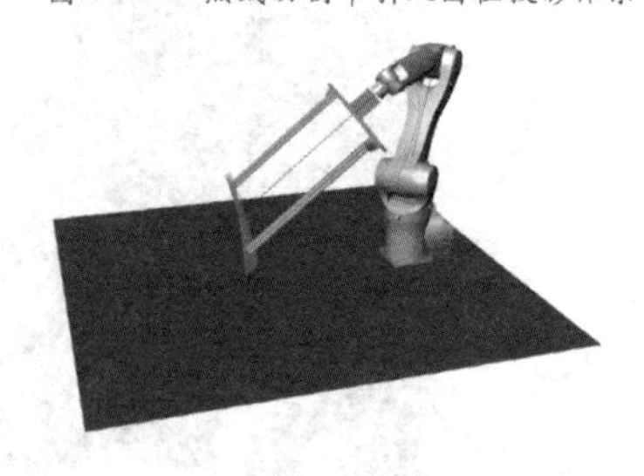

图10 圆柱投影面展开的二维笛卡尔坐标体系

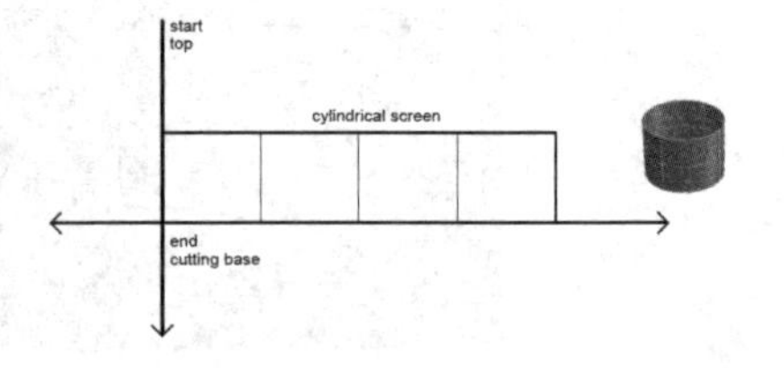


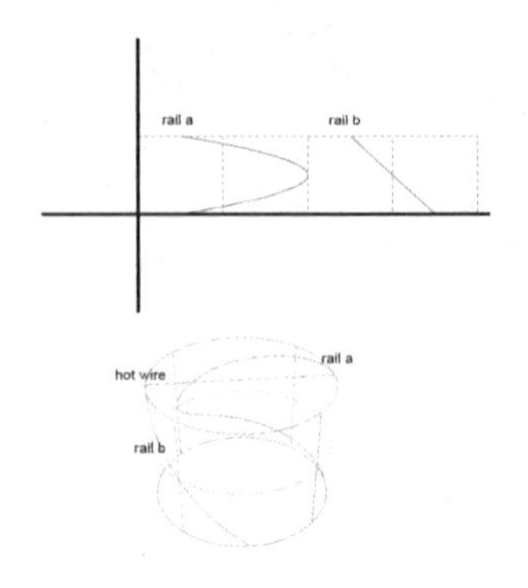


图11 圆柱投影的逆向操作

拟，模拟的原理即逆向运动。通过对机械臂运动模拟过程的分析，我们不仅可以及时修正机械臂的运行错误，更可以直观地对加工过程进行再现，生成机械臂路径文件，实现无纸化建造。之后，我们通过对机器臂的加工结果进行评价，并将评价结果反馈回模拟软件中，最终建立起一个融合数字与物质世界的操作回路（图12、图13）。

## 肆 / 总结

图纸作为建筑设计中的最为基本的媒介，对其在数字环境下的重新定义为我们提供了一种新的"找形"方式 ——通过改变客体形成的投影操作机制,而非客体形式本身,去探索。

建筑学中的三维可能性。通过运用高维度的投影方式,如"圆柱投影"、"球形投影",来替代传统机制中的正交平行投影,图纸同时作为客体形式的生成媒介与再现手段,将涵盖三维建筑形态的全部几何信息，并且通过应用投影逻辑对机械臂热线切割的建造进行控制，最终将实现图纸与建造关系的重构。

图12 成果制作

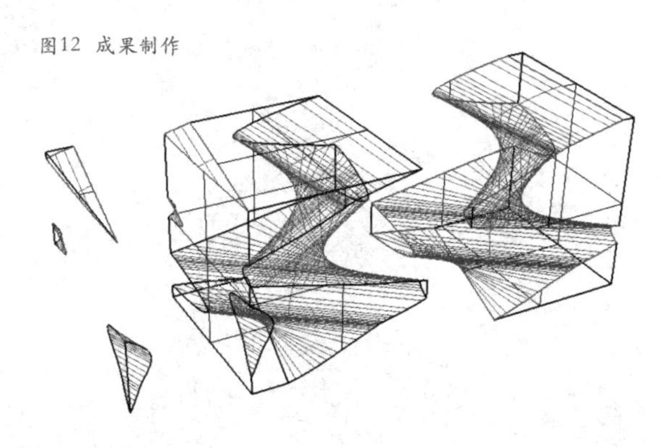

图13 成果展示

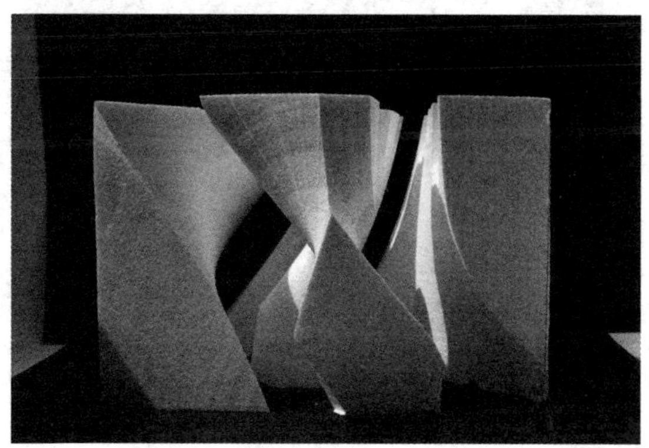

# 园林

# 乌有园实验

王欣 Wang Xin

“乌有园”，指的是纸上的园林。因为现实条件的局限，于是就在思想上完美地杜撰一个。在传统中国文人的“园记”中，有很多个“乌有园”：一个是明代刘士龙的《乌有园记》，是一个纯粹构造出来的内心洞天，在传统文人世界里，这个“洞天”是普遍存在的，没有时空的限制，不坏不灭，随时调用，恣意生长，任情增删，亦常常推倒重来。一个是卢象升的《湄隐园记》，构造《湄隐园记》的时间有点特殊，卢象升正与清兵交战，老家有人来，于是触动了他的思乡之情，便作了一个园记。大概就是把儿时读书的地方扩建成一个园林，想着等仗打完了就回去着手修建居住。这是一件悲催的事情，是一个绝笔之梦。仗打不完，家肯定也是回不去的了，只有寄托乡愁在文字里。再有，张岱《陶庵梦忆》里的“琅嬛福地”，“琅嬛福地”是古时神仙的藏书楼。张岱做了一个梦，梦到了传说中的“琅嬛福地”，里面人物、事件、山水、建筑，一应俱全。张岱以梦的方式完成了一个设计。除了通篇想象的乌有之园之外，还有大量的不实记录、夹塞虚夸、文笔溢出的各种“园记”。古人造园，一样要作宣传，所谓“园以人传，人以园传”，在那样的时代，文传言传显然是主要的，一篇园记可以成就一座园林的声望。园记常常超乎真实所见，它是记录与抒怀的混成，经验与幻想的叠合，夹叙夹思夹寄托，一种真假难辨的杂合体。面对现实的局限，文字实现了超越。

文献中的“乌有园”大概有这么几类：第一，是未来的蓝图，就是一个设计。第二，没条件实现，于是就反复地意淫。第三，记录一个梦。第四，设计不满意，文字补之。真假不重要，殚精竭虑地想象与构造，它的流传意义最大。刘士龙在《乌有园》中论及文字造园较之现实造园活动的意义有二：第一，认为能够传世且还得是文献当中的园林，实物园林传承不易。第二，想象没有边界，现实有局限，纸上的自由度大。刚才谈到的大量园记当中有很多说过头的虚夸文字，比如说王世贞的《弇山园记》，里面有很多尺度夸张的描写，都是臆想的。但对后世来说，这些说过头的话似乎才达到了设计的巅峰，刺激了我们设计的欲望。我记得那些年在北大和董豫赣老师作园林研究的时候，有一段时间拼命地在文献中找“刺激”的语言与词汇，以佐证自己的奇思妙想。园记夹带了作者太多的设计，或者说园记本身就是“设计”。

造园取文心画意；园可以画，画亦可以园；文字间有“居观游”；案头有研山；炉中置林泉……文章、绘画、器玩等都是心园的载体与表达，都是现实造园的思想实践，共同成为现实造园的土壤。文、绘、器、园四者从来是平等平行的，互为源头，却不能相互替代。

举两个例子。这个笔筒(图1)是书卷竹制作的，一棵竹子从小就顶着一块石头长，长上去的时候中间就有一条沟，竹子被分为联体的两片，就着这个特殊的形态安排了一个情境叫做“刘海戏金蟾”，这个故事大家应该都知道，一边一个，形成对望的关系，表面是人之于兽，人之于神，其实是关于男女之间的关系。各边都有人物主体，并占据一个特定的空间，如同两个房子，两个界面的相对，一种舞台般的架势。在课上，我们把这种关系叫做“沟壑两厢”，根据这个我们做了不少设计，都是在讨论两个房子之间的关系，而且是反复地讨论。

图1 书卷竹笔筒“刘海戏蟾”

这是我去年得到的一块老床上的雕板（图2），我给它起了个名字叫 “天上人间”，这里面有两拨人，第一拨人是在庭园里，下面是栏杆限定，上面是一棵松压着限定，说明他们在地面上，属于“人间”。另一拨人在右面，是天上来的，他们的背后有一轮光环，是圆月。他们的脚踩在云端上，背后的“月框”和云层决定了他们是天上来的，是月中人。虽然几乎在同一个高度上，但他们不属于同一个世界，所以打头的人间的公子就向另外一个人炫耀说：“我把月中人请来了”，于是刹那间，天上与人间交汇了。

图2 老床雕版“天上人间”

一个是笔筒，案头的东西；一个是床上的雕板，两件传统生活中的物件，不能再小，也不能再普遍了，都是天天见的东西，但这里就有造园，甚至比很多现实的造园还要精彩。都是造园，一个是神话版，一个是戏曲版。

因此，造园的问题首先是“心园”的问题。造园不是什么风格，不是什么时尚流行，也不是什么显学与隐学的交替轮回，而是风雅情趣、自然情怀的外化物化，所谓“泉石膏肓”：山水是心头的病，没有它你会死。所以它并不直指宏大，也不见得非要付诸现实，更不特指某种样式，而是一种日常的随思与随身，见于你的一切，见于生活的全部。由“心园”而生发的造园，才是持久的、永动的、不弃的。

以《乌有园实验》为题的建筑教学，意在指明：在真实建造的平行中，我们如何习惯性地保持一种日常化造园探索的状态。“搜尽壶天、网罗桃源”，就是在现实难以实现的时候也不要闲着、停着，至少在纸面上搜尽“壶天”和“桃源”。“茶思饭思，马上厕上枕上”，时时刻刻都不要停止造园的思考。这并非累心负担，而是警醒的日常生活，犹如书法之日常书写。在我看来，《乌有园实验》的教学之于当代本土建筑实践而言，可以称之为当代的山水画讨论。传统的山水画作为造园活动的思想实验，一直刺激着园林的实践，它们之间是互成的。当今与本土建造实践活动相平行、互成互哺的绘画实验几乎已经不存在了。建筑与造园失去了一种本土艺术的积极伴行，建筑学需要重启一种与之平行的思想的诗意实验。

2010年起，《乌有园实验》不断地反复地讨论着以下几类问题：

1.有关于绘画的建筑设计转换的问题。开始于《三远与三远的变异》，是对经典“三远法”的空间构造研究以及转换解读。接着第二年，产生《如何如画》的课题，如何如画，这其实是对我自己的强烈设问。第三年就有了《如画观法》，“观法”这个词是承王澍老师而来的，我接到之后就一直闷着头做下去了，有了些意思。

2.关于“图解”的讨论，有关设计的结构性练习这一块。童明老师讲的建造性结构与语言性结构的问题，在我们这里是混在一起讨论的。我的图解研究起始于海杜克的“九宫格练习”，起始于2008年，那时我一直在想：中国建筑的图解训练会是什么？图解研究经历了三个阶段，第一个阶段是《棋盘格》，即十六格，这个与“九宫格练习”有着本质上的差别，一方面是图解本身的几何属性的差异。另一方面是基本观念的差别：不再作为一个建筑本体的讨论，而是从一开始就是建筑与自然二元的对等互成。也就说我们可以把这个图解看成是院落图底。第二个阶段是《大院格》，《大院格》有1.0版和2.0版，在两个版本的中间还延伸出了一个《残缺的博古格子》，也就是说差不多是三个课题过程，持续地讨论传统中国院落城市中，个体与群体，建筑与城市之间的织造关系，以及之于当代生活转化的可能。到后来，演化出《自然的图解七种》，这与传统中国书法有着密切的联系，试图探问不同于西方的一种属于中国自己的建筑几何。

3.对身体性的讨论。在器物、家具和建筑的尺度临界点上作关联性的讨论，试图从人的肢体经验的角度来关联不同尺度的空间与意境之间的经验转化。这个问题很古老，比如：如何移来真山入家门？什么是“缩尺山林”？假山为什么不叫“小山”？最开始的想法叫“大盆景”，这源自我与宋曙华老师一次留园盆景园的游历，我们玩笑说：我们几乎步入了盆景之中，相邀盆松下吃茶。几年下来发展为“模山范水”，一种舞台化的充满了传统中国戏曲空间意味的设计。

4.对器玩的讨论。只要是有建筑学意识的器玩，我们都会拿来作研究，并发展为一个房子。经过两年，我们反过来，把建筑学的意识注入器物的设计，所以就有了《器房录》这个课题。当然，我们还会把器物再反馈回建筑。

在《如画观法》的课程中，我们一直在讨论建筑（群）如何具备“画意自然”构造的可能性。举个例子，建筑（群）的组织如何能如掇山一般具有自然意味？在这样的意识下，对某些山水画产生了

图4 研究设计《拈石掇山》

图5 《拈石掇山》的剖面

图3 明.文徵明《李白诗意图》

关注，譬如文徵明的《李白诗意图》（图3），这是一幅特别设计的画，整幅画是由十几块绿色的山石构造起来的。绿色皆为实体，黄色是虚空部分：巨大的内部、被实体挤出的缝隙与通道，以及指看的远方。分得清清楚楚，无疑是一个假山的叠造关系。于是就有了《拈石掇山》的设计（图4、图5），思路很直接，就是也拿十来块石头来掇一个大房子，不同的是，这个石头，实际上是房子，只是很小，或者说是房子的一个部分。当然，这个不是简单的积木游戏，不能当糕点来码。此间是有法度与技巧的，否则要么成为平庸的堆栈，要么玩疯掉无法收拾。这个课程中，绘画不是唯一的研究对象，传统的器玩也是极为重要的方面。这个犀角杯很有意思（图6），首先是一个姿态，短胖的犀牛角倒置，上大下小，一个垂垂危危的太湖石的单置法，就是我们常说的"瘦"。然后是一个视野：巨洞中的所见。这个设计就是要做小船从赤壁崖洞之间刚刚驶将出来的一刹那间。所以，做建筑转化的时候，首先要开个大口子，这个大口子就是要给你提供一种特定的观看方式，也带来一个基本的舞台背景参照。这艘船怎么具备一个出来的瞬间动态呢，要斜一下，就是一个斜角，然后意义就出现了，一个微微的角度表明一个羞涩姿态与敏感的时刻（图7）。

图6 犀角杯《赤壁游船》

图7 研究设计《赤壁游船》

图解课程《大院格》经历过两次，第一次是成果展览的时候，王澍老师来看，说很有意思，但缺"高下"，提醒我这事至少要再做一次，于是就有了2.0版。无论是哪个版本，图解形式一直没有变（图8、图9）。我把这个图解形式看做一个演算棋盘，通过这个算盘里激发形式感，练习形式的操控，感知形式的意义。2007年我在陈从周先生编撰的《苏州旧住宅》一书中看到一张苏州旧城的局部街区的总平面图，这张图显然是以现代西方建筑学方式绘制的，简化得太多，即便如此，抽象的线条丝毫没有妨碍我对这个传统院落城市的复杂"结构性想象"，从此耿耿于怀。2010年，刚刚搬家到杭州，包裹箱子摊成一片难以下脚，可能是这种杂乱的景象刺激了我，我就猫在一个角落里，随手拿起一张纸开始了对《大院格》图解形式的"杜撰"。当这个图解第一次发到小组学生手中的时候，大家都激奋无比，才第一面，想象就开始收不住了。

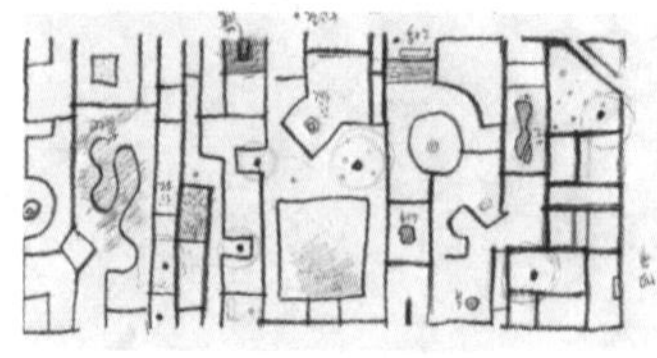
图8 《大院格》图解手稿

在我看来，"大院格"图解，是传统中国院落城市结构的普遍性摘取与类型强化。它既是一个具体的现实，代表着传统城市建筑语言的骨架与血脉。亦是一个高度集萃化、形式化的东西，是极为精练的综合信息演练模型，是有关于城市建筑设计语言的情境图底，饱含了院宅体系的语言与方法（图10~图14）。从这里可以看出学生在这套复杂的结构中，近乎疯狂地演绎着图解物化的可能；演绎着园林风雅生活的追忆；演绎着现代主义建筑公案问题的练习；演绎着古老肌理下的新生活与新空间的创生。一个残碑化的图底关系，激发了无限的自然生长。

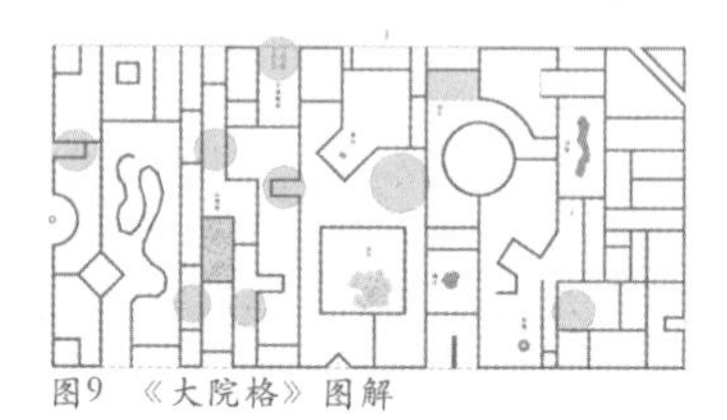
图9 《大院格》图解

图10 《大院格》平面图一种

图13 《大院格》2010年中期评图

图14 院落的连绵

图11 《大院格》平面图一种

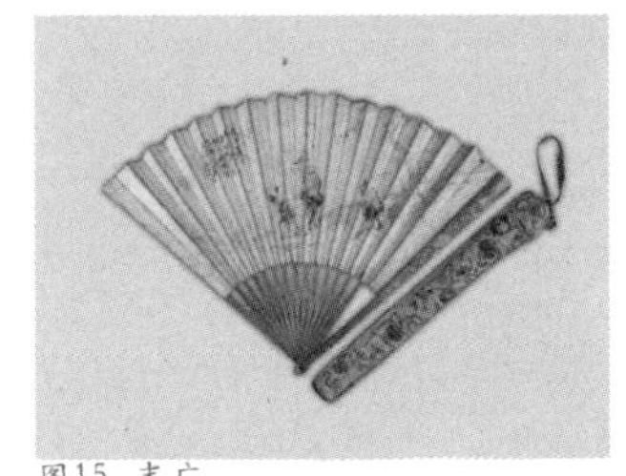
图15 末广

图16 池头方砚

图12 《大院格》模型一种

再讲一下《器房录》，副标题是《折射世界的一角》。先说副标题，以一角来把握全局，以一个局部来想象一个世界。中国人叫小中见大，见微知著，日本人叫末广（图15），就像是一把折扇，你拿的是一个点，但是打开的时候，辐射的是一个广大，但你永远揪住那一点就可以了，当然还可以回到初原状态，继续再次发散。为什么叫《器房录》呢？一个是器，一个是房，把建筑与器物混同起来思考，讨论具有建筑学意识的器物设计。“录”的意思就是“图录”，是一个多样的可能性集合呈现，研究小组有20多人，是不是也可以搞一个《茶具图赞》呢？这个课题研究，立足在小，但要见大，虽然是小器物，却折射一个大观念。

我曾经见过这样一方砚台（图16）。这方砚台除了水槽之外与普通方砚没有多少差别，水槽是一个池头台阶，尽头是临水一挑台，分明是浣衣之地。每次在舔墨的那一刻，你都会从正常的世界坠入到这方砚台的时空里，舔完墨之后再回到正常世界，但脑子可能还在留恋着那个池头，总觉得有一个浣衣女在里面等着你，想象着她下台阶的流连小步，她转弯时候的身段变化……一块小小的砚台，一个高度抽象的物件，居然让你坠入其中留恋徘徊。我想，这方砚台完全可以道明《器房录》的全部意义：

1.日常之物，常物反思。手边之物，要天天见，但不能熟视无睹，要有反思。中国人做了几千年的碗了，每天端着碗，有没有要重新设计一下的愿望。

图17 碗山（满汤）

图18 碗山（半汤）

图19 碗山（汤尽）

2.反复叙述同一件事。我的课堂里有4个人在做碗，有5个人在做鸟笼。但是就算是全部做鸟笼又怎么样？都做碗又能怎么样？我特别期待这样的状态。

3.泛滥。一定要让生活充斥着设计，每一件东西都不要轻易放过，每一件事情都值得深思。

图20 碗渊（满汤）

4.以小指大。做小，一定要想着大，不关联大的小只会是小而已。

5.顽念。要习惯性地保持调皮的状态，干巴巴的是搞不出什么好设计的，正襟危坐不见得能做出动人的设计。但是调皮完了之后你要严肃负责地去实现。

我们上课常聊“田螺姑娘”，就是《搜神后记》中的“田螺姑娘”，她总是躲在水缸里，等读书人谢端去农作时便出来为他洗衣做饭，而后再躲回水缸。田螺壳的形状类似阿基米德螺旋线，从大的开口缩至一个点，田螺壳是一个理解最小与极大的关系的模型。这个壳是器，同时也是房。

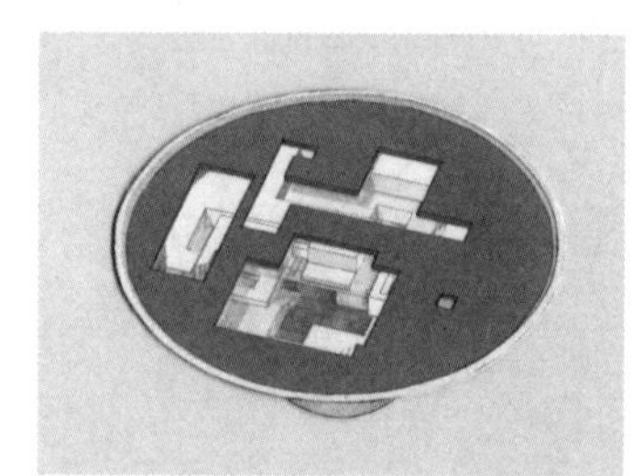
图21 碗渊（汤尽）

器房，器和房合成一个词，器物与建筑形成互塑，是双向的。房子带入器物，这对器物一定是革命性的。然后反之，再将器物带入房子，对房子也是新意。这样的方式使得我们不再用从前的目光去看它。器物，怎么使得它居然有山水之想，能容了一个乌有乡？上课时我给同学们的第一句话就是：“在那个面碗里会不会住着一个貌美的仙子。”

图22 汉代的研山陶砚

碗山和碗渊（图17~图21）。一阴一阳，有凸起来有凹下去，在碗里有一方山水。“碗山”的山是一个抽象的山，因为它得放菜，董老师以前说过：为什么明清山水画中有这么多平顶山，其实就是给人用的，这是园林对自然的可居性改造。这么多跌宕的平台，一方面是放菜的，菜得有个喜爱的等级与远近；另一方面，可以供人有山水的观想，吃着面喝着汤的时候也不忘抬眼望山水。有一个地方还可以扎筷子，有一个平台被游离出来，与主山遥湖相对，它是用来放芥末的，因为很刺激所以是红色的。通过汤色隐隐看到水底下还有一个世界。好比盖一座房子，拿水淹去一半，一半是人间，一半是地宫。地宫一直勾引着你的想象，水位的高低变化改变着人间与地宫的界限。随着这碗汤慢慢喝下去，地宫渐渐显现，最后全部显露出来。当然，这个想法并非首创，只是一种移植转化。汉代就有了“研山”（图22），一种具有环形小山的陶砚，研墨的地方几乎就是一个被山合抱的水池。

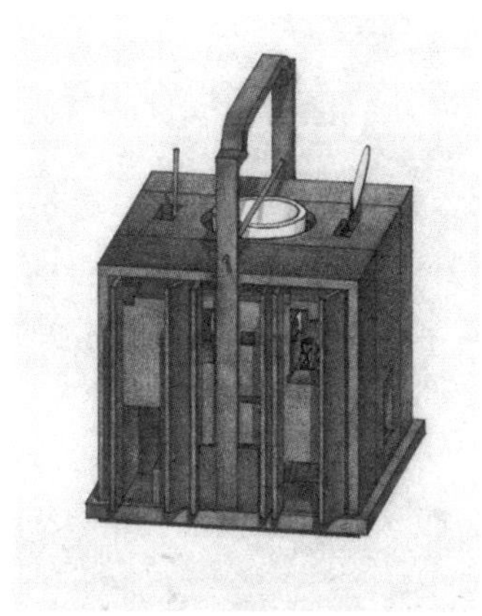

图23 茶卅

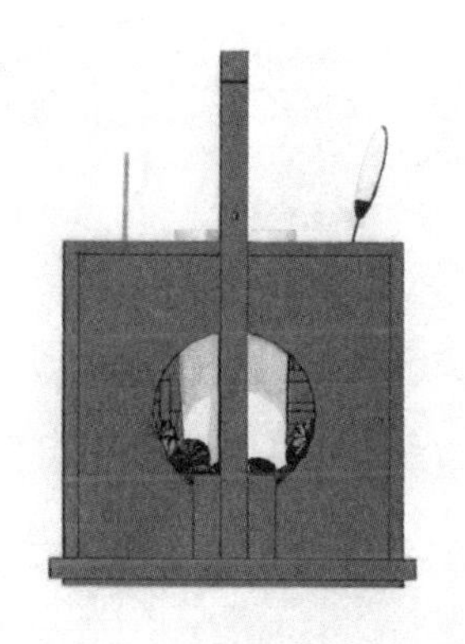

图24 茶卅炭房端立面

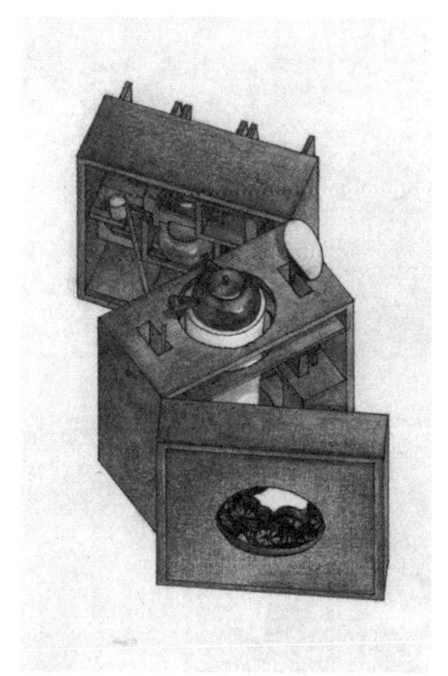

图25 茶卅斜折开启

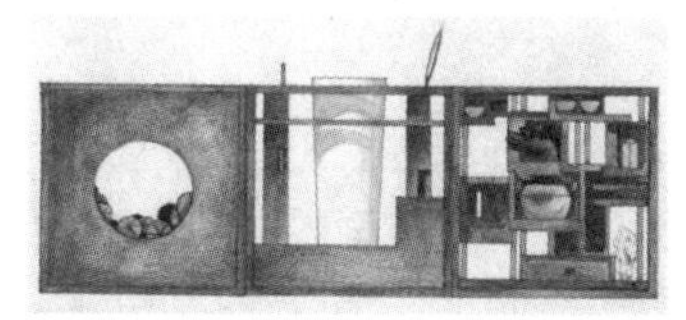

图26 茶卅“一字”横陈

再说“碗渊”。首先要说一个有关“水指”的事情。水指，是日本抹茶道具中用来暂时存放凉水的，为铁釜添水而备用，简单地说就是一个迷你的小水缸。有一个日本的陶艺家说，用柴窑烧造水指的时候，要敞开盖子，为的是让窑内的飞灰与气化的树木油脂侵入它的北部，挂在内表面，形成自然如岩石的质感。当在为铁釜添水的时候，开盖直视水指内部的那一刻，自然的内表让我们如临深渊。这件事情深深地震荡了我，大大小小，去去往往，竟然都是在那些不经意的瞬间。来去的自由，出自文化人的敏感，更要借助器物特殊的诱引。“碗渊”，即是受它影响的一个延伸设计。

碗渊，是用来喝饮料的，旁边有一个小孔可以插吸管，你可以隐约看到里面有一个地宫，你想看清楚就得吸光液体。品饮的过程就是一个游园惊现的经历。我们常常开玩笑，说教学组是不是可以在转塘镇（中国美院象山校区所在的地区）上开一家这样的店，其实你卖的东西特别普通，都是些清汤寡水的东西，但是你有20个碗特别厉害，顾客一进来就问之：先生你用哪个碗？深渊还是高岭？密林还是奇洞？每个碗的价钱还不一样。

传统中国的茶箱中有一种是出游用的，有一个提梁。在日本有一个词叫“旅箪笥”，指的就是这类茶箱，应该是中国传过去的。出游用的茶箱，集成收纳吃茶用的各种器物工具，还包括烧水的炉子。但传统的茶箱只是一个收纳空间，是纯粹的器物。我们的工作是把它变成一个“茶室”，一个茶具进驻的茶室，一个人与茶具相互产生观想的茶室。这个设计叫“茶卅”（图23~图26），卅的原意是三十的意思，在这里是三个建筑的组合，卅字表示了它们的构造关系，如同一个剖面。一个是炭的房子；一个是凉炉的房子；一个是各种小茶具的房子。这三个房子都是茶具的舞台，这个舞台使得我们对茶具的看与用，在一开始就变得不同。三个房子可以叠加起来看，从炭房的大月洞看进去，能见白泥凉炉，高低的木炭是前景，炉口旋转之后便能见到风口，口中不时隐约有星星火灰落下。圆洞被凉炉劈分为二，左右景皆是第三个房子中密集的茶具博古阁，如果茶具房子的排门扇都打开的话，还能见到丝丝外部。反过来也是一样，月洞与连续的门扇一头一尾，便是提供了穿透这组建筑的诗意视野，如同一组连续的院落被压缩性地观看，建筑之间的庭院似乎没有，只是被包含在了每个建筑当中，隐藏了起来。当然，庭园有被释放的时候，打开提梁，茶卅可以多种角度斜折放置，也可以一字展开，这是它真正开始使用的状态，它可以横陈在茶席上的你我之间，也可以单置一边，成为茶桌上的一道园林景观，它让人与茶具，人与人之间的关系变得微妙，变得混合。茶席的开始，始于一个茶具建筑的开启。

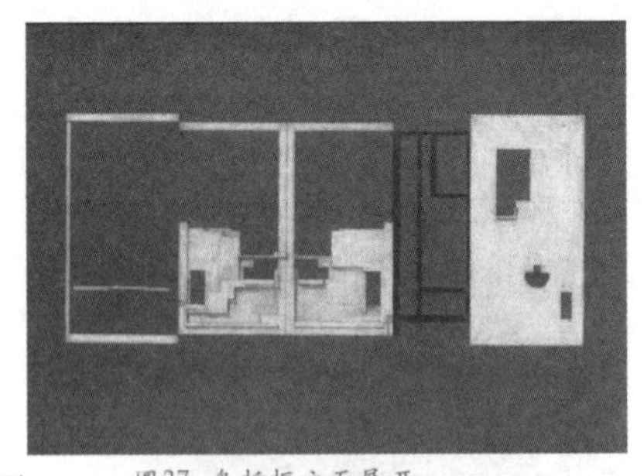
图27 鸟折框立面展开

接下来讲一下“鸟折框”（图27~图31），这个想法首先来源于鸟架子，传统中国有一种“鸟架子”，就是一个空的窗框，一个鸟儿的框景，是二维的鸟笼。鸟架子形成了我们观鸟的一种方式，是一个景。那么，如何让这种二维的鸟笼也具有三维，以及维度之间自由转换的可能？于是引入折屏的想法，一个四扇连续折叠的窗框：第一块是全局的开始，就是一个极简的框，形成一个大的限定观望。几乎全空的状态，是鸟儿视野与姿态放空的地方，是指看笼外世界的凭栏远眺之处，也是一个它搔首弄姿的舞台。第二块是一个天地分明的山地，正反面都具有浅雕般的空间，这集成着建筑化、地形化的鸟的起居空间：台阶、门洞、水盆、食槽等。之所以设计成上虚下实的“山地”，是因为这将作为鸟笼内外的分野面。第三块是一个用来支撑的支子，是“过渡桥”，这个过渡桥就是一个极小的博古格子，这个结构形式在鸟看来，都是鸟杠，鸟可以停在不同的高度，当然也可以侧抓停，这个架子提供了不同的抓停方式，正停、侧停、悬停，鸟儿对重力关系没有人那么敏感。第四块是比较封闭的板子，作为结束的“背景山”。这个鸟折屏，可以有很多种状态，每一点变化都是敏感的，都会给鸟儿带来不同的体验。它可以全开全合，仿佛一个字帖架，几乎没有体积，但有特殊的容量。

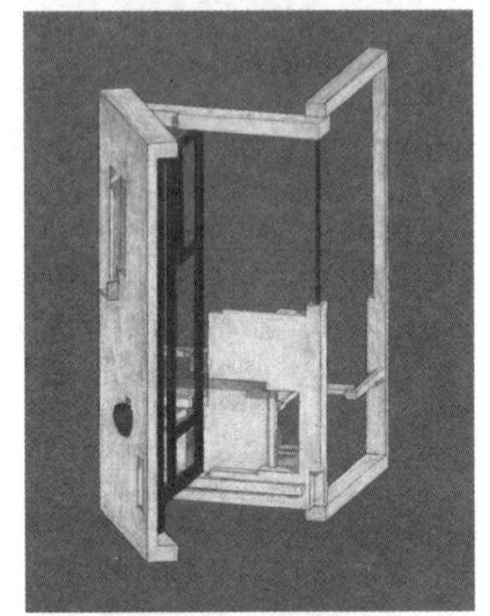
图28 鸟折框开启

再说这个“鸟册子”（图32~图35），册子就是书，一个鸟笼是一册总共有10页的书。页就是层次，我们可以把这个鸟笼理解为一个解析层次的洞穴，也可以理解为一组层层叠透的窗格组团。这个鸟笼改变了传统鸟笼的空荡与静态，纵向是层层深远的遮掩，横向是段段的夹巷借天地，鸟册子有正侧，也有向背，于是结合这些不同开放度的页片，就有了“旷”与“奥”。鸟不再是一种单向性的被观，而是它可以选择不看我们，或者不被我们看到，它甚至可以躲起来，有了私密与开放的分别。鸟册子建立了人与鸟的双向关系，我们常常需要在这个深度空间里寻找它。这些页片大多可以重新组合，可以每天一个样，让鸟儿的体验有新鲜感与选择性。

图29 鸟折框收合

这不是一个鸟笼，也不是一个茶箱，这其实是我们借着鸟与茶具作了人的指代，为自己编造一个园林之梦。这也是对现实的逃逸、抵御和寄托，是对内心故园的不断重建，也是对未来的期许。

建一个园林很难，但想象与准备却一刻也不能停下来。

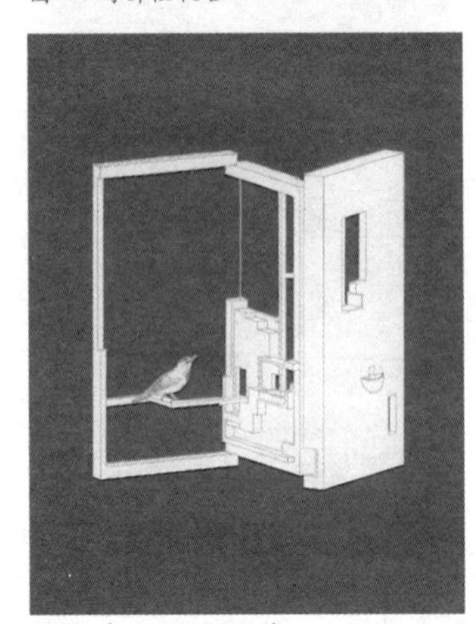
图30 鸟儿入驻—回笼

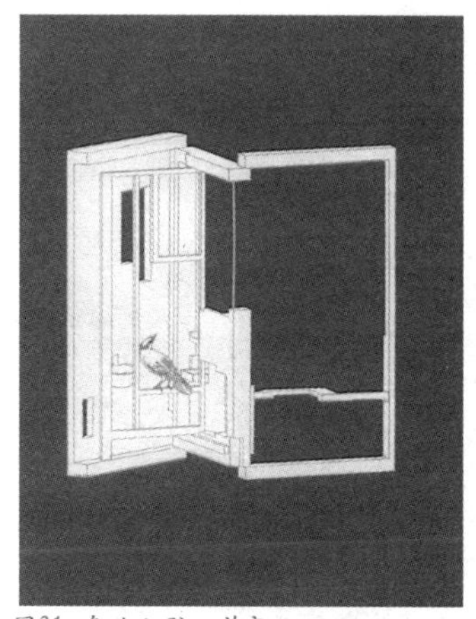
图31 鸟儿入驻—放空

图32 鸟册子

此文为2015年中国美术学院
树石论坛笔者发言整理稿
课程研究与设计成果信息：

学术主持与指导：王欣
助教：季湘志，李图
学生：

《大院格》课程：
朱栩宣、秦思梦、金镭、
李诗琪、季湘志等25位同学

《如画观法》课程：
林卓歆《拈石掇山》
杨　溢《赤壁泊船》

《器房录》课程：
陈若怡　《碗山》、《碗渊》
王思楠　《茶卅》
宋雨琦　《鸟折框》

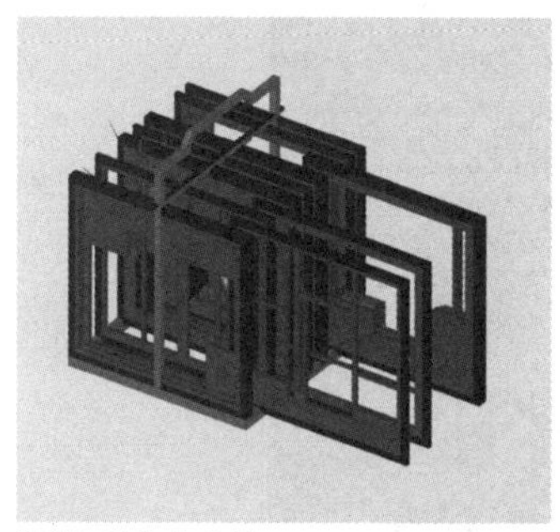
图33 页片的更换

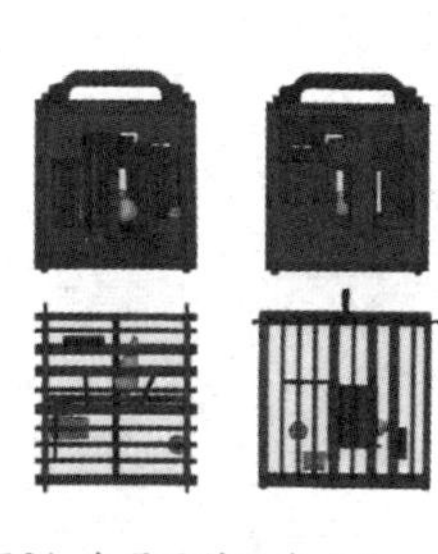
图34 鸟册子的几个立面

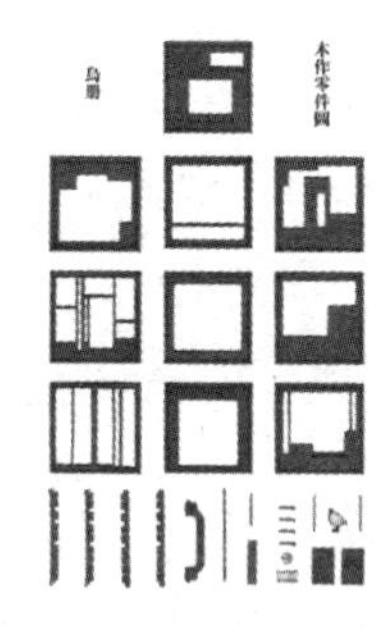
图35 木作零件分解图

# 由比及兴
## ——布里恩家族墓园中的「并置」

查玲 Zha Ling

### 壹／并置的整体构造

布里恩遗孀希望建筑师斯卡帕能为她过世不久的丈夫在圣维托建造一座墓园，除了有“落叶归根”的想法外，也希望这座坟园能为该家族提供一个永久的记忆场所。（图1）

园区的实体部分是由山门空间、沉思亭、喷泉、夫妻墓、家族墓、葬礼教堂这六个关键词架构而成(图2)。这些建筑片段之间存在一种轴线关系从而相互对位，但这种轴线是偏移的，区别于古典建筑体系里中轴对称的空间法则；且多处是断裂的，空间裂解成片段，片段与片段之间并置，都体现出一种非对称的二元性。

平面图解中的轴线偏移和断裂：沉思池、夫妻墓、葬礼教堂各占据了L形平面的三个顶点，形成一个近似等腰直角三角形的轴网。在这样的总体架构下，每个轴线之间发生细微的偏移和断裂(图3)。蓝色虚线是古典建筑体系里场地的中轴对称线，它们分别是主入口中轴线、沉思池十字中轴线、夫妻墓草坪南北向中轴线和葬礼教堂区东西向中轴线。而如图3，红色虚线则是现有建筑片段中暗含的轴线对位关系。沉思亭由正方形的池水中心向西、南方向各自偏移了3.96米和4.5米，将本该等分的水面区分成宽阔和狭窄两个属性。葬礼教堂由该区域中轴线向南侧偏移1.78米，一角与家族墓地对望，建筑中心则与沉思池中心形成45°夹角的轴线关系，暗示着一种生死对望的语义情境。夫妻墓由L形夹角区域中心点向南侧偏移5.31米，与教堂区域错位断裂，却在南北向与沉思亭及喷泉共享一条轴线。如图3中黑色实线则是现有建筑中断裂的墙体和路径。入口T形门廊的长度不一，短边在蓝色轴线处戛然而止，长边则在图3中位置骤然转折，发生偏离。葬礼教堂处的墙体多次发生转折和断裂，将平面上的整体架构打碎，虚体空间零散地分布在平面中。这是一种建筑空间语序的断裂和偏移，但它并不会造成空间意义的损失，一些富有个性特征的建筑词语并置和有机组合，其审美功能远远超过繁枝末节似的无意义交代，最终这种空间断叙反而更能扩大和深化读者对词语本身的感性体验与顿悟。

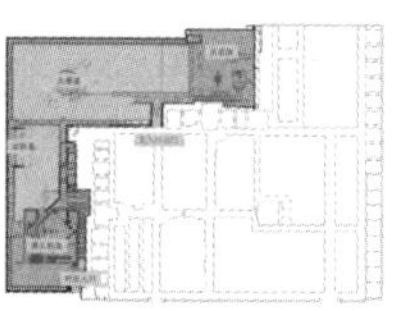

图1　布里恩家族墓园内部结构

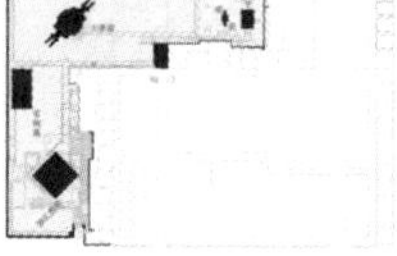

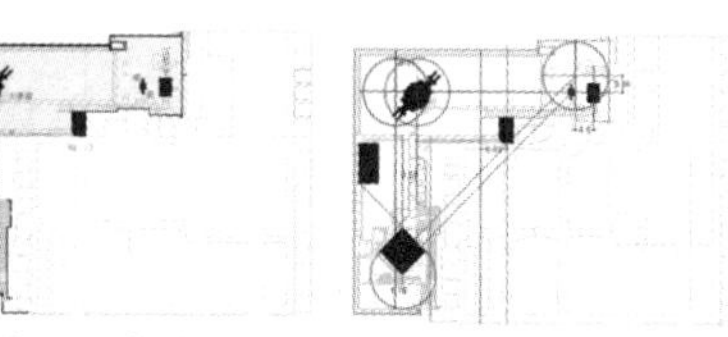

图2　布里恩家族墓园的关键词

图3　轴线的偏转与墙体的断裂

## 贰 ／ 并置的片段事实

### 1-空间形式的对立统一

在布里恩家族墓园中，材料的轻与重、光线的明与暗、氛围的动与静、形体的曲和直……对立的词语在共同的场景中两两并置从而对立统一。

由13个空间视点和9个片段描述共同组成对于并置在空间形式方面的讨论(图4)。

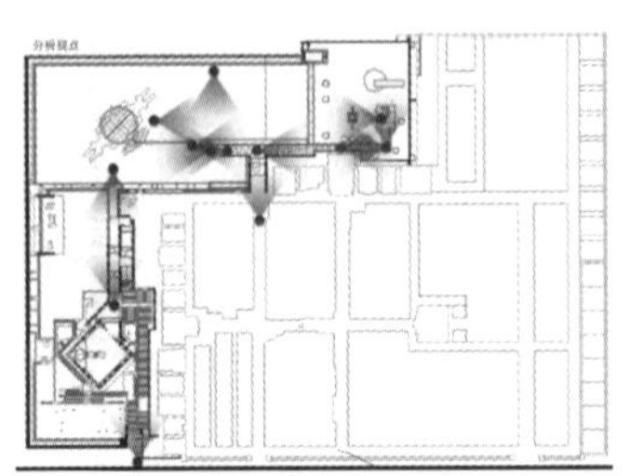
图4 空间形式并置的分析视点

（1）主入口空间的深与浅

在入口中轴线的左右两侧，后退5.8米是T形平面的长短边，短边长4.8米，长边长7.8米，在视觉上造成不对称的并置感(图5)。门楼入口的空间呈“深—浅”的形态，左侧由立面U字形的墙体塑造第一层次（墙体高3米，最矮处高1米，厚1米），随后依次是院子、作为背景的短墙、远处的墓园围墙和蓝天。轴线右侧则是一块宽7.84米，进深6米的矩形空地，弱化了门楼的界面，直接将空间层次引导至T形长墙。

图5 主入口空间的深与浅

（2）T形门廊长边的开与合

轴线两侧墙体呈“开—合”的对立形态，镂空而笔直的左侧墙面吸纳采光，将室内外空间模糊化，形成开放的界面；完整而转折的右侧墙体隔绝了室内外空间，形成封闭的界面。视线在封闭墙面转折处发生偏转（图6）。

图6 “T”形门廊长边的开与合

（3）沉思亭水池的宽阔与狭窄

由沉思亭及连廊构成的L形轴线将水池划分为一个矩形和一个L形。呈“宽阔—狭窄”的对立形态（图7）。矩形水面长16.5米、宽12.7米，水域开阔，与北侧草坪紧密相连形成自我循环的微气候，有断头墙和喷泉立于水面。L形水面长19米、长边宽3.9米，水域狭窄而私密，以2.8米高的围墙为界，长期处于阴影之下。

图7 沉思亭水池的宽阔与狭窄

（4）夫妻墓区域墙体的高耸与低斜

在墓园东侧区域，是沉思池和夫妻墓草地，由沉思亭、喷泉、墓地三个建筑片段构成的轴线贯穿南北（图8）。轴线两侧墙体呈“直立—倾斜”和“高—矮”的对立形态，分别由水渠和干涸的石子路与中央草坪隔开。高3.35米直耸的左侧墙面呈向上的趋势与天相

图8 夫妻墓区域墙体的高耸与低斜

图9 “T”形门廊（南端）连接草坪区域的纵深与舒展

接；水平高度2.35米与地面夹角60°的右侧围墙呈倾斜的姿态于大地绵延。两个界面由于场地抬高，有1.7米的高差，强化了这种垂直向上和横向蔓延的建筑形象，在同一个空间里对立而统一。

（5）T形门廊（南端）连接草坪区域的纵深与舒展

从沉思池折回T形门廊区域，墙体两侧呈现“纵深—舒展”、“狭窄—开阔”的差异（图9）。轴线左侧的门廊是纵深而狭窄的一点透视空间，右侧开阔的水域和草坪依托低矮的斜墙，形成横向舒展的循环空间。

图10 “T”形门廊（北端）连接草坪区域的单一与丰富

（6）T形门廊（北端）连接草坪区域的单一与丰富

从T形门廊北端向南看，墙体两侧呈现“多层次—单一”、“开阔—狭窄”的差异（图10）。轴线左侧的门廊是纵深而狭窄的一点透视空间，右侧开阔的水域和草坪依托低矮的斜墙，形成横向舒展的循环空间，依次由近景的水渠、草坪，中景的荷叶、竹子、沉思亭以及远景的围墙、天空构成丰富的多层次空间。

（7）T形门廊北端出口区域的三组对立单词

图11 “T”形门廊北端出口区域的三组对立单词

由T形门廊向北侧出口观察，视觉中心线两侧分别是三组形式对立的建筑单词（图11）。①左侧2.8米的直立围墙与右侧水平高度1.65米的倾斜围墙相互对位形成整个视域的边界。②左侧的石子路衔接围墙与家族墓，作为路径的形式串联空间；右侧的水渠由宽到窄层层跌落，在夫妻墓台阶上戛然而止，被一个内嵌圆形小水潭的线脚装饰收口，作为独立的景观构建与其他建筑单词并置。③左侧家族墓的顶面与地面呈30°夹角，开一长条细窗，是仰望天空的姿态；而右侧夫妻墓的拱桥呈弧形蛰伏在大地之上，与倾斜围墙一起构成横向延伸的姿态。

图12 葬礼教堂门廊界面的实与虚

（8）葬礼教堂门廊界面的实与虚

在轴线的左右两侧，界面呈“实—虚”的对立形态（图12）。左侧由连续完整的围墙界划分内外（墙体高2.8米，平面L形）；右侧则是一块宽11米，进深16~24米的阶梯状多边形空地，界分走廊和家族墓地，形成一种对望关系。

（9）葬礼教堂入口区域的连续与断裂

葬礼教堂东侧的走廊连续而封闭，在教堂庭院处，一个T形开口打破墙面的整体性，视线的左侧阴暗而绵长，层次单一；视线的

图13 葬礼教堂入口区域界面的连续与断裂

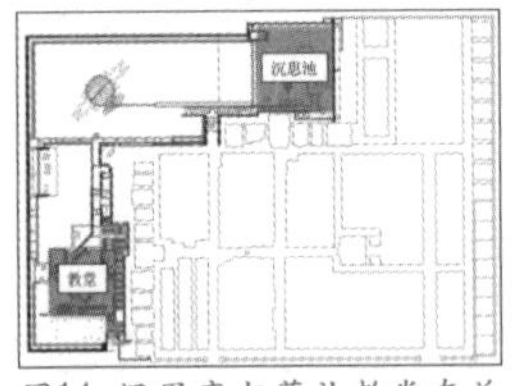

图14 沉思亭与葬礼教堂在总图中的位置

图15 沉思亭及木板表皮细节 笔者拍摄

图16 葬礼教堂及混凝土表皮细节（来源于网络）

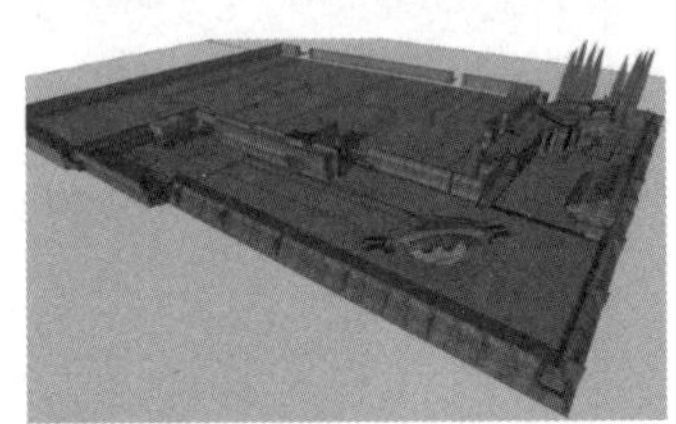
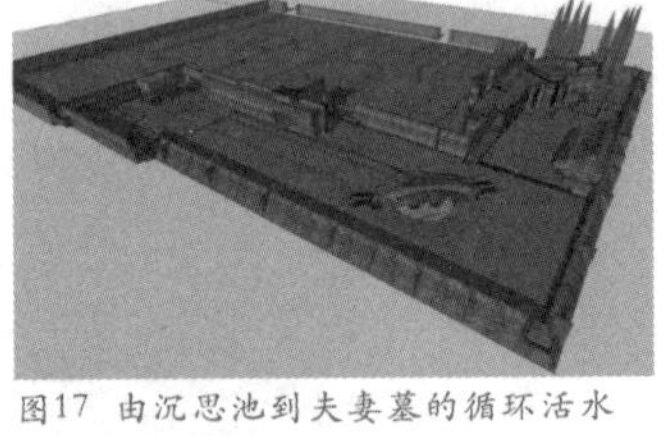
图17 由沉思池到夫妻墓的循环活水

图18 葬礼教堂水池（来源于网络）

图19 由沉思池到夫妻墓的循环活水斯卡帕手稿

图20 葬礼教堂水池的混凝土线脚与水

右侧明亮而开放，由形式各异的节点构成多层次空间（图13）。

**2-物质材料的二元同构**

在L形平面两端的沉思亭和葬礼教堂区域，呈现以下三种“轻与重”的对比（图14）：

（1）木与混凝土

沉思亭的主体是由长短不一的木板按照一定规律交错钉制而成。木头具有易腐蚀的属性，常年被阳光暴晒、雨水侵蚀，形态材质上发生变化，是一种易逝的材料，具有一种“临时性”的轻盈感（图15）。

而葬礼教堂的主体是由混凝土构筑而成，在表面附以木板按压纹质，营造一种古朴的沧桑。混凝土材质坚硬、耐久、风霜不侵，具有一种“永恒性”的厚重感（图16）。

（2）活水与死水

在斯卡帕的设计思路里，明确地透露沉思亭所处的区域是一池循环流动的活水，池水沿着水渠流向夫妻墓的圆形低洼处，通过圆心流到地面以下，再经地下装置被抽回到沉思池中，由喷泉喷发出地表（图17）。这个循环系统是生命的轨迹。现实中，池水之上种满连天的荷叶和竹子，水波荡漾，是一种轻盈的质感。

而葬礼教堂外的方形水池常年静止不动，水面零星点缀些许睡莲，水面之下是混凝土雕刻的线脚，构成了水池的主旋律，是一种厚重的质感（图18）。

（3）马赛克与黄铜

在沉思池庭院中，距离水面1.7米的墙面上镶嵌着欢快的青色、蓝色、黄色马赛克玻璃，这是院子的主要装饰语言（图19）。而葬礼教堂区域，古旧的黄铜多次出现在门楣、洗手池、牧师桌和通风口上，是建筑的主要装饰语言（图20）。

**3-身体性的矛盾抉择**

“现代性是一个‘世界失魅’的过程。在这个过程中，工具理性逐步地消解世界的神性和超自然意义。”[1]而斯卡帕擅于通过各种手段，将观者日常生活的惯性，以重新唤醒的方式打破，实现在特定

1 马克思·韦伯.

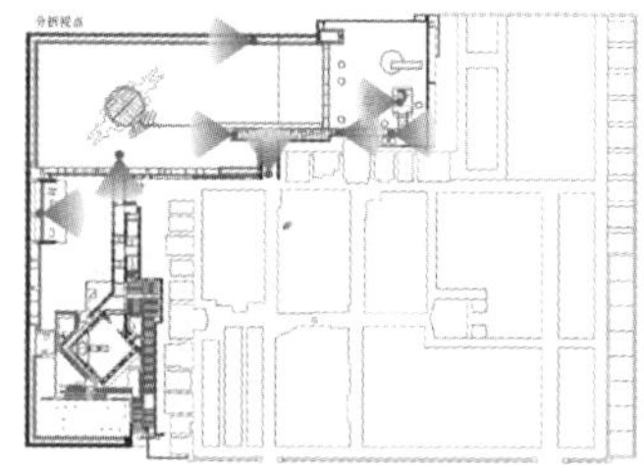

图21 身体性抉择的并置 分析视点

图22 入口门楼处向左偏移的楼梯

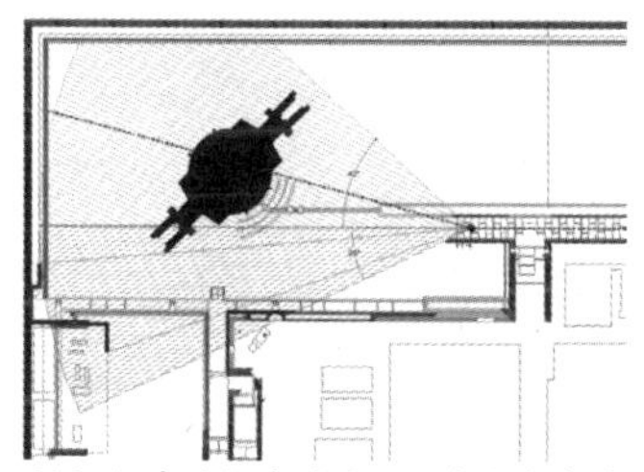

图23 拓宽的视域引导游人走向夫妻墓

图24 “T”形走廊南端墙面不规则开口

图25 沉思亭慢慢呈现

图26 沉思亭慢慢呈现

时空、特定场所和特定条件下的“返魅”经验（图21）。在斯卡帕的多数作品中，他试图通过节点，通过材料或空间之间的交接方式，来唤醒对日常所见的材料或空间的麻木，来重新使观者凝神静思，通过沉浸于相关情境中，以体察到平时被忽略的精神意义。“去除日常要素为人所熟知的印记，使其以一种完全不同的方式出现在观者面前，从而集中其注意力。”[1]在布里恩家族墓地中，斯卡帕通过多种特殊的手法，使场所的意义具有了模棱两可的暧昧性，引起观者的思索，将观者从漫不经心和闲散中唤醒，直接诉诸于他的身体感觉。

本质地讲，斯卡帕的细部设计是宜人的，他总是考虑人的尺度。而在他的草图中，人物形象总是不断出现。在他的细部设计中，众多的感觉被加以考虑：视觉、触觉、下意识和听觉。身体性的问题被从始至终贯彻。但他却总是通过关注身体的方式让人做出抉择，一系列对立的矛盾选项出现在同一个画面里，并置对立。

（1）向左还是向右?

墓园入口处，三个逐层升高的踏步之上是三个正常高度的台阶，通向比公墓高75厘米的布里恩墓地。这台阶并没有连接两侧的墙壁，而是位于中心线靠左的地方。

古伊多·皮埃特罗波里（Guido Pietropoli）解说这些故意偏离轴线的踏步，暗指着夫妻陵墓的位置，并且偏向心脏的一侧。在并置的左右面前，斯卡帕更刻意地把游人向他所希望的方向引导（图22、图23）。

进入墓地向左行进时，纪念式的拱形夫妻墓地就在眼前，可本来明确而连续的小径却突然中断，右侧的墙壁出现不规则开口，站在距离出口1米的地方，由于开口扩展了视域（约17°角），拱形墓地更加完整地呈现在眼前，于是视线发生偏转，紧接着身体也产生向右的位移，多数游人直接向右走向了夫妻墓。

越过下沉的机械门，来到走廊端头。轴线两侧的墙体表现出形态上的差异：左侧墙体在收边处打开了一个宽1米的锯齿形开口，镶嵌了一圈蓝色马赛克以强化边界。假设视点距离入口1.5米时，可拓展23°角的视域，观看到沉思亭一角；右侧墙体呈完整而闭合的空间形态，超出入口1.62米。阻挡了中轴线右侧31°角的视域。基于视线的开阔和框景效果，身体自然选择向左转，去到沉思亭区域（图24~图26）。

在葬礼教堂走廊与夫妻墓草坪的交汇点，是一处形成动势的台

1 李雱. 卡罗·斯卡帕 [M]. 北京：中国建筑工业出版社.

图27 踏步限定人的行为模式

阶。这个台阶共四级，其踏步戏谑地左右交错，但每个踏步只能容纳一只脚。它的左右高低限定了人只能由右脚先开启这个使用台阶的行为（图27）。

图28 墓地西南边的倾斜混凝土围墙

（2）弯腰还是直走?

墓地西南侧的混凝土围墙，倾斜的形状使人无法站直，当你选择贴近墙体行走在石子路上时，要侧着身子小心翼翼地行走。而当你选择远离围墙行走在草坪上时，则大可以直起腰自由自在地行走。这种身体的扭曲让人在精神上更加集中（图28）。

图29 下沉的玻璃门

在入口门廊的南端，由宽变窄的通道被一扇透明的玻璃门挡住了去路（图29）。“那是一道全玻璃、下沉式进入地面的门。一套悬挂在外墙面的精密滑轮系统使门可以稳定地下沉并逐渐消失在地面上。阻挡了通往冥想空间的道路。”按下门边墙上的开关，一套悬挂在外墙面的精密滑轮系统使玻璃门稳定地下沉然后消失在地平面上，这一系列复杂的装置，让两界之间的隔阂以这样的方式呈现和消失，人们必须抬高脚步，弯腰跨越过去。这种充满仪式感的身体行为时时刻刻提醒着人们这是一个界限，你的跨越，需要敬畏、尊重。

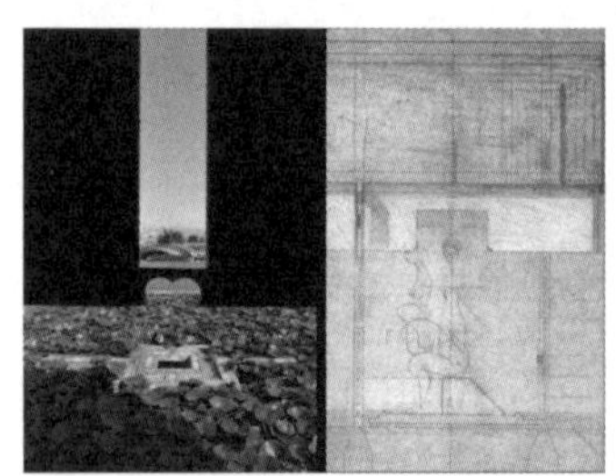
图30 斯卡帕手稿

（3）看见还是窥见?

家族墓的窥视：位于L形平面北端的家族墓入口狭小黑暗，必须弯腰缩背才可进入，在墓地内部，站直身体便无法看清外部，需选择跪下方可一窥墓园全景。

在沉思亭，斯卡帕刻意将亭高的下沿设置在1.5米左右的尴尬位置，想要视线不被阻挡看清墓园的全貌就得弯曲膝盖将双眼对准“望远镜”的双圆镂空，否则钢板的遮挡只会留一条细长的缝隙让人窥见局部（图30）。

**4-意义世界的对仗重启**

正如前文我们在关注建筑的面貌之时，它所处的系统关系，所展现的形式、材料、身体性以及它所散发出的语义品质，都是需要被整体考虑的。

（1）墓地和后花园

一片一望无际的玉米地里抬起了一片围墙。围墙向内倾斜60°，却每隔几米伸出一段90°的竖直墙体。围墙转角上部的混凝

图31玉米地与围墙

图32 相互依偎的棺木

土墙面镂空看上去就像汉字的“囍”字，经过几何形体的变化，转变成了混凝土花窗（图31）。围墙如堡垒一般护卫着墓园的内部，掩映在墓园的松柏显得异常挺拔。走近几步，从转角的“囍”字花窗朝里看，枯黄的爬山虎零星地搭在围墙内侧，主人石棺安详地躺在低洼的草地里，遮蔽在棺墓上的石拱就像摇篮般保护着襁褓中的人。目光由近及远，阳光照射在一片灰色的墙，双圆形的门洞吞噬着黑暗，把光亮投映在前方的草坪上。最远处的深思亭漂浮在水池和睡莲上，清风拂动，莲叶微微摇晃，一切都是这么的安静、美好。置身事外，仿佛觉得这片墓地是一个静谧的后花园，它的主人还在，他会伴随着清晨的第一缕光，来给草地灌溉，来给灌木修剪，让万物有序生长，让生活继续下去。这样隐秘的画面，也许在另一个平行世界正在上演着，人们看不见，却可以深深感受到，不去打扰。

（2）相爱的人儿，死后相依.

5.5cm×5.5cm模数的线脚是布里恩墓地装饰语言的主旋律。这些锯齿形的线脚层层堆叠，通过不断变换的几何造型拥有了随时变幻的视觉效果，象征着侵蚀和流动。与光线、植物、池水交织在一起，反复出现，变化、蔓延，戏剧性地打破水池、门楣、楼梯、地面各个界面的边缘。它的反复堆砌强化了墓地的神秘和诗意。这种符号性的隐喻同样地出现在布里恩家族墓地的空旷草地上：连通沉思亭的池水由一条宽1米的水渠向夫妻墓的石棺缓缓流淌，却在一个楼梯的节点上突然中断。层层楼梯向下是一块低洼的平地，两个水平大梁横跨过圆形的凹地，将推力传导到水平方向。一对巨大的混凝土弧拱承承受着雨篷的重量。走近桥拱下方，弧形雨篷的顶上镶满了宝蓝和冷绿色的玻璃马赛克，间杂着一些金黄色、褐色。弧拱的间隙透出隐隐天光，如玉般温润的乳白色反射着周围的草绿色。马赛克在阳光的反射中变幻出草绿、橄榄绿、暗蓝、碧绿、珠光色，色彩的神秘在此施展出无穷的魅力。两只棺木（Sarcophagi）在竖直方向上互相倾斜，形成动势，就像两只风浪里漂泊的船，互相依偎，这种船的意向暗示了一种历经磨难的爱，充满了诗意（图32）。斯卡帕解释道：“如果两个生前相爱的人在死后还互相倾心的话，那将是十分动人的。棺木不应该是直立的，那样使人想到士兵。他们需要庇护所，于是我就建了一个拱，取方舟之意。为了避免给人以桥的印象，我给拱加上装饰，在底面涂上颜色，贴上马赛克，这是我对威尼斯传统的理解。”[1]马赛克神秘的色彩打在白色卡拉拉（Carara）大理石台座上，犹如波光粼粼的水面，托衬着两只船儿穿过桥拱从一个世界到达另一个世界。桥拱掩护着船儿，是风的宿处，有光来串门，是相爱的人死后的栖所。

1 *Carlo Scarpa The Complete Works*.
Electa Press

（3）一个自我循环和永恒静止的双重世界

在布里恩家族墓地中，无处不在的细节设计和氛围营造，使我们看到斯卡帕有意识地将惯常逻辑陌生化，最终设计出了一个“新”的世界，这是与墓地主题契合的另一个世界，它是超出物质实体以亡灵为主体的二重世界。在这里不同于我们肉眼所见的真实世界，时间永恒静止，在宗教意义上来说，死去的布里恩夫妇长眠于此等待着耶稣降临唤醒他们复活。正是这种“墓地”的原始含义使得看上去生生不息且自我循环的墓园实则还有人们看不见的一面，但斯卡帕处处的精心设计却时时刻刻提醒着游览者那个二重世界的存在（图33）。

图33 葬礼教堂的线脚（来源于网络）

沉思亭所处的区域是一池循环流动的活水，池水沿着水渠流向夫妻墓的圆形低洼处，通过圆心流到地面以下，再经地下装置被抽回到沉思池中，由喷泉喷发出地表。这个循环系统是生命的轨迹。现实中，池水之上种满连天的荷叶和竹子，水波荡漾，是一种轻盈的质感。

图34 葬礼教堂水池上的建筑倒影（来源：《Carlo Scarpa —Uno sguardo contemporaneo》）

而葬礼教堂外的方形水池常年静止不动，水面零星点缀些许睡莲，水面之下是混凝土雕刻的线脚，构成了水池的主旋律，是一种厚重的质感。

如果说夫妻墓的草坪连接着沉思池通过潺潺细水构成了一个生生不息、循环往复的世界，那么“L”形平面的西端则是一个静谧抽象而充满隐喻的领地。在这里，没有了柔软的草地，取而代之的是硬质石板、沙土铺地；没有了满眼的绿色生机，长满杂草的泥土上，盛开的是混凝土线脚构成的“藤蔓森林”；没有活水在流动，只有节节败退的重复线脚仿佛曾被流水长久侵蚀；没有生命的印记，只有阳光洒在石头上，阴影缓慢移动的轨迹。这是一个混凝土的世界，仿佛被废弃了一般，时光在这儿永远静止。漫长的岁月百无聊赖只能在石头上一道一道地划开口子，它的空虚和孤寂嵌在石头里、沙土里、枯草里和永恒的大地里。

（4）诡谲的水潭

在葬礼教堂区，斯卡帕精心塑造了一个水潭。诡谲的水下世界和水潭上的建筑、光影形成了极大的反差（图34）。一湾清波荡漾的水面，明如镜，微微泛荷影，建筑和水池本是一体，却轻易地被它界分。水面之上，你我三两成行，驻足哀思。水面之下，离去的人儿亦步亦趋，踽踽独行。同一个世界幻化成两个空间，一个真实、一个抽象，一个用来祭奠（生活的一部分）、一个用来冥想。当一个人离去，他便化为天阶小雨，落入这无边的沟壑。倘若你的伞尖划破水面，误闯水下的混沌，便是打破了本有的平衡，惊动了本该沉睡的人。

图35 人的生命稍纵即逝，就像流星一样陨落。而每一个日落的黄昏，正是我们躬身沉思的时刻（来源于网络）

（5）下沉的机械门

低长昏暗的门廊向南，由宽变窄的通道被一扇透明的玻璃门挡住了去路。前方是光亮之所在，只有一步之遥，却阻挡了通往冥想空间的路。按下门边墙上的开关，一套悬挂在外墙面的精密滑轮系统使玻璃门稳定地下沉，然后消失在地平面上，有如落日西下卷起天边云霞，又如生命的陨落悄无声息。也许这正是斯卡帕的初衷，人的生命稍纵即逝，就像流星一样陨落，而每一个日落的黄昏，正是我们躬身沉思的时刻。玻璃的那一头，是你看得到的世界，却也是你不能到达的世界，对于它，我们应该有更多的尊重。这一系列复杂的装置，让两界之间的隔阂以这样的方式呈现和消失，充满仪式感的身体行为时时刻刻提醒着你这是一个界限，你的跨越，需要敬畏、尊重（图35）。

图36“漂浮”的沉思亭（来源：《Carlo Scarpa —Uno sguardo contemporaneo》）

（6）生命泉涌，死生等同

从游廊向南步出游廊，眼前骤然变亮，左侧墙面曲折内扣，亮眼的黄色马赛克玻璃镶住内边。在墓园的南端，一湾长满睡莲的池水分隔了草地和一处私密空间。沉思亭融进了围墙的颜色恍若漂浮在水面正上方。对面烟灰色混凝土墙体正中同样是一条轻快光彩的马赛克水平线，好似来自另一个世界的一束光亮。顺着地面的小径蜿蜒向左，在一片四周环水的浮台上是由四根交错转折的铜柱支撑起的四块壁板，壁板由杉木板条和铆钉构成，排列的秩序像极了山门的混凝土线脚。远看沉思亭就像漂浮在半空中，铰接节点的强化突出了铜柱的纤细和不稳定。走入沉思亭，它水平的木板屋顶打开着，光线倾泻而下，光影颤动。正常站立，壁板的下缘遮挡了我的视线，但一条镂空的11厘米竖缝刚好将远处的弧拱形棺墓纳入视线。竖缝下方的侧壁上切割出不完整的双环，看上去就像是一颗不完整的爱心，正对着拱形棺墓。沉思亭与夫妻陵之间，被斯卡帕精心设计的镂空框景符号混淆了空间的区分，在精神上将它们联系在了一起。一湾池水，天光云影共徘徊。几处莲花，影影绰绰两相宜。生命的气息从这里溢出，经过浅浅的水沟，曲折的水渠，由层层台阶跌落，最终终结于三个圆形花池，正对着棺木中央。在斯卡帕的设计草图中，我们可以看出原本水流是由台阶缓缓跌落，最终注入夫妻石棺所在的凹地中，这样船的意向更加鲜明，他们漂浮在浅浅的水面上。而这些水又被特殊的装置抽回到沉思亭的水池中，在这里，一个十字架形的平台内设计了一个喷泉（花池），池水在这里灌溉了其他的生命，循环不止，繁环而生（图36）。生者和死者各处一方神圣领域，静水暗流，生命泉涌，死生同等。

## 叁 / 异质同构

诗歌语言缩减了普通语法和逻辑关系，扩大了词语意义的关联域和多义性，增强了词语相互存在和同时存在。显然，在诗歌中词与词之间并非是一种全然孤立的并置状态，而是构成了一种妙不可言的异质同构的关系。

在马致远的《天净沙·秋思》中:

*枯藤/老树/昏鸦。*
*小桥/流水/人家。*
*古道/西风/瘦马。*
*夕阳西下,断肠人在天涯。*

九个名词"蒙太奇"般的连缀，不同景物和谐地并置在一起。其间无任何定语、谓语、状语等逻辑语词，造成了诗歌特有的"未定位"和"未定关系"的意象状态，在物象与物象之间作若即若离的指义活动。比如首句"枯藤/老树/昏鸦。"尽管三个意象迥然不同,但都具有相同的内在性质:枯败、萎缩、饥寒、破落。三者相互映照,就把这些相同的性质突显出来了,而其他的不同之处都在统一的审美知觉中消失了。

在布里恩家族墓园中,斯卡帕省略了所有可能导致理性分析的连接部分,仅仅留下了一些松散的意象化名词,同时由于人们对建筑语境本真性的感知,提供了一种明晰的表现性择取。它们共有的坚硬、静寂、枯逝的性质被自然的选中,构成了整体意象，可视为"异质同构"思维的结果。阿恩海姆说："虽然身与心是两种不同的媒介，一个是物质的,一个是非物质的，但它们之间在结构性质上还是可以等同的。"也就是说,外在事物的组织结构与人内心的情感结构存在着根本的同一,在合适的环境中能产生共鸣。进而论之，"物与物"也可产生"异质同构","心"作为一种中介媒质而扮演着物物"异质同构"的桥梁。"混凝土"、"彩色马赛克"、"石头"、"水面"互为异质,但它们本身所蕴含的表现性空间张力结构相同，故能够"同构"组合并合力显示出整体的意境。

## 肆 / 跳跃拼贴

在园林式的漫游路径中，一系列的身体位移切换了空间，不停地框选出一帧一帧的画面。我们可以把它总结成几种范式，尤其在这种两元属性中，我们沿着路径行走，当天空、大地（上、下）都很确定的时候，左边和右边有哪些潜在的处理的可能性呢？斯卡帕在墓园中反复使用透视法这种精确而强悍的构图，然而他对于透视

图37 《一条街道的忧郁与神秘》[意]基里科

图38 《静物写生》[意]莫兰迪

法的使用跟西方的传统是截然不同的，他更倾向于东方的构图—那种非对称的框景，而不是一种对称属性构图。这种非对称产生的是事物的那种被人轻易察觉的并置，是一种非常清晰的拼贴状态。在形而上画派代表人物意大利画家基里科的作品中，大量存在着这种多个透视消失点的刻意，《一条街道的忧郁与神秘》这幅作品中，两组建筑分别消失与不同的透视点，而画面正中央的小推车确是平行透视。整幅画面带有一种浓浓的拼贴感，与反常规的光线投影一起构成一种强烈的孤独气质（图37）。

## 伍 ／ 由比及兴

诗起于比兴，即对比和兴起，是一种生发性的、具有启示性的并置关系。"比"就是两者放在一起并置、对比；"兴"就是兴起，指语义开放的可能性。比兴其实可以把诗的性质界定，这就是那些孤立的东西并置在一起后产生的流动性。想象这样一个画面：在东方的构图里，一棵树下面放置一块石头，这两个物体并置在一起，我们就认为它是有诗性的东西：一个是内收的、没有生命的；另一个是有生命的、高起的、有姿态的。这两种物体形成这种构图，产生了一种对仗的语义，这是在这个独特语境下成立的，只有相比，才会相生。这种生发性的开放语义，即诗性，永远保持一种开放属性，而不是一种确定的语义和解释，更不是一种逻辑关系。

由并置产生诗意的例子不仅出现在东方的语境下，仔细观察斯卡帕的平面布局和空间构图，与同时期意大利画家莫兰迪的绘画作品也有诸多气质上的共通性。莫兰迪一生都在塑造简单的生活器物，那些瓶子、盒子、罐子被置入单纯普通的生活场景中，以一种最简洁朴素的方式营造和谐的气氛，这种绘画题材当中呈现了一种并置的诗意，在那些细微的关系里面，形体被简化成最本真的形态，色调由灰暗的中间色调来表现，物与物之间的并置关系才是最深刻的感知，是一种在事物的对峙和并立当中被我们察觉的可能性（图38）。综上所述，笔者认为布里恩家族墓园的诗意体现为一种完整的系统关系：在一帧帧画面通过时间连缀的基础上，片段与片段间并置而对比，每一个片段作为一个完整的物象被整合，语义上呈现一种开放后的流动性，此时，生命的质地，生与死的关系等构建墓园双重世界的核心问题被开放性地讨论，墓园的双重世界得以自由而诗意地呈现。

# 经营之义

——纸上园林

《拙政园图》摹写

邱卉 Qiu Hui

## 壹 ／“经营”何为?

在诸多可称为园林的空间里，亭、台、楼、榭、花、木、树、石，种种物件常被精心安置，悉心布局。这个运作被称之为“经营”，在此运作下，日常物件之间的位置相互牵制，含义相互引发，没有谁决定谁的强迫，每个物件发现自我，呈现自我，共同构筑一个世界，成为一体。同时，“经营位置”历来被认为是中国山水画创作中的重要机制。平行比较园林与绘画，如何“经营”?“经营”是一种怎样的活动?

### 1-词源研究

“经”，字形左边绞丝旁，把丝绞在一起成线。字形右边，把线绷在架子上，成纵线，人于其间运作。这一条既解释了“经”本身作为线的含义，又揭示出“经”所暗含的组织形态。“经”作为织布前的定与立，为织提供有力支撑，界定自身后，织布开始，且依此理法发生。

“营”的古文字形解释为“营二川”，二川被治理，收束，最后交织，非并置，“营”的是一种交织的关系，开始走向多种可能，走向复杂与丰富。字形发展到后面，才出现了“围”之义。

“经营”在此即是，绞丝成线，绷线为法，依据此法交织关系，成为一个整体，这是一个织的过程。但只探讨这个意思，远远不能解释“经营”的丰富。

“经营”的词源解释众多，一一地罗列只会让理解又一次陷入困局。为了探究“经营”是一种怎样的活动，有必要讨论经营的对象、操作、原则、目的这四个方面内容，以此展开“经”、“营”、“经营”的词源解释并进行收纳与整理。

### 2-经营对象

《文心雕龙 · 情采》中说到，“经正而后纬成，理定而后辞畅。”“经”首先被解释为纺织物上的纵线，织布之前把纺好的纱密密地绷起来，来回梳整，使之成为经线。“经”与“理”相对，“经正”即“理定”，以“经”为“理”，而后织。《管子 · 度地》：“水之出于山而流入于海者，命曰经水；水别于他水，入于大水及海者，命曰枝水。”“经”在此有主干之义。“南北之道为经。”《周礼 · 考工记 · 匠人》：“国中九经九纬。”“经”指南北走向的道路或土地。线本身提示方向，纵线以南北为向，是主要的作为依据且具有控制力的理，决定事物发展的方向，如同经脉，是事物的结构。

《书·召诰》:"周公朝至于洛，则达观于新邑营。"曾运乾注"营，营域。""营"指从东往西的方向，横路或横线，以"经"的纵线为法，为主，横线往来耕织，以营成域。"域"提示经营的对象有关区域与边界:划定边界，围出一域。"围"与"域"提示一个相对独立完整世界的建立。划定边界就意味着事物的开始，区域的形成。"'边界'使事物得以确定自身的规定性，借助于'边界'，事物才得以相互'区分'，才得以取得'形态'。[1]""营"的最终目的也在于此。

综上所述，"经 ""营"二字的名词词源指向事物的结构与形态，而在中文的原始语义中，结构、形态以如此具体的面貌发生:"绞线成经""营二川"。被经营的对象：结构与形态，其本源是无所不在的具体事物，其发生方式是物与物之间的关系。经营事物，意味着摆置、处理、转化、重组诸物。由此，我们开始探究经营作为一种动词的含义。

**3-经营活动**

如果将经营二字的动词语义作一番梳理，则有利于探究经营活动的性质。这种行为活动可以梳理为三类语义群。

**4-立意**

《诗经 ·大雅·灵台》:"经始灵台，经之营之。"疏:"既度其处，乃经理之，营表之。"《金史·方伎传》:"目炯炯若有所营。"在以上的引述中，经营有规划、谋虑之义，表达着操作的动念，即"意"。

中国绘画中常有"意在笔先"的描述，即对操作之前有意图的控制，有所预设。此中之"意"也有多种解释，主要有：主题；材料的组织、文辞的设置、技巧的安排等构思活动；所要借助操作表达的感情意趣；对象的神韵。操作起于"意"，"意"指向一个整体的范围，有了一个范围的确定，才开始动笔经营。"意"具有统帅的作用。唐代王昌龄著的《诗格》说："先立意则文脉畅通。"杜牧《答庄充书》说："苟意不先立，止以文采词句绕前奉后，是言愈多而理愈乱。"凡事预则立，不预则废。先有整体的构思，对想要表达的了然于心，则落笔行文时能思路清晰，文气贯通。

所谓"胸有成竹"也即是"意在笔先"的意思。在清代郑燮的《郑板桥集·题画》中，"文与可画竹，胸有成竹。郑板桥画竹，胸无成竹，浓淡疏密，短长肥瘦，随手写去，自尔成局，其神理俱足也。"我们看到除了前半部分的"胸有成竹"，还有被认为是更高境界的"胸无成竹"，而"胸无成竹"，亦"神理俱足也"，"意"虽在"笔

1 马丁·海德格尔著.依于本源而居—海德格尔艺术现象学文选 [M].（德）孙周兴编译.北京：中国美术学院出版社，2010：3.

图1

图2

先”控制全局，但并不是能一次性地规定，一个单向的结果，而是一个应运随机的过程，故有“意随笔生”。意在主体与客体之间这种多样的关系在反复演化中被发掘。落墨乃是结构与形态在动念间的固化转化，最终成“形”。经营活动因此是一个通过“立意”进行赋形的过程。

**5-周旋往来**

此外，经营还有周旋往来之义。《诗·小雅·青蝇》：“营营青蝇，止于樊。”《史记·上林赋》：“酆镐潦潏，纡馀委蛇，经营乎其内。”《楚辞》：“经营原野，杳冥冥兮。”注：“南北为经，东西为营。言己放行山野之中，但见草木杳冥，无有人民也。”“直行为经，周行为营。”“经营，往来之貌。”经营是一个过程，有艰难之意，周旋往复，需要人用心地付出，并非能轻易获得，有时间的积淀，由此获得厚度与丰富。周旋往复类似于一种描述的方式，通过反复描摹某一件事物，达到对事物的直接感知，让事物自身逐渐显现，正如织布的过程，纬线以各种方式不停穿梭于经线之中，然后编织的图案在这一过程中神奇地呈于眼前。如同素描中的反复勾勒以接近形的本体。这种反复描述其实是对“意”与“形”的摹写，在一次次观察与描述中接近事物的本源。

**6-界定与开启**

周旋往来意味着事物不断地被重新界定，同时不断被开启。

《鬼谷子》：“经起秋毫之末，挥之于太山之本。”陶宏景注：“经，始也。”开始，起始。

《左传·宣公十二年》：“子姑整军而经武乎？”

《左传》：“礼，经国家，定社稷，序民人，利后嗣也。”《小雅》：“肃肃谢功召伯营之。”笺：“营，治也。”《诗经·大雅·江汉》：“经营四方，告成于王。”

营又有治理之意。“治”与“乱”相对，则是新结构、新形态的形成。

《诗·大雅·灵台》：“经始灵台，经之营之。”《小尔雅·广诂》：“营，治也。”《广韵·清韵》：“营，造也。”

营有营造意。经营活动是一种建构活动。

经营活动起始于立意，终于赋形。每次循环意味着一次意义的重新开启。

**7-经营的原则**

"'经，织从丝也。纬，织横丝也。'此脱'从丝'二字。从与纵同。"先有经而后有纬。

"营"，区域，边界。《书·召诰》："周公朝至于洛，则达观于新邑营。"曾运乾注："营，营域。"

可见，"营"是对已在世界的框定。被框定的先在事实成为一相对完整的小世界。"经"字暗示的编织语义意味着"界"在此不是事物的终止，而意味着新事物的开始。事物被编织到一个完整系统中。经线纬线相编织的广袤系统不可断绝，极易让人联想到笛卡尔坐标系统。然而二者的相似性也到此为止，经线与纬线在空间维度中不断生长之前，首先是具体的物与物之间的关系，区别于逻辑意义上的空间，作为"经营"对象的空间是可以被感知、理解的主体世界与客体世界的统一。

经营活动是"经"和"营"的统一，意指所营之"域"被编织。绞丝成线，此线可连绵不绝，这个有边界的场域则可被编织到另一个更大的系统之中；被经营之物就是如此与先在的世界发生联系。

图3

图4

图5

**8-经营的目的**

以下"经"与"营"的词义可视为与经营的目的有关：

"经"：道，正道，根本。《荀子·解蔽》："治则复经，两疑则惑矣。"常规，原则，法，路（无所不通）。合乎常规。《管子·牧民》："顺民之经，在明鬼神，祗山川，敬宗庙，恭祖旧。"《史记·封禅书》："所忠视其书不经，疑其妄书。"《史记·太史公自序》："夫春生夏长，秋收冬藏，此天道之大经也。""经者，纲纪之言也。"《左传昭二十五年》："夫礼天之经也。"注："经者，道之常也。"常道，常行的义理、法则、原则等。"经，常也。""一生二，二生三，三生万物"，从普世的"道"到可依循的"法"，再到普世的"常"，"经"从始至终控制事物的发展。为一的"道"衍生了各"法"、"常"，万物的"常"最后归于"道"。

"营"：虚，气。《灵枢经·营卫生会》："人受气于谷，谷入于胃，以传于肺，五脏六腑皆以受气，其清者为营，浊者为卫，营在脉中，卫在脉外，营周不休。"魂。《老子》："载营魄抱一，能无离。”河上公注：“营魄，魂魄也。”“营”在艰辛的耕作之后，最后要获得的是自然之势，全然一体的世界，拥有某种气质魂魄的整体。

图6

惑，迷惑，眩惑。《荀子·宥坐》：“言谈足以饰邪营众。”《后汉·清河王庆传》：“夙夜屏营。”注：“屏营，彷徨也。”天地自混沌始，复归于混沌一气的状态。“营”的结果不是人意识的绝对清晰，理性逻辑，万物泾渭分明的决裂，而是某种魅惑人、吸引人的道不明的天地一体，笼罩在迷雾中的某种气质，清晰刻意之后的复归于“惑”。

统一。《汉书·陈胜项籍传论》：“自矜攻伐，奋其私智而不师古，始霸王之国，欲以力征经营天下。”

图7

《广雅·释诂一》：“营，度也。”《吕氏春秋·孟冬》：“营丘垄之大小、高卑、薄厚之度。”度，得宜。

综上，经营之目的在于浑然一体，即合道。“道”的词义既包含方式、方法，也是一种规律。道法自然，故浑然一体。合道的具体形态乃是“常”，特征在于“得宜”。

## 贰 / 纸上的园林

图8

经营活动起始于立意，终于一种开启。对于中国绘画与中国园林，这种活动的实际过程则是对物象一次又一次的描述。在这里，我们要提及一组园林图像，文征明的《拙政园图》册。正是这套册页揭示了造园与绘画诗文之间的一种典型关联。嘉靖十二年，文徵明作《拙政园三十一景图》册，除了绘图，他还为三十一景各题诗一首，并作《王氏拙政园记》将各景串游起来。记、诗、图出自一人之手（《不朽的林泉》）。于是，同一场景就有了三重描述，加上后来脱胎自三十一景的《拙政园十二景》，相当于将同一场景以不同方式摹写了四次。正所谓“周旋往来”，每一次重新描绘就是对该场景的再一次定义。

在绘画和园林的世界里，经营的含义依然可由对象、活动、原则、目的四个维度探讨下去：

### 1-对象——从物到象

上文提到物与物之间的组织实为经营活动的内涵，在艺术创造活动中，经营的对象则成为从物到象的转化。

《古画品录》评宗炳道：

*“含象命素，必有损益。”所谓“损益”便是“经营位置”，盖真景多不能入画，必须加以“损益”剪裁，才成章法。所以“经营位置”就是指章法而言，这也是尽人皆知的。[1]*

经营的对象是从物中“损益裁剪”之后的“象”。一个真实物，所包含的面太多太广，我们也不能穷尽把握，即使把握，也只会迷失于真实物的各个面，无法让其进入到自己的认识，一片混乱，也即无章法可言。“象”通过对真实物其他多余面的“损”，以“益”、“象”所要真正表达的面，让物通过“象”得以凸显与显现。

图9

**2-活动——描述与摹写**

作为把控造园活动之七分的主人，其身份往往是深谙山水画之道的文人，所面临的事实是体系化的建筑类型，经营之于造园实在立意与描述摹写之间。于是：宜亭斯亭，宜榭斯榭。

描述与摹写都是一个“立意、周旋往来、界定与开启”的完整过程。这些描述与摹写成互文的关系，如同在讲谜语，一个谜底可以设置不同的谜面来企及。

图10

**3-原则——在场**

联系上文所回溯经营的编织语义，则可以认为经营是将人为事实编织到先在的场地情景中去，使其“得宜”，是故“虽由人作，宛自天开”。用明代计成的话来讲，即是所谓“因”与“借”。

图11

*“因”者：随基势之高下，体形之端正，碍木删桠，泉流石注，互相借资；宜亭斯亭，宜榭斯榭，不妨偏径，顿置婉转，斯谓“精而合宜”者也。“借”者：园虽别内外，得景则无拘远近，晴峦耸秀，绀宇凌空；极目所至，俗则屏之，嘉则收之，不分町畽，尽为烟景，斯所谓“巧而得体”者也。——计成《园冶》之兴造论 [2]*

因、借是如此巧妙的一种活动，是看似最轻微的干预。仅仅谋划、安置了文人或匠人皆耳熟能详的几类现成类型，随“势之高下”，与已存在事实相互比照匹配。这类在古典世界中似乎平淡无奇的不同亭台楼榭，因其位置关系的不同开启了不同的意义。当因借得宜的片刻，一种引起人共鸣的情境将触动心弦，人化自然在此刻被理解、被感知，这个时候，人、自然同时在场了。

*1 所谓的“元法”的原义 [M].// 童书业绘画史论集 . 北京：中华书局：29.*

*2 计成 . 园冶注释 [M]. 陈植注释 . 北京：中国建筑工业出版社：47.*

图12

#### 4-目的——含道映物

经营的词源含义中本身具有的“道 ”、“法”、“常”的义项，转义至园林兴造，则与画论中的“含道映物”暗合。这一山水画论中的经典句式道出了中国传统世界中物—人—道三者的关系。“道”以兴造作为起点，以观看作为终点。圣人“含道”映物，指的是物与人的心性发生感应，以物与物之间形成的情境被作者读解、传递，又以情境的方式被观者感知。“映物”者，物象乃是道的投射。“道”又回归了日常。这正是园林的发生机制，同时也是经营最终的目的。

至此，以“经营”二字字源中潜藏的意义，本文分别从经营的对象、经营活动、原则以及目的四个线索对其含义进行梳理；进一步将经营活动还原至园林空间，以探究在兴造者角度如何以描述与摹写的方式接近经营活动的本源；“经营 ”是把手边的日常物通过“损益裁剪”，还原于“合道”的日常情境。在这个过程中，与造园活动同步的描述与摹写为经营活动提供了具体操作的可能性。下文将对文徵明的《拙政园图》进行分析与创造性摹写，经营之义将被验证体悟。

## 叁 ／ 摹写实验

艺术家徐冰的作品 “天书” 以《康熙字典》等古籍为素材库，在其中提取一些偏旁部首，将这些片段重组、编撰成为一套似是而非的 “伪汉字”，这些文字不可读，没有意义，然而，面对这些“汉字”，观者却在恍惚中仿佛进入了某种可阅读的情景。通过对语言、文字、笔画的层层剥离，然后进行重组，进入原来的事物之中。运用原来文字的笔画，遵循笔画与笔画间的组合关系，字的上下、左右、包围等结构，仔细认真地书写与经营。

我将借鉴这种重构的方法，通过一系列的分析与实验，试图将《拙政园图》进行创作性的摹写。以此体验、传达、理解经营活动如何发生。操作的素材是品质较好的画中物件，回避了绘画中笔墨与技法的问题，运用已有之物，将其再次结构起来。

对纸上园林《拙政园图》的创造性摹写，正是试图验证与体悟“经营”之义。

# 造园一记

周简 Zhou Jian

还有比园林更好的吗?

一年前，康楚师兄要我帮他重新装修办公室，彼时他正经历一段变故，对装修的要求是做一个“修行、思考”之地，一个可以安身的世界，不要通常装修所谓的造型、风格、样式。而我则在等待实践的机会，两人一拍即合。

设计的起点已然明了，“还有比园林更好的吗？”

## 壹／边角

题目既定，余下的就是解题了。康楚的办公室我常常去，钢筋混凝土框架核心筒办公楼十五层的一角，方盒子，20㎡，不大，是否够营造一个小园林？和康楚打趣说，我没有传统画师“芥子纳须弥山”的神通，将他和家具都缩微，放进这个小空间里，仿佛在范宽的《溪山行旅图》中，用巨山与微人的比照来构建无限的时空。

给我们启发的是明末文人龚贤的一幅立轴山水《岳阳楼图》（图1），它是另一种“小中见大”的构造：图中主要山体挤压在画幅的边角，作者意识到画面边界与画面内外时空之间的观想张力，用边角裁截了山水的一个片段，使得原本是观看障碍的边角分解了自身，之外是想象的无限时空，“片图小景彰显千里江山”。

我的边角：两面隔墙、两面长窗（西、北方向）、角部的一根方柱和管井。它们暗示了界分两边的关联，并给予了布局操作的先在结构（图2）。

图1

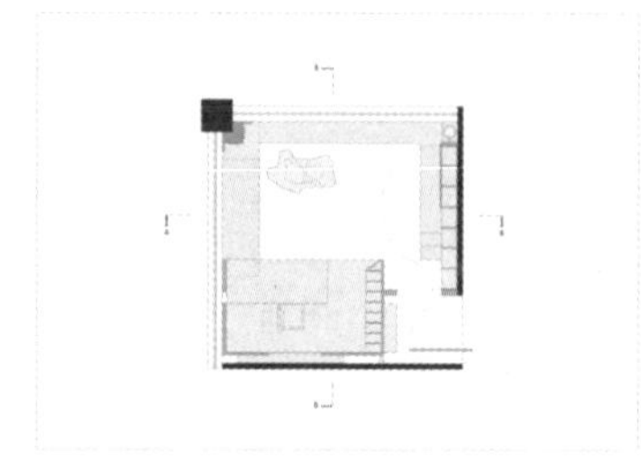

图2

图3

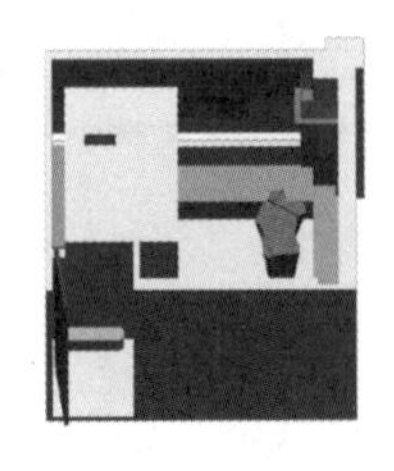

图4

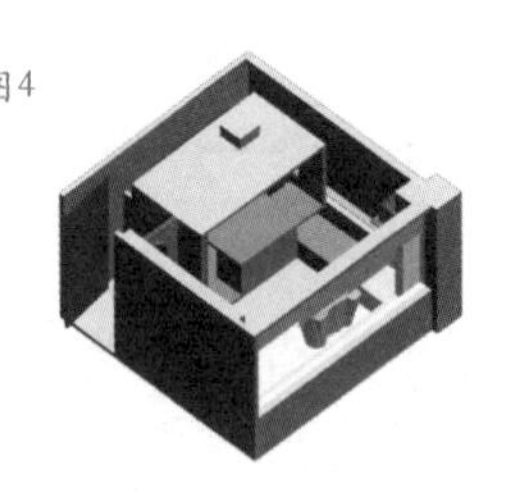

## 贰 / 残件/局

童寯先生曾用“园”字说明中国传统园林是将几种固定的部件，放在一个框框里构成的。如何放置这些部件，先生没有明说。我想这些部件不同于柏拉图的“型”——抽象完满无缺，却又疲软无力。需让仇英、唐寅、李渔举起宙斯的刀，来劈开完满的肉球，将真实的类型劈成残件——半亭、短廊、片房、断墙、残山（图3、图4）。于是它们成了书法中的“勒弩掠磔侧”，是象形的残缺，隐微关联着各自真实的母本，如“阵云、枯藤、犀象、弩发、坠石”，而得形。

虚构的欲望被激活，残缺即姿态。

它们将标识位置，“把角守边、临虚勾连、顾盼向背、离合断续、牵丝萦带”，因而得势。角色和欲望的空间格局自然建立。那个小世界是自我运作的虚构游戏，暧昧不清、惊心动魄。因为它抽象的空无，不像是对一瞬间的记录，而是事件过后被窥视到的空间残蜕，或一个局，让我们迷在其外，纷纷扰扰、忧心忡忡、飘飘渺渺。康楚和我是多余的进驻者。

宋人叫这种时空构造：“残山剩水马角夏边烂柯局”。

图5

## 叁 / 房子/石头洞

听过一则与设计相关的轶闻，1960年代中国古艺术品在美国首次展览，一位小朋友初识山水画，在留言簿里疑问：“中国人都是住在山林之中的吗？”童言无忌，道出了传统中国人观念中的“居”：几株遮顶的树木、一片蔽日的浮云、一卷随风翻动的布幔、一件蓑衣草帽、一把雨伞……山水画史中无数画家的作品都在表明，中国人的空间体验是在自然之中，“空山闻人语、空翠湿人衣、春江潮水连海平、巫山巫峡气萧森、烟波江上使人愁……”，它们超越了“房子”类型的范畴，回到了建造的根源和想象之中。

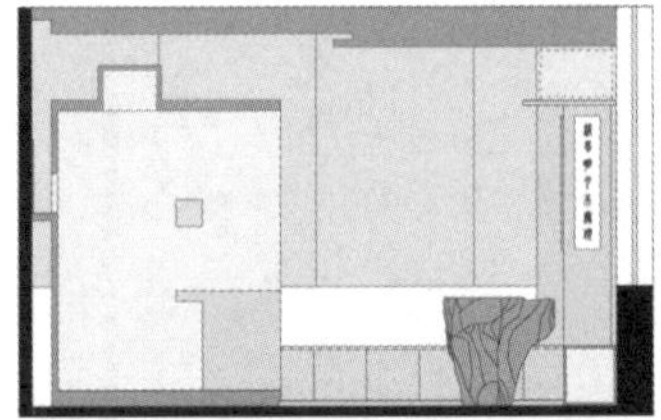

图6

康楚也会有一个小石头洞，他像和尚闭关，包裹在一个空间内里，读书、画图、思考（图5），如同宋人郭熙描述的那样“不下堂筵，坐穷泉壑”，在其中体验到阴影、光线、风。它们分别来自小石头洞的三个小窍，而石头洞最大的开窍则是对自身的剖开（图6），由内向外面对边界的无限平远，由外向内凝视逼入洞窍的深远，“旷、奥”两种风致脉脉面对，仿佛褶皱叠合的《烟江叠嶂图卷》（图7）。

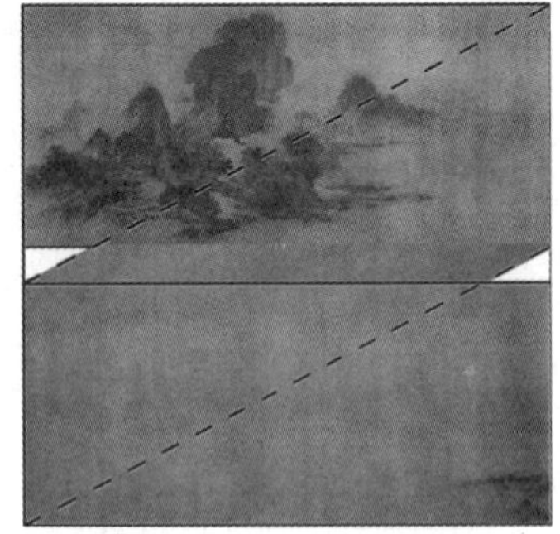

图7

此刻，康楚和我跃跃欲试，将成为小世界的第一批进驻者。

## 肆 ／ 未完成

15天之后，下乡回来，施工已经结束，小园林尚未完整，少了原有的“山脚、水波、片云、门扇、灯笼”（图8、图9），不过我们也不着急，反而安于这样的状态，时间中的园林似乎永远处在修修补补、增增减减、明明灭灭之中，而我的工作也只是刚开始。

图8

图9

比
较

# 再造的一种多孔性建筑学

赵德利 Zhao Deli

## 壹／关乎"现实"而非"实现"的未来

城市和乡村生活中的现实碎片在多重的欲望驱使下以不同的速度和方式流动在我们的身边,相遇在不同的时空节点，转变成不同的物质形态作为终结。建筑亦是这些流动现实终结中的一种。相对于单项索取自然资源,代理城市生活随机欲望的建筑物质模式,文章试图探讨一种替代型:在坚持拥有不同识别性的物质元素的同 时,通过"多孔性的物质模式"建立它们彼此之间的协作和互助。通过对这种替代性物质模式的再造设计实验,过去、现实、未来开 始互通。也许,再造现实就是再造不确定的未来。

未来是不确定的,我并不感兴趣知道它,或者如何造出时光机器……相反,我的兴趣在于如何发现有关未来线索的可能,并尽可能的延展 这个过程和建构这个过程发生的多样方式。这样的兴趣激活了一种现实与不确定未来之间的一个时空,引诱你想方设法去再造现实的多样可能。对我来说这是建筑学的一个本质:持续地思考和实验你如此想达到但又永远都做不到的事情。或许,建筑的自治内核在此刻浮现。建筑的意识形态具有潜在的理想性状态,但需要建筑师剥开层层迷雾走向那里。这不同于科学、艺术,亦不是它们的简单嫁接。尚不清晰的,目前没有共识的,建筑学科的独立、自身定义或许来自于一种对不确定的不确定追求过程中所产生的社会抵抗力、文化动力和新思想。因此,建筑学科的定义并不是说建筑是什么，而是生活在现实中的不同个体所打开的寻找建筑是什么的过程才是建筑。现实之中,生活的第一步自然容易被习惯性地引导和说教。 由于这种在安逸中的沉浸是舒适的、安全的,蕴含着逐步丧失个体性和自主性的机会。建筑作为一种相对稳定的社会元素,从历史到现在,它的这个性格特征吸引着不同文化背景下的个体对其进行突破式的探索。因此建筑在现实中的滞后和不同个体对建筑边界的持续推动之间的自然存在的鸿沟使建筑同样自然的成为一种极具批判性的思想形式。我时常对我的学生说:"你这样需要冒险,但你又能失去什么?同时,你的学习能力和对建筑的理解会得到实质的提升,这也不会耽误你去练习建筑元素,如空间、层次、构造、质地、色彩、形式等,只不过这需要你去创立这些元素在当代社会生活中的新表现乃至新意义。这反而会加深你对它们的感悟。重要的是,你的个人成长经历和你的性格(老知识)会在寻找你的建筑的时候,碰撞出你的独到建筑表现和思想(新知识),从而有机会使你成为一个同样独到的建筑师。"现代社会越回退到墨守陈规,这种批判性的推动和反思就越强烈、多样。有趣的是,这个过程中建筑不仅与其他学科交叉,分享其他学科的知识与技术,由建筑牵头所编织起的新物质形态网络或建筑发明也在同样引领着其他学科的进步。建筑在这时不仅以物体实质贡献着社会,也积极地参与到社会意识形态的迭代之中。我们的学习和实践需要在已有建筑的定义上去探索和思考,探讨墨守陈规带来的弊端以外的新建筑发明。 这个时候的建筑思考与活动成了探索建筑自治的基础。一方面这来源建筑的基本定义，一方面来源以现实为文脉的对这种定义的推进。这两点缺一不可。重要的是，我们在这种认识下,可以选择是继续前进还是随波逐流。同时，现实的各种碎片为我的这个兴趣提供了源源不断的灵感和素材,让我能有机会在现实的多个层面去再造它们。在这个过程中,不经意间,也许会得到些许拥抱未来的机会。然后很快又失去了那种拥抱的感觉,驱使我进行下一次寻找。如此反复中,现实有机会被更仔细和全面的体悟、揉搓、发掘、参与，从而领会它的真谛,同时找到再造新的现实的可能。所以未来不关乎实现，而关乎现实。未来的想法孕育着无限的可能性,这因此比未来本身更丰饶，这也是为什么我们发现希望比拥有更有魅力，梦想比现实更有魅力。[1]

1 Henri Bergson. Time and Free Will-an essay on the immediate data of consciousness. Nabu Press. 2010: 5.

## 贰 ／ 在现实和未来之间隐藏的自治物质模式

生活中现实与不确定未来之间的联动有着不胜枚举的例子，但在大多数时候,这两者之间的时间跨度一般都很漫长,让我们对两 者间的联动不再敏感。所以在这里我试图列举一个现实与其不确定未来之间时间跨度较短的实例——90分钟的足球比赛(当然加上停补时间不止90分钟，90分钟是足球比赛中的常规比赛时间),作为讨论物质模式联通未来的可能性的开始。物质模式则是再造现实的不确定未来的纽带。足球比赛中,阵型是部署和实施每个球队战术策略的重要媒介。有时人们甚至用阵型直接来指代一个球队,如人们提到历史上的4-3-3全攻全守阵型的打法说的就是荷兰队。阵型作为一支球队整体打法和战术哲学的凝练,同时也兼容着每个不同位置的球员个体。每个球员在阵型中的局部位置变化演绎着阵型整体的控球、进攻、防守的多样变化。阵型是每个球员独特角色之间进行位置关系重构，在现实比赛中的动态关系网络，蕴含着多样变体(打法)的可能。每个球员作为这个网络中的节点在动态的足球比赛中，无论是因为进攻还是防守跑动到不同场地位置上时，就在不停地建构阵型在那个时刻的未来变体，而这个变体是球员通过不同的个体性（球员位置如前锋、中场、后卫、门将；个人能力的差异，如巴塞罗那的梅西可以胜任中前场的多个位置）和相互跑动的新位置关系所进行的一次又一次的再造——为了进球得分（图 1）。无论每个球员个体跑动到哪里,他都知道他处于变化的阵型中的哪个新阶段中的哪个新位置上。每次具体的，未来的不确定的进攻或防守,都在和现实中球队的明确阵型打法(来自球队传统和教练赛前部署)发生着时刻的对话和联动。球队想要在未来取胜,就必须对 每个球员深入了解，制定一个最适合现役球员发挥并利于团队配合 的技战术阵型。阵型没必要具有机械尺度（Scalar），但它的弹性尺度 （Tras-Scalar）却可以兼容每次未来的机械尺度的生成。

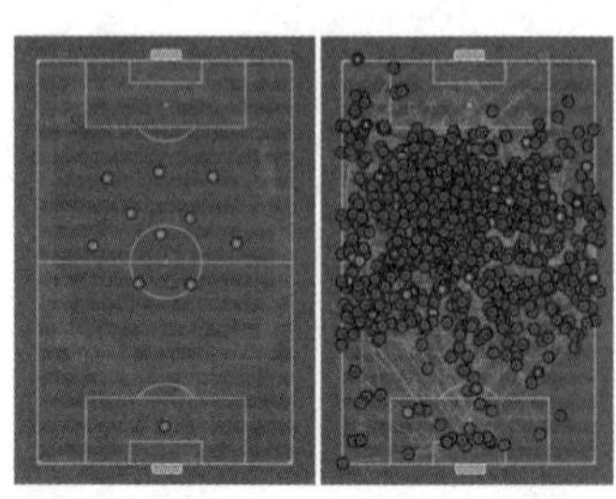

图1　足球阵型与比赛时的多样阵型变体

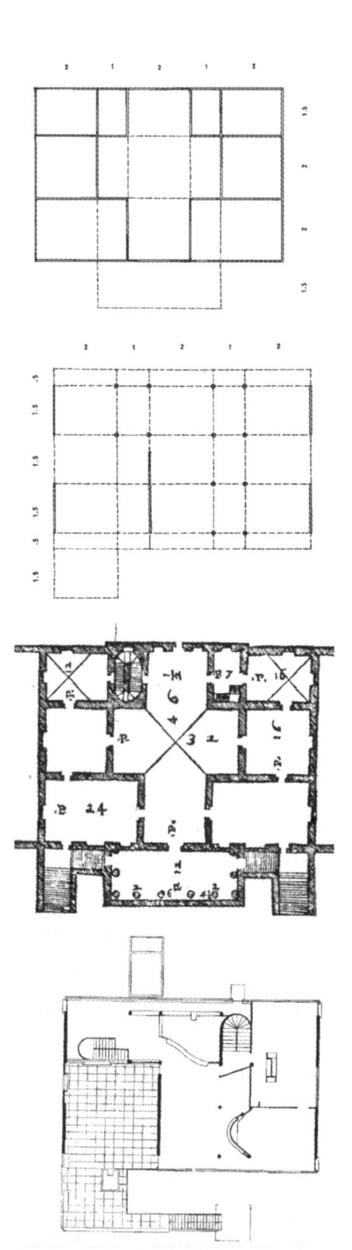

图2 帕拉迪奥的马尔康坦塔别墅和柯布西耶的加歇别墅的几何秩序及平面表现对比

不同于这种现实与不确定未来相联动的弹性尺度和物质模式，现代主义建筑关注从设计过程到设计结果，再到设计未来的一致性 和确定性。科林 · 罗曾经用固定的建筑几何秩序、抽象建筑表面和空间的比例划分，这两重可以和建筑结果的尺度表现交流的机械尺度操作方法，比较分析了帕拉迪奥的马尔康坦塔别墅（Villa Malcon- tenta）和柯布西耶的加歇别墅（Villa Garches）（图2）[1]。不同时期的两个项目却相互分享着相似的九宫格几何秩序，同时也表现出不一样的空间、体量、细部的构成方式：前者更均衡、讲究对称并有着相似的建筑界面与装饰，配以其他同样相似的建筑元素如对称开窗和均匀的柱式来形成空间系统；后者则使用不同的建筑界面和空间层次装载不同尺度的自由空间，建筑界面在固定的几何秩序约束下演绎着不对称的建筑分层和多样的空间尺度表现，这也为不同形态和多重更小尺度的建筑元素，如扶手、隔墙、条窗创造了出场的机会。

文艺复兴时期的代表性建筑和现代主义建筑先驱的建筑之间的比较，识别出了相似和差异并存的建筑表现。相似在于建筑需要笛卡尔坐标体系下的固定几何秩序（先有这个秩序再靠机械尺度的划分代表“建筑”从而发起建筑系统）；差异在于建筑在有限空间界定之中，建筑在机械尺度的推演下表现出的不同深度和复杂度的自治。这些建筑表现型上的相似和差异也指向了这两种不同时期建筑的另一个维度的相似——建筑的设计都是通过机械尺度的比例划分来生成一种本质上似乎并无差异的建筑物体。

当然，这并不是否定柯布西耶在推动建筑定义边界上的探索和突破。而且，在当下去讨论历史上的这种相似对柯布西耶来说也是不公平的。作为历史上的建筑探索，在那个时期，建筑思想的突破尝试（理论）和建筑尺度理解上的局限（设计）导致建筑停留在了建筑形式的比例操作之上。但不可否认他的建筑热情和多元建筑尺度与元素的构成创意为现代主义建筑的多样性贡献了中坚的力量。当雷姆 · 库哈斯在柯布西耶的建筑遗产之中融入城市生活和事件集（Programme），现代主义建筑的机械尺度表现有机会在局部探讨了超越建筑物体的其他现实意义。

建筑的机械尺度在不同社会时期拥有不同的建筑形式是自然的事情，但不同建筑表现型背后的相似建筑设计方法（比例划分）所自然流露出的建筑本质是相似的，这暗指建筑还有进步的空间。建筑的这种滞后成为先锋建筑师试图突破所处时期建筑定义的一种动力。这时，尺度几乎成了建筑最重要的一个行为。当今的现实在虚拟网络驱动下，开始以更快速和多样的方式在流动和相遇，建筑作为一种复杂的社会物质模式，控制线（Regulating Line）、形状的机械尺度的比例划分、空间及体量构成、形状边界及表面分割已经

1 *Colin Rowe. The Mathematics of the Ideal Villa and Other Essays. MIT Press. 1982: 1-28.*

难以物质化需要具备多元城市接口（Urban Interface）和兼备富集性（Trans-Programme）的建筑。机械尺度的局促拉开了建筑师试图推进建筑边界的努力与设计建筑方式之间的距离。当然，建筑设计过程中也不能缺少对机械比例和尺寸的练习与思考。现在再去使用和思考“控制线”的意图一定和柯布西耶时期是不一样的。它不再占有建筑较多的本体，而是作为一种技艺和建筑设计的基本技法鲜活的在适时出现在建筑设计过程中的不同位置。所以，这并不是一种矛盾，也不是对过往建筑尺度的理解和运用的取代尝试。至少这个建筑的矛盾性与复杂性在告诉我们:建筑的机械尺度并不是发起“新建筑”的唯一动力。

机械尺度带给我们的启发是:对建筑尺度的设计从某种程度上说在无限接近于建筑的本体。有的时候，不同的建筑师无论他/她出自什么文化背景，他们都会感到在建筑场地之上有一种隐藏的东西,有人管它叫“隐藏的秩序”，有人管它叫“潜藏的逻辑”…它们需要通过尺度被这些不同的建筑师发掘和捕捉。我们知道建筑师的工作法很特别,不像工业设计或者时装设计可以进行系列的1:1比例的原型实验,建筑师更多时候在使用模拟模型（Analog Model）来转化建筑思想—构思—原型为建筑的实体的(因为建筑师不可能先建一个1:1的原型来推敲下一步的设计发展)。这致使建筑师可能是对尺度最敏感的一伙人,通过使用物理模型、数字模型和绘制建筑图解、建筑图纸,建筑师在微缩世界建造着真实世界。这种工作传统道出了建筑弹性尺度的本质。从安东尼奥 · 高迪使用垂曲线的物理模型来生成非古典均衡的新式拱券的实验中,我们可以看到至少一种不同于机械尺度的弹性尺度的表现和建构。高迪垂曲线模型不是他意图建造教堂的真实材料(混凝土、石材、砂浆等)，而是在没有计算机辅助设计时期可以生成迭代形式的一种“形式原型”。 高迪通过在不同的垂曲线模型网络节点置入不同数量的重物袋子，整个形式原型的局部变化自发的计算出（Material Computation）下一次整体的阶段性形式(图3)。建筑师成了形式的发现者和那个能跟形式对话的人。这种通过物理材料和外力激活材料表现 （Material Performance）的尺度具备向其他尺度转变的可能,而又 不丧失形式的行为（Behaviour）与效果（Effect） 。不同于弹性尺度，机械尺度忽视了建筑的物质性,它将建筑抽象为几何图形,并在此 基础上进行不同尺度和比例的形状操作。它因此将建筑的本体与形式分离,更准确地说是与形状分离。形状不同于形式,形式具备 弹性尺度的行为,它是一系列有着内在建构逻辑及拓扑衍生力的变 形事件,有能力携带建筑的物质属性及社会批判性。这本质上是机 械尺度再现（Scalar Representation）和弹性尺度再造（Trans-Scalar Re-Creation）的区别。有一天,墙体和某种形式的某个表现其实是无限接近等同的——形式的效果协调弹性尺度的设计过程和城市尺度的建筑执行;协调建筑的自身意图和意义及与其外部其他城市元素

图3　高迪垂曲线物理模型到建筑表现型的转变Puig Boada, L'Esglésiade la Colònia Güell, 1976.

的新关系和新意义。现代主义的建筑中,建筑师更多的精力用在了创作机械尺度下的建筑实体之上。在不去追求联通现实与不确定未来的建筑时期，建筑以“建筑就是建筑物体”的姿态安全而又稳定的存在。人们对于突破这个圈定的建筑而感到慌张,并持续进行可以终生受用，带有保守意味且不分专业的全民式经典批判:这样的建筑好用吗?这样的建筑要浪费多少钱?这样的建筑好不好看?这样的建筑根本就不是建筑!这样的建筑是不是太怪了等？矛盾的是另一方面是建筑师又想在这个相对固定的建筑认识上有所突破。从而各种各样的突破转化成建筑元素新样式的发掘与它们之间在建筑机械尺度上的重组。换句话说,不管这些重组带来的建筑产生了什么新花样、新感动,它们本质上都是内心死寂的、内在无差异的同等建筑。所谓新建筑在这个层面的发生在突破已有建筑形式边界的同时随即也带来了现代主义建筑的危机。建筑更倾向于作为对社会欲望和这些欲望驱使下的流动现实碎片的再现。从此,建筑以欲望代言人的姿态预先被认同,然后被造型,同时被利用。建筑因此失去了作为一种自治的社会及文化“对谈体”去和当时的欲望发起者相互促进的机会,进而失去通过坚实的创造性建筑项目将那时的文化效果进行多样转化的机会。千城一面作为这种建筑实践下的一种结果就这样简单有效的发生着。所以我认为建筑识别性在过去一百多年来在全球的逐步丧失并不是地域文化真的丧失了,而是建筑思想和文化抗力的逐步丧失。事实上,现代主义建筑的危机并非是“陈 腐 ”或“ 耗 尽 ”的结果。而是建筑意识形态功能的危机。[1]相对于人赋予建筑意识形态，我更倾向于相信人在现实的碎片及已有的社会结构中，去发掘隐含在其中的，建筑独有的、自身的意识形态。建筑师可能需要自然的去时刻领悟自身个体的固有知识与其面对的那个社会结构与场地中涌现出的新知识的关系,[2]从而去抓住生长在这个场地之上的，又不同于已有建筑类型的独一建筑发明——再造。这 时的建筑师不仅有机会去真正意义上的设计建筑的创新细部与构造(不是为了设计新建筑而设计新建筑,而是新被发现的新建筑的新意义下的确需要这些新细部和新构造的出现,这完全不同于形式跟随功能的预先知晓建筑定义的论调),还可以以空间代理人的角色识别需要合作的不同专家和使用者,去寻找独到而真实的建筑。亦可每次面对现实时可以建构新的建筑思想。在建筑这个词的定义中建筑不能再有新的作为。但新的出现,如果真的是新的,真的以物质方式发生在场地中投射结构变化,并贡献社会转变。所以我们不能干坐在建筑的洞穴里面(物体),建筑师不能等着社会新生来自动生成建筑。我们必须改变主体和客体的范围参与到当下的建筑过程之中。[3]这种新建筑思想源于对现实碎片在正在发生的结构上的内在差异性的共性建构。这时,建筑成为社会和文化的动力,以此作为正在或正将发生的事件的基底。建筑本身就是意识形态的——一种对现实社会境况和矛盾的“想象的解答”（Imaginary Solution），这是建筑“自治”的含义。[4]这不同于彼得 · 艾森曼在历史上,用所谓

1 Manfredo Tafuri, “Problems in the Form of Conclusion”. Architecture and Utopia-Design and Capitalist Development. MIT Press, 1979: 181.

2 Cornelius Castoriadis. Philosophy, Politics, Autonomy. Oxford University Press, 1991: 5.

3 Giancarlo De Carlo ."Architecture's Public", in Peter Blundell Jones. Doina Petrescu， Jeremy Till Architecture and Participation, Spon Press, 2005: 12.

4 Michael Hays. "Desire". Architecture's Desire-Rreading the Late Avant-Garde, MIT Press, 2010: 1.

去历史所积淀的功能和语意的建筑形式要素的自治指向建筑自治的尝试。[1] 当建筑被抽离成点、线、面,不考虑场地背景、建筑功能、物质性、客户等信息,通过几何要素的叠合、扭转、穿插、旋转、偏移等变形法生成的空间结构体系所达到的建筑自治是不健全的(图4)。从建筑中移除功能也并不能达到最大程度的建筑自治。因为对建筑自身学科或特性的发掘并不等同于对建筑的简化,也不等同于抹去建筑的社会、文化表现和地域性。况且即便排除文脉和功能,建筑的自治也不仅限于形式语言,还有形式语言所产生的效果。形式生成的效果又是在形式之间联通和共享的,但在不同的形式中发生从而带有不同的表现:即空间层次、联通性、通透性、连续性、叠合性、聚合性、发散性、分裂性、黏性等。这就像任何一幅画作,无论是毕加索的、莫奈的还是黄宾虹的,其中都拥有不同表现下的共通效果:光影、明暗、层次、尺度感、质感、色彩等。当然建筑需要在更多样的尺度实质上发挥不同的文化效果。真正自治的建筑形式是可以参与到现实之中并来源于此的可以被发掘和练习的待建构"物质模式"。在现实中寻找自治的建筑时,既要找到可以协调不同欲望驱使下的流动现实的碎片和新建筑表现的形式,同时又要掌握建构这种形式的内在建构逻辑和衍生规律,致力于在特定的场地上再造出源于现实的新建筑。这就是不同于建筑对现实再现的第二种建筑形式——物质模式,它不是抽象建筑意识形态功能的纯形式演变;物质模式不仅孕育着自治的建筑类型,也同时协调着特定政治、文化、经济欲望驱动下的现实;它不是正在发生事件的化身,而是为即将发生的事件在现在发生的基底;物质模式预见一种源于流动现实的,具有独一识别性的建筑。物质模式是向现实靠拢的合适形式(可继承文脉、文化)与对现实碎片进行再造(新意义、超结构)的合体。

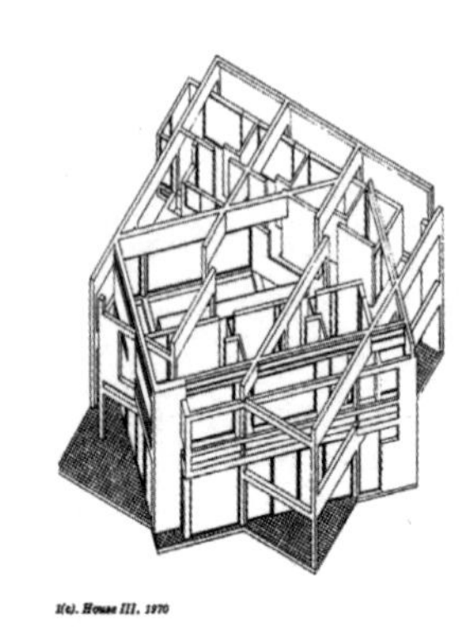

图4 彼得·艾森曼的"House III"呈现建筑的自治不受其他因素影响仅是其自身建筑语言的变化成形

## 叁 / 前-建构和后-建构

每当我走进我的教室，面对我的学生们时，我告诉自己和我的学生们："我也不知道建筑是什么"，让我们一起去寻找。当然这种"不知道"的意图不在于是否知道建筑的已知或主流定义，而是想和学生们讨论建筑在每次的设计中都是对那片时空、那段文化、那群人和他们的生活的独有关系的挖掘所带给建筑师的再建构这些关系的机会。我把这种还在挖掘时期的工作叫作"前-建构"。前-建构寻找空间生活中的新意义-即每一次建筑设计或建筑思考都是在寻找崭新的新建筑的新意义。这种崭新并非绝对之新，而是相对于过去空间生活在面对外力介入时建筑师所关注的转化和转变。在这次建筑出现之前这些新建筑的新意义和形式不曾存在过。要么重复要么再造，这是每个建筑师要去思考的。然后我们才知道如何用最小的物质、空间、生活、行为、接口的介入来重塑新的现实。这时的建筑新意义带来的建构（后-建构）机会甚至有机会与目前的经济

1 Peter Eisenman. "Autonomy and the Will to the Critical", *Assemblage41*. MIT Press, 2000: 90-91.

及权利体系相适应、兼容，即便不可以，我们也知道还有哪些建构点是有待提高或不能实现的，继而进行建筑偏离时的灵活调试－实验性的建筑作品。当然，前－建构毫无疑问会提示建筑师后－建构的方向、细节、问题。不幸的是，当代建筑实践的主流是在前－建构的丧失下去建构自以为的多样，但在我看来却一致的建筑物体。建筑在此不停地被扭曲和意淫。我不认为一些时候人们在探讨建筑元素或所谓的空间之时是在真正意义的探讨建筑的本体。相反，奇怪的是，当"我不知道建筑是什么"的时候去做建筑才似乎有机会去接近建筑的本体。在我看来，现代主义建筑的危机不是建筑的危机，那些细部、技术、工业化批量生产蕴藏着非凡的建筑效果和建筑意义，可人们创作建筑的内心却更多地停留在了这些现代"建筑进步"的通用和匀质层面之上，因此我们是否可以说现代建筑的危机发生在建筑师对自己角色和工作本质的不解和放弃之上?

## 肆 ／ 多孔性物质模式再造的现实

物质模式既不属于现实,也不属于未来;既不是具体的建筑形式和实体,又指引着向建筑表现型发展的明确方向和组织逻辑;既不代理某个建筑欲望又在协调着不同欲望驱使下的流动现实;既不是一个建筑结果又孕育着可变的多样建筑可能;既不是已积淀的建筑类型又致力于在现实中再造自治的建筑发明,从而成为新的历史……不同于建筑的形式结果和纯建筑形式语言的衍生,物质模式在我们建构它之前就已经有着它自己的权利和意识形态——它的这种"建筑前"的自治成为其生成的建筑自治的开端。除了在理论层面讨论一种普遍性的物质模式含义以外,每个特定的物质模式首先是自治的,并且都隐藏在现实的碎片中,等待着既爱生活又极度敏锐的建筑师去发掘。当这个特定的物质模式在协调具有不同识别性的物质元素为一个互助人工生态网络的同时,需要一种严密对应和可以支持这个物质模式运转起来的形式,在弹性尺度的帮助下,建筑师开始建构和实验多样表现型的建筑实体。这个时候的建筑是批判性的地域发明,它绝对是新的,但又来自于与当时欲望发起者和掌控者自发的持续对立所生成的彼此促进推力建构出的,朝向进步的,对文化的持续转化过程。内在的建筑逻辑与外在的环境外力在物质模式的运行下进行创造性的互通和协作,这不仅要求物质模式内部的建构元素之间彼此交互,也同时要求这些不同识别性的物质元素所建构的网络与其外部进行交互。这时,多孔性出现。它是自治的物质模式自然携带的一种本质,也反过来让建筑师可以沿着多孔性的线索和效能去寻觅独到的物质模式。这就像每个艺术家都是不同的,他用独到的眼光将现实中的多样素材重组为有着独一意义的艺术作品(画作内部),不可复制但可体悟和交流。当这幅画被创作出来的那一刻起,它就有了不同于其他艺术作品,不同于其他艺术形式、物质元素的识别性(画作外部)。而对于一幅画来说，它的画框则是它与外界相区别和定义自身特性的边界(内部自身与外部世界之间—多孔性)。它既不是这幅画的内容本身,但又在诉说和时刻印证着这幅画的主旨,协调内在的、精神的艺术世界与外部的、现实的世界的差异与关联。从此创造出的人与艺术的互通空间孕育着多样的新意义诞生和传播的可能。德里达认为画框既不是作品的主体,也不是作品主体外的附属物,而是主体与附属物在内外之间有厚度的交互地带。[1]多孔性并不是一种固定的形式语言,而是在坚持不同物质元素识别性的同时,根据材料本质所涌现的效果去再造它们彼此之间的互惠与协作新关系与新意义的孔隙媒介。它试图帮助物质模式生成具有渗透调节效果的地域性建筑界面,从而重新定义、设计建筑与建筑、建筑与自然、建筑与人的互动关系;建立建筑在现实中的预见性;打开人工物质、城市生活与自然环境间的隔阂,让资源、能源、随机的城市欲望和公共活动在差异之中找到内在共性并相互配合。

图5　多孔的模块结构在运送处理污水的同时与外界其他城市元素互通协作,在高密度城市中再造了新的多样活动空间,再造建筑事务所,2011~2012年。

作为一种具有多元接口的织体,建筑有着协调和合成自然、人的活动和科技的行为与能力。在不同的场地之上,多孔性的物质模式试图管理和协作两种或更多不同事件和空间之间的信息与物质交换。与此同时,多孔性的物质模式也在管理和合成两种或更多种城市元素之间经验的交换。组成多孔性物质模式的元素可能是室内/ 空白/室外;海洋/陆地/森林/大气;材料/生产过程/公共空间;居住/农耕/食物/基础设施过程等。生成的建筑系统从某种程度上说在维护和运行着上述物质模式,它只是这类新型人工生态网络中的一个节点。在"处理和消耗家庭灰水的离散型城市农耕社区设计实验项目"(图5)中,悬浮于东京的(Kitanakano)中学的操场之上,300块不同尺度的,运送从这个中学操场地下处理好的家庭灰水的构造模块在操场之上被再造出来。这个替代型的灰水净化结构每天可以处理从这个学校社区搜集来的污水10624立方米,同时,为这个建筑提供污水源的社区会得到净化后的水进行城市农耕的活动。在此,基础设施的过程和当地的社区活动通过多孔性的物质模式被建构起互通互助的人工生态网络。即便在这里基础设施的发展程度较高,但处理要求高、危害大的家庭黑水和可以就地处理、危害低的家庭灰水在82%的混合式下水管中被归为同类(图6)。因此,离散型的污水处理结构主张根据黑水和灰水的不同特性,进行分离处理。黑水继续通过原有城市下水管网流动到集中型污水处理场;而灰水则在社区内就地处理,并同时去发掘其物质性的活跃潜能,从而转化为社区活动的一种物质资源。灰水从地下被收集后通过腐化池(Septic-Tank)技术进行首次净化处理。这些被处理好的灰水通过管线传输到由这300块运水模块建构的城市农耕结构之中。被净化的灰水在建筑的体内流动,和建筑独有的形式融会贯通,为土壤提供水分。首次处理后的灰水在经过人工湿地的二次处理后继续在结构内部流动,转化为城市农作物生长的水源。这些模块在相互交接的边界处

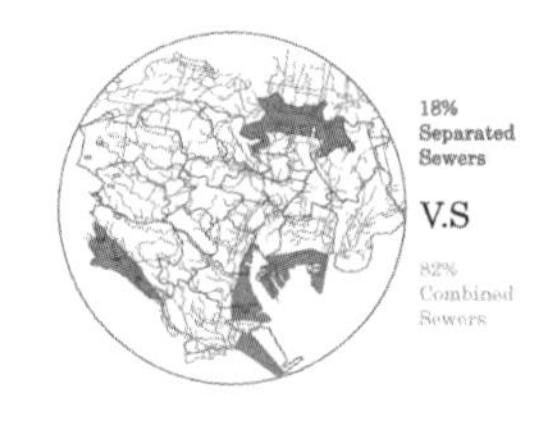


图6　东京市的混合式下水管网和分离式 下水管网的比例与区位,再造建筑事务所,2011~2012年。

1 *Jacques Derrida. The Truth in Painting. The University of Chicago Press, 1987: 57-67.*

表现出选择性渗透效果,在彼此之间传输处于不同净度和数量的灰水,在相应的时刻建筑指引水在运水模块中流动的方向、位置、速度、数量。分散型的,促进人与人沟通、劳作、协作的城市农耕社区,有着高于东京正计划逐步扩张的集中型,远离城市生活的污水处理厂的效率,也在高密度的城市空间中活化了惰性空间的效率,丰富其使用的周期。学校作为一种社区内的公共基础设施,它不仅为当地的孩子提供教育和体育活动的场所,在这里也吸收他们各自家庭的污水。不同的家庭和他们在这个学校就读的孩子们将一起在高密度城市空间中的再造结构上播种农作物的种子。水的意义和可持续的循环使用就发生在学生的身边,他们开始懂得每滴水的来之不易,开始懂得水孕育出农作物的历程。对于浪费食物最多,市民工作压力巨大并缺少交流的国家来说,这种拉近亲子关系和增进居民交流、富集教育、净水的基础设施过程、城市农耕社区的城市超结构(SuperStructure)在校园中的运转无疑为孩子们提供了可直接参与的新型教育模式;也在延展基础设施过程,减少人工活动与自然生长之间的矛盾,促使具有不同个性、识别性的城市元素在新的意义中协调共生。建筑作为这个多孔性物质模式中的一个节点,同时又在现实中物质化这个网络,维系着它的运转和协作。多孔性的物质模式从现实中再造了现实——成为新的建筑发明,而这个建筑发明的识别性来自于物质模式在特定时空节点的具体变形。

多孔性物质模式在城市现实的碎片中再造新的现实的故事还有很多。比如另一个城市现实是,为筹建里约2016年奥运会,巴西政府需要拆除贫民窟以获取有效空间进行体育场馆的建设。虽然贫民窟中有基础设施破败和帮派治安等问题,但不能否认当地人对贫民窟的热爱,也不能因此简单地剥夺他们低保障人群生活的空间和权利。况且这里也是巴西居住文化和社会现状的真实写照。无论如何,对它的直接拆除也不是一种唯一和最佳的解决方案,因为它代表了城市变迁中的牺牲和新生的互换,而不是渗透和协作式的共生互惠发展的物质模式。为达目标,巴西政府展开快速增长计划(PAC),投入数亿美元建设包括高空缆车在内的交通及其他基础设施建设。越过贫民窟的高空缆车就是其中的重要一环。这个新的建设项目致力于为游客在"安全的高空治安环境"也能体验危险的贫民窟特色。这时社区内外的人与人关系的重构使得贫民窟突然变成了被围观的动物园。同时,在寻找建设高空缆车的用地时,现在的贫民窟住宅和有限的公共空间又被牺牲了。花了大量财力,物力打造的高空缆车对当地生活在贫民窟里的人和活动没有什么实质的交流和贡献,反而成了一种摧毁。最终当地人也几乎用不上这样的新基础设施。我们在这些现实碎片的基础上,再造了一种替代性的多孔物质模式。我们设计出轨道式的缆车结构,从现有贫民窟的间隙中向上爬升。它不仅能在水平方向传递缆车车厢,也能在垂直方向进行车厢的转换和连通。同时,这个孔隙的结构本身是从下面的高密度贫民窟空隙中生长出来的,这不但没有减少贫民窟的居住面积,反倒增加了当地人可利用的居住及生活空间。不同空间位置的居民也有了更多的交流和活动的城市接口与界面(图7)。原本缺失的公共空间和集体生活在这样的物质模式中也出现了“开放的机会”。当地的贫民窟的建筑特色和空间不仅与新的缆车结构共同生长,也是相互重新定义与交互的必要互通要素。而且贫民窟的建筑识别性与地域性在这里被转化为缆车的一部分——缆车车厢。你不仅可以看到悬浮的贫民窟也可以看到流动的贫民窟。当地人与外来人也在这样彼此尊重的交流方式上有了在一起对话的基础和新意义。整个建筑的细节与工程要求在物质模式被再造出来后可以进行明确细致地发明与发展。新的城市发展在此不再是破坏、剔除,而是与地域特性、识别性渗透交流后的新建筑可能。

图7 城市新高空缆车基础设施的发展计划与贫民窟地域性和独有生活方式协作再造出新的互惠城市现实-再造建筑事务所,2013~2014年.

除了建筑师自觉和独立的寻找不同文化领域共通的再造现实机会以外,有时这样的机会也会找向你。遂昌源口村的文化礼堂项目就是如此。而且有意思的是,这个项目是建筑设计师和陶瓷艺术家周武、吴光荣共同讨论和推进的。艺术家们在建筑批评、材料表现、与政府沟通等方面为项目的跟进作出了不可或缺的贡献。源口村位于遂昌县政府位置的西南方向,直线距离约3公里左右,可谓城乡接合处。文化礼堂旧址,原位源口村旧厂房,该厂房建于20世纪80年代,毗邻欧江源头,占地面积约为1865平方米,其中建筑面积436平方米,砖瓦结构。由当时的生产大队建造,建好后的厂房,曾经先后办过多种加工工厂,近些年来,工厂已停止生产多年,厂房处于年久失修状态。即便如此,该厂房已经在村民的身边存在许久,俨然是村里一个沉睡的物质形态和空间资源。并且它也是村民长久生活空间和记忆中的一个现实元素。我们期待的新文化礼堂设计是尊重这个厂房的位置、体量、界面、材料、尺度、空间与记忆时,再造的可以引导、聚集当地村民的活动,并有能力让他们自己与建筑互动起来,独自发现建筑新用处和新活动的农村公共场所 。

图8 彼此独立但又连续的红砖砌筑体系,再造建筑事务所,2014。

流动的红砖砌筑出多样尺度的空间,它们相互独立(每个明确 的事件集合的识别性)又彼此连续(链接起灵活多变的事件集合的 整体识别性),没有清晰的界限(图8)。但村民自发引导的事件 集合生成的灵活空间界面,在多孔性物质模式下实时进行着开放转 变(图9)。全新的农村建筑类型其实源于先有建筑类型的变形,而它在村民的日常使用中,又在和村民时刻互动,变形。这是建筑成为未来不确定村民活动发生时的一个在现实正在发生的基底。相对稳定的地面台地层次的建构需要更活跃,且灵动轻盈的垂直界面的互动来打造一个完整的,局部与整体互动的弹性尺度系统。当地随处可见的蔓布材料在这个建筑中转变成贯穿室内外的现有瓦片坡屋顶的灵活延伸。在屋面之下,它还是屋面。它一头通向室外台地尽端,一头通向室内墙面(图10)。村民的不同活动特性将激活这个屋面系统的新变化。

图9 某一次村民与建筑的互动场景,再造建筑事务所,2014。

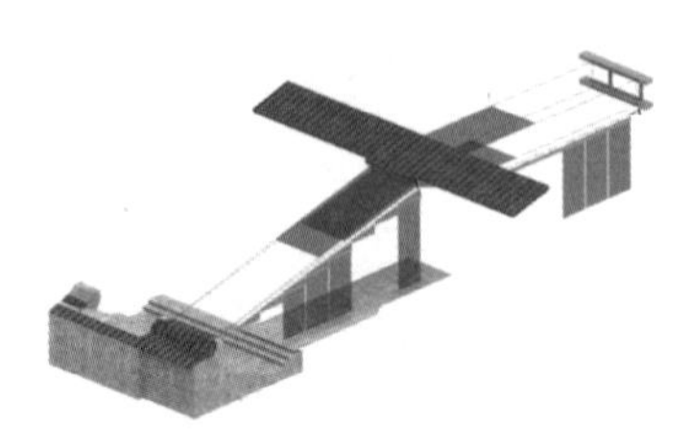

图10 可转动蔓布的构造逻辑,再造建筑事务所,2014 。

图11 蔓布的局部变形生成建筑空间的整体变形,再造建筑事务所,2014。

它可以沿着垂直建筑墙面的方向自由穿梭于室内室外,时而成为室内的新顶面新高度,时而成为室外的檐下空间(图11)。村民的手动摇动为蔓布的转动贡献自己力量的同时,也是在和建筑对话。建筑的空间局部也在跟随着村民在不同时刻带来的开放事件集进行变化。此时,整个建筑同时也在联动变化着。在这个当地红砖再造的多孔物质模式下,这些跟随村民自发活动而发生多样空间变形的新现实既是一个开放的世界。

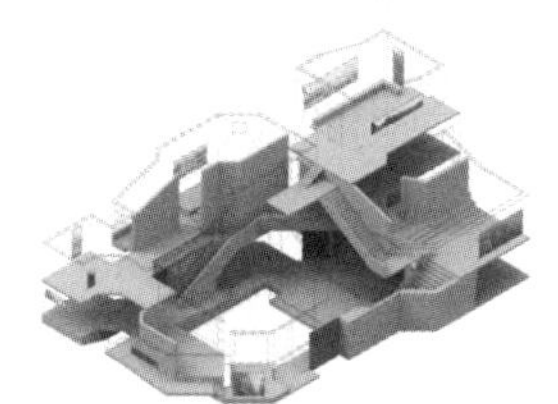

图12 养老宅的轴测分解图——老夫妇漫游生活、路径、建筑孔隙与自然空间的关系,再造建筑事务所,2015。

同样来自农村,位于建德一村落的项目场地面望山水,右临大 片野生草丛灌木。虽左、后尽是当今浙江农村风格错乱的住宅,但 各个人家房前的不同厚度的院子还是会让整个场地感觉很透气。我们要在如此得天独厚的场地上为一对退休的老年夫妇设计颐养天年的养老宅,与此同时,住宅也要面向未来——当老夫妇的两女一儿和他们的大家庭到来时,亦可为大家提供有着各自不同私密性需求,又可以彼此交互、流动、联动的大家庭空间。建筑舒展的向场地的各个边界蔓延,不经意间发生在建筑身上的局部孔洞联动自然的土地、植被、室外的空气与室内的生活。室内生活的多样事件空间散落在老两口的环路漫游台地周边,以各自不同的空间形态、厚度及事件特色协调着室内与室外自然农作物空间的联通与互动——建筑在与老两口的日常交流中,成为即将发生的新生活的基底(图12)。夫妇俩每天悠然惬意的漫游在建筑之中,在每天的退休日子里、在建筑空间里、在不同的事件集合中,他们每天与自然不经意的相遇。在协调人与自然的循环建筑之上,老两口在每个空间与自然对话的孔隙上都有着自发行动的自由度和沟通性:可以室内漫游、可以停留在某一空间接口凝视静坐、可以走上屋顶登高望远吹吹风、可以直接走出室内为菜地浇水、每天的建筑行走成为日常生活的锻炼身体(图13)……在设计之初进行场地考察时,我们走访了当地的一处清代遗留建筑,虽外表褴褛,上百年的风霜雨雪也没有抹去它的力量和气质。我当时就在想,如果中国的建筑传统,空间模式还有生活方式延续到当代会是什么样子?这个问题的感觉一直伴随着这个项目的设计过程,到现在也没有一个答案。不过我们再造了一种浙江农村的新住宅——循环漫游的同时整合事件集合;室内外联动;室外景观延续建筑的流动空间和力量;材料取自当地同时可与自然元素相互渗透共生;根据家庭数量变化和农村生活方式变化提供建筑的自主空间效果。配合建筑的流动体量、空间分段和孔隙,建筑表现出呼应内部空间生活的分层。这种分层发生在水平、垂直、空间的各个维度。白墙、青砖屋顶在与自然共生长的同时也在追寻建筑存在的时间位置(场地周边的人工环境无法参考),高低错落的局部体量和呈现不同厚度 的屋面共通流动成一个建筑整体——不同视角望去亦是

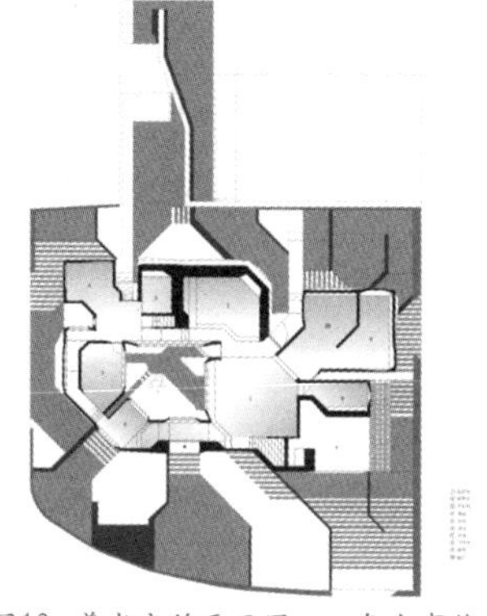

图13 养老宅的平面图——各个事件集合与老夫妇漫游台地系统的衔接转换关系,再造建筑事务所,2015。

图14 养老宅立面图——与室内事件集合互通的分层建筑体量,再造建筑事务所,2015。

我们怀念并在当代缺失的几栋小房子形成的邻居街坊(图14)。开放的世界在这里为老年人而开,又兼容着年轻人们的大家庭生活,这或许是种直白的开放,但也是这座具有不同开放层次的老年宅中的一个开放层次。老年人的慢行及特殊的行动尺度需求成为建筑台地系统的生成内核,慢行的生活发生在空间的不同高度,每一次行走和停留的体验都是崭新的。这个项目有时让我觉得或许真正开放世界的开启源于对那个"旧世界"里的人的生活的再创造。

## 伍 ／ 继承中国园林的多孔性物质模式即进入了一个开放的世界

中国园林作为一种人工与自然对话的多孔性物质模式,蕴含着持续生长成多样时刻的无尽可能——开放的世界。所以那并不是一种代表什么都可以干的开放或自由,而是尊重自然,尊重现实后的 再创造所带给这个世界的新空间。换句话说,在流动现实的碎片中发现自治的物质模式后再造出多样的、新的现实就会进入开放的世界。从传统中去寻找当代建筑的方向不如从当代城市现实的碎片中去寻找中国建筑传统的"开放世界"。我们注定比美丽的现实慢。而现实又不能用简单的"好"与"坏"来定义，而是永远快于我们的一种无休止的发生。所以我们看到现实,开始理解现实,沉浸在其中,经历着现实的流动与改变,然后开始批判现实,再造现实——为了更好的你的和我的生活——不确定的未来。再造多孔性的物质模式正在耐心地和中国的当代现实对话,试图理解它的过去和现在,致力于发掘替代性的接口以重新建构现实中的各种碎片和生活方式,以创造那个开放的世界只属于那片场地和那些人的建筑识别性和人工与自然互助互惠的人工生态网络。而机械尺度（Scalar）作为一种固定"结果"或再现结果的媒介,可用以事后观测、分析、总结,是没法理解和设计园林的奥妙的;弹性尺度（Trans-Scalar）则是蕴含再生力和预见性的一种"过程"媒介,可在建筑发生之前协调潜在建筑动力、场地特性、物质性和独到形式从而找到在现实碎片中发起建筑的可能。机械尺度对抽象建筑表面的划分在得到建筑确定性的同时也限制了建筑与外界城市元素互通和沟通的潜能。而园林则是一系列有着识别性的各类物质元素,在自然逻辑下,生长在弹性尺度之中, 并相互渗透着,协作着,同时不损失自然的空间行为、效果、自然特性和建筑多样性的动态共生网络。园林的设计过程与造园者的关系是黏性的彼此粘连,就像中国菜般发生"味道"的奇妙融合。1:1造园的原型实验本身就是在再造一种可以继续生长的,往复发生（Perpetual Becoming）的现实。园林成为广博自然领域在人工环境中的一 种"类1:1尺度"的模拟模型（Analog Model）,它与此同时也持有和发散着自然的力量和效果。组织园林中不同物质元素的逻辑是从局部再到整体的,是整体运转效果大于整体相加之和的涌现。弹性尺度成为贯穿设计过程、设计结束以及设计发生时的可以前瞻现实（Speculative Reality）的媒介。它不仅是一种传统技艺,也成了一个需要被继续探索和发展的中国空间传统。当代城市现实是激活蕴藏在园林中弹性尺度的当代表现的开端和灵感源泉。在持续的建筑实验过程中,带着对流动现实碎片的关照,发现新建筑的关键有可能就在于建构可以兼容现代主义机械尺度的具有弹性尺度的多孔性物质模式。

# 具象之后
## ——《非具象世界》译评

张含 Zhang Han

“艺术来到一片‘荒漠’，在这里除了感受别无他物。

每一件决定了生活与‘艺术’客观理想结构的事物——想法、概念与图像——都被艺术家们丢到一边，使他们得以直面纯净的感受。

那些屹立着的，至少表象上屹立着的，为宗教与国家服务的过往艺术，将在至上主义纯净的（前所未有的）艺术中找到新生命，至上主义将建立一个新世界——感受的世界……”

1915年12月19日，彼得格勒Nadezhda Dobychina画廊，一场名为“0-10”的未来主义告别展览开幕（图1）。一幅黑色四边形被悬挂在展厅交角上方，这本是一个“完美角落”——俄罗斯家庭悬挂东正教圣像画主神的地方。而角落两侧本当是悬挂其余众神的位置被各种方形的组合与变体取代。这一连接传统的布展方式表明了这批画作偶像般的姿态，却也预示了其对传统的颠覆与毁灭。由马列维奇创作并命名的“至上主义”绘画首次出现在公众视野，非具象世界的序幕就此拉开。

1927年3月，在《白底上的黑方块》进入公众视野的12年之后，48岁的马列维奇受苏联教育委员会之托，前往华沙及柏林举办个展并开展交流。在德绍包豪斯，马列维奇与康定斯基、格罗皮乌斯、莫霍利·纳吉等人会面并为师生讲演。在李西斯基的推介下，莫霍利·纳吉协助出版了马列维奇在包豪斯课程的讲义集结：《非具象世界》（图2），该书由A. von Riesen翻译成德语，作为包豪斯系列丛书第11卷发行。同年6月，马列维奇返回苏联，留在德国的除了这册著作外还有展览携去的70余幅画作，艺术家将作品委托

图1 “1-10”未来主义告别展

图2 《非具象世界》

给建筑师雨果·哈林保管，意图在接下来的数年中将画作带到其他西方国家继续展览。但就在其访问的数月间，苏联国内形势突变，1930年，马列维奇被列宁格勒艺术史研究所逐出，并于1935年重病逝世。《非具象世界》成为马列维奇生前唯一一部在国外发表的著作。

1920年代中叶的包豪斯正处于前卫艺术的热火之中，但此时先锋派在苏联国内的境遇却并不乐观。列宁逝世之后，新古典风格回潮，即便是在先锋艺术内部，马列维奇的艺术理论仍与构成主义者们格格不入。自1920年任教于维特布斯克艺术学院以来，马列维奇的艺术生涯开始由架上绘画向艺术理论研究与艺术教育方法转向。《非具象世界》便是其1920年代艺术理论研究成果的概览。全书分为两部分，第一部分"绘画中附加元素理论介绍"试图以一种"科学"的方法为现代艺术，特别是先锋派艺术在现象的层级制中寻找位置，解答其不能为公众所认知的疑惑，为抽象正名。后一部分"至上主义"更为感性激昂，常被看待为马列维奇的至上主义艺术宣言，并在最后一部分宣告：绘画将转向空间。

## 壹 / 艺术文化科学

"绘画通过线、面与三维图形进行表达，由此产生了或静态、或动态的多样形体。这些形体进一步通过不同的色彩、阴影、结构、肌理、组织与系统彼此区别。

艺术创作可以被分为两种基本类型：一种源自清醒的意识，号称为现实生活服务，与具象的视觉现象打交道；另一种产生于潜意识与超意识，与'实用性'毫无关联，处理的是抽象的视觉现象。

具体元素存在于科学与宗教中——而抽象的要素属于艺术。

因此艺术在现象的层级制中得以明确自己的位置，并可以被科学地检验。"

全文开篇，马列维奇便将其针对艺术创作整体的研究定义为一项"调查"，并显示出将这项调查上升至"科学"——"艺术文化科学"的野心。其目的是为艺术在现象的层级制中找寻立足之地，使之成为可被分析言说的对象。这项调查将从绘画的内部向外部展开："从此刻开始，我将把绘画当成一个'整体'，一具'身躯'，它将揭示其产生的特定条件与原因——艺术家的世界观、自然观以及周边环境对他的影响。"画作产生的环境被首次列入考量。作为先锋派观念的立足之地，由大工业与航空业创造的新都市环境为其艺术提供了直接的养分：印象派归属于乡野，塞尚绘画介乎乡野与城市

图3

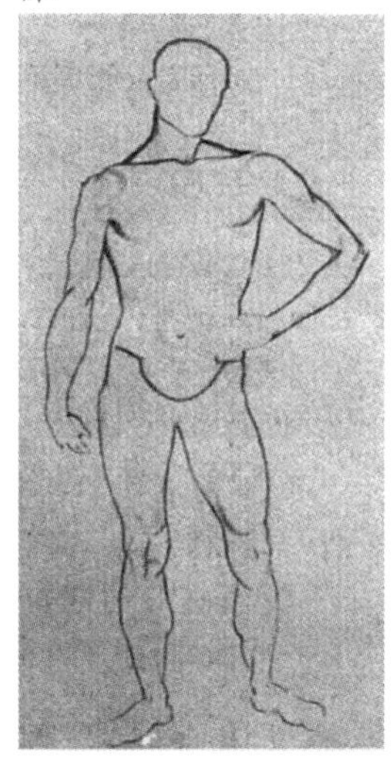

图4

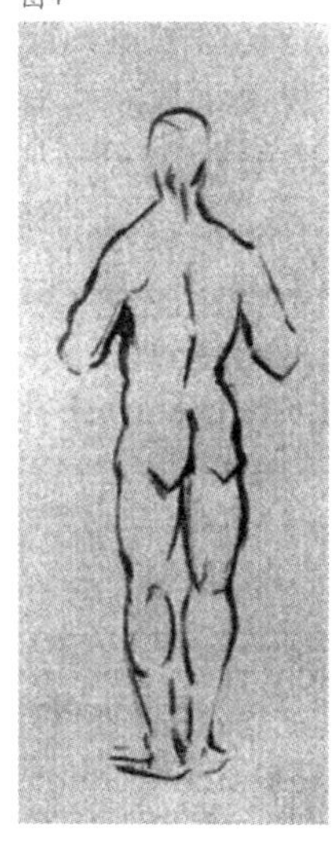

图5

图6

之间，未来主义者与立体主义者被“灌满了来自城市与大工业的能量”，航空工业则拓展了至上主义者的想象。新艺术观念依存于特定的时代背景而生，但基于环境的艺术理论考察却尚未出现。马列维奇将这些尚未被讨论的问题揭示出来：是什么导致了艺术结构的发展？为何特定的色彩系统或构架在绘画“躯体”内部的发展具有必然性？

为解决这些问题，一个新的概念名词应运而生——“附加元素”（图3~图6），延续了将“绘画”视为“躯体”的类比方法，这一名词借用了医学诊断中的现象：在人类躯体中出现某种干扰元素，使得原本平衡的身体内部出现了变化，医生通过血检或尿检确定这一元素的特性，从而作出诊断。“附加元素”扮演的便是绘画中扰乱因子的角色，“那些对我们产生影响的新视觉环境的特性构成了附加元素”，它引发了艺术内部结构的变化，促使新风格成形。艺术理论研究者在这场调查中则扮演了医生的角色，马列维奇试图以这种借用与扮演为其研究的“科学性”做下注脚。

与“附加元素”相对应的是一成不变，渴望稳定的“标准”——“生活总是在不断地建立标准，渴望稳定，寻求‘天然’……因此我们看到不断被建立起来的系统用以支持与加强秩序，即为那些人们习以为常的标准与标准内的静止状态服务。生活的愿望不在于活力而在于静止——它并不追求主动，而是习惯性地被动。”“附加元素”与“标准”被赋予两种对立的性格，即“动态”与“静态”。作为推动社会前进的力量，动态的附加元素具有天然的革命性，成为先锋派价值取向的凝聚物。而旧有的“标准”以自然物的真实比例为立足点，连艺术不应当是模仿而是创造——这一简单的准则都无法理解。马列维奇对这一静态标准作了最为雄辩的回击，即颠覆“真实”：“我们对现实的定义同样是可变的，这是现实中诸多元素相互作用的结果，而这些元素的表象在我们的意识之镜（大脑）中总是被扭曲变形，这是因为我们对事物的观念与意识是一种扭曲的图像，这些图像与真实本身没有半点关系……那些被我们称为自然的东西归根到底只是臆想的产物……如果人类领悟了这一事实——那么在这一刻，这场战争将尘埃落定，到达永恒而不可动摇的终点……但这一切并未发生，所有无望的挣扎仍在继续（图7、图8）。”否定确凿的“真实”即意味着否定单一的标准，因为支持所谓“真实”的人类意识并非我们想象那般可靠。

“意识”，被视为人类存在的最高价值。在自然混沌状态的包围下，意识是将其从自然整体中剥离出来并与之对抗的唯一武器。但这场毕生的战斗在马列维奇看来不过是一场虚无的挣扎，因为所谓的自然只是意识之镜的扭曲产物，我们所抗争的，不过是我们的意识本身。没有确凿的真实，没有不可改变的规则，我们意识的本质“正是对于真实的无法理解”。而另一个被忽视的因子“潜意识”在艺术观念的成形中发挥了作用：“艺术（图像）概念是基于对线条、二维图像与空间现象的感受而产生的，而非基于对这些现象间实用关系的理性理解。艺术概念是非客观的、潜意识的，如果从理性角度去看待，它构成了一种‘盲目的、不受控制的标准’。”

图7 塞尚对自然主义再现标准的“理解”

在美学艺术与科学技术中，出现了两条并行的准则，由潜意识控制的艺术标准在附加元素的冲击中不断变化，更新拓展了人们看待事物的方法；而由意识控制的科学技术标准的演进步伐是取代制的，例如在工业制造领域，独轮手推车被四轮马车取代，继而火车的出现将马车淘汰，随后是飞机的诞生……这种取代关系正说明没有一件物真正“实用”。科学家创造的只是短暂的价值，而“乔托、鲁本斯、伦勃朗、米勒、塞尚、布拉克、毕加索，这些人抓住了事物的本质，创造了永恒，绝对的价值……如果我们主张艺术作品是我们潜意识（或超意识）的创造物，那我们必须承认潜意识比我们的意识更为可靠。”在纯粹艺术与实用技术之间，产品主义与构成艺术也找到一个尴尬的落脚点：马列维奇并没有否认实用物之美，但“实用，像一位无家可归的流浪者，强行进入艺术形式，自诩为形式产生的源泉与基础。但这位流浪者从不在一个地方停留，直到他离开（当一件艺术品的‘实用价值’不在），艺术品才显现出其全部价值。”

图8 马列维奇对自然主义再现标准的“理解”

## 贰 ／ 制表与实验

让我们将视角收缩，回到画面本身，回到绘画最为基础的两个元素——线条与色彩。观察附加元素是如何外化为绘画表征的。

“附加元素是一种文化独特的印迹，它在绘画中以直线与曲线的个性化使用进行表达。”每一幅绘画之于马列维奇都是一份“形式与色彩价值的档案”，为确保调查的“科学性”，马列维奇将相似的直线曲线关系归为一类，以图解与制表的方式展现图像变化的过程，一旦单个类别中的图像开始像另一分类倾斜，这决定性的图像因子便被视为“附加元素”。在塞尚的绘画中，附加元素表现为纤维

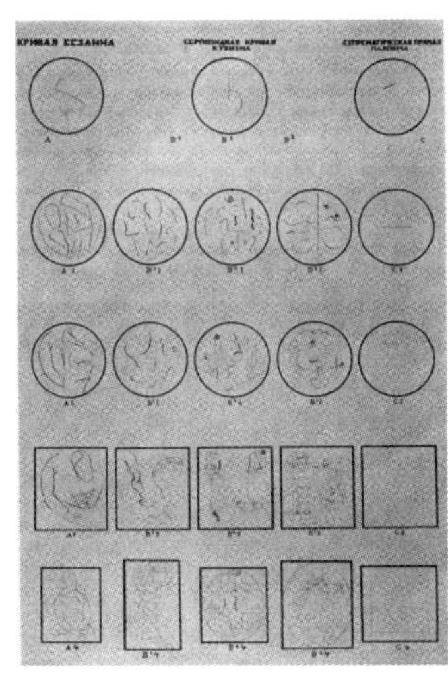

图9 对塞尚（A,A1,A2……）、立体主义（B,B1,B2……）与至上主义（C,C1,C2……）图像文化形式发展的分析调查

状的曲线，在立体主义绘画中曲线变得坚硬、状似镰刀，至上主义则将其演化为直线。附加元素的特质在叠加之后使得画面呈现出更为具体的特质，令图像看起来是“斑点状的，模糊的，簇状的，平滑的，透明的或不透明的”。色彩关系的演化同样可以通过光谱进行表达，印象派在画面中使用冷调的光影，立体主义的色彩脱离了具象物的轨道重新排布……通过对这份“线条与色彩价值的档案”，“我们可以辨别印象主义、表现主义、后印象主义、立体主义、构成主义、未来主义与至上主义的个性元素，以图表揭示直线与曲线的发展过程，确定形式与色彩结构的准则（以及它们与不同时代社会现象的关系），揭示一类‘艺术文化’的标志特性，及其肌理、结构的独特本质等（图9）。”

提纯的“附加元素”使得不同门类与流派的艺术定义更为清晰，同时也为艺术教育提供了依据：艺术学院应当细分科系，并对各科系的文化现象进行研究，马列维奇甚至认为只有对每个学生的文化倾向进行具体分析才能最大程度地因材施教。为此，他在学院中进行了长达数年的实验，以附加元素为依据将学生分类，实验不同图像文化对群体及个人产生的效应，以此考察理论逻辑的作用、不同附加元素的潜在影响以及附加元素是如何成形为一种标准的等问题。

附加元素图像潜力的挖掘取决于其在艺术家创作过程中的持续发酵。但如何能使发展过程延续？马列维奇认为创作环境是至关重要的一环，甚至具有重塑艺术家创作意志的作用：“如果一名未来主义者、立体主义者或至上主义者脱离城市，移居乡村，他将逐渐抛弃那些曾经吸引他的附加元素。在新环境的影响下，他将退化到更为原始的阶段，开始效仿自然。”因此教育部门担负了“为多种文化的画家创造适宜其创作环境的责任”，艺术学院不一定总要建造在城市之中，乡野自然也会滋养特定艺术家群体的创作。让平静的归于平静，激情亦不消亡。

从塞尚到未来主义，滋养艺术的环境由乡野转为城市，工业环境艺术诞生的时刻亦成为传统绘画消亡的瞬间，从未来主义到至上主义，艺术家的灵感源泉由地表向太空转变：

“我将至上主义的附加元素称为‘至上直线’（其特征为动感）。以航空工业为代表的新技术创造了与这一新文化相映衬的环境，所以也可以称至上主义是‘航空的’。至上主义文化存在两种表现方式，平面上的动态至上主义（通过附加元素‘至上主义直线’）与空间中的静态至上主义——抽象建筑（通过附加元素‘至上主义方体’）。”

## 叁 ／ 至上主义——非具象世界

“在至上主义中，我体会到艺术创作的纯净感受至高无上。

对至上主义者来说，客观世界的视觉现象本身是无意义的，重要的是感受，而不是催生感受的环境。”

在前一章节的终篇，马列维奇强调了环境之于艺术创作者无可比拟的作用，却在第二章节的开头将话锋一转：重要的是感受，而不是催生感受的环境。

这并非是在至上主义与过往艺术之间划下界限，引发至上主义者“感受”的环境仍是具体的——太空。在名为“刺激至上主义者的环境（现实）”的插图中（图10~图12），马列维奇展示了从高空鸟瞰城市与从地面仰望十字翼飞机的画面。这些画面与“乡村”或“城市”的不同之处在于，至上主义者获得灵感的渠道是一种非常态的体验，并非每日耳濡目染的生活。在距离的作用下，天空中的飞机呈现出抽象的十字形态。而从高空俯瞰地面，视点摆脱日常之后，几何形态同样脱胎而出。具象物在抬升与俯瞰中消亡，被至上主义者抛在脑后，重要的只有关乎飞翔与动态的感受本身。

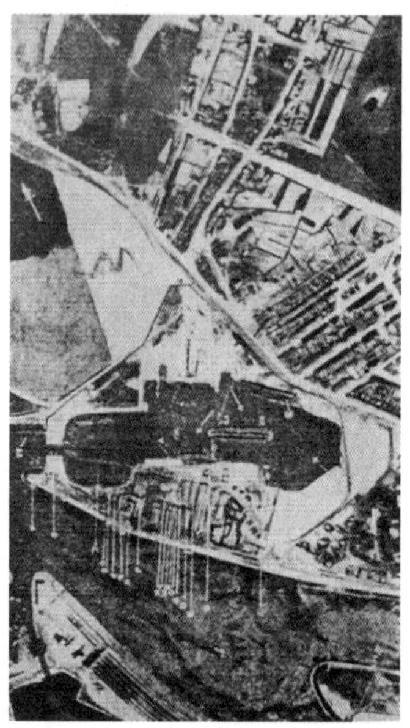
图10

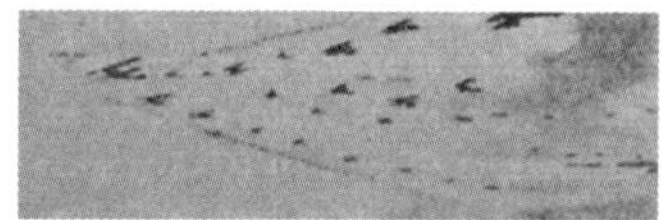
图11

图12

马列维奇以创造物为介质提纯而出的情感其实也正是引发创造物诞生的源泉，物品不只是实用与技术的结合，而是非具象感受的外在出口：“人类体内激发出的情感比人类本身更为强大……它们必须不惜任何代价寻找一个出口——它们必须寻找一种外在形式——它们必须得以传达，投入应用……这情感不外乎是对速度、对飞翔的渴望，在它找寻外在形式的过程中，飞机诞生了。因此飞机并不仅是为了将信件从柏林带往莫斯科，而是顺从了对速度无法抗拒的渴望所产生的外在形象……毫无疑问，当我们探讨既存价值的起源与意图时，这‘贪婪的情感’及将其转化为现实的智慧永远是决定性的因素与主体。”所有源自情感本能的创造物在剥离了实用外衣之后显现出其价值的本来面貌。博物馆中珍藏的器物不再实用，公众却能直面其美；作为庇护所的神庙脱离了原本的社会秩序，却成为纯净塑性关系的情感表征。

对马列维奇来说，“非具象感受一直都是艺术唯一的源泉”，因此在这一本质问题上至上主义并没有作出新的贡献。在乔托、鲁本斯、伦勃朗、塞尚、毕加索的绘画中，马列维奇都看到了永恒而绝对的价值。但过往艺术中真正的图像价值被埋藏在由无数“物”堆积的表面之下，“一个牛奶瓶，便成为牛奶的象征？”公众的目光被具象物所阻隔，无法直面画作中真正的情感。立体主义对具象物的分析，综合与拆解只能说明其在发展的第一阶段便已穷尽了图像潜

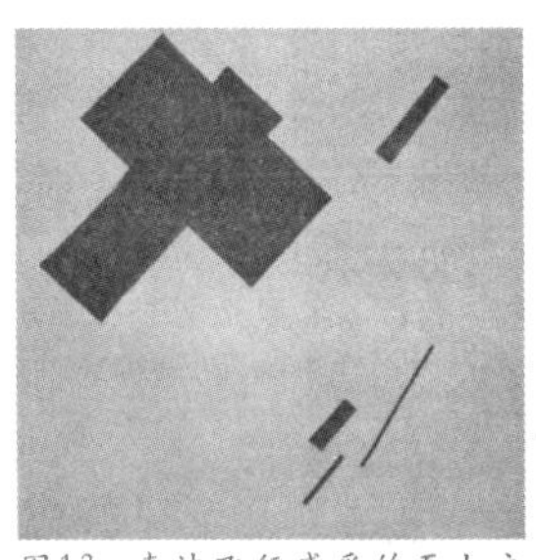
图13 表达飞行感受的至上主义元素构成

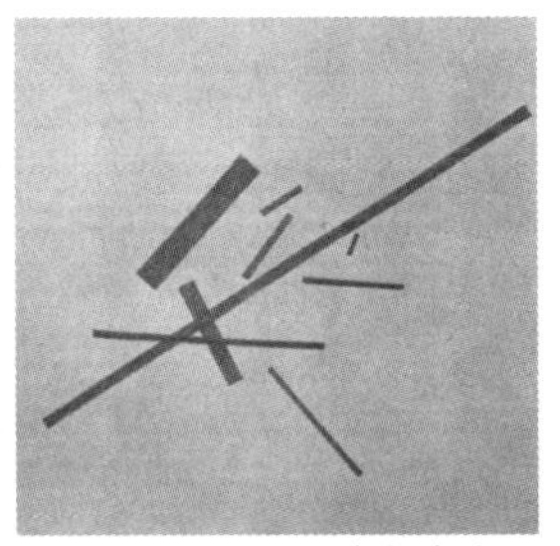
图14 至上主义元素构成表达对磁力的感受

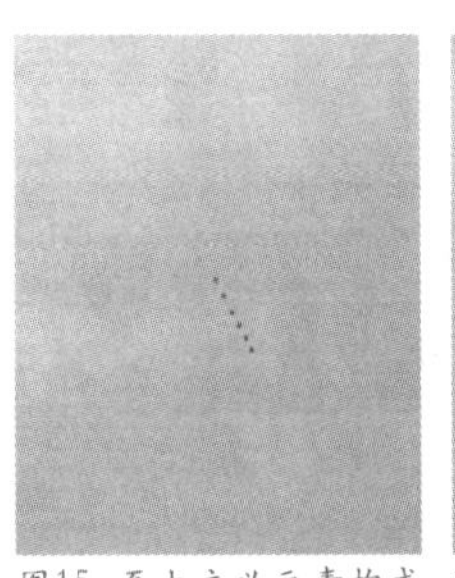
图15 至上主义元素构成表达对宇宙空间的感知

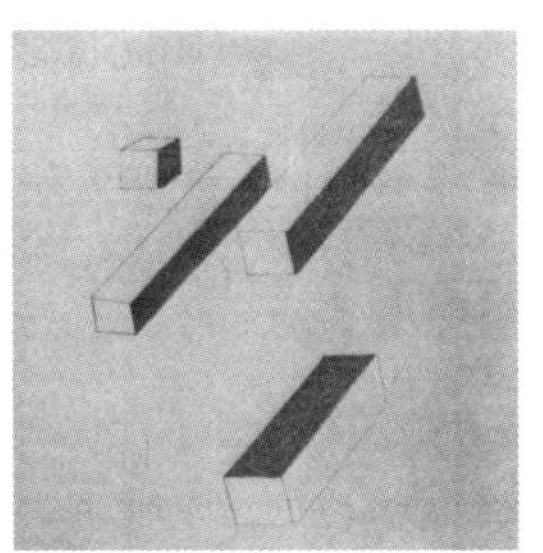
图16 空间中的至上主义元素

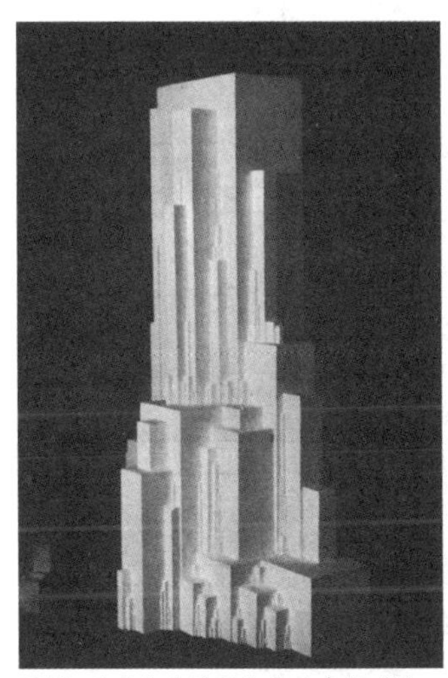
图17 形式纯净的至上主义建筑（1）

图18 形式纯净的至上主义建筑（2）

力，只能仰赖理性。即使在未来主义的作品中，具象物仍依稀可辨。至上主义选择了一种最能“充分表达情感的方式”，这种方式不借助物与概念，纯粹，发自本真。丢弃了一切虚伪的表象，进入一个除去情感别无他物的世界。“艺术不再介意是否为国家与宗教服务，不再希望刻画风俗的历史，不再表现客观对象，它相信可以在其内部为自身存在，不再仰赖‘物’（这‘久经考验的生命之源’）。”

“方块=感受，白底=感受之外的空白。”

方块是至上主义最为基本的元素，圆形由方块旋转而来。第二级的基本元素是由两个方形叠加而成的十字。通过基本元素间的相互作用，马列维奇在画面中表达了对于“飞行”、“金属发出的声音”、“无线电报”、“逐渐消逝”、“磁场”、“宇宙”的非具象感知（图13~图15）。

## 肆 ／ 进入空间

全书的最后三幅插图展现了至上主义的终极目标：走出架上绘画，进入空间。

在名为“空间中的至上主义元素”（图16）的画作中：四个方体摆脱了二维平面，以轴测状态悬浮于画面中央。“阴影”出现在立方体的不同侧面，暗示了两个并存的太阳——这并非我们熟知的物质世界。一种“形式纯粹的至上主义建筑”继而诞生，其形态介于雕塑与建筑模型之间（图17、图18），细小的形体依附或悬浮与主形体周边。

马列维奇将从画布中挣脱，以建筑为载体完成至上主义在空间中的终极表现：

“至上主义为创造性艺术开启了新的可能，通过放弃‘实际的顾虑’，塑性情感的表达从画布转向空间。艺术家（画家）的创作不再局限于画布（图像平面），而是进入空间。”

而这些空间，只允许精神进入。

《非具象世界》[卡西米尔·塞文洛维奇·马列维奇(著)，张含(译)]将于近期由中国建筑工业出版社发行。

# 绘画理论中的现代精神
## ——AFTER CUBISM译后记

高曦 Gao Xi

文章主要选取了柯布西耶与奥赞方在1918年写的一篇文章，《After Cubism》这篇文章以宣言的形式开启了柯布西耶早期在巴黎的纯粹主义理论和绘画活动，其早期的建筑可以说是纯粹主义理论的直接产物，并且影响深远甚至在其整个设计生涯中都一直成为重要的线索。

《After Cubism》分析了当时艺术世界中的奇怪的现象，已经远远地落后于时代。深刻地剖析了时代的精神是什么，以及时代的艺术应该以何种方式来表现时代的精神。这是通过对舆论所认可作为时代艺术代表的立体主义是否是代表时代的艺术这个问题进行深刻的分析来进行的。进而提出了时代的艺术是什么。作者给它命名为“纯粹主义”。

《After Cubism》是柯布西耶和他的伙伴奥赞方在1918年发表的一本小册子（图1）。文章中清晰地说明了当时所处的时代特征，以及发生的巨大的变化。以及当时所流行的绘画和艺术都在延续着传统的方法和审美。这说明流行的艺术已经远离了当时的生活和文明，艺术逐渐和时代拉开了距离，沉醉于过去陈腐的、不合时宜的流行趋势，立体主义作为一种创新的艺术极大地震荡了艺术领域，但是在《After Cubism》这篇文章中，通过对于现代精神和立体主义理论和实践的分析认为立体主义虽然给现代艺术打开了一些窗口，但是也并不是真正能够体现现代精神的时代艺术。由此，引出时代的艺术究竟是什么？作者给它命名“Purism”即纯粹主义，然后展开了关于纯粹主义的思想与现代精神之间关系的讨论。 整个文章内容分为四大部分，分别是“绘画站在何处？”、“现代生活站在何处？”、“法则”和“立体主义之后”。

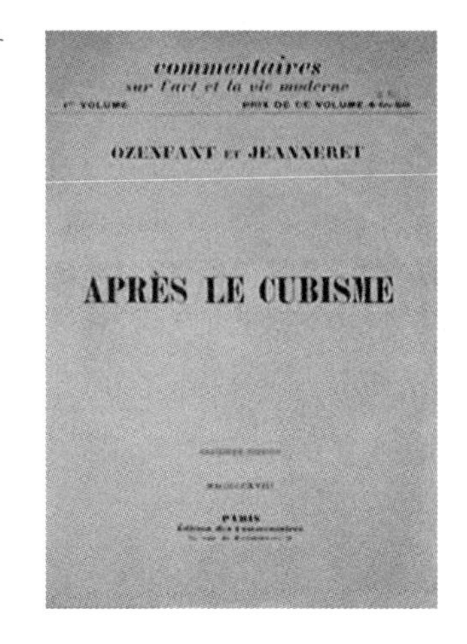


图1 *After Cubism* 封面，作者摄于“柯布西耶——巨人的建筑”展览。

## 壹 / Where painting stands?

“绘画站在何处？”这一部分首先说明了在第一次世界大战后，由于工厂和科学的崛起，生活的一切都发生了巨大的变化。但是，这种巨大的变化却唯独没有发生在艺术上，当时所流行的艺术，与当时时代的变化和风潮相比，已经失去了艺术对于生活的先锋性和指引性，成了“后锋”的艺术。文章说“我们发现战争一点都没有改变它，历史已经证明了存在于时代的唯一艺术是真正根植于时代的艺术。”“今天的艺术，曾经是先锋的艺术，现在只是后锋的。”

在“立体主义之前（Before Cubism）”作者认为当时唯一一个能够体现所处的时代的艺术就是立体主义，是一个体现当时的混乱时代的混乱艺术。但是立体主义虽然被定义为混乱的艺术还是有其可取之处的，作者也将它形容为“最后一所艺术的学校”。因为立体主义将重塑对象带进了这个时代，作者举了，得里安（Derain）、巴拉克（Braque）、毕加索（Picasso）的例子，同时列举了安格尔（Ingres）、库尔贝（Courbet）、塞尚（Cezanne）、修拉（Seurat）、马蒂斯（Matisse）这些立体主义的先驱者们对于变形（distortion）、物体的自由（freedom of subject）、纪念碑性（monumentality）、光（light）、幻想（fantacy）等艺术中重要品质的重塑。“在这些先驱的作品中清晰出现的是对象被置于纯形体的指导之下：这是伟大艺术的特征。”虽然，立体主义做了这些贡献，但是它可以被认为是时代的代表艺术吗？不能。因为“现在，秩序和纯粹点亮指引生活；这种指引会使未来生活与过去深刻的不同，后者混乱，不确定的路径……”

在“立体主义（Cubism）”中，主要就是论述，立体主义的哪些性质阻碍其成为时代的代表艺术。立体主义自诞生以来一直是毁誉参半，评论者们一方面震慑于他们革命性的表现和口号；另一方面有很多理解作品上的困难。文章通过深入分析其反对者最重要的四点对立体主义的指控来说明立体主义为什么无法成为时代的艺术（图2）。这四方面分别是：不再现对象，模糊，不恰当的题目和第四维度。作者一一作了解释。首先是不再现对象（non-representation），作者认为，不再现对象作为一种对立体主义的批判倒不如说是一种褒扬，因为超越对象的实物性，通过纯形式元素来达到艺术的卓越是优秀艺术作品的一个重要的特征。所以立体主义者在这个方向上走得如此之远，在现代眼光看来，其实是它的贡献所在。“虽然不是他们发现的但是这个理论的重要性他们理解得很好。”立体主义者并不是第一个创造非叙述性绘画的。作者举例早期的东方文明、迈锡尼文明、尼格鲁文明一直都是这样使用的，立体主义者只是“诚实地重新回到一个旧的系统中，最古老的，装饰美学；它证明了非叙述的系统可以被创造，并且坚持了这个系统。”

图2 Pablo Picasso,lady with fun,1911&1918.*Painting Towards Architecture*.Herry-Russell Hitchcock：56.

第二个问题是模糊（obscurity）。作者认为“模糊”不是由于立体主义绘画的非再现性所导致的，而是由于无法认知其所要表现的观念而导致的。“好的立体主义作品是不模糊的”，作者认为立体主义绘画在表达内容上是一种和地毯一样的装饰艺术；第三个问题是不恰当的题目（inappropriate titles）。立体主义者常常因为难以从作品的题目中发现与作品表现内容本身之间的关系而被批判者所诟病。作者认为，这种现象体现出的缺乏严肃性还是一个次要的问题，更加重要的是这种不恰当的题目使人对于画的内容产生了一种神秘性，然而在这种令人迷惑的神秘性背后是令人难以相信的轻率；第四个问题是第四维度（the forth dimention），作者认为，第四维度其实是根本无法在绘画作品中表现的，“对于第四维度的批判，认真思考，只是针对立体主义者的一种无理由的假设；”只是立体主义者对于科学理论的肤浅推论，不能够认为是一种进步的理论。“能够感知空间的第三个维度叫深度，被一些立体主义者所放弃，而是倾心于一种第四维度‘虚构’（invented）作为一种对于科学书籍肤浅理解的结果。”

在之后的“立体主义的批判”部分中，作者提出了艺术的等级问题。作者认为艺术等级中较低的是为了取悦的艺术，这种取悦建立在一种低等级的愉悦上，同爱抚、烹饪等是同等的。装饰性的艺术所提供的愉悦也属于这种低等级的愉悦。立体主义的这种“纯粹的绘画”是装饰性的，因为上面四点对立体主义所宣称的观念都进行了剖析，结论是它是为了提供视觉陶醉这种美妙的感觉而进行的艺术，是装饰性的艺术，同地毯一样，虽然这种认知难以接受但是事实。作者认为立体主义的进步性在于提供了工具：纯粹的色彩和形式（虽然并非原创）。但是更有价值的是：“我们必须通过建构性的工作作聪慧的回应；正是这种回应才是有用的。”作者又提出了自己关于艺术等级的观点：

纯粹的感觉：装饰艺术 —— 低等级；原生感觉的组织（工具：纯粹的色彩和形式）：先锋艺术——高等级。

在得·昆西的《百科全书·建筑篇》中，在“建筑”这一章节中，同样也有关于“愉悦”这个问题的解释，他认为艺术的本质，就是它对我们的精神力量和它可以令我们愉悦的手段。这种愉悦不同于为了个人的利益所作的精巧的谎言带给人的愉悦，是一种精神的愉悦。这与上文中作者对于愉悦分等级的观念相一致。[1]

立体主义在早期的社会舆论中并不受理解，但是慢慢地由于它所呈现出的表现上的“革命性”成为一种风潮被社会所理解甚至成为时尚追逐的对象。但是，作者认为立体主义没有真正被理解、真正被欣赏，因为立体主义者所宣称的意图和观念并不能够以绘画的物

1 （英）Tanis Hinchcliff e.EXTRACTS FROM THE ENCYCLOPEDIE METHODIQUE D`ARCHITECTURE Antoine-Chrysostome Quatremere de Quincy ,1755-1849[J]."Character".1985. 9H.no. 7:28.

质形态得以实现。“舆论表扬了它的谬误攻击了它的贡献。”完全误解了它的贡献。

所以作者提出，现代精神不是脱胎于今日的艺术。

## 贰 / Where modern life stands?

“现代生活站在何处？”这一章作者通过分析现代生活的惊人变化，提出现代精神。指出现代的艺术是一种没有观念的流行的艺术，与现代精神相去甚远。并且提出要走向一种有意识的、有观念的现代艺术。

在“现代精神（modern spirit）”中，提出19世纪以来，机器给我们种下了巨大社会变革的种子。给人们的生活和观念带来了巨大的变化，过去，人们的工作都是偶然性的，认为这些工作都是自己的孩子，每个产品都是个人性的产物。然而，机器的到来，隐藏了工人们个人化努力和最后结果之间的直接关系。由于机器的严格不容许一点误差的程序，产生出来如此完美的工业制成品。这种完美的产品所带给所有人的集体自豪感代替了原来个人化产品所带来的愉悦。“布满工厂地面的机器让工人感知到精确和力量，他工作时所感觉到的这种完美，是他的心灵从来没敢渴望的。这种集体自豪感通过将手工艺的精神提升到更普遍性的精神替代了它。”从此，直觉，反复试验，经验主义的精神被科学的、分析的、组织的和分类的精神所代替。但是在过去的百年中，虽然工作和生活中都发生了如此革命性的变化，但艺术失去了它指引性的使命，沦为了低等级的装饰艺术（上文）。但是，机器的出现，导致新精神的建立到处发生，建筑的萌芽也随之到来。建筑被来源于确定的严格，来源于对法则的尊重和被应用的和谐所统治。钢筋混凝土，最新的建筑技术，第一次使实现严格的计算成为可能；数，所有美的基础，现在可以被直接表现了。作者将这种变化类比为古希腊文明，同时指出，我们的时代比古希腊的时代在实现美的完美理想上有了更好的装备（是机器提供的）。

“流行艺术的不确定性（the uncertainties of current art）”，作者认为当时的流行艺术已经与时代失去了联系，这种联系是自浪漫主义开始才斩断的。但是这并不意味着机器工业生活对他们毫无影响，流行艺术也表现现代生活的对象。但是，是新奇性的表现，仍然是“一种在立体主义者伪装下的自然主义或印象派。”他们完全没有抓住重点，对于对象结构的、变化的美，他们选择无视。“但是他们的首要目的是为了保存其‘原创性’；我们可以认为是更新的原创性热情使得他们走向他们认为是新奇的现代主义。他们赞扬，描绘现代物品；如此他们就认为自己是进入现代了，与时代相连了。他们绘画蒸汽船、火车、地铁，但是只是从中得到如画的，浪漫的或随机的。”“流行的艺术与现代精神格格不入。”

“走向一个观念的（有意识的）艺术（toward a concious art）”上部分已经讲到，流行的艺术是不确定性的，是与时代失去了联系的。“所有的艺术脱离了它的时代只有死路一条。”那么，今日的精神是什么呢？科学和艺术不相容的推论要被打破了。科学的原则给我们提供了现代精神的基础。“今日的精神是一个朝向严格，精确，对于力和材料的完全利用，最少浪费的趋势，总结来说就是朝向纯粹的趋势。”这也是对于艺术的定义。“艺术，有重新创造它的语言的责任，重新注意到它的意义；最能体现我们时代特征的是工业的机器的和科学的精神。带有这个精神的艺术具有自己的独立性不需要导向已改为机器制造的艺术，也不需要描绘机器。来源于机器知识的观念提供了针对物质（事件）以至于针对自然的深刻洞察。”艺术和科学在载体上是完全不同的，但是在精神上是一致的。“精确的组成要素、精确的外形、精确并且有条理的建筑，与机器一样纯粹和简单。”这可以说是建筑，乃至艺术的重要法则和基础。但是法则是否意味着僵化呢？不管柯布西耶的早期建筑作品是否有僵化之嫌，但是在理念上，他是对这个问题有清晰的考虑。甚至，后面也在一直的进行感性诗意方面的添加来中和法则的控制甚至僵化。如他后面提出的诗意的物件以及风土元素的进入等。“法则不能被约束；它们是所有东西不可避免和不可动摇的盔甲。盔甲不是束缚。”

## 叁 / The Laws

“法则”作为第三大部分阐述了作为现代精神的法则具体所指以及它发生作用的方式。

法则，科学和艺术在普遍性的理想上是同一的。分析和拆解是达到普遍性的方法。对于普遍性的研究与个人化的倾向无关，而是“通过学习现在的普遍性这个组合必须超越粗糙的，瞬间性的偶然来表达法则。”作品需要揭示这个法则，是产生最高的精神愉悦的法则。这呼应了前文中在艺术等级的讨论中关于艺术表达最高的精神愉悦。

在对于多样性的研究上，作者指出艺术不再是表达瞬间转瞬即逝的对象，而是追求表现科学提示我们的普遍性本质性的法则。在这个层面上，科学与艺术是相通的，沟通它们之间的是“数的基础。”它们的目标是一致的：“科学的目标是通过对于永恒的研究来表达自然的法则。同样的，严肃的艺术目标是对于永恒不变的追求。”所以，作者认为，证明法则的存在是，自然的秩序和人体结构的秩序的同一性，它们都可以用数来实现。“法则替换了对于宇宙万物神秘性的解释。它们将使艺术持存。”作者认为，现行的艺术——浪漫主义、印象主义甚至是立体主义，都是个人主义的，都只忠于自然或是个人的多变的感觉，并不追寻那些永恒不变的。而自然，不是人们一眼看上去那个样子，充满了不确定性，如果足够的仔细观察，会发现自然其实是一部精密的机器，物理的、数学的和几何的所确定的力的法则影响了自然的组织方式。这个机器的产品都体现出：恒常性（invariability）。科学和艺术的发生方法也是相似的，都是基于自然秩序的法则。科学家用数、图像，艺术家用形式（form），方法都是归纳、分析、设想、重构。只不过科学家使用的工具是具体的量度工具，艺术家使用的是眼睛。但是它们的目的并不相同。科学为了进步，但是艺术只有一个标准，那就是美（beauty）。

艺术究其根本还是一个需要人情感共鸣的东西。那么人的情感和精确的法则之间是如何作用的呢？作者将它们的这种关系比喻成共振器。在通过人的眼睛感受到的对象落在共振器确定的领域内就会引起人的情感发生相应的共鸣。有美的、有丑的。这种关系像是一个精确的等式。“我们可以认为存在一种等式（equivalences）和坐标的系统，严格地链接了作品和对象。作品通过连续的比率（continuous ratio）与对象链接。”同时，作者还用这种观点解释了艺术家的先锋性，作者认为，最敏感的共振器就是艺术家，这也就是为什么艺术家总是时代的先锋。遗憾的是流行的艺术丧失了这种共振器的作用。但是，这种美与丑的领域也是会变的，变得更加灵活，更加敏感，美的控制领域也在扩展。在这个进程中，立体主义也做了贡献，扩大了美的范围，“存在那些过去认为是普通的，没有在美的极值上的感知；科学把它们拣出来，邀请我们注意；这些感知总是怀有美的：这使我们接纳了一种新的美，并且这种进步传给下一代（今天的孩子立即能够享有昨天的精华）”。在下文中提到的柯布西耶的具体作品时，我们可以看到，普通的瓶子水管等物件加入到了美的领域里。科学和艺术是相互依赖的。

由于我们是人，所以人们天生的会欣赏那些与人的形体构成相似的对象。这里，作者又提到了对象美的等级：“最底层、无机的材料，在其中不能发现清晰的物性法则，一团浆糊岩浆，所以不美；然后是无机的物体（矿产，制作产品，等等）；再上，是大地景观；更高的是：人的形体。”我们天生为人的形体美着迷，但是当我们发现一些无机的事物法则同人体的构成法则相似，是我们熟悉的深刻和坚固的清晰。那么，这些无机的事物所得到的美的等级将会超越人的形体。在柯布西耶的具体的作品分析中我们会看到这样的一个时段，但是不久之后，美的王冠还是又回到了人体的头上，这是后话。一直以来，历史上的作为模板和先驱的作品，都是对于自然法则普遍性的精确认知。但是对于法则的表现也有高下之分，“法则的运用产生了像金字塔、亚述的宫殿、帕特农神庙、波兰的拱顶、哥特的教堂、布隆代尔的纪念碑这样具有如此纯粹和多样的物质创造性的作品。”文艺复兴时候的作品被认为是重新发现了法则但运用过于严苛和学究，而最近的则是布隆代尔的那些纪念碑。[1]所以，对于普遍性法则的认知和遵守决定了艺术，但是不会限制人们的自由。“科学发现了和谐，这是美的源泉；艺术家从科学那里借来了所有对艺术有益的：这是我们被新的品质充实了的对于美的概念，是会一代一代地永久传播的。”

*1 雅克·弗朗索瓦·布隆代尔，18 世纪法国建筑师。那时，古典原则开始产生松动。欧洲出现了布隆代尔，勒杜，布雷，迪朗，索恩等建筑师的新的探索。*

## 肆 / After Cubism

“立体主义之后”是文章的最后一部分，将体现现代精神的时代艺术命名为“纯粹主义（Purism）”。画家的首要任务是：“建立与自然和与其法则的联系。”接下来在具体的各个方面阐述了纯粹主义绘画应该如何操作。

在对象的选择上，对象应该是简单的（simple）、谦虚的（humble）、具有高度的普遍性的（generality）。这里的普遍性不仅是指对象本身具有普遍性，还有对象内在具有的性质上的普遍性法则。作者举了一个例子，一个喷出来的水柱，“喷出来的水总会沿着几何确定的曲线，并且被惯性和重力所确定；水喷出来，上升，停止，然后落下。当水从侧面描绘时，法则会清晰的体现出来。三维的视角就没那么清晰。前视角法则很难辨识，水流衰减为一条直线。”这说明，不同的视角看对象会改变我们对于法则的认识。在一个特有的、有利的角度，对象实现了最佳的物性特征（plastic conditions）。这个部分会在后面的绘画分析中具体阐述。所以，纯粹主义应该接受、保持、表现那些永恒不变的法则；在形式和色彩上，形式的想法应该先于色彩，对象应该是由于其形式而非色彩被选择；在比例问题上，作者认为，一幅绘画就是一个等式（equation），其构成元素的关系越强，也将会得到越美的结果；在观念上，绘画首先是构思——“辨别物的不变性，确定比例，确定表达的手段。”绘画应该是集中和整合的，而不是表达一个瞬间性的片段，它通过集成混沌感觉中的那些本质的，那些可以被转译成为纯粹物性的等价物。这些本质性的一个重要类比物就是几何，“它用简单和普遍性的结构解释了复杂的事实，也会给予类似自然带给我们的愉悦和满足。”“真正的纯粹主义者的作品要克服机会和变化的情感；它应该是一个对于严格的概念的严格想象：通过清晰纯粹的观念，将会影响到想象的现实。现代精神需要它；这种我们时代的高贵将重建一种与古希腊时代的联系。”；在变形的问题上，作者提出变形是必然的，但不是没有边界漫无目的的乱变，而是有一个清晰的目的：“变形（distortion）就必不可少来重建和谐；法则将更具逻辑”。变形是为了重建和谐和更加具有逻辑性的表达法则。而立体主义的变形，并没有达到这个目标，而是走到了目标的反面，进入了极度的模糊。作者举了脸的例子，“前视角模糊了鼻子的侧面，侧视角模糊了一侧的眼睛和嘴巴。一张脸不能用这种方式表现。所以我们发现自己走到了死路，肖像画、人像摄影将会死去。一张脸不能从一个单一视角来表现。 变形是必然出现的，整个艺术史都证明了这一点。”

## 伍 ／ Still life 绘画实践

这里选择柯布西耶在1920年创作的纯粹主义绘画still life来阐述上面《After Cubism》文本中所述的理念（图3）。总体上来说，画面中已经不见立体主义者的那种片段化的、多变的、混杂的表现，每一个对象清晰可辨识，虽然也是基于几何形体的，虽然没有细节。但是与对象事物所呈现出的眼睛直接可以感知的面貌是有

图3 *L`ESPRIT NOUVEAU Purism in Paris,1918-1925*:26.

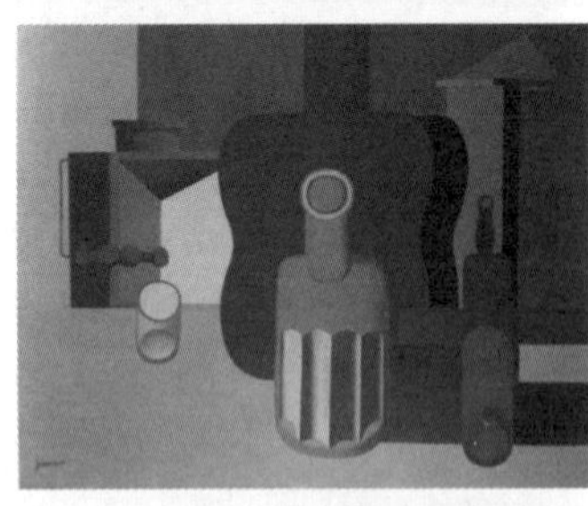

图4 *L`ESPRIT NOUVEAU Purism in Paris,1918-1925*:171.

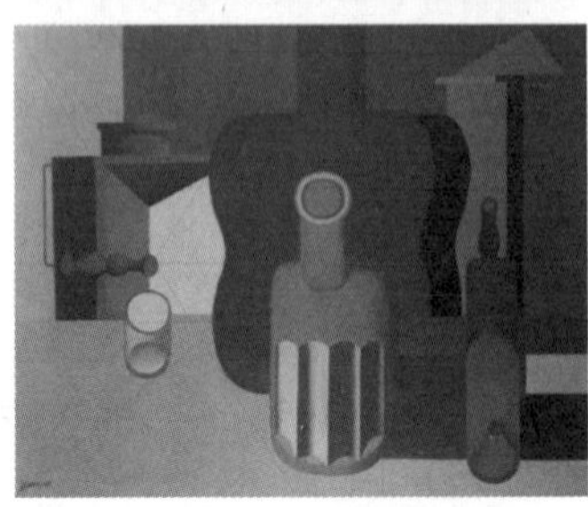

图5 作者自绘

所不同的。我们可以看出，纯粹主义绘画已经与立体主义绘画完全区分开来，形成自己固定的面貌，并且在这面貌之后有清晰的原则作为支撑。

我们将画面分成两个部分来阐述，构成画面元素的选择；元素之间的组织和重构。

首先讲构成画面元素的选择。构成画面的元素，选择的是毫无个人性的物体，比如工业制造的盘子、瓶子、烟斗。这些都是上文中说的最具有普遍性的物体，并且由于对于美的领域扩展，这些在过去的审美中认为是普通的甚至是丑的物体，也能够进入艺术的美的领域。并且人们可以感知到这种美。同时还有吉他，就像上文中所述，他举的例子是小提琴，认为小提琴优美的对称性的曲线，其实是与人体的形态是同源的，所以也是可选择的对象。“人体的组织方式遵循对称的法则这与决定小提琴结构的法则同样的具有逻辑性。”立起的书页，不仅体现了纸张的严格的模度，同时也体现了人类的智慧之光。同时，这些对象所指代的意图也不是唯一的，而是综合的。举个例子，画面中心的那个杯子上有凹槽，这个凹槽既是起防滑作用的凹槽，同时还有古希腊柱式上的凹槽的形态，还有柱廊的形态，这是一种具有多重指代意义的对象。不论是普遍性的工业产品杯子、古希腊的柱式还是柱廊，都是作者认为的体现了自然的法则的艺术形式。柯布西耶在上文中的“所有这些进步指向了一个事实 —— 一些类似古希腊文明”说明了他对于这几类体现自然法则艺术形式的赞美。

仔细观察可以发现，画面里的对象都不是以同一的视角来表现的。书是竖立着的，但是下部是一本竖立的书的侧视角，而上部则是一本竖立的书的俯视角。盘子也是，下半部分是侧视角而上面是一个正圆的盘子，是俯视角。为什么会出现这种变化呢？上文中做了清晰地解释：“喷出来的水总会沿着几何确定的曲线，并且被惯性和重力所确定；水喷出来，上升，停止，然后落下。当水从侧面描绘时，法则会清晰地表现出来。在三维的视角就没那么清晰。前视角法则很难辨识，水流衰减为一条直线。”是因为，在不同的视角，对于法则的阐释的清晰度是不同的。这些视角的变化或者叠加，是为了更加清晰地、完整地阐释法则，并不是为了变而变。回到画面中，竖立的书只看立面无法表现书页在重力法则的影响下形成的曲线，只有俯视角看到的可以清晰呈现，所以将书表现成了侧视和俯视的结合。一个说明是一本竖立的书，让观者可认知；一个说明竖立的书在重力作用下呈现的状态，清晰的表达法则。盘子的、吉他的、瓶子的变形都是基于这个原则，这里就不一一赘述。

然后是，元素之间的组织和重构。完成了对象的选择之后，这些对象怎样完成重新建构的任务呢？仔细观察画面，我们会发现，在画面背后隐藏着一套严格的轴线系统，这在柯布西耶的作品中是被广泛地使用的，是根本性的。选取其绘画作品"Composition with Guitar and Lantern"，(1920年)（图4、图5）来证明参考线和模度系统的应用。画面的横向中心线和纵向中心线的交点恰好在画面中心前景的瓶子、瓶颈和瓶肚相交的地方。从分析图上这是整个参考线体系的中心。从右上到左下的这条对角线上穿过了中心点契合了左边画面上的那个水杯和右上画面上的吉他柄的尖角。同样穿过中心点的与上一条对角线成90° 角关系的那条参考线契合了提灯和吉他交接的点和画面右下酒瓶的底侧圆弧的切线。从中轴线的顶点到左下角的连接线上与前一条参考线相交的点契合了提灯和吉他的交接点并且与中轴线的底点与左上角的连线和画面的横向中轴线三线交于一点，这一点正好处在提灯把手圆截面的圆心上。整个画面的静物都被控制在这样一个对称和黄金分割的参考线系统中，但是呈现出的画面结果并不反映这些参考线，仍然是具体的对象本身。[1]在上文中，作者所述"我们可以认为存在一种等式（equivalences）和坐标的系统，严格地链接了作品和对象。作品通过连续的比率（continuous ratio）与对象链接。"正是这种等式和坐标的系统，在画面中表现为几何和数为基础的轴线系统，与画面中表现的对象精确地链接起来，这种链接像是一种共振（共振器上文有述），表现的是自然的具有普遍性的法则。

1 高曦．一个空间的装置——柯布西耶作品中的空间装置性分析 [D]. 杭州．中国美术学院 .2013.

最终，纯粹主义的信条在对其作品的具体分析中更加清晰的浮现：

纯粹主义不表现那些多变的，而是那些永恒不变的（invariable）。作品不应该是偶然的、不普通的、印象主义的、无机的，争论的，景观化的，而是相反的普遍性的（general）、静态的（static）、表达那些永恒的（constant）。

纯粹主义的目标是构建清晰的（clearly）、诚实的（faithfully）、精确的（precisely）、不浪费的（without waste）执行；它远离混沌的概念，远离简要的、粗鄙的执行。认真的艺术必须去除所有技术性的欺骗才能达到概念的真正价值。

艺术高于所有相关的概念。

技术只是一个工具（tool），谦虚地服务于概念。

纯粹主义害怕混乱和"原初的（original）"。它找出了源于自然本身可以重新组织（reconstruct organized）绘画的纯粹的元素。

手工艺（craftsmanship）应该被充分地保证其不对观念产生妨碍。

纯粹主义不认为回到自然指的是回到抄袭自然。

纯粹主义允许任何对于永恒的追求（search for constant）所认可的变形（distortion）。

艺术领域的所有自由（随意）使艺术远离清晰。

*参考文献：*

*[1]（美）Carol s.Eliel. Purism in Paris,1918-1925 [C]. L'ESPPRIT NOUVEAU Purism in Paris,1918-1925. New York:Museum Associates, Los Angeles County Museum of Art and Harry N.Abrams.2001:11-70.*
*[2]（法）Amedee Ozanfant and Charles-Edouard Jeanneret .John Goodman 译 .Apres Le cubism. [C]. L'ESPPRIT NOUVEAU Purism in Paris,1918-1925. New York:Museum Associates, Los Angeles County Museum of Art and Harry N.Abrams.2001： 129-167.*
*[3]（法）LE CORBUSIER.LE POEME DE L'ANGLE DROIT[M]. Paris:FOUNDATION LE CORBUSIER.2012.*
*[4]（美）Herry-Russell Hitchcock.Painting Toward Architecture[M].New York:The Miller Company.1948.*

# 线性叙事与图像叙事

李争 Li Zheng

空间是建筑艺术区别于其他艺术的重要方面，那么如何彰显“空间”的特点，打破习惯性思维的束缚——关于习惯，很多人都曾说到过：普鲁斯特说道，习惯这个普遍的催眠剂对于那些走老路的人来说，通常隐匿了时间的推移，周围人们的变化普遍不易被察觉；屈米也试图打破习惯性的空间状态，他认为，某种情况下，空间的使用会带给人们特殊的感受，超出了日常的状态，如教堂里的军队，房间中的溜冰者……由此，他试图通过带入偶然、随机的因素，引发丰富的空间使用状态；而路斯，则客观上通过窥视与被窥视，创造出空间的另类可能，使得空间被注目、被监视，使空间中的人时时处于警觉，这也在某种程度上挑战了关于空间的使用、心理习惯……这些空间组织的方式，跳出了我们通常的设计思路——线性的空间组织，或按照功能布置的空间；而我最初认识到这些，并且可以把它们进行联系思考的出发点竟然是文学理论。

我试图在文学中相关的叙述结构和方式中，找出可供借鉴的部分进行建筑中空间的组织。文学的部分作为出发点和线索，组织了建筑中案例的分析和解读，同时也提示我们容易忽视的部分。

## 壹／线性叙事

从莱辛到乔伊斯,文学不可避免地是在线性的时间中展开的。

造型艺术是瞬间的展示，语言则在时间长度中展开，呈现了发展的过程。诗人避免描写，总是叙述动作，动作展示了过程，而描写阻碍了叙述时间的发展和过程的呈现，使整体支离破碎，读到后面的时候甚至记不清前面到底讲了些什么，尤其是在那个时代，口头文学还占据主导地位。

“荷马要让我们看到阿加门农的装束，他就让这位国王当着我们的面把全套服装一件件地穿上：从绵软的内衣到披风，漂亮的短筒靴，一直到佩刀……”：

> *“他穿上新制的细软的衬衣，套上宽大的披风，于是在端正的脚上系上一双漂亮的鞋，把镶银的刀，挂在脚上，然后拿起国王的笏，这是他永远不坏的传家法宝。”*

“荷马只描绘持续的动作而不描绘其他事物；他如果描绘某一物体或个别事物，只是通过它在动作中所起的作用，而且一般只用它的某一个特点。”

希腊人出于对语言特性的认知，在诗中尽量描绘动作，而不是静止的物体，他们遵循了语言在时间中的先后承继关系，选择对动作进行描述，以展示一个过程，以此相对于造型艺术的瞬间呈现。

## 贰／图像叙事

打破以时间为序的叙述流，直接呈现异类的片段，其间的过程被抹去，读者只能获悉几个片段，只有反复阅读文本，在头脑中拼贴出整个文本的格式塔，才能最终理解整个文本。

外面马路上响起的马蹄声、店里的女侍与客人打情骂俏的声音、歌手的歌唱声、钱币的声音、人物内心的说话声等都未加说明地同时被如图像一般展现出来。所有景象扑面而来，以此全面地呈现都柏林的世俗生活场景。

*“辚辚，轻快二轮马车辚辚。*
*硬币哐啷啷。*
*时钟咯嗒嗒。*
*表明心迹。*
*敲响。*
*我舍不得……袜带弹回来的响声……离开你。*
*啪！那口钟！*
*在大腿上啪的一下。*
*表明心迹。*
*温存的。*
*心上人，再见！*
*辚辚。布卢。*
*嗡嗡响彻的和弦。*
*爱得神魂颠倒的时候。*
*战争！战争！耳膜。帆船！*
*面纱随着波涛起伏。*
*失去。画眉清脆地啭鸣。现在一切都失去啦。*
*犄角。唔——号角。”*
*——《尤利西斯》第十一章*

按照时间顺序讲述的故事，或许可以像荷马史诗那样气魄宏大，故事的前因后果在时间序列中相继呈现，充满逻辑；而以类似于图像呈现的方式讲述故事，或许可以使故事被讲得更加跌宕起伏，扣人心弦，更加富于诗意。

或者同时在场，扑面而来，同时抵达我们；或者我们置身其中，跟着时间的序列行进，这是我们感知周边世界的两种基本方式。

这或许是所有事物呈现给我们的两种状态：时间的、线性的、逻辑的；空间的、并发的、诗意的。

## 叁／意向

或者同时在场，扑面而来，同时抵达我们；或者我们置身其中，跟着时间的序列行进，这是我们感知周边世界的两种基本方式。

“一个图像”,庞德写道，“在一瞬间可以表达出智力和情感的所指”，他的定义所暗示的应该这样来解释 ——图像不是作为图示的复制，而是作为异类的观点和情感在一瞬间统一于一体的联合体，空间地呈现。

*《致敬》*
*喂，你们这派头十足的一代，*
*你们这极不自然的一派，*
*我见过渔民在太阳下野餐，*
*我见过他们和邋遢的家属一起，*
*我见过他们微笑时露出满口牙，*
*听过他们不文雅的大笑。*
*可我就是比你们有福，*
*他们就是比我有福，*
*岂不见鱼在湖里游，*
*压根儿没有衣服。*

诗人应当像在水中自由漫游的鱼一样，摆脱诗歌的陈规旧律而自由创作。

生命生存在真正的时间里，这种时间能将过去、未来溶成一个有机整体。记忆贯穿这个整体。过去的事物与现在的事物、未来的事物穿插交融。

*《少女》*
*树进入了我的双手，*
*树液升上我的双臂。*
*树生长在我的胸中往下长，*
*树枝从我身上长出，*
*宛如臂膀。*
*你是树，*
*你是青苔，*
*你是紫罗兰。*
*你是个孩子，*
*而在世界看来这全是蠢话。*

意象的叠加中，我们体味到了紫罗兰般少女的美丽温柔、青苔绿树般的生命张力。

“意象不是观点，而是放亮的一个节或一个团，它是我能够而且可能必须称之为旋涡的东西，通过它，思想不断地涌进涌出。”

“意象”分为两部分，内在的“意”和外在的“象”，前者强调的是主体思想或理性与感情的交融、结合的“情结”或“复合体”；后者则是思想感情的“复合体”要在瞬间呈现为“象”（形象），构成完整的意象。

## 肆／并置

各种相关的情节在不同的空间层次上发生，交替地描述这些情节。“就场景的持续性来说，叙述的时间流至少是被终止了”，这个意义单元可以被称作为一个整体的情节的各层次的总和。例如，福楼拜在《包法利夫人》中农产品展览会的场景。

就像交响乐中各种乐器同时发出声音，在同一时空中形成了某种混响。“所有事物都应该同时发出声音，人们应该同时听到牛的吼叫声、情人的窃窃私语和官员的花言巧语。”

通过交替地叙述不同的场景，对于每个场景的叙述来说，线性的时间顺序被间断地打破，而不是按照单一的视角和线性的时间顺序叙述每个场景。

> *《包法利夫人》*
>
> *“所以我呀，我会永远记得你。”“他养了一头美利奴羊……”*
>
> *“但是你会忘了我的，就像忘了一个影子。”“奖给母院的贝洛先生……”*
>
> *“不会吧！对不对？我在你的心上，在你的生活中，总还留下了一点东西吧？”*
>
> *“良种猪奖两名：勒埃里塞先生和居朗布先生平分六十法郎！”*
>
> *“所有事物都应该同时发出声音，人们应该同时听到牛的吼叫声、情人的窃窃私语和官员的花言巧语。”*

“片断地展示其叙述的诸要素 ——斯蒂芬与他的家庭之间、布鲁姆与他的夫人之间、斯蒂芬和布鲁姆与迪德勒斯一家之间的关系，好像他们被未经说明地抛到一个随意的交谈过程中。”直到小说结束，这些片断的组合也才完成，并且被读者的认知形成一个统一的整体。

通过相似的精神感受并置不同的意象，并置不同的意向，传达出相同的感受。如普鲁斯特在《女囚》的一章中描述每天早上起床时听到的外面的叫卖声：

“玻璃，修玻璃，修门窗玻璃，修玻璃，修玻璃的来了。”这种格里哥利式的单旋律老调令我联想起礼拜仪式，但更让我联想起这一点的，是破布贩子的吆喝声，它在不知不觉中复现了祈祷中那种重音突然中断的情景……不起眼的韭葱和玉葱在翻腾，对我来说就像是激浪的回荡，阿尔贝蒂娜可以自由自在地消失在激浪之中，并因此像 Suave mari mago 的情景那样甜美温柔。

一首曲子、一幅画可能与精神现实相呼应，借用各种感官与精神意识通联起来。于是，这部文学作品获得了极大的丰富性。

*“从来没有在与我们的联系中停止变化位置。在世界的不能感觉到的但又是永恒的行进中，我们把他们视作在视觉瞬间是静止的，这个视觉瞬间太短暂了，以至于我们不能觉察出掠过他们的行动。但是，我们必须只是在我们的记忆中选择在不同的瞬间摄取他们的两幅图画，把它们紧紧地合靠在一起，使它们不能自我更改——也就是，能使人感觉到的——而这两幅图画的区别就是他们所经历的与我们有关的移置的一种度量。”*

纯粹时间并非时间，而是瞬间的感觉，是空间，通过记忆或联想把不同的时间中发生的片断在同一时间展现出来，从而体现出时间的流逝。

音乐中结构的使用具有强大的力量，乐音被打断的同时，告诉听众故事还没结束；文学中，叙述结构也可以脱离故事内容而存在，成为外在的框架，成为形式上的打断和连接构件。就像乔伊斯的《尤利西斯》中的那样，关于18个小时中的都柏林的人事，18个小时是18个节点，形成全书的结构框架，彼此之间可以重复、互换，而主题和事件游离于结构框架之外。

空间形式的小说的作者，自己灵活地穿梭在整个故事和个别事件之间，从而决定他将如何进行文本的编织，他不断地在微观叙述和宏观展示两种视角之间切换，他不断地步入故事，又走出来，间断地插入别的事件。

例如，乔伊斯就以这样的方式，在某些章节中以作家的“全知的角度”与某个人物的“叙述者的角度”结合，“使世界隐显于遮蔽和去蔽之间,也使文本具有了‘众声喧哗’的复调性;人物的内心独白采用的是自由直接引语,作者则以展示的方式介绍其他的部分”。

*《追忆似水年华》*

*她在巴黎去拜访主人公时，主人公想起，他先是在海滩遇见她。后来两人结识，但他不敢拥抱她。最后，他才感到她是真实的。*

作者在不同的时间、空间之间切换，带来被描述者的多重性格的展示，犹如以不同的线索追述人物的背景和历史；同时不断地重复出现同一个主题：人物到底是怎样的，“我”和她在一起到底是怎样的。

就像舞蹈演员，随着舞台灯光的千变万化，她的色彩、身影和性格也不断变化，每次出场都互不相同。

时间和空间孤立起来会妨碍人们认识事物的本质，正如观察者变换角度可以看到景物的全貌那样，变换时间和空间也能反映出人的全貌。

《小径分叉的花园》

*“在彭口的错综复杂的小说中，主人公却选择了所有的可能性。这一来，就产生了许多不同的后世，许多不同的时间，衍生不已，枝叶纷披。小说的矛盾由此而起。比如说，方君有个秘密； 一个陌生人找上门来；方君决心杀掉他。很自然，有几个可能的结局：方君可能杀死不速之客，可能被他杀死，两个人可能都安然无恙，也可能都死，等等。在彭口的作品里，各种结局都有；每一种结局是另一些分叉的起点。有时候，迷宫的小径汇合了：比如说，您来到这里，但是某个可能的过去，您是我的敌人，在另一个过去的时期，您又是我的朋友。”*

所有的时间都将一并呈现在空间中，不管那些事件如何地交叉，相互缠绕，时间在空间中留下了痕迹，或者仅仅变为口头的述说，非物质地呈现属于自己的片断。

## 伍／公园

屈米追随乔伊斯，以乔伊斯操作语言那样的方法来操作空间。出发点是乔伊斯的另一部小说《芬尼根守灵》， 二者同样充满了乔伊斯在《尤利西斯》中表现出来的对于语言的探索和颠覆，只是前者更彻底，充满了碎片的集合和体验的迷宫。

这里，可以回顾乔伊斯操作语言的方法，“片断地展示其叙述

的诸要素 —— 斯蒂芬与他的家庭之间、布鲁姆与他的夫人之间、斯蒂芬和布鲁姆与迪德勒斯一家之间的关系，好像他们被未经说明地抛到一个随意的交谈过程中。”

一个潜在的这样的文本被一些节点打散了，散落在文中各处，被形式上的结构统一起来形成新的整体。

## 陆 ／ 点阵

图1

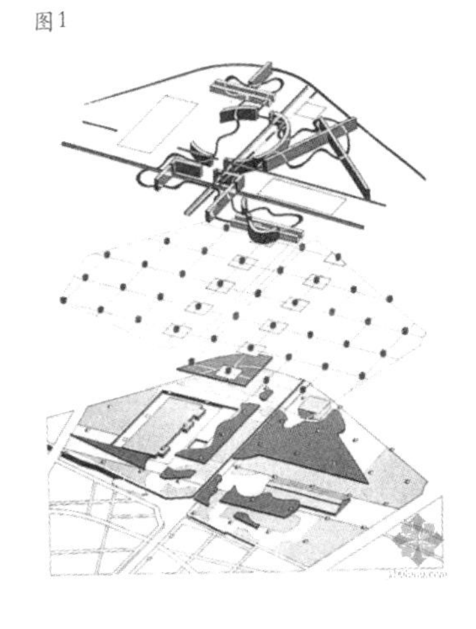

乔伊斯花园，从作为出发点的小说文本中提取了这样一种形式结构——规则的点阵——一个横穿了整个伦敦城市的轴线，从Covent Garden到泰晤士河。沿着这条轴线，异类的建筑的组合出现在不同的点上（图1）。

这些点阵打破了以功能或某种线索组织景观的方式，打破了传统的建筑师严格控制设计的方式，质疑了建筑作品的两个所谓的原则：城市类型的观念和关于功能的概念。

这些点阵打破了一个完整的叙事线索，区域内所有的片段不分等级，因此取消了城市中的纪念性，城市及建筑失去了符号性，取而代之的是碎片、分裂，就像随机叠加的图景，没有关联。

以一种开放的方式界定了整个区块。点阵本身就是整个区块的地标，它们以反中心、反纪念性的方式取得了整个地块的标志性、统一性和认同感。

点阵打散了区块内部已经形成的某种秩序，因此消解了区块内已经形成的各种关系和空间结构，引入新的结构因素，重组了整个地段的结构和框架，提示我们区块内有着更多的可能性（图2）。

图2

用点阵对整个场地进行重组，用点阵记录了现状，并作为未来发展所需要进行叠加的基础图景，预示着目前的状态只是一个中间状态，拒绝被完成，而是不断地被随机的内容所填充，叠加在原来的图景上。

叠加将带来更多的可能性。

每个项目中都存在着计划、空间、事件三者各自形成的序列，它们的组合打破了各自的线性序列，由此带来了潜在的叙事，其特征是拼贴的、不确定的、随机的、待定的、非传统的、严格控制的，是一种半控制的方式。

## 柒 ／ 解构

拉维莱特公园中形式的处理包括三个自治的抽象系统 ——点、线、面，相互叠加在一起形成新的形式统一体。

“点是一系列以矩阵分布的红色的没有实际功能含义的建筑小品；线的系统则翻译为廊道、小径、灌木，在三维空间上作出引导或限定；面的系统，以低矮植被和铺地等对地表进行限定。”

我们将此对比于《尤利西斯》中两条平行的整体叙事线索：布卢姆的现代生活和史诗中奥德赛的英雄命运，二者相互编织在一起，并且形成了对话和相互彰显的效果 —— 崇高者的崇高和卑微者的琐碎。

而屈米这里(拉维莱特公园)的不同的形式结构的叠加也构成了相互补充和编织，带来了更多不确定和偶然的因素。并且任何一种结构形式都不会占据主导地位，从而意味着中心的消解和多元化，阅读的开放性。

“造型艺术中的形式，必然地是空间的，因为物体的可视方面在一瞬间并置地呈现。文学，另一方面，利用语言，随着时间用连续的词语组合而成；它遵循这样的规律，文学形式，与其媒介的本质特征相一致，必须主要地基于某种形式的叙述序列。”

## 捌 ／ 园林

拙政园中景点的设置虽然并非屈米的抽象的形式操作策略，但景点之间的联系也构成点阵，只是这些相互勾连的点阵之间的关系已经是具体的而非抽象的：这里，一个亭子或者一个平台，与周围的景物获得关联时，它具备了超越于自身的审美价值（图3）。

图3

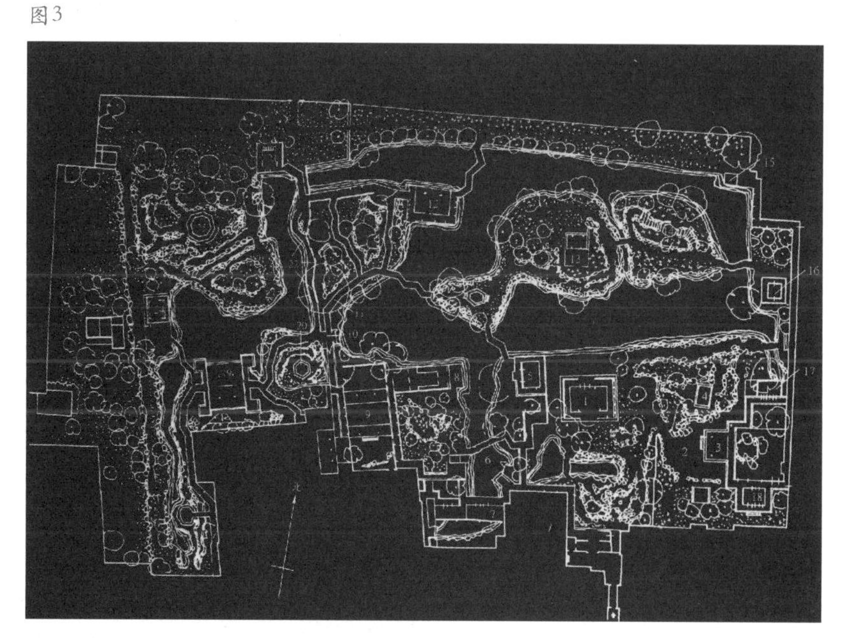

站在小沧浪亭朝向小飞虹看，前景是小飞虹跨在湖面上，中景是不远处的香洲，更远处是荷风四面亭，依稀可辨的是更深远的见山楼，这是在平面图中得知的信息。而实际上，我们置身这一情景中时，水变成了另一个景深，水中的倒影和绿荫把这种直线式的层层景深打破了，你不能直接看到远处的荷风四面亭，而是从水的倒影中看到它。贯穿这一系列景深的是湖水和绿荫。

“蒹葭苍苍，白露为霜。所谓伊人，在水一方！溯洄从之，道阻且长。溯游从之，宛在水中央。”园林中的景点设置竟是对此诗中情景的再现。

点阵的设置首先意味着视线的抵达，而在由点阵形成的主体架构之间，山水的穿插迂回环绕：如在“雪香云蔚亭”里，能望到对面的远香堂，但是二者之间隔着湖面；同样，西部园子中，浮翠阁与笠亭也遥遥相望，二者所在的山丘夹着一条水涧；由视线建立起来的点阵之间的联系被山、水所阻隔、打断，加上实际路径的串联构成三套相互叠加的系统，三者之间形成张力。

通过山体或水体的设置，不同的景点之间有了阻隔或延迟，使清晰的点阵的整体结构线索被打破，类似于文学文本中对片断的叙述，延迟了主要的时间线索，以“空间”的方式并置、穿插多个碎片，形成缤纷多彩的展示效果（图4）。

图4
图像叙事

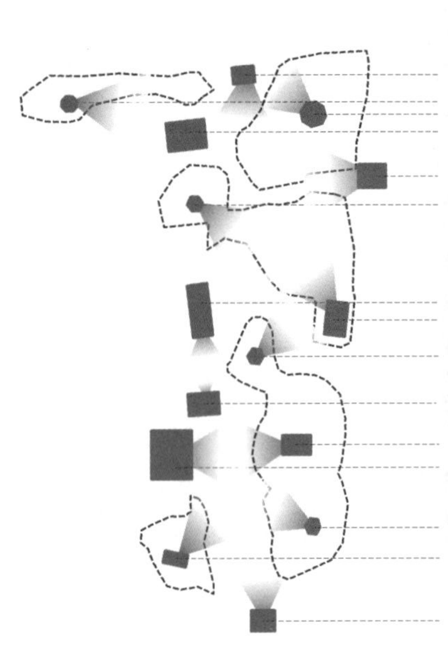

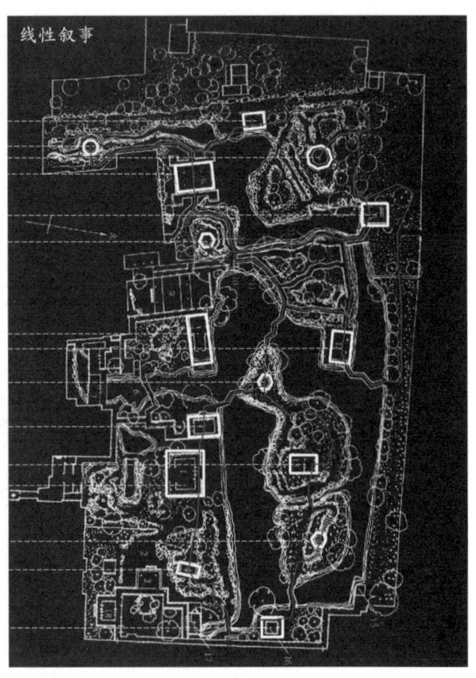


景点以点阵的方式设置，提示园林中同时存在着空间的铺陈关系和串联关系。铺陈关系意味着一种开放的阅读状态，暗示了多种可能性，带来了多重线索，而不是单一的线性串联关系。

而特定的串联关系暗示我们特定的游览体验。由此，整个园子可以被看作是由不同的叙事片段叠加在一起形成的， 它们共同形成了园林中的丰富意境和闲散的状态。园林的悠闲和从容即是这种非确定的单一序列和先后关系的布景方式的结果。

三个系统的叠加“在冲突中产生了非逻辑的意外的空间‘碎片’，这些‘碎片’为公园中人的活动提供了运动的欲望、重组的可能和意外的体验”；在园林中，有意识地布置的景点成为让人驻足停留的所在，提示我们眼前的景，这些景点把周围不同景物的片段组织、编织起来，让人驻足、品味其所处的由不同的关系形成的张力。

不仅在此在的空间中，让人从景点出发，勾连起周围的景物，还从时间流里勾出联想的片段，扩大了时间的跨度和历史纵深感，引起对话。普鲁斯特通过联想引入了不同的记忆片段。

## 玖 ／“空间形式”

文学中的“空间形式”带来了文学作品新的表现力，或者是以开放的叙事线索为我们呈现出生活的纷繁杂沓、世界本来的丰富性和多样性，引导我们从中敏锐地知觉一些微妙的联系，重新开启我们对这些事物的敏感；或者以此表现出琐碎的现代生活，与崇高的英雄命运形成强烈反差，达到了夸大和反讽的效果；或者以此表现出人的矛盾、无限思绪，一个相互缠绕纠结的心灵世界……总而言之，这种以片断的并置和叠加的方式所描绘出的丰富性就是生活本身的丰富性。

生活总是以这样的面目呈现在我们眼前，而我们对身边所有事物的感知方式除了线性地经历一个事物之外，就是这种并置的方式。这种视角，被用作解读建筑作品中同样存在的丰富性：

于是，发现建筑中从整体架构的组织和空间之间的联系到局部空间的组织，三个层级上都可以主动地、高度自觉地利用这种并置关系，从而打破僵硬的整体统一性，带来随机和偶然，带入了丰富性。所有异类的片断，过去的有关时间的片断，有关不同的使用方式的片断、不同空间层级的片断……都可以在此在中被同类或异类的结构组织起来，形成新的统一体。各个异类的片断在述说着与之相关的之外的整体，从而带来了涌现，带来了“感召力”；它们在此在形成的新的统一体中甚至也可以达到相互述说，于是有了某种张力。

如果说，文学中的“空间形式”因此成为文学之所以具有艺术性的原因之一的话，我们也可以说，建筑中的“并置”和“叠加”也成为建筑之所以具有艺术性的原因之一。

我想以关于斯卡帕的一些话作为结语：“透视表达的是最终的目的，其向习惯大开其道，它表达的是线性的时间；而片断属于瞬间的展示，其抓住了记忆，瞬间摄人心神”，片断的魅力在此，并置地呈现，魅力也在于摄人心神。”

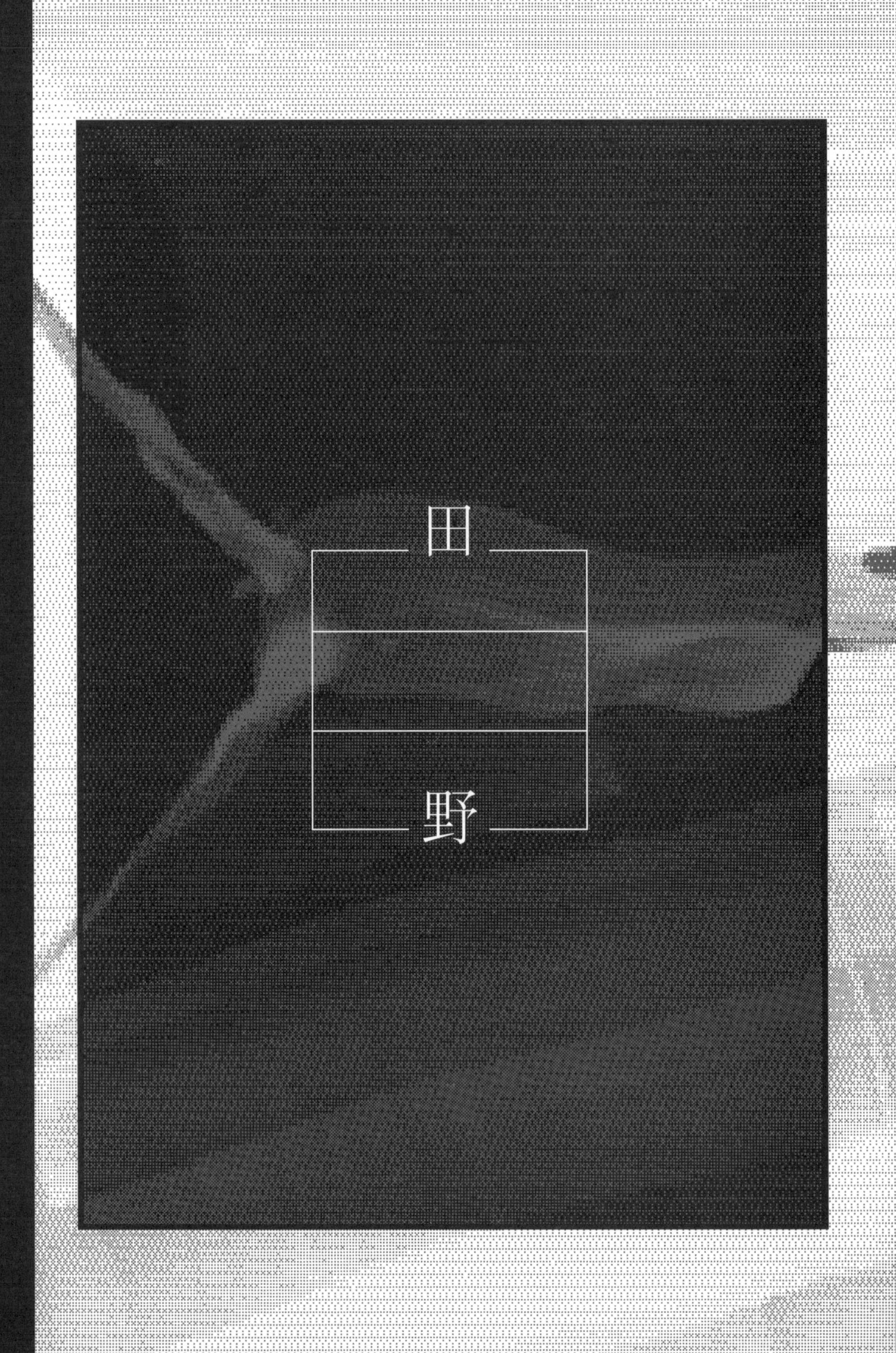
田
野

何建刚 ///乡村的有机生长与营造—— 浙西南乡村调研报告

董国娟 ///自发搭建与形态自律—— 淤头村村落现状调研报告

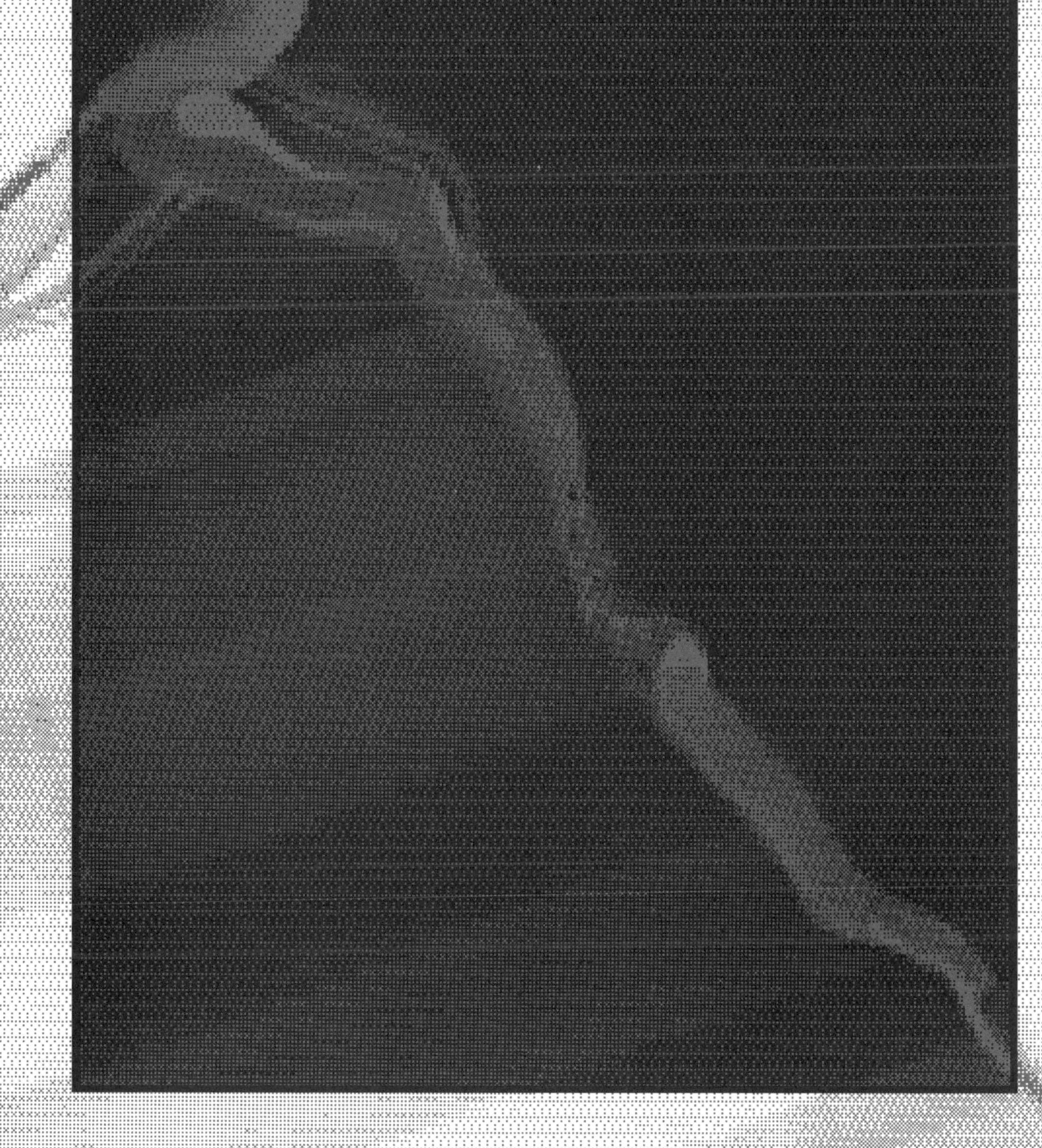

# 乡村的有机生长与营造

## ——浙西南乡村调研报告

何建刚 He Jiangang

### 壹／乡村的自然建造

*“建筑是人居环境构成的主体要素。从建筑产生的初衷看，人居环境的原型是人类通过改变物质存在的形式而去搭建人与自然融洽的生存方式，借外物之利以实现人的存在价值，建筑成为关联人与自然环境的介质。”*[1]

自然材料的直接应用与自由组合是传统乡村建造的一大特征，也是有着最深刻有机根源的建筑因素，在功能上，各空间要素都根据自身的空间特征充分发挥着各自的效能；而在空间关系上，各个空间要素却因相互间所具有差异性的功能特征建立着人与大地（环境）不同的空间联系，在持续反复的日常生活状态中，这样的空间关系被日复一日地反复累加，而由此所带来的结果是人与建筑、环境的有机关系被不断地加深，最终走向无比的致密，而难以分割。

村庄建筑的布局紧密地结合场地地形的变化，连绵的屋顶和背面山体上升的坡度完美契合，自然环境的因素也从村庄的缝隙中渗透进去，整个村落关系中，建筑和自然紧密地合为一体，走向一种完美的有机状态（图1）。传统乡村中所见到的有机建造却是一种自下而上的自发建造活动，是一种在漫长的历史进程中不断地变化及累加的状态，永远不是最终的结果，形式的背后有着非常复杂多变的控制因素，有着非常直接、细腻却非准则式的、固定的环境处理方法，是一种无法预知结果有机建造模式，在建造的过程中随时都有可能产生丰富的、自然的，甚至说不清楚道不明的空间关系，是一种松动的建造机制，无论从过程还是结果看，都是一种更接近于“自然”的建造，传递着鲜明且深刻的有机性。

图1　龚滩古镇（作者拍摄）

1 王晓华．生土建筑的生命机制 [M]．北京：中国建筑工业出版社，2010.

## 贰 ／ 扎根大地的本土乡村

乡村，是历史发展进程中相对稳定的传统居住形态，乡村的建筑在历史演变中保持着最生态、有机的建筑形式，跟原始的栖居形态有着深层的文化关联，并且始终跟大自然保持着最直接、最深刻的有机联系（图2）。

拉普卜特曾在《宅形与文化》中提到：“在瑞士，每条山谷都有一种典型的农舍形式（以及模式），而在这种基本类型之上，又存在着不少个体差异。”[1]

1（美）拉普卜特．宅形与文化 [M]. 北京．中国建筑工业出版社，2007.

中国传统的乡村是基于农业的背景而形成并发展至今，生产、劳作行为几乎占了传统乡村生活内容的绝大部分，而任何一项农事活动都直接指向大自然，生产活动的需要和特性也深刻影响着且或多或少决定着传统乡村的聚落及建筑空间形态。而建筑本身就是大自然中具有天然物理特性的原始物质在人的能动作用下的巧妙、有机组合，其本质仍然属于大自然的一种空间延伸，必然经历出身（建造）、成长（改造、扩建）、死亡（倒塌）的“生命过程”——此消彼长，永不停息。

乡村的有机性都是根植于各自所处的具体的大地背景，不同的场地特征、环境因素、自然条件等都将建构起各富特征却具有差异性的有机状态，孕育出形式各异、特征鲜明的居住形态以及生活空间类型（图3、图4）。

图2 独山古寨（作者拍摄）

图3 浙江独山村夯土民居（作者拍摄）

图4 贵州本寨屯堡民居（作者拍摄）

## 叁 / 乡村的动态生长

乡村是由一定数量的生活单元所构成，每一个生活单元都是相对独立的乡村构成要素，宛如一个个相互紧邻而密布的细胞（图5），每一个细胞都有着自身的机能关系以及新陈代谢特征，空间独立而特征不同的生活单元构成了形式有机、表情丰富的乡村有机共同体。

乡村永远不可能是一成不变的，"动"是乡村中最为重要的一大特征，同时也是乡村的活力所在，从人到物、建筑、场地乃至自然地理环境，各自都在一定的机制内拥有着自身动态变化的特征。

*"寻求最佳的场地的努力常常是失败的，自然中完美的栖居地并不多，天地不为人而生成，然而人可以通过建筑改造补充场地，因此，这种改造的实质不是否定场地精神的异化行为，而是去完善场地的可居性，根本上是栖居精神与场地精神的互动——双方都改变了，自己，最终目的：重聚天、地、神、人于一体，回归天人合一。"[1]——《栖居与场地》*

1 李凯生．栖居与场地[J]．时代建筑，1997.

乡村中各个单元都有着自身独立的动态发展轨迹，在乡村强大的整体性下闪现着个性的特征，少数或局部单元发生改变乃至衰亡并不会破坏乡村的整体性，然而，单元个体的增、减、更（更新）、替（替换）之动态的演变，或多或少、或慢或快地牵动着乡村统一体的动态发展变化（图6）。

图5 由单元到板块及村落有机整体的组合关系分析（作者绘制）

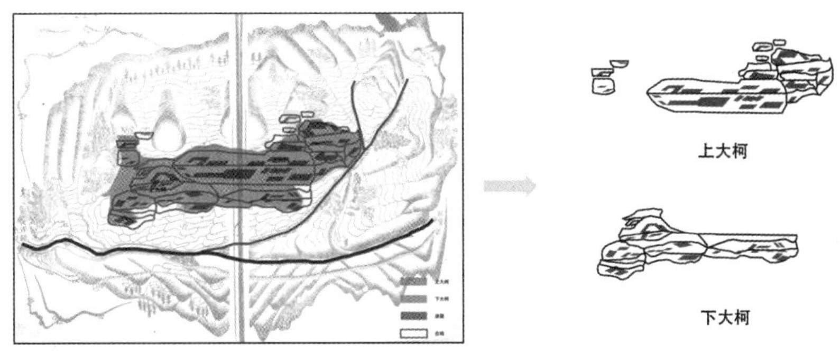


图6 郭洞村聚落形态演变分析（作者绘制：参考地方文献资料）

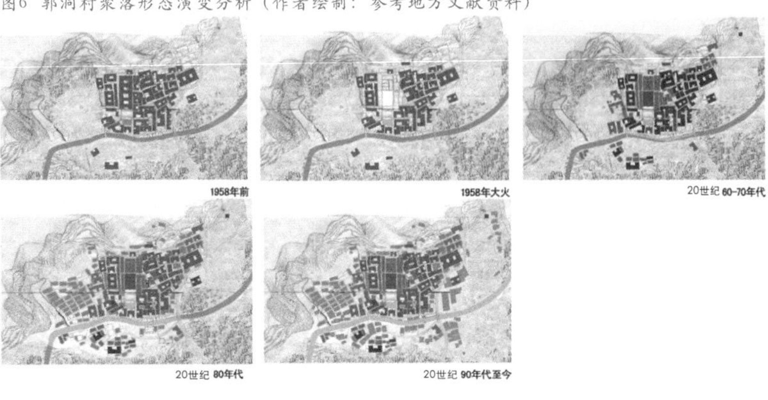

## 肆 ／ 从选址到营造——乡村的诞生之"缘"

在久远的年代里，文字历史的记载往往只为上层社会阶级所专享，对于乡村，几乎有很少具有悠久历史可供追寻的文字史料，就现代我们所能搜集到的与乡村比较直接相关的文史资料而言，大多体现在两种类型：宗谱和地方志。

大多数的宗谱还会有记载着乡村选址、规划之初的风水布局、地理信息、良田分布、祖坟位置等方面的图文信息——古地图，这也是作为乡村考据研究最重要、最直接的历史资料，从而能更真实且深刻地理解乡村与这片土地的内在有机逻辑。

大柯村，是位于浙江丽水遂昌县蔡源乡的一个分部在大山山坡上的村落，特有的地理特征及山水、土壤条件创造了这个村庄特殊的聚落文化。村庄位于海拔500米以上，于山之阴，依坡而建，山前淌水（小溪），视线格外开朗，村庄建筑分布自由，无大阴所遮，从对山而望，房屋悉数可数，一览无余。

第一次到临此村，便被它壮观的建筑分布以及特有的视线关系所震撼，从村庄中向外观望的视线以及自身被观望的视线都十分地完美，五大要素构成了村落的最直观印象：山峰、溪流、绿野、房屋、农田，简明而清晰。随着调研的深入，我从几位老者口中了解到了很多关于村落的人口背景以及规划、风水上的讲究。最有趣的信息是一个关于凤凰孵蛋的传奇般的故事。

*传说一只凤凰停歇于此，见周围水流清澈，植被良好，地势起伏而坡度平稳，且四面围合相蔟，便欲停于此处，筑巢孵蛋（图7）……村庄的祖先从福建迁居于此，他们路过此地时看到远处三条山脊，形似凤凰晾翅，被认为是福地的预兆……于是在此处建造宗祠，以祭拜、守护这一风水神灵，而后以此为中心散布着居住的房屋。村庄所在地正处于半山坡，而山上山下皆被开发成梯田(图8)——故事源于对大柯村多位老人的口述记录。*

上文看似是童话般的故事，其实暗藏着严密且理性的逻辑关系。除了在形式上、寓意上的神化，在内容上，每一条都是指向真实的场地 ——大自然。着乡村日常生活的累积中，村民们一方面顺应自然的条件及规律，一方面对大自然的

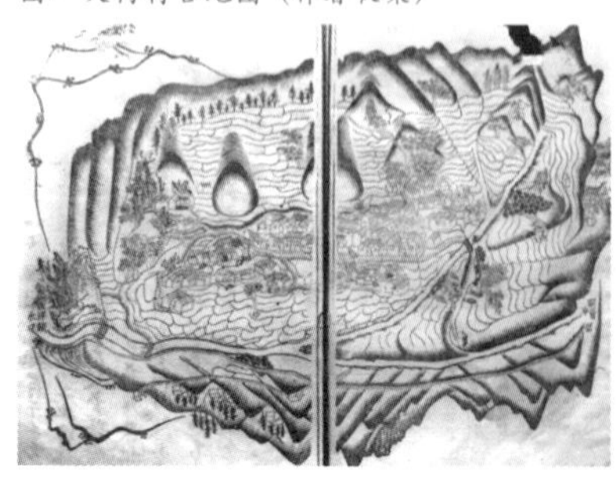
图7 大柯村古地图（作者收集）

图8 大柯村全景（作者拍摄）

改造利用也进入到一种更细微、更日常的场地驯化，每一个以户为单位的个体都依据场地特征划分出空间完整、边界清晰的地理单元，在其上建造房屋，养花种菜，饲养家禽等，经营出各自特征鲜明且与生活紧密相连的场所氛围，在人的作用下，建筑开始被赋予了生命，山也因为有了人的居住而得到了维护和加固，避免了水土流失的可能，因而人与自然有机序列以此为中心不断地展开（图9）。

有了房屋作为生活的中心，随着生活与生产活动的一步步扩展，人与场地的有机联系也被进一步的织造和编织，农田、小道、菜地等等都无不折射出人的能动作用以及大自然的有机根源（图10）。

图9 大柯村建筑与场地的关系（作者拍摄）

图10 大柯村（作者拍摄）

## 伍 ／ 从"部分"到"整体"

从对乡村的形成与发展进行分析不难发现，村庄的形成往往起源单位个体生存空间的安置，由个人发展到家庭的单位，伴随着以家庭为单位的生活空间单元的出现，必然建立起清晰的单元边界，由家庭单位发展到群体组织，进而逐渐演变成聚落，一个完整乡村正是这样被一级一级地累加关系所建构（图11）。

家庭单位之下的人的聚合必然引发集体的意识与集体的力量，从而让公共空间以及公共事件得以产生，为乡村的生活及长远发展提供了更多的可能性与保障。单元的有机组合首先形成的是居住团块或片区的形成，场地的自然地理形态也将让团块的边界及特征得到显现，而单元边界之间的缝隙也将在村落生活的展开过程中得以缝合及塑造，而让彼此并列的单元一步步地走向相互协调的整体，实现乡村有机。

图11 大柯村的空间单元分析（作者绘制）

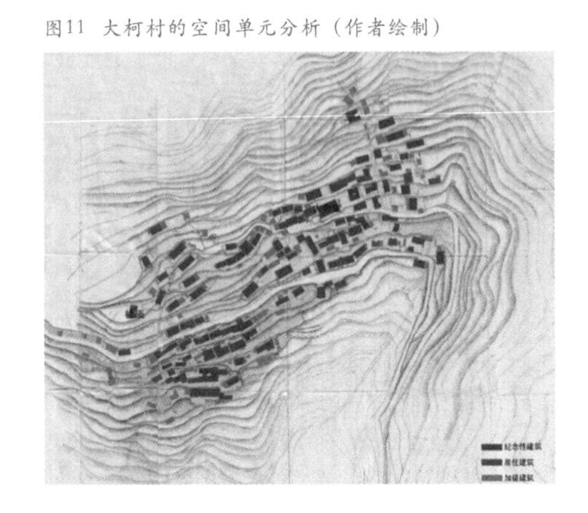

## 陆 / 随“基”应变的建造

特殊的地理环境总是生发出具有典型特色的建造文化，对所处环境的真实而主动地面对以及对自然资源、条件的最大化利用与最巧妙应对，是乡村中所呈现给我们的有机建造启示 —— 内外一体的有机关系。

不同地理环境下所孕育出的各具特色的建筑文化。村落的形成和发展就如同大自然中植物的种子，在合适的地方必然扎根大地，逐渐成长，或在绿野，或在山坡，或在谷地，或在峭岩石壁……在永不停息的探索与反反复复的“风雨”挫折中成长，培养出坚忍不拔的精神及与众不同的气质，从而形成了今日遍布祖国大地的各具特色的传统乡村。

乡村中日常空间的建造通常都真实地面对当地实际的环境和资源条件,普通农民凭借有限的材料、工具、资金条件，采取灵活多变的办法，最大化地利用手边较易获取的自然材料，在建造的过程中没有绝对的准则与规范，在形式、尺度和体量上，充分尊重场地条件，随“基”应变，结合自身的切实需求，紧密地结合自身的人体尺度，建造出适地、适度、适用、适需的建筑空间（图12、图13）。每一个建造的对象都最大化地与周围环境建立着直接且具体的有机关联，这不是一种有心设计的过程，确是一种自然发生的巧妙结果。

大柯村，一个生长在山坡上的村落，每个建筑单元所处的场地关系基本类似，但因受到台地关系的微差、场地尺度的变化、周边建筑等等各种环境因素的影响，而生发出各具特色的日常空间形态，针对每一个具有差异性的建筑基底条件，建筑的尺度、结构、材料、空间组合关系等方面都展示出个体生活单元所面对场地的敏感性与灵活应变性（图14、图15）。

图12 小岱村受道路走向关系影响建成的转角农居单元（作者绘制与拍摄）

图14 大柯村建筑与场地的关系（作者绘制）

图13 小岱村紧密结合台地变化建成的山坡农居单元（作者绘制与拍摄）

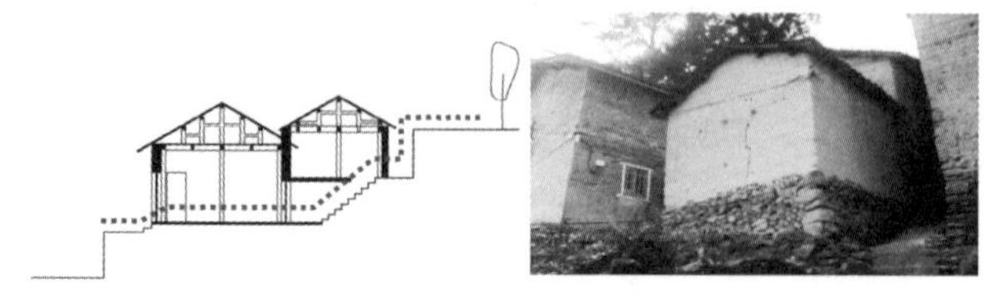

图15 大柯村建筑与场地的关系（作者绘制）

对于一个处于半山腰上的村落来说，其建筑的布局以及建筑之间的缝隙中相互串联的路径便成了村庄最鲜明的特征（图16、图17），从中我们看到了相同的材料、类似的结构以及相近的尺度，但空间的结果所呈现的丰富性却如此的生动，而这一切无不得益于乡村中应对场地随机应变、应对材料灵活善用的开放的日常建造机制。

图16 大柯村适应场地的空间类型分析（作者绘制与拍摄）

图17 大柯村随"基"应变的乡村日常建造（作者拍摄）

## 柒 ／ 基于生活的空间扩张

*"乡村在不断重复的日常生活的质朴开展中，一直守护着确凿无疑的现实性——生活的形式由生活的基本事实所塑造，是生存空间捍卫着与大地清澈明晰的构造关系。"*[1]

在对遂昌葛程村的调研中，笔者惊奇地发现这个村庄拥有着数量异常多的构筑物内容，几乎每一个主体房屋的四周都分布着形式各异、功能不同、尺度不一的构筑物空间，经过仔细地研究，在功能或用途上大体分为：家禽或牲畜饲养空间、杂物房、农作物晾晒架、木料堆放架四种类型；从空间形式角度又可以分为：小体量杂物房、农作物生长架、窗台扩展空间、建筑间的晾晒平台、架空晾晒架、随墙搁置架六种类型。

由于特殊的地理环境，该村几乎没有太多的开放空间或平地可以满足生活中的农业晾晒需求，而且随着生活的累积，人们对空间规模、数量、功能上的需求也在一步步的扩张，于是在日常的生活中产生了大量简易的、快速搭建的、功性

1 李凯生．乡村空间清正 [J]. 时代建筑，1997.

清晰且特征鲜明的构筑物内容，类型繁多而且尺度不一（图18）。

通常一个外表粗陋、简单的对象身上往往蕴含着多达十几种的空间用途。如图（图19~图21），这是一个村内最常见的晾晒架构筑物类型，从主体建筑物的二楼拓展出来，主要建造材料为木材和竹材，主要用途为日常农作物晾晒（稻谷、种子、农产品等）以及生活用品晾晒（鞋帽、衣物、被子等），偶尔也会成为生活的阳台、小型的后花园，有些家庭会在其上摆上花花草草，颐养心情，或者种上葱、蒜等佐餐蔬菜，以备日常所需（图22）。

图18 葛程村构筑物系统（作者拍摄）

图19 葛程村日常构筑物分布（作者手绘）

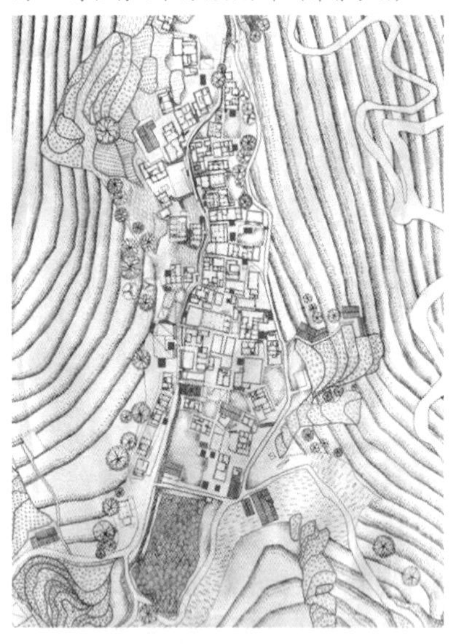

图20 葛程村晾晒架（作者拍摄）

图21 晾衣架与主体建筑的关系（作者手绘）

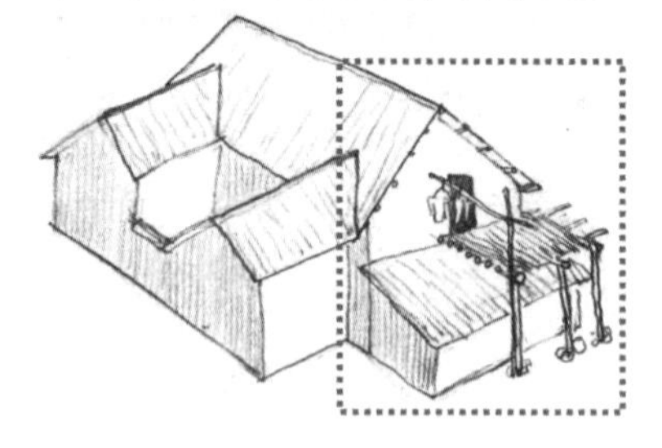

图22 多功能晾晒架（作者拍摄） 衣物晾晒＋花草、蔬菜种植＋谷物晾晒

在功能上如此分配无形当中也让生活变得更加高效、便捷，晒干的粮食可以直接存放至二楼的室内，况且晾晒的过程往往需要多日的反复，这样每日搬进搬出可以更加直接、方便（图23）。

在乡村，以构筑物为代表的加、扩建空间的出现也发展成了日常生活中与人的生活、行为关系更为密切且不可或缺的空间对象，织补着乡村中建筑间的空间关联，同时也让村落的整体关系趋向于更加的致密与完整（图24）。

这些构筑物不断扩充着日常生活的功能需求，无形当中加强了人与建筑与场地的细微对话（图25），建筑与周边的环境的关系便得更加的和谐并一步步地长在了一起，生发出一种和谐共生的有机现象。

图23 晾晒架空间分析图（作者手绘）

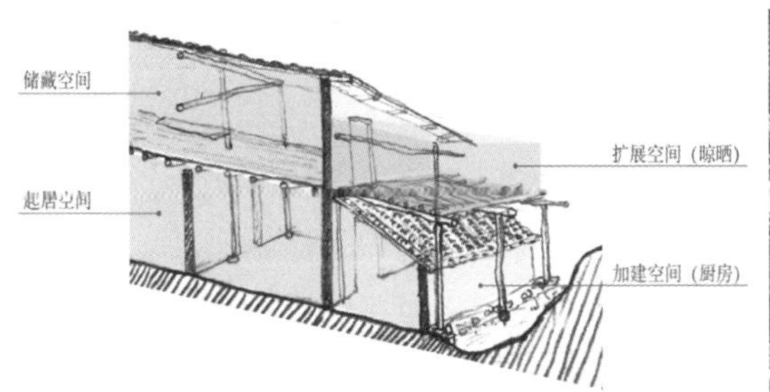


图24 葛程村出于日常生活需求的加建物（作者拍摄）

图25 以主体建筑物为中心的加建空间类型分析（作者绘制）

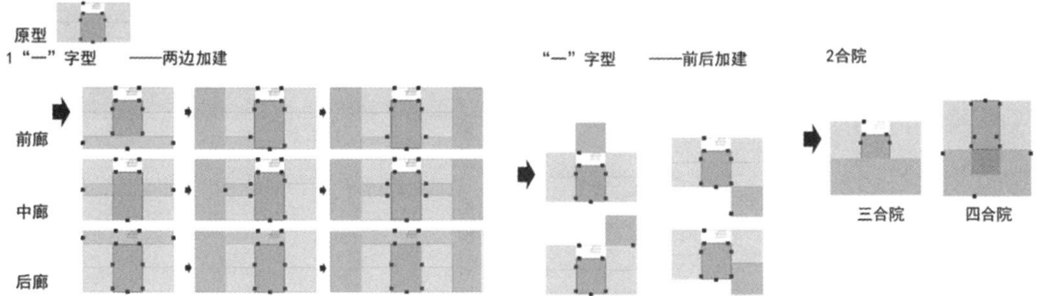

## 捌／自然·有机·材料

乡村中人们对自然材料的认识及运用有着不成文却浩瀚而深刻的智慧，在材料特性的把握以及合理而高效地利用等方面可以说得上是乡村中的“自然科学”，完美地符合自然规律的同时也建立着人与自然深刻而有机的内在联系。

梁思成先生在《中国建筑史》首章序文开头讲道：“建筑之始，产生于实际需要，受制于自然物理，非着意于创新形式，更无所谓派别。其结构之系统，其形制之派别，乃其材料、环境所形成。”[1] 对自然材料的广泛运用，是乡村建造文化的一个重要特征（图26）。

1 梁思成．中国建筑史[M]. 百花文艺出版社 2005.

葛程村，位于遂昌县西南海拔较高的半山之腰，地处起伏的群山之间的溪流谷地，东西两山相夹形成谷地，南北山脉层层叠叠。村庄的主要植被为毛竹林，覆盖范围广，是该地区重要的生态构成要素。竹林萦绕着整个村庄，宛若竹海，如此美妙的生态环境给村庄提供了最天然的建造材料 ——竹子，而良好的泥土成分也为村庄提供了优质房屋主体材料。村庄90%的房屋都是用纯天然的有机生土夯筑而成（图27），竹材作为葛程村中资源丰富且生长速度快的可再生资源，这是纯天然的生态有机、可循环建造材料，优良的跨度及韧性赋予了竹子在日常生活中更多的使用可能性，在建筑或构筑物的修复或重建过程中拆除下来的废旧竹子亦可用于其他对结构强度要求不高的构建上，比如搭建菜园篱笆等（图28、图29），最后还能充当优良的日常柴火，化为灰烬后作为农业有机肥料，滋养农物、回归大地（图30）。

与此同时，材料本身的特征并不仅仅是因为质感上或者视觉上与自然的协调，也不是纯形式上的自然模拟，乡村中建筑的有机在于保留着自然材料本身的有机特性，保留着材料可“呼吸”的能力。这一点非常的重要，几乎可以作为验证建筑是否真正有机的核心要素。在乡村的建筑中，材料的特性并没有被封闭，墙头上、石缝中仍然保留着植物生长的能力，最直接的体现着人造物与自然物的高度渗透，显现出二者的和谐共生状态，即便是建筑倒塌后，依然能真正回归自然（图31）。

图26 与大自然同形同源的有机材料运用（作者拍摄）

图27 葛程村（作者拍摄）

## 玖 / 结语

自古以来先人的"天人合一"的有机自然观一直从乡村的整体规划影响到居住个体的生活空间营造，一个成熟的传统乡村的状态近似一个完整而严密的有机整体，一个个看似重复却各有特征的"生活单元"构成乡村有机体的核心内容——生活的中心，继而以此为中心而建构起一系列复杂而清晰的人与自然的关系网络，而乡村整体性正是被这样一级一级所叠加的机能关系所建构起来，在单元（要素）累加的过程中，往往生发出多于单元累加之和的整体性。乡村中每日重复且持续发生的生活、生产活动，建立起并不断加深着人与建筑以及大地不可分离的依存关系，而这一切激发且维持了乡村一种持续不断的、日常的"活"的状态，让乡村与自然走向有机统一。在人与自然的辩证关系中，当人类活动旺盛的时候，人造物增加，自然物减退，而当人类活动减少时，自然因素便会反增，这是一种此消彼长的有机关系。通过本文的研究，初步总结出关于乡村日常建造的几个结论：

建造机制：基于生活、随于场地的"随机应变"的自下而上的灵活建造；

空间原理：以生活为中心的加建机制作用下的空间互动；

材料特质：与大自然同形同源的有机实质；

生命机制：日常生活的植入与反复叠加，让建筑的有机性得以活化，并走向致密的织造；

"建筑或城市只有踏上了永恒之道，才会生机勃勃。"[1]

1（美）. 亚历山大. 建筑的永恒之道 [M]. 知识产权出版，2004.

乡村，通过几千上万年的发展历史，深刻、鲜明且直接地揭示了一条建筑发展的永恒之道——"有机的建造，日常地生长"，千百年来，始终维持着乡村中生机勃勃的活性特征。

图28 葛程村（晾晒架）（作者手绘）

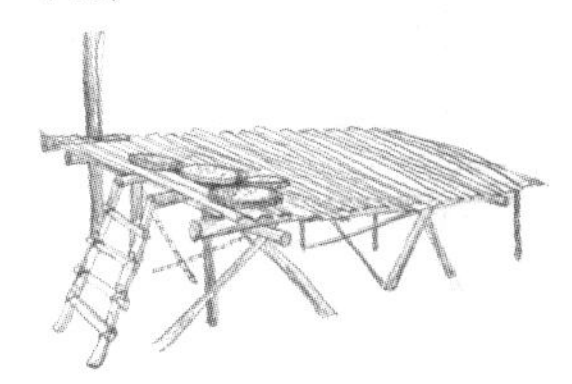

图29 葛程村——多功能平台（作者手绘）

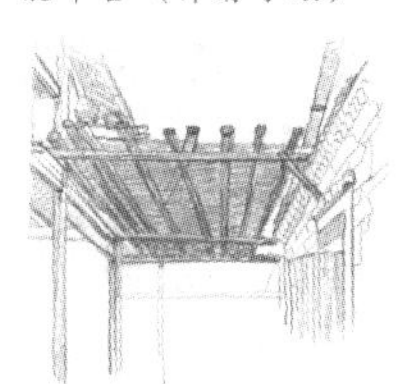

图30 天然材料在乡村中的广泛应用（作者拍摄）

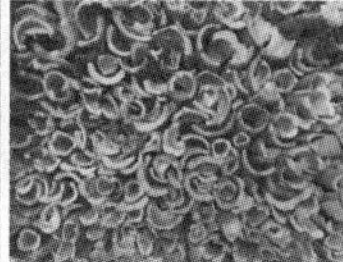

图31 独山村长满植物的石墙和夯土墙（作者拍摄）

# 自发搭建与形态自律
## ——淤头村村落现状调研报告

董国娟 Dong Guojuan

历史在宗谱里一页一页地翻过，村子在年轮里一圈一圈地生长。当古老的村落遭遇今天的真实，生活方式、发展契机在改变，村落也在随着改变。今天的淤头村试图在更大的世界里，在祖先的灵魂里找寻着自己的存在，“淤头新记”正在谱写……

### 壹 ／ 淤头村现状

遂昌县位于浙江与江西的边界，隶属丽水市，北临衢州市与金华市。石练镇淤头村地处遂昌县南部（图1）。

淤头村与相邻的村落沿东面的溪水呈线形分布，且各村落间相互串连（图2）。

淤头村处于山群中的开阔地，地势平坦，高差变化不大，建筑无需太多的应对地形上的限制，村落的丰富变化产生于水平向，产生于建筑及建筑之间（图3）。

图2 淤头村地形图

图1 遂昌县地形图

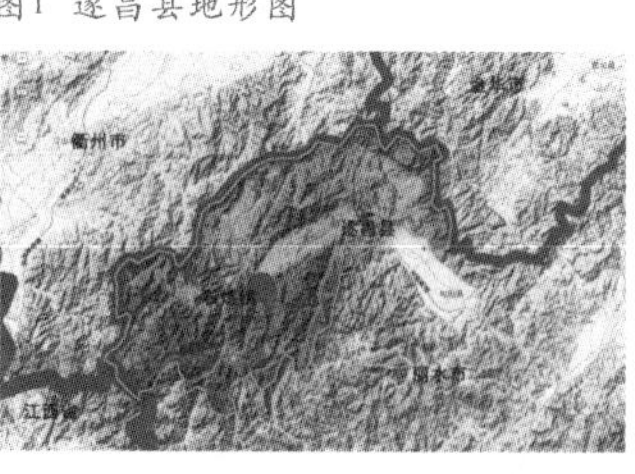

图3 淤头村村村落概貌

## 贰 ／ 建筑类型与缝隙空间——主体与中介物

缝隙是一种独特的空间形态。有层次的乡村空间结构令我们不会质疑建筑附属于村落空间的意义，附房、构筑物等元素亦成为乡村空间的组成元素。

淤头村整体是由主屋与缝隙空间两大系统叠加而成的，第一层级(村落整体层面上)：建筑单元 + 缝隙空间 (图4)；第二层级（单元内部）：主屋 + 缝隙空间 (图5)。

淤头村内部建筑大致可分为方形、L形、U形、回形四种类型(图6)，各个类型有着其基本固定的空间进深、开间模数，且根据居民自身的需求进行改善应对。

### 1-缝隙空间——单元内部

主屋之外的单元用地范围内的那部分空间(图7)，即附房、构筑物、院落空间及其围合物。

图4 第一层级：
建筑单元＋缝隙空间

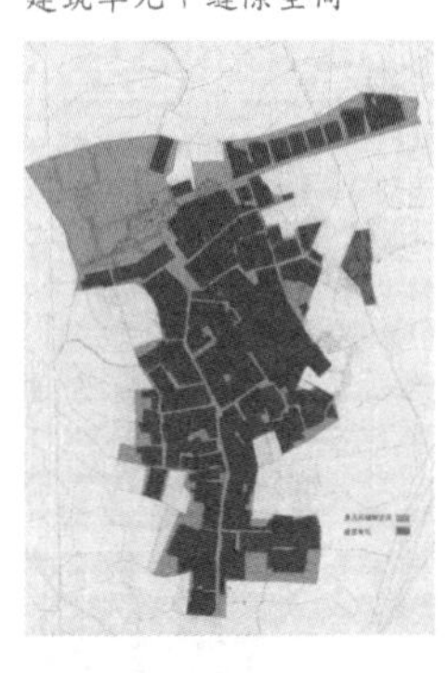

图5 第二层级：
主屋＋缝隙空间

图7 单元内缝隙空间

图6 建筑类型总图及类型演变图

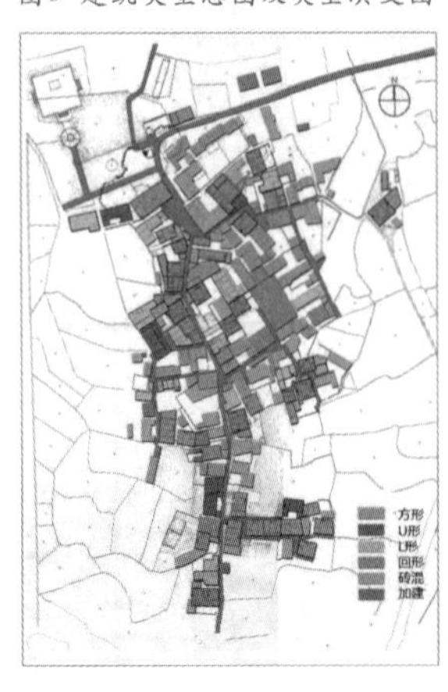


方形

L形

U形

回形

**2-建筑单元**

调研统计淤头村现有单元106个，其中废弃房屋及公建共9个（图8），现代的砖木及砖混建筑单元有39个（图9），传统土木结构建筑单元有58个（图10）。

单元间的缝隙空间主要包括公共缝隙及模糊缝隙。

**3-巷道空间**

淤头村的道路等级并不多，主要分为三个等级，第一个等级是机动车行驶的区域，两端与外界村落级车行道路相连，第二等级是村内的主干道，第三等级是村内更次一级的嫁接到主干道的巷道（图11、图12）

**4-村口广场**

村口有较大的公共广场空间，这个广场包含的元素有：古树，建筑，牌坊，亭子，祭台，座椅，远处的自然景观。

古树有很大的树荫，空间上有着类似于屋顶庇护的作用，同时也是纪念物；建筑起边界作用；牌坊是一个纪念物，并有着古道入口的记忆；祭台具有精神性的祭祀功能；亭子与休憩的座椅是平时人们在这发生活动的基础设施；远处的自然景观使人们在此休憩之时心旷神怡（图13）。

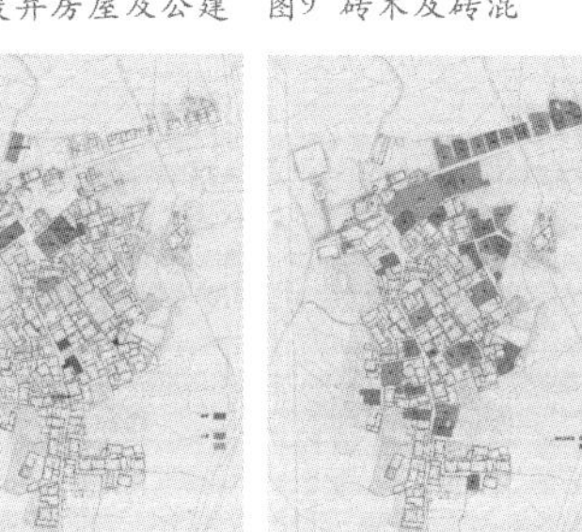

图8 废弃房屋及公建 图9 砖木及砖混

图10 土木结构

图12 公共缝隙—巷道场景

图11 村落巷道等级

机动车道
村内主干道
巷道

图13 村头广场场景

## 5-多义空间

村落的多义性空间是相对于公共空间跟私密空间提出的。

由此我们可以理解为多义性空间是（一个或者多个）私有领域空间系统对（一个或者多个）公共领域空间系统的侵占，反之亦然。

继而村落的多义性空间可分为：
私有领域对于广场场所空间的侵占；
私有领域对于巷道空间或水渠空间的侵占；
私有领域对于住宅公共领域的侵占。

横纵向两条线索看村落建构

乡村空间及其形态是一个极其复杂的系统，任何单一方式都无法对其进行全面的剖析。针对淤头村的特点，笔者试图采用横纵向两条线索进行分析，来看村落是如何通过自发搭建方式整体建构的(图14)。

横向：主体——附房——构筑物——缝隙——其他，总结“物”的类型及类型间规律，期以阅读单元。

纵向：单元——街道——整体，通过这种层级关系来看，村落是如何整体建构的,期以阅读村落整体。

图14

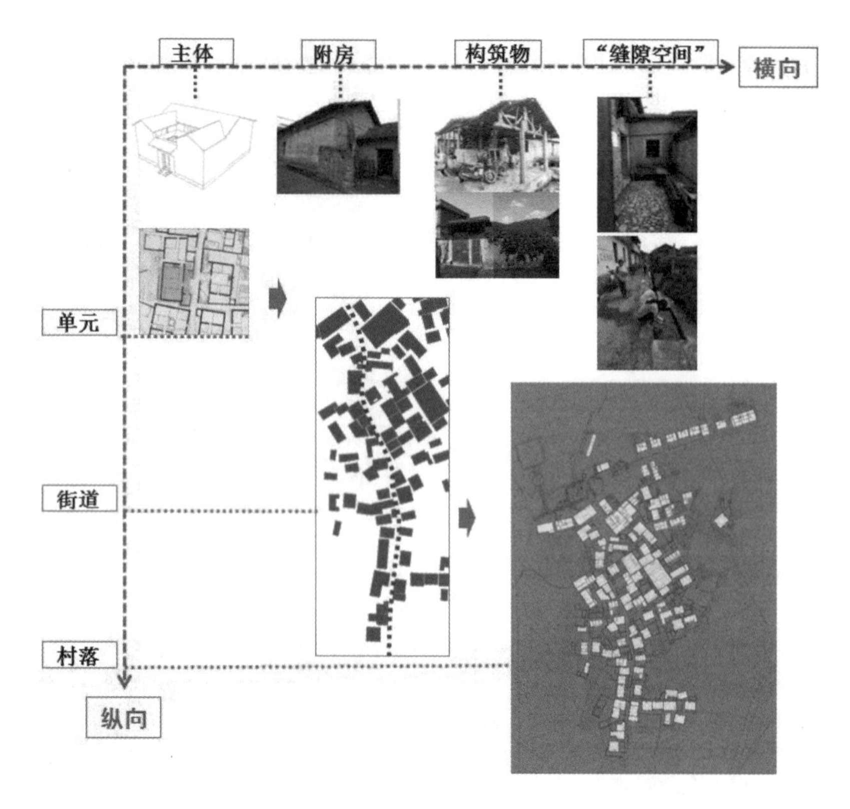

## 叁 ／ 单元－街道－村落整体

### 1-单元

单元31（图15）

31单元位于村落的南端，接近村口的位置，街道一侧。院子原先是有围墙和院门，后来墙体坍塌后，保留有原来的石基础，表面涂以水泥，形成一长条凳。同时保留了院门的位置。“院墙”外是贯穿村子的一条小渠。坐在石砌的长条凳上，矮墙外的水渠限定了人只能面对开敞的院。笔者关注的是这种“偶然的、意外的变化”所带来的与街道、与邻里的关系。在这里笔者想引用亚历山大《建筑的模式语言》中的一段话来说明图片中的这个现象：“街道生活并不侵扰我的家……从街上带进来的只是一派欢乐。我感到我的家扩展到整个街区。”[1]

可以想象，在没有自发搭建物前的单元，整体呈现出一种无归属感、无方向感的状态。随着时间的推移，仅有的主体建筑并不能满足生活的使用，于是依附主体建造了厨房及储藏间等附属用房，至此，功能在一定程度上有了适应性，自发搭建的空间是何用途，早已确定。

院子面向街道打开，私密性受到“监视”，但是自发搭建对于街道空间的限定与塑造产生了积极的作用。这种‘院子向街道打开’的现象在传统村落当中并没有此现象，直到近现代才产生的。附房的产生方式——依附主体，扩展产生。材料结构延续主体，面向院落开敞，最为重要的是自发搭建物产生后，院落——主体、附房、院墙、石条凳围合——形成了（内向的）。

单元78（图16）

到达单元入口，面向街道有三间不同界面的附房，从外面看三间似乎是独立的，其实里面是完整的一间。一步入院间，就会有与其他单元不同的感受——生活气息极其浓厚。

外面的“三间”户主作为农机具房及储藏间，单元内部，紧挨主体的是厨房，在厨房与农机具房中间夹杂的是淋浴间及牲畜圈；即从平面图来看，由东向西依次为：一间工具房兼储藏间+两间构筑物（牲畜圈+淋浴间）一间厨房，而在主体的对面，是一个给三轮车遮雨的棚子。

入口经一条窄道进入，之后便是豁然开朗的由隔壁单元的墙体与附房、构筑物一起围合成的相对私密的内院。各个搭建物依附产生，或依附主体，或依附已有的搭建物，占领单元边界，“恰似无意”之间院落形成了（其实不然，隐藏着传统合院的影子——围合）。

“完型”的倾向。每个房子（自发搭建物）却又似曾相识，形式具有相似性（这里指的是外在化的物，而其骨架有一定的自律性）。但这些不同的物，能让你感觉到某种永恒的东西，这就是相对秩序的一种特性。外在的变化甚至可能会很多。但是最终结果——它们群组成了这样的一个“型”（“完型”即“院”）。

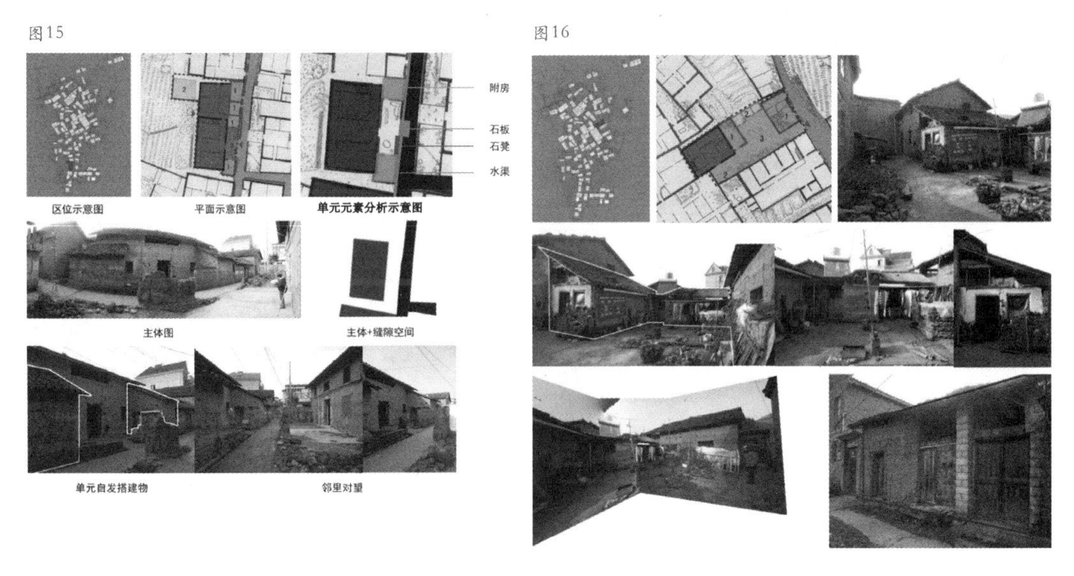


1（美）亚历山大等．建筑模式语言[M]．王听度、周序鸿译．北京：知识产权出版社，2002.

## 2-街道

主体之外，附房、构筑物（包括墙）及其他自发搭建（水渠、石头、树、洗手池、单元前的空地等）参与了街道的形成，街道呈现出生长的状态。自发搭建将类型本体纳入到整个街道当中（图17）。

> *“注意各种各样的边界。边界是秩序的起因。”*[1]

边界包含着人对外界交流的欲望，同时不同的边界碰到不同的其他系统也会产生不一样的形态。当然这里的边界指向的是物理性边界，而非看不见的边界。边界有一种门槛的作用，可以阻止他人进入领地。人们常常设定边界将自己的领地和周围的领地相区别，同时又要保存一定限度的交通。

> *“人们设定边界要将自己的领地和周围的领地相区别，同时又要保存一定限度的交通。这种边界的复杂性，就是聚落秩序的基础”.*[2]

形成街道的边界从使用上来看，主要有厨房、淋浴间、储藏、院墙（院落）、水渠。自发搭建物整体形成街道线性空间；或紧挨或后退于街道，使街道呈现出开敞的状态（开+合）。

从自发搭建这种行为表面产生的结果来看：形成与塑造了街道空间。但在笔者看来更为重要的是这种形态（街道空间）证明了原来（传统）空间形态的强大性即它的有效性或者说适应性。

我们可以这么理解：如果我们可以在空地再加建房子，那么它不会干扰到街道，街道这种空间还是会“这样”发生；另一方面如果在空地再建房子，那么对单元来说，它始终会往“内向”围合成为院子，“内心、围合院子”——传统的影子一直在（似乎只要一有机会，它就会内向围合形成院落）(图18)。

这种现象，说明了传统习惯的根深蒂固，传统的影子依然还在。这种习惯还有赖以生存的土壤，恰好说明了它（街道这种空间类型）的适应力的强大。

综上所述，“适应性”便是自发搭建的机制之一：一方面，原有主体或自发搭建物离路较近（便捷，以后易形成商业区或与道路相关的其他功能 —— 村内现有的公建均布置于街道两侧）；另一方面在背后围合成院子。这些都说明了街道空间形态在维持适应性的原则(图19)。

图17

图18

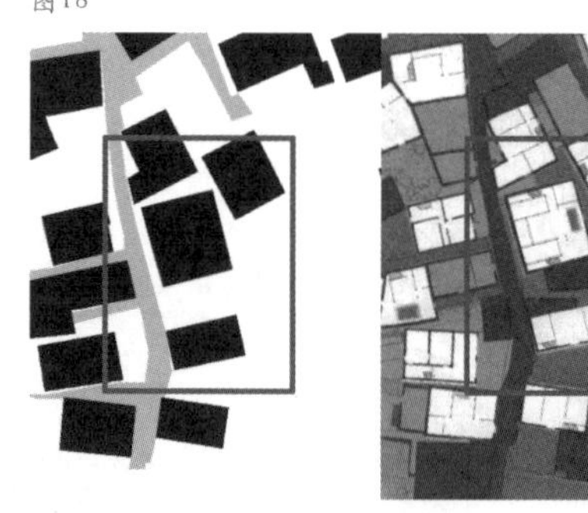

图19

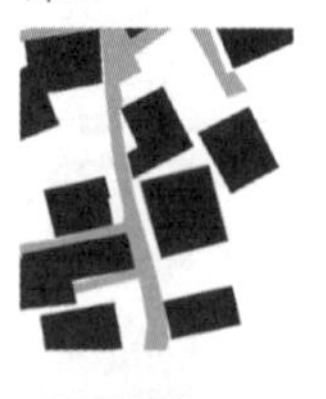

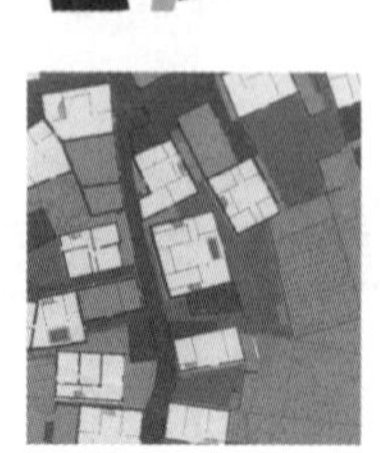

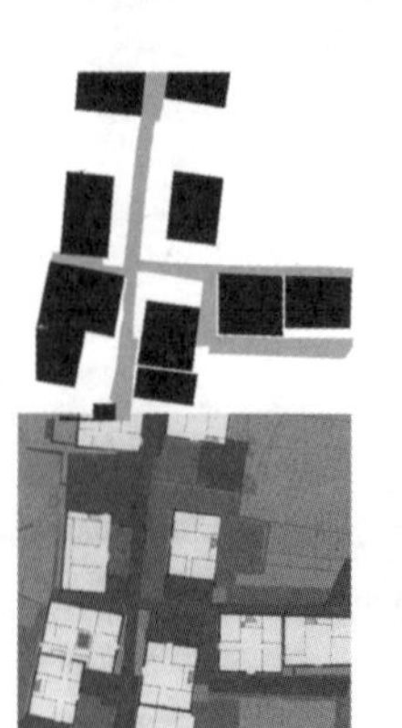

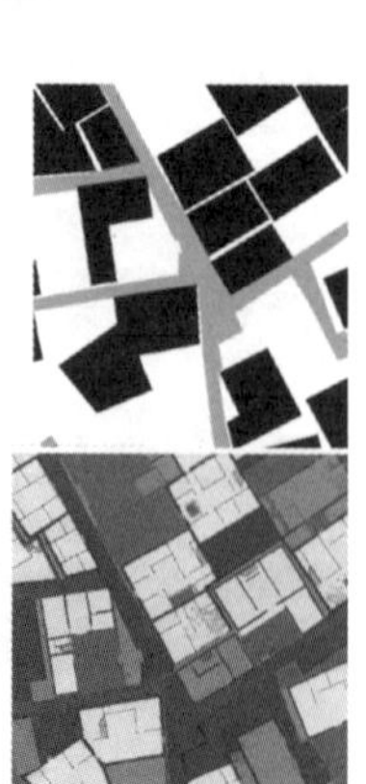

*1（日）原广司著．于天祎、刘淑梅，马千里译．世界聚落的教示100[M]. 北京：中国建筑工业出版社，2003.*

*2 同上*

### 3-整体

从村落整体形态看：自发搭建物如菌类植物般生长出来。几乎占据了乡村的一半（图20、图21）。自发搭建是村落整体建构的一个很重要的原因。

### 4-空间作用

自发搭建物（各元素类型）产生的作用——形成空间及对空间的积极作用。

有两种形成空间的方式:对外，巷道周边，形成巷道空间；对内则围合院落。对空间产生了两种积极作用，一则在缝隙中加建，起到填补缝隙的作用；二是在建筑或单元的外部边界，扩充领地。

形成空间：外——巷道周边

因为生活需要，或者功能的补充，依附着巷道边而建。加建和其他建筑组合成新的巷道空间（图22~图24）。

形成空间：内——围合院落

因为生活需要，功能的补充，在自家院落中加建。加建和建筑围合成院落空间（图25~图27）。

积极作用：填补缝隙——在房子与房子建挤压出形成的缝隙中加建（图28）。

积极作用：扩充领地——主要出现在建筑外部边界（图29）。

图20

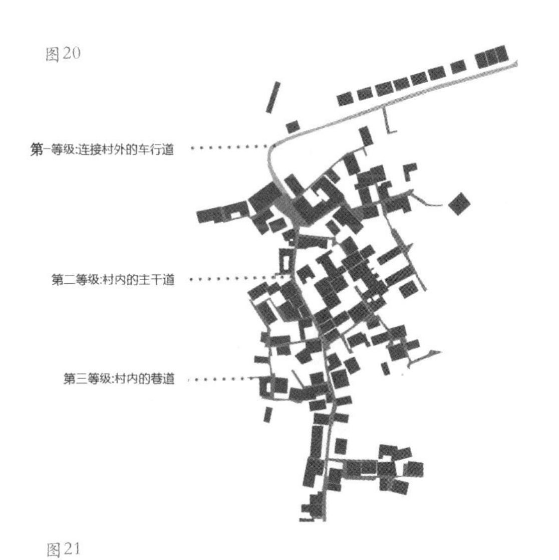


图21

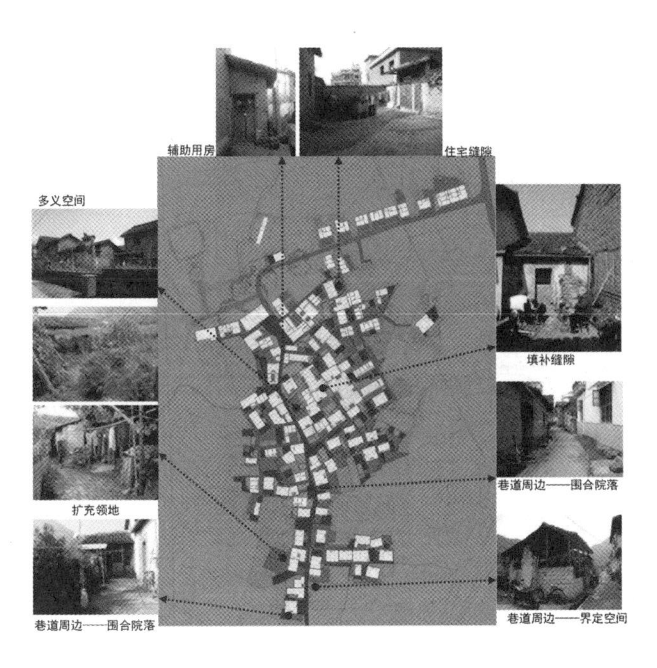

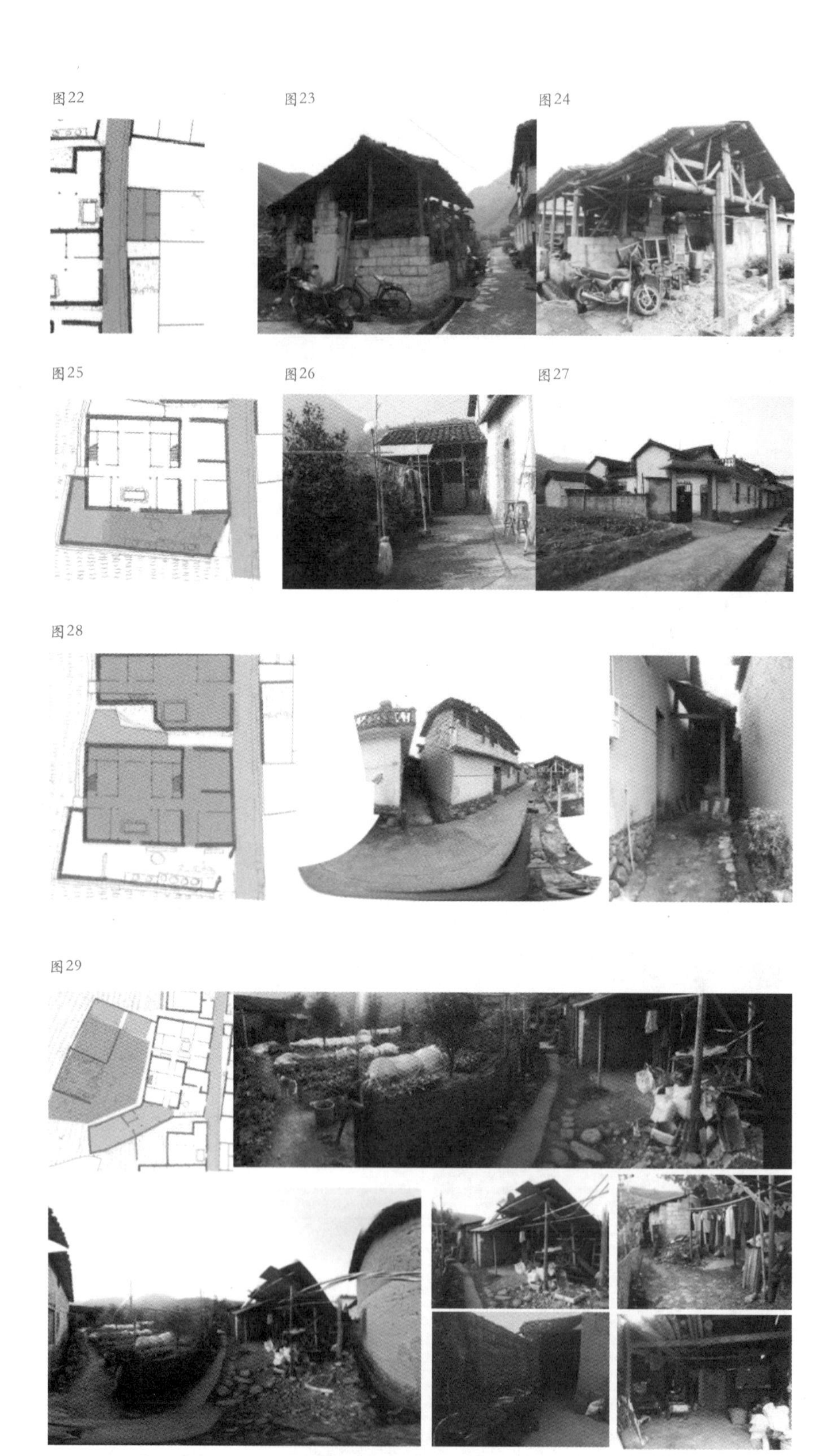
图22
图23
图24
图25
图26
图27
图28
图29

## 肆 ／ 主体－附房－构筑物－缝隙空间

**1-主体(图30)**

主体类型主要有两类：一是在基址上的重建或新辟基址重建；第二类是原有的房屋并不能满足现代生活的需求，而在原主体旁边扩建或对原有主体进行改造（图31）。

单元5（图32）

单元5是新建建筑，在房子的主人看来，原先的夯土房子过于陈旧、破败（改建前照片），于是房主将原有的夯土房拆穿，在原基址上重建了一砖混小楼。

单元5是典型的近代化后的形式，仅保留了一般的方形传统形式，将厅堂前置，增加楼层高度，形成新的砖混结构建筑。这样的空间形式增加了房间的采光，满足了户主对房间的需求，但是传统继承太少，减少了建筑空间及单元的复杂、有趣性。

该单元该类型的新建对其他单元及村落形态产生了直接的影响：

新建后，主体建筑直接面向街道，院墙消失（改建前后的平面图对比），单元前的院子被取而代之的是单元前的一块空地，院子呈现一种“无归属感”；同时单元前的水渠消失（因院子打开，交通不变而盖掉）。

图30

图31

图32

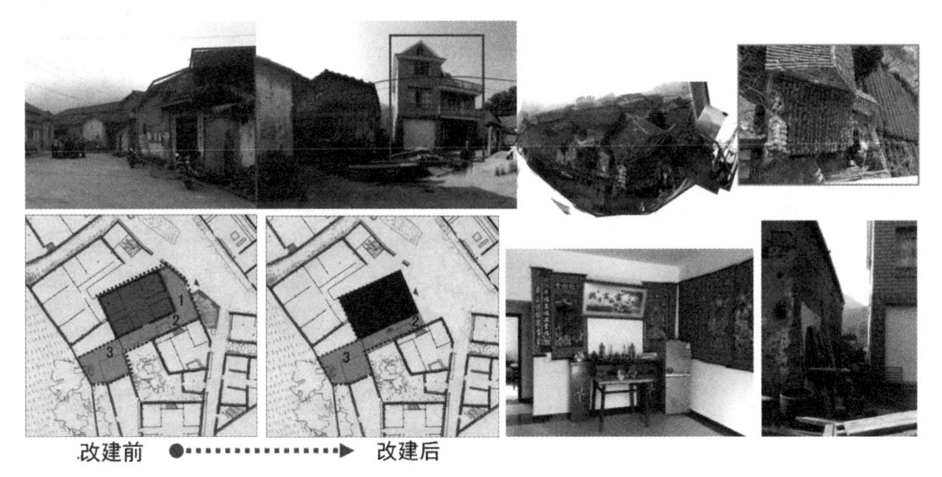

单元36（图33、图34）

该单元位于村口处，由于原有房屋破旧无法满足家庭生活，于是在原有建筑基址上重建一座新房。无论从主体还是单元总体布局、院落空间都让人印象深刻。

主屋中间为客厅，两侧为卧室；砖混结构，与邻家紧挨；一层体量，基本上延续传统一字型三开间建造；品质有所提升——应对环境所作出的改变，临街遮挡，面院则开敞。

很显然，这种形式并不是村落中自然生成的，而是一种被动生成的状态。

单元38（图35）

单元前方为一片茶园，视野较为开阔，该夯土房子看上去年代并不久，但是很明显却有改建的痕迹。

研究对象是该单元主体的改建，从材料上看，都是些手边材料。主立面入口部分改建为可以看见在遥远的前方有一棵松树。房主说就是为了对位远方的那物，才会产生这样的界面形式。而在这“一波三折”的墙面的正前方，在原来土墙坍塌的位置新建了一方影壁。而此影壁的材料亦是乡村中现在通用的空心砖。另外，虽然是作为交通道路，但是可以看见村落中其他单元亦有这种情况——单元前总会有一“平坝”（图36）（而在贵阳则称为院坝——房屋前后的平地）。

图33

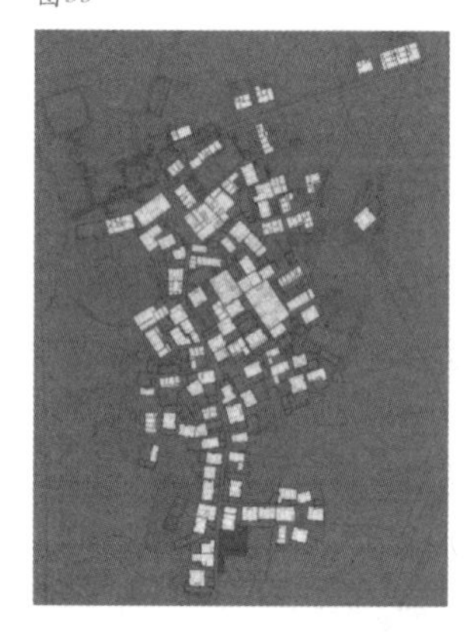

图34

图35

图36

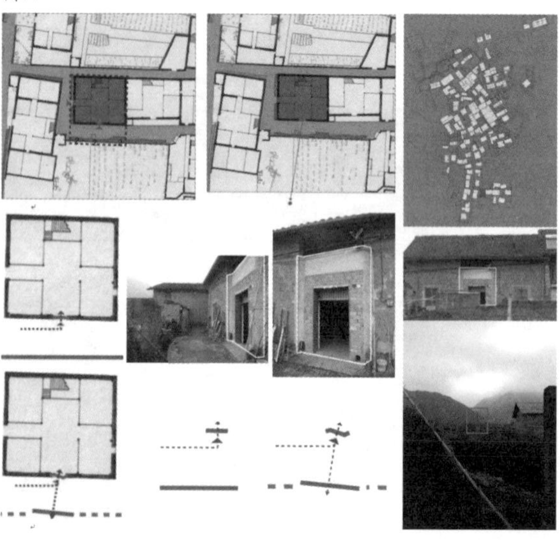

**2-附房（图37、图38）**

单元57（图39）

该单元属于该村中用地范围较大的一家，几乎相当于两个建筑单元的用地。附房形式较为多样。因为人口增多，老人单独使用搭建出来的厨房部分。而其他家人则使用主体部分加建出来的厨房。

与前院的规整相比，后院的围合似乎更加自由、随意。前院是全家主要的活动场地，而后院主要作为种植蔬果及家禽的养殖。

从单元的总体布局来看，无论如何搭建，无论搭建何种类型的物，主题似乎永远是围合院落。

**3-构筑物（图40）**

构筑物有两类：一类是具有使用空间的建筑物；另一类是院墙（图41）。

具有使用空间的构筑物（图42）。

此种构筑物因为生活需要，或者对功能的补充，依附巷道边而建。目前这种构筑物主要有两类，且都是木结构。开敞的一例为农物加工（调研时正在用机器将红薯削成片——家畜主要的食物之一）。围合的一类面向街道，而功能为牲畜圈，这算极少见的。一般牲畜圈会建在院内，一是卫生考虑，二是为安全着想。后询问主人得知，两构筑物原先的功能皆为农物加工使用、放置农具。后来将一例的（靠近单元的一侧，便于配料喂养）下部围合，上半部半遮盖才改变为家畜圈。这充分说明了以下两点：一是材料形式的朴素有机，二是构筑物功能的可置换性（骨架恒定，内容多变）。

构筑物在此不仅限定了街道的边界，更确立了该单元的领域感。

图37

图38 附房

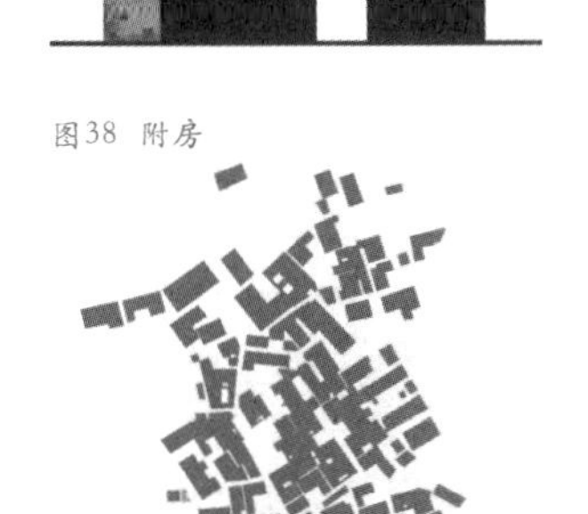

图41 两种构建物

图40

图39

图42

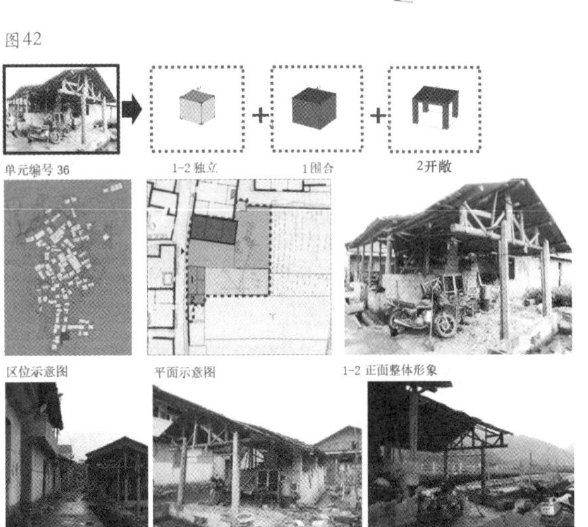

院墙

院墙从空间作用上看有两种类型：围合院落及形成街道空间。这种分类方式不是绝对的，有些位于街道两侧的院墙，在围合院落的同时又界定了街巷空间，具有双重作用，为了与村落内部的院墙相区别，把这类院墙划为——形成街巷空间一类。

院墙类型一：围合院落（图43）。

院墙类型二：巷到周边，形成街巷空间（图44）。

通过观察分析可以得出，院墙的材料做法与主体紧密相关，一般来说主体的变化会带来相应的院墙的变化（形式、材料）。

单元中主体类型与墙体的关系。一方面，主体若为土木结构，则院墙一般为土筑，或在墙体外面抹以水泥，保护、加固；也有个别情况是，主体不变，而院墙已损或“审美感”或单元边界改变，会在原来墙址或单元边界处采用砖砌。

另一方面，主体若是新建为砖木或砖混结构，大多数的情况是墙体类型会随之发生改变（砖砌），只有极少数会保留原来的土墙。

无论院墙如何变化，最终目的只有一个那就是限定单元边界，确立领域感。对外则无形中限定与塑造了街道空间。街道不是单一的边界。

**4-缝隙空间（图45）**

就单元内部的缝隙空间类型（图46）来说主要有三种类型，一是与主体形式相关的天井（图47）；二是完全围合的院（图48）；三是半围合的相对开敞的院（图49）。

村落的生活空间十分丰富，晾晒、起居、存储都有自己的领域主张。形式大致统一，但是个性差异明显。而天井与内院的存在更是空间维度的一个扩张，更多场所性事件发生于内。

调研中发现，每一单元至少存在其中一种类型，不少单元存在两种皆有的情况。

图45 缝隙空间（单元内部及单元间缝隙）

图46 缝隙空间

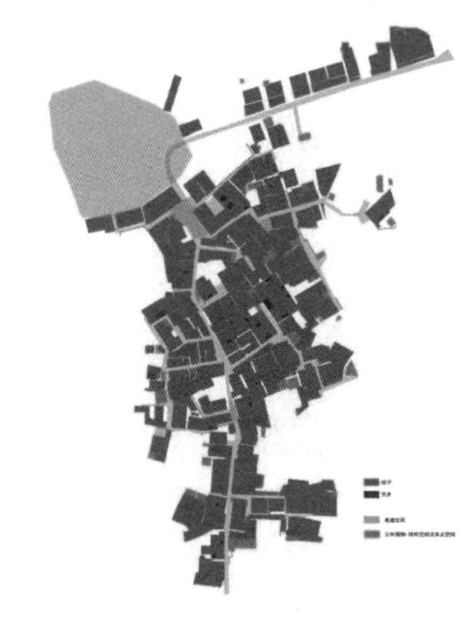

图43

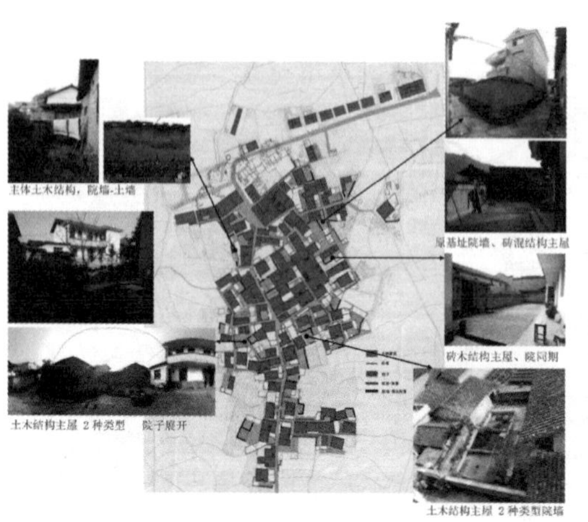


图44

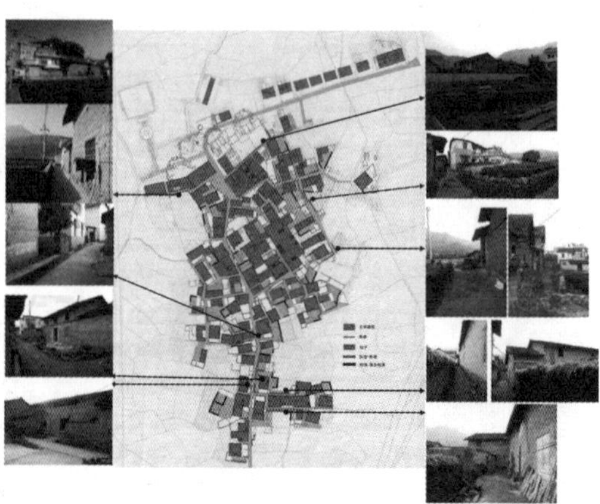

图47 天井

图48 内院

图49 半围合的院

图50 其他（石头＋树）

图51

水渠　　树　　洗手池　　坐石

**5-其他（图51、图52）**

横纵向两条线索的总结：形态自律的机制

淤头村是一个充满生活趣味的地方，可以说无论你是漫步在夯土建筑间，还是享受古木送爽的自然中，或者徜徉在村民的小院里，你都会感受的大地的怀抱，感受到如何在自然中生活。“你会发现在这里，无名特质总是伴随着一种生机勃勃的混杂的状态”[1]。这种状态看似混杂与无序，但并非是“混乱”的状态，而是有序的,在表面混杂的背后隐藏着的是“有机理性”[2]。

通过前面两条线索单元、街道、村落整体以及主体—附房—构筑物—缝隙空间—的细读发现，形态是自发搭建机制的外在表现手段，无论如何变化，永远有不变的就是形态自律。而形态自律的机制则是有机性。

> *莱特说：“……有机表示是内在的——哲学意义上的整体性(entity ),在这里，总体属于局部，局部属于整体；在这里，材料和目标的本质，整个活动的本质都像必然的事物一样，一清二楚,……”[3]*

有机的特征体现在以下几个方面：

（1）同构性，即细部与整体是同构的。局部的结构、布局与村落总体呈现出一致性。

（2）完型，人总是试图借用自发搭建物完成一个“型”式（最常见的即是合院的形式），单元布局总是倾向于围合。

（3）适应性，类比生态学概念的情况之一：“生物体与环境表现相适合的现象。适应性是通过长期的自然选择，需要很长时间形成的”[4]。由于习惯或传统因素影响，以淤头村自发搭建现象为例，无论如何加建，“结果”是这种形态（街道空间）还是会保证一定的完整性。

1 汪凝．可阅读的混杂——浙江黄岩城关镇老城区混杂形态阅读文本 [D]. 中国美术学院硕士学位论文，2012.

2 李凯生．乡村空间的清正 [J]. 时代建筑，2007.

3 彭怒．美国的有机建筑及有机建筑释义 [J]. 时代建筑，1996.

4 百度百科“适应性”词条 [EB]/[OL].2013.

图书在版编目（CIP）数据

物境空间与形式建构 / 李凯生，徐大路主编. — 北京：中国建筑工业出版社，2015.12
ISBN 978-7-112-18797-3

I. ① 物… II. ① 李… ② 徐… III. ① 环境设计—文集 IV. ① TU-856

中国版本图书馆CIP数据核字（2015）第280537号

责任编辑：唐　旭　李东禧　陈仁杰
责任校对：张　颖　刘　钰
书籍设计：偏飞设计事务所

物境空间与形式建构

李凯生 徐大路 主编
*
中国建筑工业出版社出版、发行（北京西郊百万庄）
各地新华书店、建筑书店经销
偏飞设计事务所制版
北京盛通印刷股份有限公司印刷
*
开本：850×1168毫米　1/16　印张：21½　字数：520千字
2015年12月第一版　2015年12月第一次印刷
定价：68.00元
ISBN 978-7-112-18797-3
（28073）